司牧安骥集语释

（第二版）

唐·李石 等 编著

裴耀卿 语释

中国农业出版社

裴耀卿（1911—1971）

中兽医专家。出生于山西省平遥县西戈山村。1925 年随祖父裴获义学兽医。在他从事兽医诊疗工作的 40 余年中，继承家学，积累了丰富的临床经验，并有较高的理论水平，造诣颇深，为全国著名中兽医。他多次被聘到北京农业大学、甘肃农业大学、南京农学院、山西农学院、河北中兽医学校进行讲学。在 1957 年山西省兽医代表会议上获有突出贡献者奖。其主要著作有：《中兽医理论学》《中兽医诊疗经验》第二集、《牛马病例汇集》。参加了《元亨疗马集选释》《中兽医治疗学》《兽医针灸学》等书的编写和审定，其验方“当归苁蓉汤”收入《兽药规范》。他治疗额窦炎的中药方——“加味知柏汤”，疗效达 90%以上。在他晚年，还从事《司牧安骥集》的语释工作。他曾被选为山西省劳动模范、山西省人大代表，担任过晋中专署兽医院副院长。他在培养中兽医人才方面有很大贡献。

《司牧安骥集语释》(第二版) 编委会

语　　释　裴耀卿

主　　审　刘钟杰　闫效前　胡元亮

顾　　问　乔建军　茹栋梅　谢　卓　李世斌

　　　　　张树方　赫崇礼　刘国坚

主　　任　王仲兵　裴智勇

副 主 任　张　敏　闫　炜

编　　委（按姓氏笔画排列）

王　栋　王　娟　王卫民　王仲兵

左　晓　田文霞　史红梅　付国兵

冯永平　冯俊吾　乔鹤年　任少敏

任建民　刘太平　刘文春　刘守勤

刘海丽　闫　炜　闫荫秀　闫效前

孙　杰　李　强　杨治平　宋志勇

张　娟　张　敏　张东平　张先福

张仲萍　张树方　张艳红　张海富

郎小兵　赵永强　赵雪梅　赵蓓蓓

郭月仙　郭永江　郭坚芬　常永成

渠国庆　雷宇平　雷雅琴　解跃雄

裴智勇　樊立超　霍晓红　魏红梅

籍丁艳

《司牧安骥集语释》（第一版）编校委员会

语　　释　裴耀卿

主　　审　于　船　张克家

顾　　问　杨文宪　董希德　刘　艺　李　广
　　　　　高其荣　高仁义

主　　任　张树方　赫崇礼

副 主 任　黄美生　常永成

编　　委（按姓氏笔画排列）

王仲兵　毛怀志　史夏云　冯俊吾
王卫民　邢丑顺　邢全福　师　汇
刘守勤　许建民　孙效彪　孙耀贵
李思源　李俊文　张先福　张　典
郎小兵　侯俊峰　贾鸿莲　柴桂珍
涂玉俊　郭再平　阎效前　韩晓堂
温伟业　雷宇平　裴治勇　裴显晶
樊立超

责任编校　常永成　刘守勤　侯俊峰　裴智勇

再版修订说明

为了把我们老祖宗留下的传家宝，非物质文化遗产《司牧安骥集》广为继承，决定再版修订《司牧安骥集语释》。

在原书的基础上，高级讲师闫效前、在职的兽医师闫炜及高级兽医师刘守仁等集中精力积极修订本书；因时间仓促，能力有限，错误不妥之处有待今后更正。

这次修订本着原汁原味不动，保持原貌；但不护短；不科学不准确的一律技术处理。如248页看马五脏变动形相七十二大病一节中，有“葱酒大粪黄连灌”句中“大粪”语释中改为“大黄”。

165页心第二，有“大小只如鸡子样”，语释为“其形态不论大小如鸡蛋样”，不符实际。

修订中小结、题解、按语，因内容重复；有冗繁之嫌，有的揣测定位不准确，部分删去或全删。

如小结部分，从163页起全书皆删，如有的小结260～261页、430～432页。

题解部分删去的有154页《元亨疗马集》“七十二症中的罗隔伤症源出胡卜经，这里说的是胡先生，是不是胡卜，仅作揣测，很难定论”。这段话给人似是而非的印象，可有可无干脆不要了。169 页起卧入手论的题解，释者认为元代的资料进入了唐代书里，等等，其实是两码事，本论中只有 38 句七字歌诀，元卞宝著的有关起源的歌有四百多句。

按语删去得有 456 及 457 页等，456 页的按语：“许文郎的故事，来历不明，揣测……暂存此说有待后查”。456 页的按语与注解①重复，删去。

关于错别字用词不当的就书改正，如 294 页，正 1 行 2，出衣粉，“根据本集邹介正同志的校注看到，大约是蝉衣（即蝉蜕）”。经查考原文，有虫衣（粉炒），语释中将“虫”误为“出”。

407 页语释第二段去掉“在马叫马宝”，因为这里讲的是马的肝胆黄，马天生没有胆囊，马宝是马的膀胱结石或肠结石，与肝胆无关。

修订过程中对必要的内容，六百年来不清的词语做了补注，做到言而有信，言之有据。

如 125 页注释④关于原文“心上七窍三毛”裴先生解为马心上的七条血管和瓣膜。这一说已登录百度网，这次补注引用了《痊骥通玄论》的解释，书中第二说，马心上有七窍三毛，认为七孔者眼耳口鼻是也，三毛者，阴户俱于土分，其二火户，俱于二下，其一也。世俗不知根究，皆传心内有气孔三毛，远矣。乃余精血藏其身。歌诀有：三毛七孔说交真，眼耳口鼻为七孔，二火阴户为三毛。可是这一问题自元代以来都认为七窍三毛是在心上之误传，今以补注更正，这一说法在《黄帝内经》中未见。

原著者李石，这次以补注形式予以交待，引用了《畜牧兽医古今人物志》中的李石篇。

这次修订增加了后记部分，记述了当代学者、专家的书评；相关的研究成果和报告；既充实丰富了内容；更便于与现代和国际接轨。如马的中兽医病名，书中只有少量的能中西医对照认知，这次由裴智勇、闫炜同志参考了《中西兽医结合宝鉴》一书，从中整理出七十多种马病名中西兽医对照，更加方便了读者对古籍中古病名的认识，以便更好地应用于马匹的保健。

闫效前

2017年11月

第一版前言

中兽医学是我国文化遗产中的一颗璀璨明珠。《司牧安骥集》是最早问世的中兽医名著之一，由唐·李石[①]等编著，约成书于公元820—830年，是古代中兽医学的一枝不可多得的奇葩。它是唐宋时代及其以前劳动人民和牧医工作者繁养牲畜并与其疾病作斗争的经验总结，是我国中兽医学的奠基之作，是后代从业者学习的范本。

由于成书时代久远，加之文字古奥，现在学起来不易准确理解。为使广大研读者全面领会其实质内含，1958年，在全国中兽医座谈会上，被时任国务院副总理邓子恢称为“活马王”的全国著名中兽医专家裴耀卿先生，不负众望，敢为人先，主动承担了语释《司牧安骥集》的课题。历时7年，撰稿50余万字，送农业出版社后，恰逢“文化大革命”而出版未果。

2002年，曾任中国畜牧兽医学会副理事长及中兽医

① 李石(783—845)中国唐代著名兽医，字中玉。唐宗室襄邑恭王神符五世孙。唐宪宗元和十三年(818年)擢进士，曾做过行军司马，中书门下平章事，尚书右仆射等职。据《陕西经籍志》记载，著名的《司牧安骥集》一书系他编撰。此书自唐至明为学习兽医人员必读典籍，对中国兽医学的发展有深远影响，原书分医三卷和安骥药方一卷，后记述经验良方145个，是我国现存最早和系统较完整的一部兽医方剂专著。

分会会长、享誉中外的中兽医学家、中国农业大学教授于船先生，得知《司牧安骥集语释》遗稿存根保存完好时，顿感欣慰，热诚提议出版此书。省畜牧兽医局、省家畜疫病防治站领导山西省农业厅为继承和发扬祖国传统医学做出贡献，为完成历史赋予我们这一代人的使命而有所作为，山西省农业厅欣然承诺办好这件大事，同年11月，委托山西省畜牧兽医学会中兽医专业委员会主其事，成立了《司牧安骥集语释》编校委员会，并确定了具体工作人员。

2002年11月14日，在山西省中兽医座谈会上，裴耀卿老先生长子裴显晶献出了家藏的遗稿存根，受到了各级领导和大家的赞赏。

编校中本着为古著传世、为后人解疑、承上启下、继往开来的宗旨，以1959年农业出版社出版的邹介正校正的《司牧安骥集》八卷本为蓝本，以裴老先生的遗稿为基础，将原书的竖排版改为横排版；对大量的繁体字规范为简体字；按国家法定计量单位及有关规定，对所涉及的度、量、衡进行了规范；对个别遗缺部分作了补充，如气滑药、黑药子散等；对裴老先生注解不当之处加以补注，如“胡先生清浊五脏论”中的“五行并五性”，裴老先生将“五性”注为，“五性是五行的五种特性，金性刚硬；木性曲折；水性润下；火性炎上；土性化生万物”，经考《中兽医古籍选读》和《辞源》（民国版），“五性”应为“肝性静；心性躁；脾性力；肺性坚；肾性智”，予以更正；对裴老先生当时认为是封建迷信而删除的部分，为保持原著的完整性，重新补上，有的以简要的补注做了说明。

“三十六起卧病源图歌”，裴老先生已据重编校正《元亨疗马牛驼经全集》分经顺序重排，而未按《司牧安骥集》的顺序排列，这次从之。

《司牧安骥集》不仅是畜牧兽医学的专著，而且书中涉及天文、历法、中医药学、气象季候、地理、哲学、民俗等丰富的文化底蕴；全书贯穿了天人合一的整体观念；一切生物与自然和谐统一的思想；现代兴起的时间医学、预防医学在书中都有体现。可谓一部取之不尽、用之不竭的宝典，有待我们进一步研究和开发。这次编校本着古版原貌的精神，经语释后，意在给研读者提供一个便径。但由于编校者水平有限，疏漏或错误在所难免，望专家、学者、读者斧正。

为使本书更臻完妥，不致偏颇，特恭请中国农业大学于船教授、张克家教授为本书进行了审稿，在此谨致感谢。对为本书出版、发行做出贡献的各界人士一并致以谢意。

对德高望重的中兽医学家于船教授为本书作序，再次致以感谢。

山西省畜牧兽医学会中兽医专业委员会

《司牧安骥集语释》编校委员会

2003年8月25日

第一版序

《司牧安骥集》是我国唐·李石编著的一部珍贵的兽医代表性著作。该书被《宋史·艺文志》著录，最早的版本为中兽医医理和诊治三卷、方药一卷。此后又有不同卷本的出现，如明·弘治十七年（1504）的重刊本为五卷本。直至 1957 年经谢成侠校勘，由中华书局出版。又据钱大昕《补元史·艺文志》所载的《司牧安骥集》八卷本等，经邹介正等校注，由农业出版社分别于 1959 年和 2001 年出版。因均系古文版本，仅凭注释还不足以解决现代人学习和研究的困难，制约了其广为应用或参考的价值。为此，有必要用现代语言解读或语译。

有鉴于此，裴耀卿先生敢为人先，1958 年出席首次全国中兽医科研会议，主动承担了《司牧安骥集》白话译释课题。从 1959 年开始，殚精竭虑，博览群书，拜访众贤，历时 7 年，于 1965 年完成了本书八卷的白话注译工作，将一本通俗易懂的白话《司牧安骥集》奉献于世，可谓盛世兽医界之喜事，也是先生嘉惠后学之盛举，其功不可没。

裴耀卿先生为我国杰出的中兽医专家，山西平遥人，自幼随祖父学习兽医，天资聪颖，善于总结经验，著述颇丰。先后出版有《中兽医诊疗经验》第二集、《马牛病例汇集》《中兽医理论学》，以及参编由中国农科院中兽医研究所组织编纂出版的《中兽医治疗学》《中兽医针灸学》《兽医中药学》《元亨疗马集选释》等著作。他还曾承担过省、地中兽医培训班的授课工作；并多次受聘到山西农学院、北京农业大学、南京农学院、甘肃农业大学、北京军区，以及农业部在河北定州中兽医学校举办的全国农业院校中兽医师资班讲授中兽医学，为国家培养兽医人才做出了积极的贡献。可谓桃李满三晋，弟子遍全国。

裴先生德高望重，1956 年曾出席了全国民间兽医座谈会，受到党和国家领导人的接见。1958 年出席了首次全国中兽医科研协作会议，其业绩被选入《农业百科全书·中兽医卷》《畜牧兽医古今人物志》《中兽医学大辞典》《山西农书》《山西中兽医志》以及《中兽医学史略》等书，他生前还被选为山西省劳动模范、山西省人民代表大会代表等。

为怀念与裴先生生前之深厚情谊和在中兽医方面的突出贡献，并为纪念先生诞辰 90 周年，故将他的这部遗著整理出版。我很高兴受山西省中兽医研究会之邀，特赘语于前，爰以为序。

于　船

2003 年 8 月 20 日

于北京中国农业大学

自 序

《司牧安骥集》成书于 1 100 多年前，书中包括有相马、饲养管理、生理、病理、诊断、治疗、针灸、方药等内容，可谓丰富多彩，十分珍贵。本书是唐、宋时期我国畜牧兽医从业者对家畜疫病防治的理论与实践的总结；是几代人聪明智慧的结晶；是历代学习兽医的教科书。它与我国历代畜牧业的发展，国防和人民生活休戚相关，造福了一代又一代人。

遗憾的是，旧社会封建统治者对这一宝贵的文化遗产从不重视，使之几乎失传。所幸的是，新中国成立以后，党和国家十分重视祖国的文化遗产，多次组织专家发掘整理，以物尽其用，古为今用。

明万历年间刊行的《元亨疗马集》中不少篇章出自《司牧安骥集》，如相良马论、相良马宝金篇、穴名图、伯乐针经、造父八十一难经以及三十六起卧病源图歌等。

《司牧安骥集》是以古人的语言文字写成的，随着社会的发展，古今语言文字的演变，现代人读起来难以理解，不能适应年轻一代人的需求，直接影响读者对其学习、研究和应用。为此，把古语用现代语翻译过来，满足读者的要求，成为当前急需解决的课题。

1956年，国务院发布了《国务院关于加强民间兽医工作的指示》，同年9月农业部在北京召开了第一次全国民间兽医座谈会，党和国家领导人接见了与会的全体代表。邓子恢副总理和我握手时说："你们是现代的活马王。"代表们很受感动和鼓舞，也更加激励了我研究学习中兽医的信念，同时也深感自己肩负的重任。

1957年出席我省兽医代表会时，听了省农业厅李秉权副厅长"关于重视整理祖国兽医学遗产问题"的报告，指出对古典兽医书籍加以发掘整理出版的重要意义，促进了我语释《司牧安骥集》的想法。50年代中国农科院中兽医研究所成立，全国各大、中专农业院校开设了中兽医课，我应聘到各校讲课，可以说中兽医事业迎来了前所未有的春天。值出席中兽医科研会议时，我主动提出承担语释《司牧安骥集》和编著《马牛病例汇集》两书的写作任务，得到院所领导的鼎力支持，并受到于船等诸位专家的鼓励。写作计划列入全国首次中兽医科研项目。

《马牛病例汇集》一书当年完成，1959年农业出版社出版，继而着手《司牧安骥集》的语释工作，蓝本为邹介正同志点校的1959年版《司牧安骥集》八卷本。

在语释过程中，由于自己才疏学浅，疑难问题很多。一是学习运用唯物辩证法的观点方法分析问题；一是参阅相关文献资料、不耻下问、拜师求教，以释疑解惑。如对两篇古文序言的语释聘请裴丙荣先生作了讲解；趁去南京农学院讲课之便，到中国农业遗产研究室请邹介正同志两次协助修改和审核初稿；卷一畜牧部分参考了农业遗产研究室《齐民要术》之集体语释草稿；后经中国农科院中兽医研究所的任正光同志再次对初稿审改后，经 7 年伏案，于 1965 年定稿。

在我院实习的山西农学院的曹铿、湖北畜牧兽医科研所的匡玉芳、黄名芳同志誊写部分草稿，最后经我院阎效前同志完成誊写及校对工作。

对支持本书写作的各级党政领导、专家和为本书付出辛勤劳动的同志们谨致衷心的感谢。

由于本人学识水平有限，书中错误与缺点在所难免，恳请专家、学者及我界同仁斧正，使之逐趋完善，为继承发扬祖国的宝贵遗产，为我国畜牧兽医事业的发展，立新功，做贡献。

裴耀卿

1965 年 12 月

编校委员会在整理书稿时还参考了中国农业出版社 2001 年出版的邹介正、和文龙校注的《司牧安骥集校注》。

例　言

一、本书语释的内容包括：题解或大意、原文、注解、补注、语释、按语。卷七、卷八都为方剂名称，则分为原方、方解、处方、用法及用量（制法及用法）等项。今将各项名词的含意依次说明于后。

二、[题解] 是在每篇原文或原图之前，都按其题意或全篇大意撰写；属于全卷一篇的，则为 [本卷大意] 等，将其中主要问题有重点的介绍出来，供读者在未读之前，对本篇内容先有一个概括的认识。

三、[原文] 即本书原文；篇幅长的，采用分段的方式写出。

四、[注解] 将一些难以理解的文辞，作适当的浅解或说明。

五、[语释] 意在简而明，能使读者一目了然，一般采用白话，根据原文逐次语释，借以帮助对原文的领会。

六、[按语] 是对原文有不同的看法或存疑之处，提出自己的主见，作为商榷，以及目前难以解决的问题提出待研。

七、[原方] 仍是根据原来的处方写出，如某某散治马某某病。至于药名及用法用量，亦未加更改。

八、[方解] 为了古方今用的目的，根据原方的意义，结合病情作了君、臣、佐、使的主次分析。最后依据辨证论治的原则，结合临症体会，简略地说明方剂的主要作用和适用范围。

九、[处方] 为了便于临症实用，方中各药依照君、臣、佐、使作了先后的排列，并在各药之下，分别定出较为适当的剂量，代替了原方中的各等份，但有个别处方需要同等量的，仍保持原有的各等份。至于处方定量，是以我国中等马体而定，仅供参考。重要的是应根据个体和地区等不同情况而酌情加减。

十、［用法及用量］除采纳原有的较好办法，如同煎三五沸或二三沸及草前灌、草后灌等法外，其他对各等份和每用药一两或二两的用量，凡不适合现代实用的不录用。

十一、［制法及用法］即指药品需要加工，或预先配制装瓶待用的，甚至用法和用量都作了具体的说明。

十二、全书药的剂量，原文仍按原斤、两、钱，注解部分以克标注。

十三、书中“补注”为这次新增加的内容。

注：本书方剂中涉及的盏约为200毫升，碗约为500毫升，两约为30克。

重刊安骥集序

《安骥集》者，本自黄帝八十一问以来盖已有之。其订马骨相，论马证治，施针用药，悉有根据，历千百世之为马医者，莫之能违也。洪惟我国家经理疆土，以关陕为西北重地，设寺监①以司马政，苑牧②有地，孳息有制，所以为防边、固国之计者至矣。奈何承平日久，民生不见干戈，视马政为常事；居是职者，率皆因陋就简，日积月累，消耗殆尽。

皇上居安思危，欲图兴复，用纾西顾之忧，乃采廷议，以南京太常卿③邃庵杨先生，文章政事为天下望，遂进都察院左副都御史，督理其事。玺书④丁宁，命以提督便宜之权。先生既至，凡百废典，次第尽兴举之。霆始被委清理，既而荷简命为卿，实任其责焉。先生犹虑监苑久无良医，马病则束手待毙，恐难收蕃息之效；于是命霆选取各监苑俊秀可学子弟，凡数十名，廷请谙晓医师以专训迪。顾《安骥集》板行已久，多漫灭不可读，且陕西地僻远，鬻书者不易致。先生乃取善本，稍加校阅，命工锓梓⑤，遍给苑监暨诸卫所边堡，俾师以是而教，子弟以是而学。呜呼！是集也，调养有法，医疗有方，将自是全陕之马可免横灾，可冀蕃息，是亦吾儒爱物立教之一端也。

他日騋牝[6]蔽野，云锦成群，以无负皇上兴复之志，于三边兵事大有俾益，不于是而始邪。刻既完，霆僭为之序，用纪岁月云。

弘治十七年甲子夏六月既望，太中大夫陕西苑马寺卿、前陕西等处承宣布政使、司左参政、太原车霆序。

注解

① 寺监：明代官制，“寺”指太仆寺，专管马舆马及政，“监”指牧监。弘治十五年（1502）据督管陕西马政的杨一清奏请，在陕右设“监苑”，即牧监下设有上、中、下三苑以分管诸马群。

② 苑牧：苑是专养牲畜的处所。苑牧即分群管理马群的饲养管理、繁育和放牧事宜。

③ 太常卿：官名，为太常寺的长官，位九卿之一，专司祭祀礼乐。

④ 玺书：皇帝的诏书。

⑤ 锓梓：明代的印刷术，是在木板上刻字然后印刷，锓梓即刻板。

⑥騋牝：马体在7尺以上为騋；牝为母畜，“騋牝”指体高在7尺以上的优良母马。卫文公有騋牝三千，后世认为是古代养马的盛事。

语释

《司牧安骥集》这部书卷五“黄帝八十一问”以前各卷（卷一至卷四）早就已经有了。其中论述相马的骨相、论马的病症和治疗法则、施针用药的方法等都是有根有据的经验谈，经过历代兽医工作者的临证实验，都不能违背它。我们伟大的国家，为了保疆卫国，因潼关、陕西为我国西北重要地区，乃在该地设立太仆寺所辖的牧监，马寺、牧马监这些畜牧行政机构，专门办理养马的行政事宜。在牧监下建立牧马苑，固定草原，放牧马群，制定繁殖培育制度。之所以要这样做，为的是巩固边疆，加强国防，可以说筹划是无微不至。不过由于和平日久，人民看不见战争，认为马政是一种平常琐事，因而担任这项工作的人放弃责任，因陋就简，时间久了，马政废弛，致使国家的马匹消耗将完，大大地影响到国家的国防。

朝廷虽安居而不忘危乱，看到这种情况，意欲恢复原有的马政，用以解除西部边境敌人内侵的忧虑。乃采纳众议，认为南京的太常卿杨邃庵先生德才兼备，为人民所尊敬。遂特任为都察院左副都御史，派他到陕西督促办此事，在颁发的指令上再三嘱咐，命令杨先生以提督之职便利行事。杨先生到任之后，凡属应办未办的事，应执行而未执行的合理制度，都使它逐步恢复起来。

起初我被委任清理以前有关畜牧事务，后来政府又正式任命我为苑马寺卿，主持这项具体工作。杨先生又考虑到牧场上久无良医，马有病时往往束手无策，只有等死而已。这样下去，要大量繁殖发展恐难以收到成果。因此命令我挑选各监、各牧场中聪明好学有培养前途的青年，共几十名学员，聘请富有经验的兽医老师，对他们进行专业训练。教学需要有教材，但《安骥集》这部书刻板已久，大多数的字迹，脱漏残缺，看不清楚，影响读者学习，而且陕西地区位置比较偏僻，卖这类书的人不易找到。为此杨先生乃挑选保存完好的优秀版本《司牧安骥集》，稍加校正和审阅，命刻字工重新刻板，印出之后，除供训练需要外，还分发到各地有关畜牧兽医大小机构的人员作参考，以便老师有教材可教，学徒有课本可学。

由于《安骥集》书内对饲养管理提出了合理的法则，对诊断治疗提出了有效的方法。所以从此以后，将使全陕西的马，免去不应有的死亡，又可实现大量繁殖发展的目的。这也是我们知识分子爱护家畜，促进畜牧业的一项工作。将来体高在 7 尺以上的优良母马遍野成群，才不辜负国家振兴恢复畜牧事业的美意，对于边疆的国防安全，也有很大的好处。这一切，岂不都是从这本书的刊刻开始吗。因此在本书刻印完毕时，我大胆地写了这篇序文，目的在于记录一下历史而已。

弘治十七年甲子年（1504）阴历六月十五日。

太中大夫陕西苑马寺卿，曾任陕西等处承宣布政使、司（左）参政（从三品），山西省太原府车霆序。

新刊校正安骥集序

尚书兵部①，阜昌五年②十一月二十四日，准内府降下③都省奏朝散大夫、尚书户部郎中、兼权侍郎、权兵部侍郎④冯长宁等劄子⑤，成忠郎皇城司、准备差遣权大总管府都辖官、兼权帐前统领军马⑥卢元宾进呈《司牧安骥集方》四册，奉齐旨，可看详开印施行。此政令之急务；长灵等尝观《周礼·夏官》列校、趣、巫、牧、庾、圉之职⑦，其言乘、皂、厩、校⑧之数，刍秣阜蕃⑨之事，乘治医养之宜，与夫祭祀之礼，攻执⑩之时，各有条理。《礼记·月令》又载：颁马政。盖仲夏长养之时，故游牝别群，絷腾驹⑪，所以颁其阜蕃之政；季秋肃杀之时，故教田猎，习五戊，所以颁其军事之政。是知马者国之大用，兵之先务也。马援⑫曰：马者甲兵之本。唐史和曰：马者兵之必用。征古马之息耗，虽因于时，尤在牧养得其法耳。汉初，自天子不能具醇驷⑬，而将相或乘牛车，其役行复卒之令，民有马运者，复卒三人。又造苑马以广用，至武帝初，街市有马，阡陌成群，乘牸牝者摈而不得聚会。于时有东门京作铜马法，诏立于金马门。厥后，援和松善别名马，于交趾得骆越铜鼓，铸为马式，备数家骨相，诏置宣德殿下。唐初得突厥马二千匹，又得隋马三千匹于赤岸泽，及贞观后，马七十万六千匹，置八坊。八坊之马为四十八监，由是有监牧使、群牧、闲厩等使。自张万岁失职，马政遂废，及王毛仲领职，马稍复，始二十四万；至十三年，乃四十三万。天宝以后，诸军战马，动以万计。议者谓：秦汉以来，唐为最多，岂非息耗虽因时，而尤在牧养得其法欤！国家乘前宋乱亡之后，当黎元涂炭之余，披榛棘而洗疮痍，拯水火而屏豺虎，安民和众，不得已而用兵。强兵之本，以骑为先，故遣官市马于陇右，纲维继至，马数渐广。尚虑孳育之未蕃，诏修马政，始命有司看详《司牧安骥集方》开印，以广其传。庶几市者验此，以知驽骥；医者考此，以用灌针；牧者观此，以适其水草之齐，救执之宜。如此则司马之法，不独称于周官，而牧监监牧之多，匪专美于有唐也。今修写到板样缴呈，乞详酌降下，开印施行。本省寻具奏禀，取进止，奉齐旨并依。

注解

①尚书兵部：即兵部尚书，兵部官署名，专管全国军务。长官为兵部尚书，副主管官称侍郎。

②阜昌五年：南宗初年，刘豫在北方建立齐国，历史上称为刘齐，阜昌是其年号。阜昌五年相当于公元 1134 年。

③原刊内付降下。付与府通。内府，即中书省，承皇帝旨意以总理全国军政事务。

④都省奏朝散大夫，尚书户部郎中、兼权侍郎、权兵部侍郎：这些都是冯长宁的官衔和职务。权即暂代，表明冯长宁的官阶是朝散大夫、户部郎中、尚未达到侍郎这个官阶，但实际职务是户部郎中和暂代兵部侍郎。

⑤劄子：即札子，古代写字用的木片称“札”，旧时的一种古文称“札子”。

⑥成忠郎皇城司、准备差遣权大总管府都辖官、兼权帐前统领军马：这些都是卢元宾的官阶和职务。成忠郎是他的官阶，都辖官、帐前统领是官职。

⑦《周礼·夏官》列校、趣、巫、牧、庾、圉之职：《周礼》是战国时人论述周代官制的书。夏官是论述军务制度的，最高官是大司马，在大司马管理下，设有校人、趣马、巫马、牧师、庾人、圉师等分别管理战马的各项工作。校人为马官之长，主检查督导；趣马管理饲养；巫马主医治马病；牧师主牧地和马的放牧；庾人主马群孳息繁育消耗数的记载；圉师主教圉人养马，圉人掌养刍（喂马的草）牧之事。

⑧乘、皂、厩、校：古时用四匹马拉一辆战车叫一乘；皂指养马器，一说是马槽；厩指养马的房子；校，周礼：六厩成校，支木为栏以养马。

⑨刍秣阜蕃：喂牲口的干草叫刍；喂马的麸料叫秣。阜意盛大，生长。蕃意繁育孳息。

⑩攻执：攻指去势，即骟去公马睾丸。执是执驹，指将幼马系拘之意。

⑪絷腾驹：驹至3岁，尚未生长成熟，但已有交配能力，开始爬母马，叫腾驹，后来将配种公马也叫腾马（见月令）。为防腾驹伤害孕马和阻滞其本身的发育生长，故夏季在牧场上用足绊以系其足，使其不得奔腾追逐母畜。

⑫马援：东汉光武时人，任伏波将军，封新息侯，曾在西北养马，著有《铜马相法》。

⑬醇驷：前汉书师古注，“醇”谓色不杂也，“驷”即四马一乘（见《玉篇》），“醇驷”指毛色相同的四匹马曰醇驷。

语释

阜昌五年（1134）十一月二十四日，兵部尚书接到内府中书省批下来的文书，批准代兵部侍郎冯长宁转帐前军马统领卢元宾呈送的《司牧安骥集》一书共四卷，奉皇帝的旨意，可以详加校刊后刻板印行，这是政府急需办理的一件重要事务。原呈说：长灵等人曾经从《周礼·夏官》书内看到周代军事机构中已经设立校人、趣马、巫马、牧师、庾人、圉师等职官，分别管理马政事务。书中对养马所需的各种工具、厩舍数量、如何饲养管理才能大量繁育孳息，如何调教医疗疾病以及祭祀马祖的礼节、公马去势、幼马调教开始的时期等，都有条有理地进行了安排。《礼记·月令》篇中也记载着颁布马政的事，阴历五月为万物生长的时期，母马已怀孕，管理马政的人就要下令将公马、母马分群放牧，或将公马系上足绊，使它不能奔腾追逐母马，以免母马伤胎，确保马群繁育孳息；秋季天气凉爽，则下令乘骑调教，进行野外军事训练。由此可知，自古以来马对国家就有很大的用处，为主管军事方面首先应注意的事务。东汉伏波将军马援说：马是组成坚甲利兵的根基。唐史和说：马是军队所必需的。考察古代马匹的增减原因，虽有时受自然界客观条件的影响，但关键在饲养管理等是否合理。

汉代初期（汉始建于公元前206年），皇帝出行找不到四匹同毛色的马来驾一辆车，将军宰相有时不得不坐牛拉的车。后来政府施行奖励养马的政策，即以马代役的复卒令规定人民有马一匹输送到官，可免除三个人的兵役，政府又创建牧马场以繁育马匹。到武帝初期（武帝于公元前140—前87年在位），不但城市地区随处可看到马，乡镇中更是良马成群。由于马匹多，人们都可以有公马乘坐，社会上有一种习惯即乘母马的人不得到人们聚会的地方，以免引起马匹之间的啼啮争闹。马匹增多了，人们有条件可挑选良马，相马学也得到发展，当时著名的相马者东门京用铜铸成相良马模型，奉皇帝命令，将此模型放在京城金马门外。到东汉，马援和马松又善于分别马的优劣。马援在交趾国（今越南）得到骆越的铜鼓，用它改铸成铜马模型，这个模型的式样是参考许多相马学家的骨相学说铸成的。汉光武帝（公元25—57年）曾命令将这个铜马模型放在宣德殿下。唐朝初期（唐始建于618年）的马也不多，起初获得突厥马2 000匹，又在赤岸泽接受隋朝留下的官马3 000匹。等到贞观以后（627—649年），相距不过30多年，政府养的马已增加到706 000匹，分别放置在8个养马基地上，称八坊。八坊下设置48个牧马场（监），并设置监牧使、群牧使、闲厩使等官职来进行管理。自从张万岁这个主持马政的人失职，不管马政后，马政败坏，马匹因之消耗损失很大。等到鳞德年间（664—665年）王毛仲主持马政时，马匹的数目稍微恢复了些，开始时是24万匹，经过13年的努力，又增加到43万匹。到了天宝年间（742—756年）各军的战马最少都在万匹以上。人们说："自秦汉以来，惟有唐朝马匹最多。这岂不是证明马匹的增减虽与天时有关，但主要问题还在于人们对马的饲养管理是否合理吗！"

国家在北宋败乱灭亡之后，人民处于备受战争破坏的劫后时期，政府正在披荆斩棘，医治战争的创伤，拯救人民于水深火热之中，击退外敌的入侵，为了人民的安居乐业，国家不得不用兵与敌人作战。增强军队战斗力的根本措施是首先增加骑兵的数量。因此，派专职官员到甘肃一带牧区去买马，一批一批的战马不断运来，马的数量渐渐增多。但尚需考虑繁殖孳生方面的措施，故下令整顿马政，命令主管马政的机构详细校审《司牧安骥集》，大量印刷，目的是使此书广为流传，以便买马的人看了这本书就知道察验马匹的性能优劣；医兽病的人研读此书后，知道如何用药施针；放牧饲养马匹的人看了这本书后，知道如何选取最适合于马匹的饲养管理牧放方法。实行了这些措施后，则不再是只有周代夏官司马有管理马政的方法，我们也有了，牧监马匹之多，也不再让唐朝专美了。现在将修理好的板样送上，请准许开始印刷。中书省具此报请批准，奉到刘齐命令，准按所请执行。

目　　录

司牧安骥集　卷一

司牧安骥集　卷二

监本增广补注安骥集　卷三

司牧安骥集　卷四

增广监本补阙注解安骥集　卷五

重刻增广监本补阙注解安骥集　卷六

重刊增补安骥集药方　卷七

蕃牧纂验方　卷八

司牧安骥集　卷一

一、良马相图

题解

良马品质优良，工作力强。工作力的强弱，与体质和外貌密切相关。本图罗列五十种良马应具备的外貌形态，语释于后。

【原文】（一）耳如削竹

语释　竹筒中空而圆，削竹筒成斜面，则上尖下圆，中空，半边无筒壁，半边有筒壁，短小竖立，以此形容马耳外貌。马具此耳形，必听觉敏锐，具有悍威敏捷活泼之象，为良马常具的耳形。如耳长下垂，横担左右，该马多呆钝迟笨，为驽马耳形。

【原文】（二）眼似垂铃

语释　古人以垂铃形容眼球饱满、晶莹有神采的眼形。眼大神采足，则精力充沛，视力敏锐，见物不惊，敢于快走，为良马应具的眼形。反之，若眼睛小，眼球深陷，睛体混浊无光，皆非良马之眼形。

【原文】（三）面如剥兔

语释　马的头型种类很多，良马多为直头型、鲛头型、兔头型、半兔头型等。优良的速步马常为直头型、鲛头型。所谓“龙颅突目”即鲛头型；头欲方指直头型；优秀的挽马，则多为兔头型。本图所绘是一匹挽马体型，因此其头型亦应为兔头型。所以说，面如剥兔，且包含面部宜少肉的意思。如果头面肉多，面脊骨棱不外露，即成为“肉头马”。这种马多是性情呆钝，工作力差。若头面无肉，瘦骨嶙峋，一点肉也看不见，则成“干头马”。这种头型必暴劣，难以驾驭，皆非良马之面型。

【原文】（四）项长弯曲

语释　项指颈项，俗称脖子。马项长而曲，则成鸡鸣式的颈型，可使体态优美，神气昂扬而有悍威相，为挽马应具的颈型。对速步马却不适宜，因颈曲阻碍呼吸，减缓奔驰速度，因此最好的速步马，多为直颈型。

【原文】（五）肋扇骨密

语释　肋扇骨即季肋，现名假肋，为胸腔后部的外廓。此骨排列均匀而密，但舒张度大，能加强呼吸的作用。若肋骨排列稀松，则舒展度的抗力就弱，无论乘骑驮运或拉车，都表示力弱。

【原文】（六）肚下生逆毛

语释　马肚下的毛流通常是向后流，若肚底有带状旋，毛尖向前流，即为逆毛，通常马体是见不到这种逆毛的，古人认为这是一个良好外貌。《齐民要术》说："腹下阴前两边生逆毛入腹带者，行千里，一侧者五百里。"是否如此，目前尚无验证。

【原文】（七）筋欲粗

语释　筋主运动，为肌肉上的腱，筋粗则运动有力且耐疲劳，特别是四肢上的筋，粗则举步轻捷，能持久工作。反之，筋细则力弱。以手捏马的胫腱骨（大掌骨），即可测知筋的粗细。

【原文】（八）节欲近

语释　这里所说的节，是指球节，欲近则指蹄系要短，使成正系，过长则成卧系，过短则成起系，均为缺陷。球节与蹄距离近而适当，则踏步得劲。

【原文】（九）腿似琵琶

语释　此指后肢股骨部的外形，此处肌肉发达，则后肢有力。琵琶，乐器，形扁平。本句和《齐民要术》所说的"股欲薄而博"意义相同。

【原文】（十）外肾欲小

语释　外肾即睾丸，大则阻碍后肢运动，过大更是病象。但也不宜过小，大小应适度，才可作良种马。

【原文】（十一）尾欲端

语释 端，指正而不歪。尾根要与脊骨成直线，尾梢要向下垂，端正不偏，表示腰脊无病，为良马应具的尾型。

【原文】（十二）尾骨欲游

语释 尾靠尾骨支持，其主要作用是驱拂蚊蝇，掌握平衡。尾运动灵活，摆拂轻捷，则表示体质强健。如果尾僵硬沉重，则不是良好尾型。

【原文】（十三）尾如垂扫

语释 尾毛下垂如扫帚之顺而条达，便于摆拂蚊蝇之咀咬，为良型尾毛。若尾毛横旋凝结如纺锤尾（俗名绣球尾），则反加重负担而无用。

【原文】（十四）体无旋毛

语释 马体上一般都有旋毛，如“肷花”“靠槽”“乘镫”等旋，多数马均有，马体上没有旋毛较为罕见。因此作为良马相法的一个条件，是古人认为旋有吉凶之说，良马身上不能有凶旋，如“锁喉”“滴泪”“丧门”等旋。

【原文】（十五）远看大，近看小。

语释 据《齐民要术》说：“望之大，就之小，筋马也；望之小，就之大，肉马也。”其含意是指从远处看，该马体貌高大，神采飞扬，近察，该马体貌紧凑致密，精神活泼，这是干燥型的筋骨马。反之，远看小，近看大，则是湿润型的肉马。湿润型马呆滞，膘满肉肥，筋骨不发达，劳动力较差。如果膘满肉壮，筋骨亦发达，则为坚实型马，工作耐力强，速度差。《齐民要术》所说的肉马，是指坚实型马。干燥型马动作敏捷，精神昂扬有悍威，因此属于筋骨马。

【原文】（十六）前看似鸡鸣，后看似狗蹲。

语释　从前半身看，项长而曲，胸脯发达，向前挺立，形成挺胸曲颈如公鸡啼鸣时的姿势；从后半身看，后肢曲屈而立，像狗蹲着的姿势，这种外貌的马，是最好的重挽马。

【原文】（十七）上唇欲方，下唇欲圆。

语释　唇是马的采食器官，上唇采食，下唇相对吻合向口内运送。上唇方，伸缩有力，则采食力强，同时表示齿弓弯曲，马的口齿年轻；下唇圆，则颐部发育良好，下颚齿弓未向前展，是年轻力壮的良马唇型。相反，如果唇如板革，薄而硬长，采食力必弱，口硬而难驾驭。因此古有“唇板鞮，驭者啼”的说法。

【原文】（十八）前脚欲直，后脚欲曲。

语释　马体重心在前肢的后侧，体重和驮负物的重量，有三分之二是由前肢承担，前肢像支柱，因此要求前肢要直；马体向前运动的推动力依靠后肢，后肢曲，向后蹬腿时与地面所发生的反冲力强，可以形成强大的推动力，使马体有力地迅速向前运动。因此，良马必具前脚直后脚曲的肢型。

【原文】（十九）前蹄欲圆，后蹄欲尖。

语释　圆的面积，较任何同长宽的形体面积大。前肢既为体重的支撑棒，就要求其底面稳，面积大，能负担较多的重量；后蹄除为后肢的支撑棒外，还要助后肢向前推进。后蹄成卵圆形，有一个圆尖，在蹬腿时不会滑，抓地有力，正像人赛跑时，穿着带钉的跑鞋，足尖着地，才跑得快，道理一样。因此，良马蹄型的要求是前蹄圆，后蹄尖。

【原文】（二十）前脚欲直（重句），蹄大欲直。

语释 这是本图提出良马的二直。前肢直，才能负重，蹄大则稳，但亦不宜过大，以免使举蹄沉重。前蹄蹄壁要直立，以便重量能均匀的直接落在蹄面上。若前蹄甲壁倾斜，则增加蹄系负担，减弱支撑力。后蹄甲壁的倾斜度可较大，以便适应后肢曲屈向前的方向。蹄甲壁的直和不直，可由人工来矫正，即铲甲钉掌要及时得当，可将卧蹄逐渐修铲为正蹄。反之，铲甲钉掌不及时不合理，日久可把正蹄变为卧甲。因此，对铲甲钉掌工作，不可忽略。

【原文】（二十一）腰欲短促，接脊骨短。

语释 这是本图提出良马外貌的二短。接脊骨现名荐椎，荐椎和腰椎相连，结合紧密则腰短，腰强有力；荐椎短而宽，则臀宽，能附着强壮的肌肉群，使后躯粗壮有力。因此，二短为良马应具的外形。反之若是二长，则劳力不易持久。

【原文】（二十二）眼下有肉，乘镫肉厚，排鞍肉厚。

语释 眼眶下的颜面肌宜发达，此处有肉的马，性情柔和；乘镫在肘部，此处肉厚，则胸壁和前肢的肌肉亦发达，能耐受铁镫踢碰之伤；排鞍是胸背部放置马鞍处，此处肉厚则背部肌群一定发达，适宜于驮鞍负重的需要。反之，眼下无肉的马，性情多暴，俗话说："眼下无肉，必定难斗"，就是这个道理。应预防被其踢咬；肘部肉瘦，易患肘痛病；背肉瘦薄，多患鞍压伤。所以，三肉也为良马必须具备的条件。

【原文】（二十三）口叉欲深，汗沟欲深，曲池欲深。

语释　这是本图上提到的良马外形三深。口叉深，则口腔深，吃草多且快，易肥壮而有力；汗沟在臀下胯后部，臀部出汗，由此流下，因而名之。此处愈深，则臀胯部的肌肉愈发达，劳动有劲；曲池又名曲尺，位于后肢合子骨前的曲凹处，凹深则使后肢形成蹲立状，后肢的推动力强。反之则不良。

【原文】（二十四）垂睛欲高，鬐欲高，掌骨欲高。

语释　这是本图对良马外貌提到的三高。垂睛欲高不是指垂睛穴和它所在的颧骨要高，而是眼如垂铃、睛要高的缩写语。垂睛高即眼的位置高，眼位高，能望远。鬐甲要高，鬐高则体高，现在测量马体的高度，即是按鬐甲的高低计算（由鬐到地的尺度），此处高大威力大。掌骨即四肢的第三指骨，掌骨高，蹄匣亦高，踏步有劲能久走。

【原文】（二十五）鼻欲宽大，食槽欲宽，胸堂欲开。

语释　这是图中提到良马外貌的三宽。鼻为上呼吸道的顶端，为整个呼吸系统的门户。鼻孔大，鼻梁宽，则鼻腔宽，呼吸通顺，整个呼吸器官亦必发达；食槽，是颚下的颚凹。食槽宽则口腔宽，口叉深则口腔长，二者相结合即口腔长而宽。口腔是消化器官的前口，口腔宽长，整个消化器官必发达，吃草快而多，则体健壮而有力；胸膛是胸廓的前壁，胸膛开阔挺立，胸内心肺必发达，因此俗有“前堂如斗宽，后堂如刀窄”或“前腿中走过狗，后腿裆伸只手”的说法。总之上述三宽是代表呼吸、消化、循环器官发育良好，为良马必具的条件。

【原文】（二十六）臆欲平，腹欲平，脊梁骨平，砚骨欲平。

语释 这是图内提到良马外貌的四平。臆骨的现名胸骨，与肋软骨组成胸的底壁，胸底宽广平坦则胸围大，胸部发育良好；腹的底壁也要平，《齐民要术》相马法说："腹欲充，腔（肷凹）欲小……腹下欲平满，善走"；脊梁骨包括胸椎和腰椎，形成躯干的大梁，脊梁骨平则背平，驮拉都有劲。反之，脊梁骨向下凹，则腹部多下垂，成为弱脊大腹的失格马；若腰椎向上弓隆，腹多为卷腹，卷腹的马少吃力薄。总之，脊梁骨不平，则腰背无力，乘骑、驮货、拉车都无力；砚骨现名髂骨体，骨盆有曲凹，不可能平，但臀肌发达时，也可添满此洼而使臀平。背臀宽平，胸腹底宽平，则整个躯干成为正长方形，也是良马外貌应具的条件。

【原文】（二十七）鬃薄茸细，尾欲丛细，胫脡骨细，鹿节欲细，掌骨欲细。

语释 这是图内提到良马外貌的五细。鬃毛、尾毛是马体上的长毛，较其他部分的被毛长而粗。如果鬃、尾毛细软，其他被毛必更细软。毛为血余，畜体气血不足则毛脱，气血旺盛则毛丛密，营养良好，则毛细软而有光泽。鬃不宜厚，厚则夏季炎热，易患暑热病，且使颈失去清秀，显得笨拙。尾毛宜丛密而细长，摆拂轻便。胫脡骨现名大掌骨，鹿节骨现名第二蹠骨，又名小蹠骨。掌骨即四肢的第三指骨。这些骨骼，外面肌肉很少，用手一握即可测知其粗细。骨骼组织紧密坚固则骨细，粗则骨骼组织疏松，因此要求良马的骨骼细。细指致密，并非胫脡骨愈细愈好。

【原文】（二十八）脑骨欲圆，颊骨欲圆，下唇欲圆（重句），膝骨欲圆，前蹄欲圆（重句）。

语释　这是图内提到良马体形要达到圆形的五圆。其中下唇欲圆和前蹄欲圆，已在前面谈过。脑骨欲圆是指组成颅腔的骨骼，圆则颅腔大，脑发达；颊指下颌骨左右枝的骨体，咬肌发达则颊圆，咀嚼力强大，能吃能喝；膝骨是在前肢乘重骨的下部，今名腕关节部，膝部圆则关节灵活，善于伸屈。这就是五圆。

• 按语

马体是一个完整的有机体，各部组织之间的大小、粗细、长短有一定的比例。上图所说的欲长、欲促、欲粗、欲细等，都是指在适当的比例内。例如图内提到胫脡骨欲细，蹄欲大而圆，如果不按比例，愈细愈好，愈大愈好，则必形成小胫大蹄的严重失格现象，不仅不是良马的脚型，反而是特别坏的失格马的脚型。《齐民要术》说："凡相马之法，先除三羸五驽，乃相其余。"什么是三羸呢？大头小颈一羸，弱脊大腹二羸，小胫大蹄三羸。什么是五驽呢？大头缓耳、长颈不折、短上长下、大髂短胁、浅髋薄髀是五驽。三羸五驽都是躯体各部发育不平衡而形成的缺陷和失格现象。任何一种羸和驽，必将影响马的工作能力。因此，我们在阅读此图和后面的"相良马论"等时，对图中所提出的良马外貌应具条件，应从整体观念来体察。

其次，为了帮助阅读记忆，特将图内说明的五十种相法，按单句、对句、类句加以语释，而没有按解剖部位分类，这是需要说明的一点。

另外，原文所用的"欲"字有要求、希望的含意，我们为简单起见，都译成"要"字。实际马的头不是长方形，因为希望马的头成直头型，即接近长方形，古人才用"欲"字来表达。本书内像这一类的用字很多，不便一一注释，请读者见谅。

二、相良马论

题解

观察马体的外貌形态，以判断马的品质优劣，分析其工作力强弱的方法，现名马体外貌学，古称相马学。本篇原文共列头、眼、耳、鼻、口、形骨、蹄、超逸、寿夭九段。其中寿夭一段，仅以眼鼻字形、旋毛色彩等作为寿夭之别，未必符合科学的要求，今删去共列八段，仍名相良马论。

【原文】

马有驽骥①，善相者乃能别其类；相有能否，善者乃能造其微。是以冀北②固多马矣，伯乐③一过，其马群遂空者，非无马也，无良马也。今夫或赤、或黄、或黑、或苍，蚁聚虫集，旅走丛立，四散惝怳④，开合万状。而善相者掉手飞麾⑤，指毛命物，其质之可取者，牧蓄攻教⑥，殆⑦无遗质；自非由外以知内，由粗以及精，又安能始于形器之近，终遂臻⑧于天机之妙哉！今列相法于其后，以俟能者云。

注解

①驽骥：驽是工作力差的马，骥是工作力好的马。《荀子·劝学篇》说：“骐骥一跃，不能十步；驽马十乘，功在不舍。”后即以驽骥来代表劣马和良马。

②冀北：古有冀州，在今河北省北部，冀北则指内蒙古一带，此处自古为产马区。

③伯乐：为古代精于相马术的人。《吕氏春秋》说：秦国的伯

乐，九方堙，赵国的王良是当时最擅长于相马术的人。

④惝怳：chǎng huǎng，据楚辞说：惝怳是无忧无虑，安闲舒适的形态。

⑤掉手飞縻：縻是缰绳，掉手飞縻是一句成语，与弹指之间的意思相同，常用以形容动作迅速，时间短而效率高的行动结果。

⑥攻教：攻，指摘去睾丸的去势术；教，指新马的调教训练。

⑦殆：dài，与怠同，当作“将”字、“近”字讲。

⑧臻：zhēn，到达。

语释　马的品质有好有坏，擅长于马体外形鉴别的人，才能分辨它们是优是劣。相马外貌术是一门科学，有的人很精通此术，有的人则不能。能不能精通，决定于学习，只有善于学习的人，才能深入地掌握这门技术的精髓。伯乐是我国古代擅长相马的人，当时冀北产马区有很多马，但经过伯乐过目挑选后，该地马群即空虚。并不是说该地没有马了，而是良马均被选尽，再也没有品质优良的马了。目前养马业很繁荣，马群中的马各色各样，有的色赤，有的色黄，有的色黑，有的色青；群马在一起，有时相聚如蚁集，如虫聚，成堆成片；有时群马奔走，有时静立相聚；有时四散徘徊闲步，有时静立闲望；有时相聚在一起，有时分散，群马聚合无时，时分时合。在这种群马不停运动的场合下，善于相马的人，能在很短的时间内，根据马体毛色和外形而指出各马的优缺点，将品质良好可以培养训练的马选择出来，进行去势和调教训练，使优秀的品质充分发挥出来。要不是由外貌可以推知畜体内的品质，从粗略的外貌状态以探知畜体内的精微关系，又怎能从而掌握其品质的优劣呢！今将相马法分列于后，等待专家们加以指正。

【原文】（一）头

马头欲得高，峻如削成，又欲得方[①]而重，宜少肉，如剥兔头。寿骨[②]欲得大，如绵絮包圭石[③]。嗣骨欲得廉[④]而阔，又欲长。额欲方而平。八肉[⑤]欲大而明。易骨[⑥]欲直。元中[⑦]欲深，颊欲开[⑧]，鞅欲方[⑨]。

注解

①方：马的头型中，直头型（长方形）是良马的一种头型。

②寿骨：原注："寿骨者，发所生处也。"寿骨正名脑骨，现名顶骨，其中为脑室，寿骨大则脑腔大，神经系统发达。

③绵絮包圭石：绵指丝绵，圭石是石英石，质硬而有棱角，用此形容马颅骨上皮薄无肉。骨的脊（棱）角一触即及，而骨质坚硬。

④嗣骨欲得廉：原注："嗣骨者，颊下侧八骨是。"即下颌骨，俗名下巴骨，因该骨左右两骨体枝分成八字形，因名八骨。廉字在此指侧边，意味着宽长如镰形。

⑤八肉：原注："八肉，耳下也。"即咬肌，因其附着在八骨上（下颌骨）而得名。

⑥易骨：原注："眼下直下骨也。"即上颌骨的面脊部。

⑦元中：又名玄中，原注："耳下近牙。"现名颞颥窝，为下颌关节所在处。马在咀嚼时，下颌关节是按垂直轴上下左右运动，颞颥窝深，咀嚼时颌关节的运动位移范围大，不仅咀嚼有力，而且是口能否张大的关键处。因此，要求元中要深。

⑧颊欲开：颊为上下颌部，亦为咬肌所覆盖处。颊部宽广开阔，则咬肌必发达，能多吃草，嚼得细。

⑨鞅欲方：原注："颊前是。"按鞅字原指马的颈革，束于马耳后部第一颈椎至喉处。因此，鞅，又作喉缨讲。鞅作为马体部位的专名词，是从鞅这个马具演化而来，应该是指第一颈椎和枕

骨处结合的形状而言。原注颊前是的“颊”字，大约是“颈”字之误，故按颈前语释。

语释　马的头位要高，头形要藏肉露骨，成为干燥型，骨棱明显，像刀削刻，筋骨外露才好。头的方向要上下垂直，峻立陡峭。头型要成直头型，挽马的头要重些，但也不宜过重，头上的肉要少，不宜肥胖，要像剥了皮的兔头，干燥清秀，骨肉分明才好。脑骨要饱满而大，像丝绵包着一块有棱角的硬石头。额部要平宽成方形，这样的马脑神经发达，聪明伶俐。下颌骨的侧面要宽阔，下缘要狭窄，骨枝长，如镰刀形。咬肌要发达，肌肉轮廓明显，如此才咀嚼有力，草嚼得细，能多吃草。面脊要直，直才能形成直头型。颞颥窝要深，深则咀嚼有力。颊部要宽阔开展，颊部开展能多吃草。鞅部要近似方形，鞅方则头颈接连紧密而有力。

【原文】（二）眼

马眼欲得高，又欲得满而泽，大而光，又欲得长大。目大则心大，心大则猛利不惊①。目睛欲得如垂铃，又欲得黄，又欲光而有紫艳色。箱欲小，又欲得端正。上欲弓曲，下欲直。骨欲得成三角，皮欲得厚。若目小而多白，则惊畏。瞳子前后肉不满，皆恶。目不四满，上睑②急、下睑浅，不健食。目赤睫乱，眼下无肉，皆伤人。

注解

①目大则心大，心大则猛利不惊：心在中国医学中有两个含义：心主血的心，是指血液循环系统的心脏；心主神的心，则指神经系统中枢的脑。目为视觉器官，直接来自脑视丘处，目大则脑神经发达，已为实践所证明，眼明则脑聪明，反应快，就不怕受惊，具有悍威而不畏怯。

②睑：即眼睑，俗名眼皮或眼泡。

语释 马的眼位要高，眼位高才能高瞻远瞩；眼睛要饱满而润泽，大而光亮晶莹，还要长大。眼睛大，则脑神经一定发达，精神健朗，具有悍威，动作迅速，勇敢而不为外物惊吓，在困难情况下不会踟蹰不前。睛体大而饱满，眼如垂铃最好。睛体的颜色，希望是红黄色，更希望睛体呈鲜艳的紫色光泽。眼眶要小而端正，眶的上缘要弯曲成弓形，眶的下缘要平直，使眼眶成为三角形，眼睑要厚。如果眼睛小而且白睛多，则视力差，胆小多惊怕。眼睛深陷在眼眶内，眼球周围的肌肉不发达，不能使眼睛凸起，皆是性情恶劣的外貌。眼球不能充满眼眶，上眼睑紧短，下眼睑浅短，这种马食欲不佳，吃草少，工作力差。眼球发红充血，睫毛散乱，甚至逆生，使马流泪睁不开眼。还有眼下颜面无肉者，这一类马，容易发生事故，使人受其踢咬等伤。

【原文】（三）耳

马耳欲得相近而前立，小而厚，又欲小而锐，状如削竹，如削欲促。耳小则肝小，肝小则识人意[①]，紧短者良。若根漫及阔而长者，皆驽。

注解

①耳小则肝小，肝小则识人意：耳为听觉器官，马的两耳如果相并而立，耳形短小耸立，则该马听觉锐敏，具有悍威，精神健旺，宜于驾驭。黄帝《内经》说："肝主魂"为"将军之官"，"主怒"。因此，性情躁烈为肝怒，怒则不易驾驭。所以说耳小则肝小，肝小则识人意。

语释 马的两耳，要求相近并前立，耳壳要小而厚，形像刀削的竹筒，上尖下圆中空；耳形短促才有劲，耳小而立，则听觉敏锐，精神健旺聪明，并易为人驾驭。耳形紧短相并、耸立向前的马是良马。如果耳根散漫，两耳耷垂，或耳形宽阔而长的马，皆非良马应有的耳型。

【原文】（四）鼻

马鼻欲得广大而方，鼻中色欲得红。鼻大则肺大，肺大则能奔，鼻孔欲大，素中欲廉而张①。水火欲得分②。

注解

①素中欲廉而张：原注："素，鼻孔上是。"这是素中所在的位置。本书骨名图中有鼻素骨，鼻素骨是鼻膈软骨，素中则指鼻颌切迹，由鼻孔上开肌和鼻孔下开肌（又称鼻翼肌）所掩盖的部位，此处鼻腔无骨骼，全系皮肌，可以伸张，使较大量的气体通过鼻腔。素中的皮薄，面积宽大，伸张度大，表示马的呼吸量大。

②水火欲得分：原注："水火在鼻孔两间"。《齐民要术》的注解是，水火在两鼻孔间。据此可知水火是在鼻孔的中间（左右相同），即真鼻孔与假鼻孔之间，是呼吸出入的最尖端，亦是体内外清气与浊气互相交换的分界处。此处轻薄柔软，动作灵活，可使呼吸通畅，气血和平多健康。按呼吸皆属气体，但出气较热，入气较凉，热为阳属火，凉为阴属水。因此，古人以"水火"二字作代名词。但是水火要分，亦得素中廉而张，才能配合相称。换句话说，就是呼吸通顺而无阻碍的要求。只有这样，才能持久地维护心肺二脏气血流行的正常状态。乘骑走马，对这一点要求比较重要。

语释 马的鼻梁要宽广，鼻孔要大，形如喇叭，鼻腔内黏膜颜色要鲜红。鼻为呼吸器官的开端，鼻孔大则肺呼吸量必大，呼吸量大则能奔善走，不会一劳动即喘满疲倦。鼻孔要大，鼻翼肌要宽而薄，伸张度要大。鼻孔内的真假鼻孔界以轻薄柔软为佳，以便分别清浊气之用。

【原文】（五）口

马口吻[①]欲长，口中色欲得鲜明，上唇欲得急，下唇欲得缓；上唇欲得方，下唇欲得厚而多理。上齿欲钩，下齿欲踞[②]。颌下[③]欲深，喉欲曲而深。唇不覆齿，少食。齿左右蹉不相当，难驭。齿欲得深而密，浅则不能食。又欲得齐而白，白则耐。齿不满不厚，不能久走。龂腭欲得有瓣而明[④]。舌欲得方而薄，长而大，色如朱。

注解

①口吻：嘴也叫吻，口吻俗名嘴巴。

②上齿欲钩，下齿欲踞：这两句话来源于《齐民要术》。通常年轻力壮的马，上切齿弓曲，年老后由于齿向前伸张而失去弓曲度。年轻力壮的马，下切齿向上直立，齿冠部分包在龈肉中，年老则齿因磨蚀而向外伸张，齿长而外露。踞是蹲立貌，用以表示牙齿深埋龈肉中。原刊将“踞”字误为“锯”，马的下切齿如果排列成锯齿那样凹凸不平，是严重的损征，岂能是良马具有的齿型，故改正。踞有盘踞巩固之意。

③颌下：名颚凹，或食槽洼。

④龂腭欲得有瓣而明：龂腭音银鄂，上下齿根肉，因包着齿根而得名。当齿根甚至部分齿冠深埋在龈肉内，时成瓜瓣形，当齿向外伸张后瓣形即不明显，因此良马要龈有瓣而颜色鲜红。

语释　马的嘴巴要长，口腔内的颜色要红润有光泽，上唇肌肉要伸缩力强，紧包上齿弓成方形；下唇则要弛缓，以便引食入口，且要厚，上面有皱纹。上切齿要向内，形成钩曲的齿弓；下切齿要蹲立，仅露部分齿冠，成墩子牙。颌下食槽凹要深。喉部要弯曲，头和颈形成的喉凹要深，这种马有悍威。唇不能包盖切齿，唇的采食力必低，马即少食力弱。牙齿排列不整齐，左歪右倒，使上下牙齿的咀嚼面不能吻合，则咀嚼不得劲，不仅影响消化，而且因齿不整齐，口勒容易致使牙痛，难以驾驭。牙根要深藏在龈肉内，牙齿之间排列紧密无缝隙才好。若齿根外露，齿向外伸张，即不能咬嚼草节，采食力低，为老马口齿。牙齿的排列要整齐，齿色要白，白则牙齿耐磨。齿形不饱满不厚实的马，工作无持久力，不能久走，劳动易疲。牙龈上的瓜瓣形要凸起明显，龈肉鲜红。舌形要成长条状的长方形，且要薄，长而大，舌色鲜红如银朱色。

【原文】（六）形骨

望之大，就之小，筋马也；望之小，就之大，肉马也。至瘦欲得见其肉①，至肥欲得见其骨②。马颈项欲得厚而强，又欲得䐊而长；颈骨欲大，肉次之。髻欲得桎而厚且折③。季毛④欲长多覆，则肝肺无病⑤。鬃欲戴⑥，中骨高三寸⑦。胸欲直而出，臆欲广，两肩不欲深，肩肉欲宁，凫间欲开，视之如双凫⑧，双凫欲大而上。膺下欲广一尺以上。背欲得短而方，脊欲得大而抗，脊背欲得平而广，脢筋⑨欲大。腹欲充，又欲平而广，又欲大而垂。结脉⑩欲多，大道筋⑪欲大而直。肷欲小，肷小则脾小，脾小则易养⑫。季肋⑬欲张，胁肋⑭欲大而洼；从后数其胁肋，过十者良⑮。腹下欲有八字，腹下毛欲向前，腹下阴前两边生逆毛入腹带者骏。三府⑯欲齐，髂骨欲大而长。尾本⑰欲大而强，尾骨欲得高而垂。臂欲得长⑱，而膝本欲起⑲。肘腋欲开。髀骨欲短⑳。龙翅欲广而长㉑，升肉欲大而明㉒。股欲薄而博㉓，虎口㉔欲开。后髀㉕欲广厚。汗沟欲深明㉖。直肉欲方㉗。输鼠欲方㉘。肭肉欲急㉙。间筋欲短而减[30]。机骨欲举，上曲如垂箱[31]。

注解

①至瘦欲得见其肉：《齐民要术》注：是指肩前肉，肩前有肉，则前肢肌肉发达，肩前无肉，则瘦弱无力，筋马是干燥型的马，虽然清秀，但肌肉是发达的，肌肉不发达，是瘦削型的无工作力的马。因此，筋骨马再没有肉，但肩胛处肌肉也要丰满，即整个躯体的运动肌群要发达。

②至肥欲得见其骨：据《齐民要术》注：骨是指头上的面脊骨棱，干燥型和坚实型的马，其面脊部是突露于外，面脊不露为蠢像的“肉头”马，肉头马纵然肥胖，但肌肉虚而不坚，工作力弱。因此，良马再肥，头上的骨棱也要看得见。

③髻欲得桎而厚且折：束发成髻，马的颈部长毛叫鬣，成束则叫髻，桎为古时刑具，捆住两脚。用此形容鬣毛成束的紧密，折则指鬣毛弯曲的形象，披覆在颈的两侧。

④季毛：随季节而脱换的被毛叫季毛。马在春末褪下冬毛，换上细短的夏毛，秋后换上浓密茸细的冬毛，冬毛浓密，可使畜体御寒少病。

⑤多覆，则肝肺无病：原注说：“覆，厚毛是也。”厚毛指冬毛。

⑥鬃欲戴：鬃是顶上的长毛，鬃应直立在顶上，倒伏是一种损征，表示畜体衰弱，因此要求鬃要像帽子那样戴在顶上。

⑦中骨高三寸：原注：“鬃中骨也。”中骨是鬃中骨的简称，现名枕骨，在顶间骨的后方。中骨高三寸是指此处的鬃毛，向上直立的高度要有三寸，表示气血旺盛体质健强之象。但普通马只能在修剪后立起一至二寸，只有气血特别旺盛体质健强的马，其鬃不修剪亦能立起三寸。

⑧双凫：凫是野鸭的古名，在此指胸脯上的肌肉饱满挺立像野鸭的胸脯样。

⑨脢筋：原注："脢筋，夹脊筋也。"即位于胸椎和腰椎两侧的肌肉。俗名脢子肉。但脢筋有时单指背最长肌，因背最长肌是脊柱上最大的肌肉。

⑩结脉：指胸腹部的皮下静脉，该处静脉怒张，弯曲有结节为善跑马的特征之一。在育种的母马结脉也有同样要求。

⑪大道筋：原注："大道筋从腋下抵股也。"腋有肘腋和股腋二处。由肘腋到股之间，为胸腹底侧，其上无大而直的筋，胸腹底侧正中有一条白线，是由肘腋到股的直线，但不粗大。由股腋到股后肛门下为公马的提睾肌束，形如粗索而直。从文字结构看，大道筋是和结脉相对的两句，如果结脉是指母马，则大道筋应指公马的提睾肌。

⑫脾小则易养：胃主纳谷，脾主运化，因此脾胃功能和现在所说的消化机能密切相关。牲口的易养与否，择食好坏，决定于脾是否健运。实质脏器的脾，与消化机能关系很小，与血则有密切关系，因此中兽医又有脾统血的理论。实质脏器的脾是长条形，体积不大，但有许多疾病能使脾肿大充血，甚至增大4～5倍。脾小则易养，是从这个观点立论，说该马消化机能健旺的意思。

⑬季肋：即肋扇骨，现名假肋，由肋骨体和肋软骨组成，不直接与胸骨相连。马的假肋通常是10条，其软骨部末端，互相连结成肋弓，构成胸廓后界。假肋帮助呼吸运动，其舒张度大，则肺呼吸量必大，因此要求"季肋欲张"。

⑭胁肋：即棚子骨，现名真肋。真肋的肋软骨呈柱状向前弯曲，与胸骨相连，真肋骨体顶端与胸椎相连，形成胸廓前部。真肋大而长则胸深，曲度大则胸围大，胸围大才能容纳强大的心肺脏器，因此要求胁肋要长大而弯曲。

⑮从后数其胁肋，过十者良：按马的真肋，通常每侧是8条，假肋10条，共18条（一侧数），有时增为19条。真肋10条，马体解剖史上尚未发现过。此处说过十者良，且从后数，未提假肋

几条，可能是将假肋误算为真肋，但更大的可能性是把“季肋过十者良”，误刊为“胁肋过十者良”。季肋过十的情况，在解剖上是可以看到的。凡是这种马，其胸廓必深长而腰短，乘驮拉车都有力。

⑯三府：又名三峰。原注：“两髂及中骨也。”两髂指左右髂骨的髂骨翼，中骨则指荐椎棘突、髂骨翼和荐椎棘突三点在一个平面上，则臀平。

⑰尾本：指第一至第四尾椎，这四个尾椎还具有一般脊椎的形状，形成尻的后端，为尾根部。尾本粗大有力，则尾根亦粗大有力。

⑱臂欲得长：臂指同筋骨（桡尺骨），是里乘重骨和外乘重骨的总称。桡骨称为里乘重骨，尺骨称为外乘重骨。

⑲膝本欲起：俗说马的膝，在现代解剖学上称为腕关节，膝本则指桡骨远端与腕骨相连接部。此处希望较腕骨突起。

⑳髀骨欲短：按本书骨名图，原绘的髀骨位置是在前肢下部胫梃骨（大掌骨）处，这显然是绘错了。胫梃骨上无肌肉，只有筋腱，不会有“升肉欲大而明”，也不会要求“胫梃骨短”。按《刺灸心法》说：“膝上的大股叫髀，上端如杵，接于髀枢，下端如锤，接于胻骨。”髀枢是髋臼，胻骨是胫跗骨。由此证明髀骨是股骨。股骨短而粗，对马后肢推进省力。因此，希望髀骨要粗短。

㉑龙翅欲广而长：龙翅又名雁翅，现名髂骨翼，是髂骨的宽大部分。骨盆是由髂骨、耻骨、坐骨组成。龙翅广则骨盆大，龙翅长则骨盆腔深。

㉒升肉欲大而明：升肉，原注：“髀外肉也。”即股骨外侧的股二头肌。

㉓股欲薄而博：原注：“股肉是也。”本句是说明整个股部外貌，并不单指哪一块肌肉。它和“良马相图”中的“腿似琵琶”，含义相同。

㉔虎口：指肷腹与后腿之间形成的膝褶，即股阔筋膜张肌之处。

㉕后髀：指大腿的后缘。

㉖汗沟欲深明：它是股二头肌和半腱肌形成的肌束间隙，汗沟深，界限清楚，表示这些肌肉发达。

㉗直肉欲方：原注："髀后肉也。"即半腱肌与半膜肌组成腿的后缘。为一长条形肌肉。

㉘输鼠欲方：输鼠是半膜肌，位于半腱肌的内侧。故原注说："直肉下也。"此肌为三角形的大肌，但有一部分被半腱肌盖住，外露部分近似长方形，因其在股内侧靠鼠蹊部，故名输鼠。

㉙肭肉欲急：原注："髀里也。"即在升肉之下，现名股四头肌，为一强大肌肉，短而粗壮。

㉚间筋欲短而减：原注："输鼠下筋。"半膜肌下面是股薄肌，它是一层宽而厚的肌肉，肌腱至膝内，终于直韧带和胫骨脊上，此肌粗短，则后肢内收有力。

㉛机骨欲举，上曲如垂箱：机骨为何骨，有三说：一说机骨是掠草骨（即膝关节上的膝盖骨）；一说是跗关节处的跟骨（腓跗骨）；一说是股骨近端的大转子。"上曲如垂箱"，《齐民要术》为"上举如垂筐"，说机骨应为大转子，是由于机有机括的含义。上举着骨盆，骨盆如垂筐，因此暂从后说，将机骨译为大转子。

语释　干燥型的马，筋骨外露，气宇轩昂，有悍威，这种马远看躯体雄伟，近看则有清瘦感，因名"筋骨马"。坚实型的马，肌肉丰满，远看粗壮敦实，近看膘满肉肥，因名"肉马"。干燥型的马能奔善驰，适宜于乘骑；坚实型的马劳动有持久力，但速度不如干燥型马快。筋骨马虽清瘦，但不是瘦弱型的马，再瘦肩胛上也要肌肉丰满，四肢运动肌群发达；肉马虽肥，再肥它的面脊骨棱也要显露，不然就成为粗笨的湿润型马了。

马的项肌要丰满而厚，强壮有力，又要求长而圆的滚筒形（腿），腿则颈横截面成侧卵形，表示颈部诸肌发达，但颈椎骨是颈的基础，颈骨要粗大，才能附着强大的颈肌群。因此，肉与骨比，肉是次要的。

颈部的鬣毛要成髻，披覆在颈侧。体表上的被毛，特别是冬毛要茸细浓密，使畜体不受寒，则不易生病。顶上的鬃毛要向上耸立，高三寸者，则气血旺盛，是良马的外貌。

胸脯要饱满而直，向前挺出，左右胸肌间的间隙要宽，左右胸肌肉发达隆起，像野鸭胸脯那样饱满挺立。臆部要宽广，两肩胛骨接连要紧密，中间无裂隙，肩胛上的肉要平厚，固着不动。胸底要宽广，宽度在一尺以上最好。

脊背要短而宽，成长方形。脊骨要粗大，结合紧凑，抗压力强，脊背要平坦宽广，脊椎处的脢子肉，特别是背长肌要发达，这样背部宽平。

腹要充实饱满，腹底要平坦宽广，母马的腹要大，可略下垂，胸腹底侧的皮下静脉要怒张，结曲外露。公马的大道筋（提睾肌），要粗大而直。

肷窝要小，肷窝小则消化器官必发达强壮，不择食，容易喂养。

假肋要向外开展；真肋要长大弯曲。这样，胸才深，胸围才大。从后数马的假肋，超过十条的是良马。

胸后缘要成八字形向外张开，腹底的毛流要向前。腹下阴囊前的毛流向前逆生，直到束肚带处，是骏马的特征。

臀部的髂骨翼和荐椎棘突，高低要在一个平面上，髂骨要粗大而长，尾根要粗，强壮有力，尾骨要向上举起，后端向下弯垂。

前肢的同筋骨（桡尺骨）要长，其下端与腕关节结合部要突起，肘腋部要伸得开，迈步才距离大。

后肢的股骨要粗而短，骨盆要宽又要长。股外侧的股二头肌要粗大，肌束轮廓明显。股部的形状要宽广而薄，成琵琶形。膝褶（虎口）要伸得开，使后腿迈步距离大。臀的后缘要宽厚，汗沟的洼痕要深而明显。半腱肌要像长方形，其下的半膜肌也要像长方形。股四头肌要短而粗，股薄肌要宽而短，股骨的大转子要向上起，像举着一个下垂的箱筐（骨盆）。

【原文】（七）蹄

马足垂膊[①]；欲厚而缓，膝骨欲方而庳[②]；又欲得圆而张，大如杯盂，腕欲结而促[③]；又欲促而大，其间才容靬[④]。距骨[⑤]欲出，前间骨欲出前[⑥]；后凹。附蝉欲大[⑦]；乌头欲高[⑧]；后足辅骨欲大[⑨]；辅肉欲大[⑩]而明，后脚欲曲而立。蹄欲厚而大，又欲厚三寸，硬如石；下欲深而明，其后开如鷂翼，如蛤；有龙道[⑪]者，软。

注解

①马足垂膊：原刊为“马足垂蹄”，但《齐民要术》《马书》《元亨疗马集》均为“薄”，薄是“膊”字之误。从原注：“脚胫”证明“薄”是“膊”字之误，据之改正。

②膝骨欲方而庳：膝骨现名腕骨，由两列短骨组成，上列有桡腕骨，中间腕骨、尺腕骨和副腕骨，下列有四块腕骨，即二至

五腕骨。第一腕骨常不存在，两列腕骨组成不规则的长方形。腕关节不宜粗大，应比桡骨下端略小。庳即小。

③腕欲结而促：腕现名系部，位于第一趾骨处，其上为球节，系要结合紧凑，成正系，过长则成卧系，卧系前肢不能负重，奔驰无力；过短则成起系，奔驰时易使蹄和球节受伤，均非良好系形。

④靬：为革制的绊索，拴扣在马蹄系部，用以控制马。

⑤距骨：距骨位于距部羊须内，为四角形的两块短骨，现名近侧籽骨，而不是现代解剖学中所说的跗骨上列的距骨（胫跗骨）。

⑥前间骨欲出前：原注："外凫临蹄骨"，以其临近蹄甲，位于胸凫侧，故名。现名冠骨，以其为蹄冠所在而得名，即第二趾骨。

⑦附蝉欲大：附蝉一名夜眼，位于臂内侧皮肤上，为黑色角质组织，形圆而光滑无毛。

⑧乌头欲高：原注："乌头，后足后节"，即跗骨中的跟骨（腓跗骨）。

⑨后足辅骨欲大：原注："辅足骨者，后足骸之后骨。"《素问》说："膝下为骸关，侠膝之骨为连骸。"据此，骸是胫骨之后的腓骨，而后足辅骨应是胫腓骨。

⑩辅肉欲大：胫腓骨上的肉，即小腿肉。

⑪龙道：据王建宫词，龙道是逶迤屈曲，坡陀倾斜的小道，在此借以比喻蹄甲上的裂纹和皱痕。

语释 马的前肢是由膊向下，直垂于地，臂上的肌肉要厚实，上粗下细，由粗大缓缓减细。腕关节诸骨除副腕骨外，要组成近似长四边形的柱状，体积较桡骨远 端略小，副腕骨要成卵圆形，向后侧方伸张，使腕关节大小像一个茶杯或漱口盂那样粗细。系部（俗名蹄寸子）要结构紧凑，坚实有力，成为正系不起前、不卧后，结合紧凑，球节粗大。系间距高矮，要恰好扣一条皮绊索那样宽。球节后的近端籽骨（距骨），要向后突出，冠骨要向前倾出，后面空凹，如此，马在奔驰时，不会因体重直接落于蹄上而蹉伤蹄系。夜眼要大。后肢跗部的跟骨要高大。胫腓骨要粗大，小腿肉要发达粗壮，轮廓明显，后肢要屈曲而立，曲则曲池深，直则大蹠骨直立于地。

蹄要厚，蹄形要大，高约三寸，甲质要坚硬像石头。蹄的底叉要深，叉痕轮廓明显，叉的后端向外展，像鹞鹰展翅，或像蚌蛤两壳张开那样。如果蹄甲上有裂痕和碎纹，这种蹄甲质软，不耐久走，易生蹄病。

【原文】（八）超逸

马龙颅突目[①]，平脊大腹，肶重有肉[②]，此三事备者，千里马也。上唇急而方，口中红而有光，此千里马也。牙去齿一寸者，四百里；牙剑锋者，千里。目中缕贯瞳子者[③]，五百里；上下彻或双瞳人者，千里。兰孔[④]中有筋及长毛者，五百里；目中五采尽具，五百里。耳三寸者，三百里；一寸者，千里；耳方者，千里；如削筒者，七百里；耳本生角，长一二寸，千里。羊须[⑤]中生距如鸡者，五百里。腹下阴前，两边生逆毛[⑥]，入腹带者，千里；一尺者，五百里。双脚胫亭[⑦]者，六百里。马生堕地无毛者，千里。溺过前足者，五百里；溺举一足如犬者，千里。膺下欲广一尺以上，名曰挟尺，能久走。胁肋[⑧]从后数得十者，良，十一者，三百里；十二者，千里；十三者，天马[⑨]。腹下平满，直肉方，股薄而博，肘腋开，皆善走。

注解

①马龙颅突目：即现在所说的鲛头型马。

②肶重有肉：肶肉是股部诸肌，股肌发达则肉重。

③目中缕贯瞳子者：成束的丝线叫缕，目中的缕是何种组织，目前尚无统一意见。据说缕色白，但一般马的眼球上并无白缕，病马生白翳不是缕，从眼球的解剖组织，无法说明缕是何物，以及为什么缕是千里马的特征。

④兰孔：原注："眼下虚处是也"，郭子章《马记》则说兰孔在眼上的眼盂内。语释暂从原注。

⑤羊须：球节后侧距部生的长毛，一名距毛。

⑥逆毛：毛流与旁边的毛流方向相反，特指线状旋毛。

⑦双脚胫亭：原注："回毛生腕膝者是也。"回毛是羽状旋毛，胫亭，是细长直立。即由腕关节到球节有一直而细长的羽状旋毛。

⑧胁肋：参考前项形骨内的注解。

⑨天马：古称大宛马为天马，这里则是指最优秀的良马，有天下无敌之含义。

语释　超群出众的马，称为超逸。马的头骨峥嵘，目睛突出的鲛头型马；腰背脊宽而平，胸围大，腹充实平坦的马；大腿肌肉发达粗壮，膘壮肉重的马；具有这三个外貌条件的是千里马。

上唇紧而方，能包住齿弓，口中津润色红而有光泽，这是千里马。

门牙和腮牙之间的间隔，有一寸的空隙，是日行四百里的良马，门牙切面像宝剑的锋刃，这是千里马的齿形。

睛体上有白缕贯通瞳孔的马，日行五百里，眼球上下清澈晶莹，或具有双瞳仁的马，日行千里。

眼下虚处，脉管怒张可见，并生有长毛的马，日行五百里。

睛体色彩晶莹，呈雨后的虹状色彩，五色全有，是日行五百里的马。

耳长三寸的马，日行三百里；耳长仅一寸，日行千里；耳壳呈方形，是千里马；耳壳像削了半边的竹筒形，是日行七百里的马；耳根处生角，长达一二寸，是千里马。

羊须内生距，像鸡距，能日行五百里；肚底阴囊前，生有线状逆毛，直达胸部束带处，是千里马；逆毛向前仅有一尺远者，日行五百里的马。

掌骨部直立，有羽状旋毛自腕关节直达球节处的马，日行六百里；马驹初生落地时，驹体无毛，是千里马；公马溺尿超过前足者，日行五百里；溺尿时举起一后脚，像狗溺尿状，是千里马；胸底宽广，两肘之间相距在一尺以上的，叫“挟尺”马，能久走不疲。

马的肋骨从后数，假肋在十条以上的是良马，具有十一条的，日行三百里；具有十二条的，是千里马；具有十三条的，是天下无敌的良马。

腹底平坦充实，股后缘肌肉发达，使后缘成方形，股部形状扁平宽大，肘腋伸得开的马，都是能奔善走的马体外貌。

• **按语**

以上所说的千里马，和日行五百里、三百里等，并非该马真能日行千里或五百里，它只是形容马的奔驰速度特别快而已。

【原文】（九）寿夭

马目中五采具，及眼箱下有字形者，寿九十。鼻上纹如王公，寿五十；如火，四十；如天，三十；如山如水，二十；如木十八；如四，八；如宅，七。旋毛在眼箱上，四十；在值箱骨中，三十；在值中箱下，十八。口中见红白光如穴中着火，老寿；若黑不鲜明，盘不通明，不寿。

补注

语释者认为是迷信，未作语释。

三、相良马宝金篇

题解

本篇一名相马宝金歌，篇内提出良马应具的 32 种外貌，并以金银珠宝形容这些外貌条件的重要性，因而以此作篇名。

【原文】

三十二相眼为先，次观头面要方圆。
相马不看先代本[①]，一似愚人信口传。
眼似垂铃紫色鲜，满箱凸出不惊然。
白缕贯睛行五百，斑如撒豆匆同看[②]。
面若侧墼如镰背[③]，鼻如金盏可藏拳。
口叉须深牙齿远，舌如垂剑色如莲。
口无黑靥须长命，唇似垂箱盖一般。
食槽宽净腮无肉，咽失平而筋有拦。
耳如杨叶裁杉竹，咽骨[④]高而软不坚。
八肉分而弯左右，龙会[⑤]高而上古传。
项长如凤须弯曲，鬃毛茸细要如绵。
鬐高膊阔抢风小，臆高胸阔脚前宽。
膝要高而圆似掬，骨细筋粗节要攒。

蹄要圆实须卓立，身形充阔要平宽。

肋骨弯而须坚密，排鞍肉厚稳金鞍。

三峰厌厌须藏骨[⑥]，卧如猿落重如山。

鹅鼻[⑦]曲直须停稳，尾如流星散不连。

膏筋[⑧]大小须匀壮，下节攒筋紧一钱。

羊髭有距如鸡距，能奔善走可行千。

以前贵相三十二，万中难选一俱全。

注解

①先代本：即今之血统系谱表，简称血谱。名马必生骏驹，查看血谱，在马的外貌鉴定上有重要意义。

②斑如撒豆勿同看：同看即同等看待。古有名马叫连钱骢，毛色青，体上有暗斑如撒豆，密布全身，后即以斑如撒豆来描绘连钱马。

③面若侧墼如镰背：墼是砖的土坯，尚未烧制成砖，墼形长方，以此来要求马的头形成直头型，镰背狭窄而弯曲，以此来喻说下颌的形状。

④咽骨：即喉头部的会厌软骨，吞咽食物时，此骨将喉管闭盖住，不使食物落入气管，故名咽骨。在此则指组成喉头的全部软骨。

⑤龙会：原指两眼之间的印堂部。龙会高而上古传，则指龙颅突目的鲛头型马。

⑥三峰厌厌须藏骨：三峰在“相良马论”称为三府。厌厌是低垂安稳的外貌，荐部平坦低垂，荐椎棘突和髂骨翼不外露，为肉所包藏，是膘壮肉满肌肉发达的特征。

⑦鹅鼻：即腓跗骨，又名跟骨。

⑧膏筋：各刊均如此，膏为脂，膏筋这一名词，在其他相马资料中未见到。膏字和骨字的形状粗看有些相似，是否历年以来排版翻印，将骨字误刊为膏字，难从“膏筋”原文，而以骨筋

作释。

语释 三十二种良马相貌，眼貌居于首要地位，其次才相头面各部。头型要直头型，吻要圆。选择良马而不看该马祖先的血谱，好像是无知的人信口传说，却无血谱资料作依据。

眼要圆大似垂铃，睛体色泽鲜艳有光，呈微紫色，眼球饱满微凸，此马不易受惊，有白缕贯穿睛体的日行五百里，躯体上有暗斑如撒豆，这是良马毛色，不要和一般的马毛色同等看待。

面形像侧立的砖坯，长方而直，下颌形像镰刀背，背窄而面宽；鼻孔像金杯，大可放入拳头；口叉深，门牙和腮牙的间距宜远离，舌形长如垂剑，色如莲花色；口腔内没有黑色的靥（色素沉积形成的斑），寿命长；唇型似箱盖紧盖着齿；面腮上无虚肉，清秀而无虚浮之象，颌凹宽而无碎小的结核；咽喉要形曲凹深，血管不外露；耳形如杨柳叶，耸立着，像裁削的杉竹；喉头高举，质软而不硬；肋颊咬肌轮廓分明，分向左右弯曲；龙颅突目的鲛头型马，自古相传是良马形象。

颈要长，像凤颈高举而弯曲；鬃毛要细软浓密而薄，细如丝绵，软而有光泽；鬐部要高，膊部要宽厚，肩关节骨棱不突露在外，则抢风骨小；臆部突起，胸膛宽阔，前腿裆宽；前腿膝部（腕关节）要离地高，形象两手半弯相合的圆形；胫脡骨要致密，筋要粗大，球节和蹄系结合紧凑；前蹄要圆，甲质坚实，蹄壁直立而不倾斜。

躯干要充实宽阔，背平胸宽；肋骨要弯曲，排列须紧密；背部鞍下的肉要厚，才能负重远行；臀要圆，臀肌要厚，使荐部三峰为肉包藏而不外露骨形；虽膘肥体重，但行动轻捷，卧下时如猿猴落地那样轻巧；后腿的鹅鼻骨曲直要适度；摆尾如流星，活泼轻巧，尾毛要疏散，不宜连结成团妨碍摆拂；筋骨的粗细大小，配合要均匀适度；下部的寸腕关节要结合紧密，系凹只能放下一文钱，羊须内有突出的硬蒂，像鸡有距那样。这样的马能奔善走，可行千里而不疲倦。

总之，以上所说的三十二种良马外貌，一匹马完全具备这些优秀体貌的，可说是万匹之中也难找到一匹。

四、良马旋毛之图

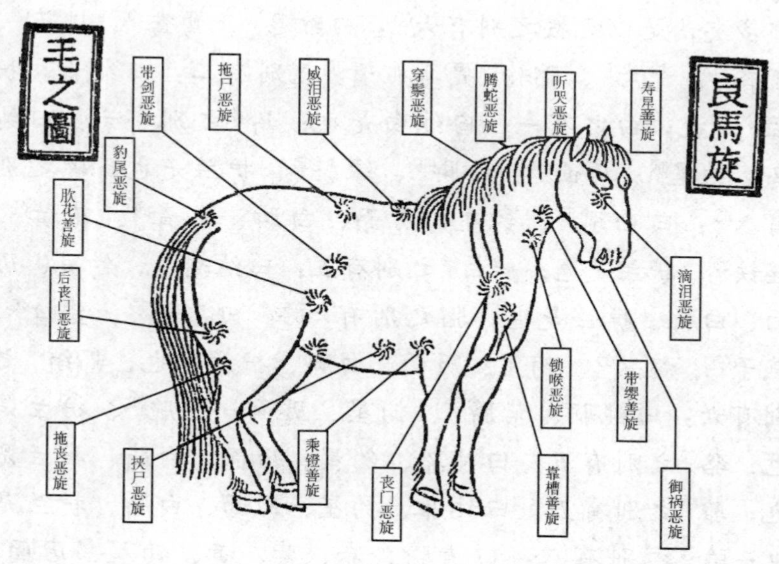

五、旋毛论

题解

本来马体上的毛流方向和外界的气流、雨水、汗水在体表上流动的方向是相适应的，一般多为向后、向下的方向，如果形成特殊方向，如螺旋形的毛流则成为旋毛。旋毛是鉴别马匹个体的特征之一。可是有人迷信以旋毛的形状和所在部位的不同，来区别马的善恶吉凶。本论即驳斥这种不符合实际情况的说法，并系统地叙述了我国古代对马体毛色的分类。

【原文】

毛物[①]之类众矣，其引重致远，堪托死生者，独马为可称，故其行地无疆[②]，圣人所以取象于坤[③]也。然其种数亦多矣，是以叱拨之别有六[④]：曰红耳[⑤]、鸳鸯[⑥]、桃花[⑦]、丁香[⑧]、青紫[⑨]、骝骗[⑩]是也；青[⑪]之别有二：曰纯青、护兰[⑫]是也；白之有一，曰纯白是也；乌[⑬]之别有六：曰纯乌、钓星[⑭]、历面[⑮]、白脚[⑯]、绿鬃[⑰]、护兰是也；骢之别有八[⑱]：曰白骢[⑲]、钓星、历面、白脚、乌青[⑳]、花黄[㉑]、荏铁[㉒]、护兰是也；赭白[㉓]之别有五：曰纯赭白、钓星、历面、白脚、护兰是也；骝之别有八[㉔]：曰枣骝[㉕]、金口[㉖]、燕子[㉗]、黄黑[㉘]、钓星、历面、白脚、护兰是也；骟绡[㉙]之别有六：曰纯骟、紫膊[㉚]、钓星、历面、白肶[㉛]、护兰是也；骆[㉜]之别有五：曰纯骆、钓星、历面、白脚、护兰是也；骓[㉝]之别有五：曰纯骓、钓星、历面、白脚、护兰是也；骗[㉞]之别有八：曰青骗、赤、紫、黄、钓星、历面、白脚、护兰是也；骇鞒[35]之别有六：曰骁骇鞒、骗、骝、紫、赤、白是也；骠[36]之别有七：曰赤骠[37]、银鬃[38]、黄、钓星、历面、白脚、护兰是也；驳[39]之别有三：曰纯驳、起云[40]、银厘[41]是也。由此视之，其种数之多如此，其间质之驽骏，性之善恶，与夫毛色之纯杂，固亦不同，不可以一概而论也。如其旋毛之生，或在其左，或在其右，或在其前，或在其后，而命之以名，因其名而遂有吉凶之说。大抵相马之法，当以形骨为先，旋毛排其一端耳。且马之有旋，未必果为凶也；而畜之者，事或不祥，则归咎于马，以为马致然也，岂理也哉！昔人固尝有议其居处者，而曰人凶非宅凶，兹诚通达之论也。苟能明乎此，则不护于马矣[42]。今故画其形象及旋毛于右，后之博物洽闻者，宜有辨焉。

注解

①毛物：古人对动物的分类是毛、羽、鳞、介、虫等类，毛类基本上和现在所说的哺乳类动物一致，羽为鸟类，虫为软体虫类，有甲壳的昆虫属甲，鳞为鱼类，介为蚌蛤类等。

②无疆：疆字和强字古时通用。无疆，即没有比它再强的意思。

③坤：《周易》："坤：元亨，利牝马之贞。"注："以龙序乾，以马明坤，随事义而取象也。"因此有在天为龙，在地为马，在天为乾，在地为坤的取类比象。

④叱拨之别有六：《续博物志》和《纪异录》说："唐天宝中，大宛进汗血马六匹，名红叱拨，紫叱拨、赤叱拨、黄叱拨、桃花叱拨、丁香叱拨。"叱拨为古大宛马，是一个品种，其命名则是根据毛色。"六"字原刊为"八"，但上述叱拨马仅六匹，下文毛色分类也仅六种，八字显然是六字之误，特此改正。

⑤红耳：即红叱拨，由于全身为红栗毛，唐明皇命名为红玉马。

⑥鸳鸯：水鸟名，头有紫黑色羽冠，体羽黄褐或苍褐，腹灰

白。驾鸯马则为鬃鬣尾黑色、被毛黄栗色的叱拨马。

⑦桃花：淡红栗毛叱拨马。

⑧丁香：丁香花为淡藕色，此指银灰色的淡栗色叱拨马。

⑨青紫：毛稍带红色的青毛叱拨马，现名红青毛马。

⑩骝骗：即赤叱拨，骗为紫色马，赤马黑鬣尾叫骝。骝骗，即紫色马而有背线（螺纹）鬃、鬣、尾、距的长毛色黑。

⑪青：指青毛一类马，青毛是由黑毛和白毛混杂而生，远望为青色。

⑫ 护兰：《酉阳杂俎》：“护兰马，白马也，亦曰玉面。”即有颜色的马，其头和身躯上有白毛，玉面是面上有白章，在本篇分类中称为历面，护兰单指胸前有白章。

⑬乌：乌马即黑毛马，如乌鸦之黑，故名乌。

⑭钓星：暗色毛马，额头上有白章如星，叫钓星马。

⑮历面：暗色毛马，头面上有白章，由额向下到鼻的，叫玉面，直到鼻端的叫历面。

⑯白脚：暗色毛马，四肢为白色的叫白脚。《尔雅》更分得详细，四肢腕关节以上白的叫馵，四脚白的叫驓，四蹄白的叫骟，仅前足白的叫騱，仅后足白的叫翑，只前右足白的叫启，只前左足白的叫踦，单后右足白的叫骧，单后左足白的叫馵。这种分类太繁琐，现均归入白脚类。

⑰绿鬃：黑毛马，鬃毛为海绿色。

⑱骢之别有八：原文是“骢之别十有一”，但内容实有八种，是否漏掉三种，值得怀疑。在未查到根据之前，暂仅按照实有八种而论。《说文》：“马，青白杂毛也。”由此可知，骢马也是杂毛马，但身上都有暗斑，随青色的浓淡和白章的不同，而有八种区别。

⑲白骢：近似白马，微具淡青色和暗斑。

⑳乌青：黑毛较白毛多，接近黑色毛的马。

㉑花黄：即菊花的别名，青毛马，身上有暗斑，现名菊花青。

㉒荏铁：《六书故》“马茵青色，一名荏铁”。荏铁是锻铁，今名铁青马。

㉓赭白：赭色赤，赭白即淡红色。《马记》慕容廆有骏马名赭白，后即将淡红栗毛马名赭白马。

㉔骝之别有八：但原文内容只有七种，根据各种毛色对照，可能漏掉护兰，今补上。骝马毛色以赤色为基础，深红浅红都有，它和栗毛马的区别是：骝马有黑色背浅，鬃鬣尾距毛为黑色。

㉕枣骝：骝毛马，色紫红如枣色者。

㉖金口：淡骝毛马，口部毛色是黄的。

㉗燕子：《文选》：“将使紫燕骈衡。”注：紫燕，骏马名。红褐色的骝毛马。

㉘黄黑：黄褐色的骝毛马。

㉙騧绡：騧马，《玉篇》黄马黑喙（嘴巴）。绡是生丝，白色。騧绡即黄色的马，身上有白章或白斑者。

㉚紫膊：古骏马名，肩上有鹰膀。

㉛白肫：黄毛騧绡马，臀上有白斑如带者。

㉜骆：郭子章《马记》说：“广雅”，“白马朱鬣，骆”。今呼黄马首尾有一道通黑如界者为骆。盖马无分于黄白，皆谓之骆，由此可知，骆是背有黑线的兔褐毛马。

㉝骓：《尔雅·释畜》，苍白杂毛骓，即黑青毛马。

㉞骗：《玉篇》：紫色马。

㉟驶韓：《玉篇》：驶韓，番马。产于西藏青海地区，因生长在寒冷的高原区，马体被毛特别长而粗。

㊱骠：黄栗毛马。

㊲赤骠：黄栗毛马，毛尖色略红，俗名桃花马。岑参赤骠歌：“君家赤骠划不得，一团俗风桃花色。”

㊳银鬃：一名银骔，现名银河，为淡黄而发白的毛色，鬃尾等长毛为白色。

㊴驳：《山海经》："中曲山有兽如马而身黑（一本作白身黑尾）……曰驳"。陆机："驳马，梓榆也，色青白。"《正韵》：驳与驳同。《玉篇》："马色不纯。"据此，驳应为现在的斑毛马。

㊵起云：即斑毛马身上的斑大如云朵。

㊶银厘：斑毛马身上的斑细碎者。

㊷则不护于马矣，原刊如此。按文意"护"字是"获"字之误，获下缺"罪"字，应是"则不获罪于马矣"。

语释 哺乳类的动物种类繁多，其中能负重远行，与人共患难，可以将死生相托的，只有马能担此重任。由于马行走迅速，在家畜中没有比它再强的，因此有"行天莫如龙，行地莫如马"之论。乾为天，坤为地，所以取类比象马为坤。

马的种类非常多，"大宛马"按毛色分类有六种：即红耳、鸳鸯、桃花、丁香、青紫、骝骟。

毛色青的马有两种：一种是纯青色的马，一种是胸前有白章的护兰青马。

白马只有一种，即全身纯白的白毛马。

黑马有六种：一、纯黑毛，全身被毛及长毛全为乌黑色；二、黑毛马，额上有白章如星叫钓星乌马；三、额上白章由额延伸到鼻端的叫历面乌马；四、黑马四肢下端为白色毛，叫白脚乌马；五、黑毛马，鬃鬣长毛呈墨绿色光泽，叫绿鬃乌马；六、黑毛马胸前有白章，叫护兰乌马。

骢马亦为青毛马，但有暗斑，以之与青毛马相区别，有八种毛色：一、白骢，白毛多黑毛少，呈近似白色的淡青色，现名白青毛马；二、青毛马，额上有星状白章者，叫钓星青马；三、青毛马，额和面鼻上为白毛者，叫历面青马；四、青毛马，四肢下端为白色毛的叫白脚青马；

五、青毛马，色深呈青黑色的叫乌青马；六、青毛马，肩肋、臀等躯干上有暗斑，形如菊花，叫菊花青；七、青毛马，色青黑呈熟铁色的叫荏铁马；八、青毛马，胸前有白毛的叫护兰骢。

淡红栗毛马有五种毛色：一、纯赭白，现名淡栗毛马；二、淡栗毛马，额上有星状白章者叫钓星赭白马；三、淡栗毛马，额和鼻面为白色的叫历面赭白；四、淡栗毛马，四肢下端为白毛的叫白脚赭白。五、栗毛马，胸前有白毛叫护兰赭白。

骝毛马有八种毛色：一、枣红色的骝毛马叫枣骝；二、淡骝毛马，口部毛色黄的叫金口，现名金骝毛马；三、骝毛马色黑紫，叫紫燕骝，或燕子骝；四、骝毛马，黄褐色，叫黄黑骝；五、骝毛马，额上有星状白章者，叫钓星骝；六、骝毛马，头上白章由额到鼻端的叫历面骝；七、骝毛马，四肢下端为白色的叫白脚骝；八、骝毛马，胸前有白毛的叫护兰骝。

黑嘴栗毛马有六种：一、被毛黄栗色，嘴黑，叫骟纯；二、黄栗毛，肩上有鹰膀纹的叫紫膊骟；三、黄栗毛，额上有白章的叫钓星骟；四、黄栗毛，头上有白章由额到鼻端的叫历面骟；五、黄栗毛，臀部有白毛如带的叫白肫骟；六、黄栗毛，胸前有白毛的叫护兰骟。

兔褐毛的马背上有黑色背线，毛色亦分五种：一、纯骆，被毛呈黄褐色的野兔毛；二、兔褐毛马，额上有星状白章，叫钓星骆；三、兔褐毛马，头上有白章由额到鼻叫历面骆；四、兔褐毛马，四肢末端白色的叫白脚骆马；五、兔褐毛马，胸前有白章的叫护兰骆马。

黑青杂毛马有五种：一、纯粹是黑青杂毛的叫纯骓；二、黑青毛，额上有白章的叫钓星骓；三、黑青毛，头上有白章由额到鼻端的叫历面骓；四、黑青毛，四肢末端有白毛的叫白脚骓；五、黑青毛，胸前有白毛的叫护兰骓。

紫色马叫骝，也有八种不同毛色：一、被毛紫而毛尖黑，近似海骝，但长毛不是黑色，叫青骝。二、被毛紫栗色，长毛及四肢下端色同，叫紫骝，俗名紫马；三、被毛呈草黄色，四肢下端及长毛同，叫黄骝；四、被毛深红色，四肢下端及长毛同，叫赤骝，俗名赤马；五、骝马额上有星状白章叫钓星骝；六、骝马头上有白章由额到鼻端者叫历面骝；七、骝马四肢末端色白者叫白脚骝；八、骝马胸前有白毛者叫护兰骝。

长毛的西番马，毛色有六种：一、青毛駊騎；二、栗毛駊騎；三、骝毛駊騎；四、紫毛駊騎；五赤毛駊騎；六、白毛駊騎。

栗色骠马有七种：一、赤骠，色红；二、银鬃，一名银骔，为淡栗色，近似白色，今名银河；三、黄骠，俗名黄骠马，呈草黄色；四、骠马额上有白章如星者，叫钓星骠；五、骠马面有白章者叫历面骠；六、骠马四肢白或一肢白的叫白脚骠；七、骠马胸前有白毛的叫护兰骠。

斑毛马有三种：一、纯驳，被毛白色，暗色毛组之毛斑点均匀而成斑驳，叫纯驳；二、被毛白色的马，身上有几块大的暗斑，如天空中一朵一朵云彩者，叫起云驳；三、被毛白色的马，身上暗斑细碎，大小如蚕豆者，叫银厘驳。

由上所述，马的毛色种类也够多的了，其中有品质优良的骏马，也有工作力差的驽马；性情有驯顺的，有恶劣的；毛色有纯而不杂的，也有被覆杂毛的，种种毛色，形态各别，决不可一概而论。例如，马体上的旋毛，有生长在体左的，有生长在体右的，有生长在体前的，也有生长在体躯后部的。人们为了识别这些旋毛，作为特征来区别马，而给它们分别定了个名称，因为名称的不同，随之又产生了吉旋和凶旋的说法。其实鉴别马的品质优劣，应当按照马体外貌和筋骨发育的情况来判断，旋毛只是识别马体的一种特征、记号，并无其他作用。

马身上生有旋毛，未必是一种凶兆，只是由于喂养它的人，一旦遇到不顺利的事，就归罪乘骑的马身上有恶旋，以为是恶旋招来的不祥，哪有这种道理呢！从前曾有人评论住居房屋有吉有凶的说法，结论是人为的吉凶，而不是宅舍能制造吉凶，这才是通情达理、明辨是非的言论。如果明白这个真理，也就不会将自己的不顺利归罪于马体的旋毛了。现将马的旋毛形象及位置绘图于后，后世博学广闻的人，对旋毛的吉凶说法，当会科学地对待了。

六、口齿图

题解

原图共有 32 个，用以表现马由 1 岁到 32 岁口齿的变化情况，但原图样和现在活马的口齿形态大多结合不上，这就失去应有的作用。细察其情，仅能看到 1 岁（初生）的驹齿、4 岁、5 岁的成齿，以及 7 岁的边牙缺角，16 岁、17 岁的上区成臼，24 岁、25 岁的牙无区形和不同区形的概念。估计原来开始是很清楚的，后因翻印逐渐失去原样。至于每个口齿图的上下，都绘有莲花瓣的式样。可能采取唇色如莲花色的意义。现在看来，原图再绘，作用不大，今特删去，新绘齿岁示意图共计 34 个，分列于后，以供参考。

七、新绘齿岁示意图

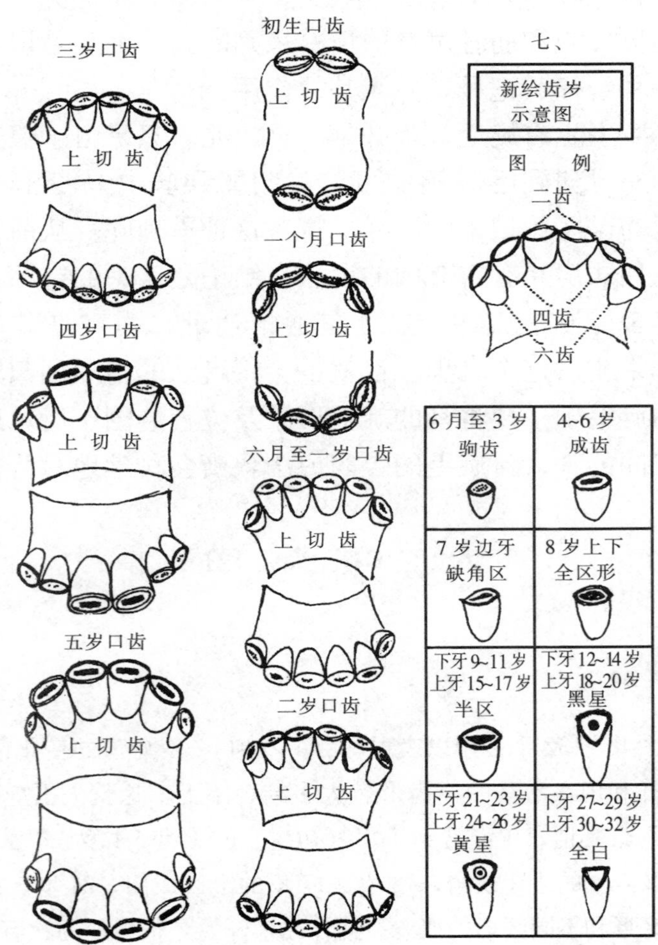

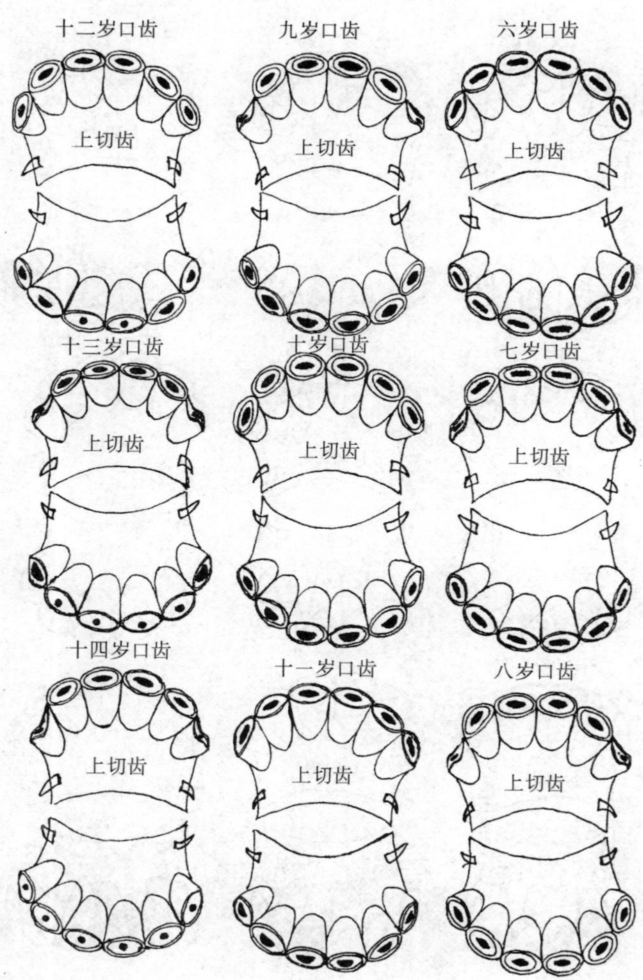
十二岁口齿
九岁口齿
六岁口齿
上切齿
上切齿
上切齿
十三岁口齿
十岁口齿
七岁口齿
上切齿
上切齿
上切齿
十四岁口齿
十一岁口齿
八岁口齿
上切齿
上切齿
上切齿

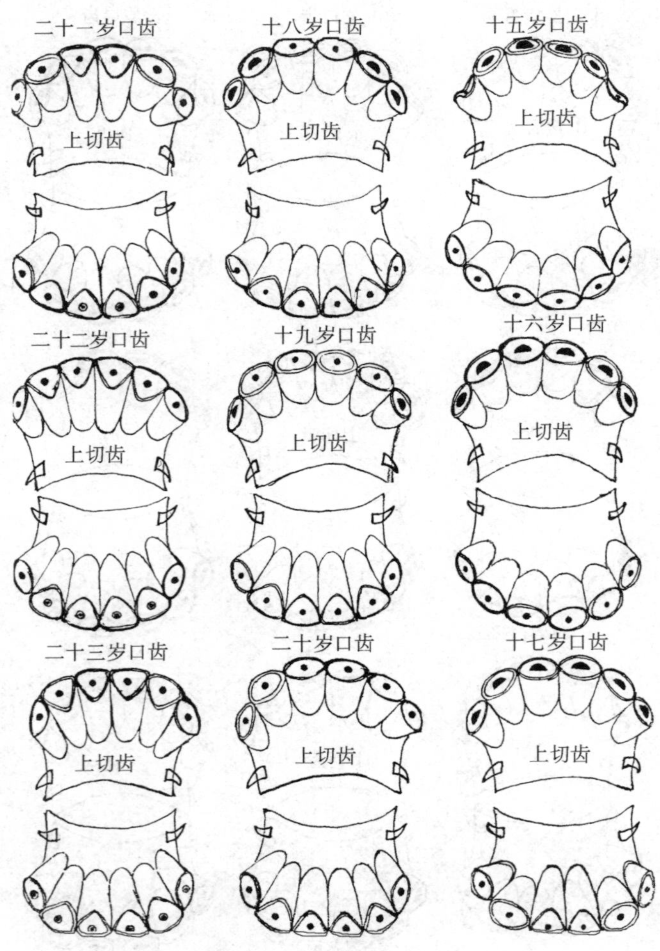
二十一岁口齿
上切齿
十八岁口齿
上切齿
十五岁口齿
上切齿
二十二岁口齿
上切齿
十九岁口齿
上切齿
十六岁口齿
上切齿
二十三岁口齿
上切齿
二十岁口齿
上切齿
十七岁口齿
上切齿

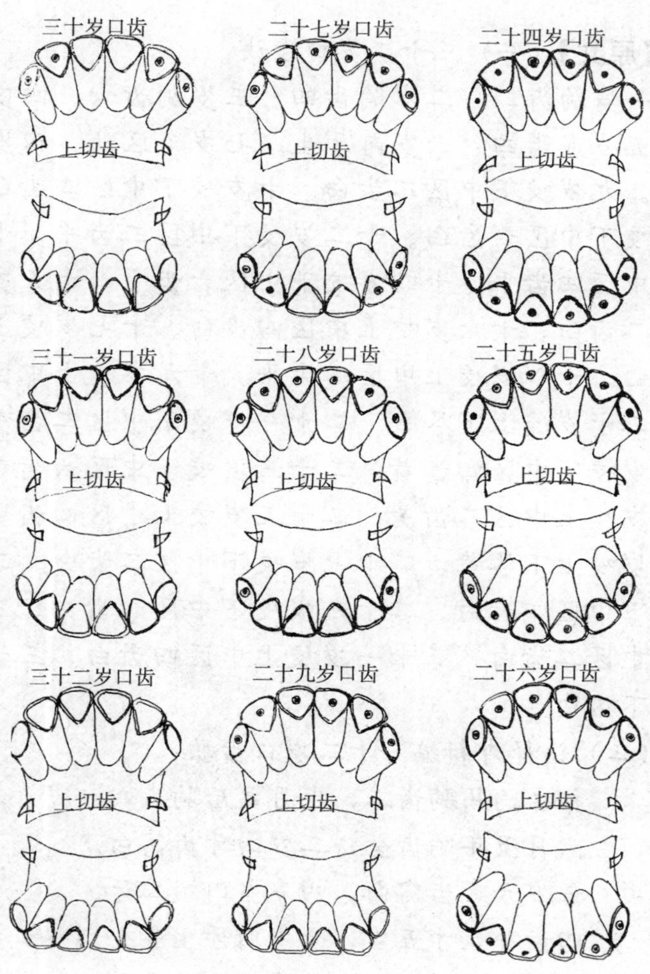
三十岁口齿
二十七岁口齿
二十四岁口齿
上切齿
上切齿
上切齿
三十一岁口齿
二十八岁口齿
二十五岁口齿
上切齿
上切齿
上切齿
三十二岁口齿
二十九岁口齿
二十六岁口齿
上切齿
上切齿
上切齿

八、口齿论

【原文】（一）三十二岁口齿诀

一岁驹齿二。二岁驹齿四。三岁驹齿六。四岁成齿二。五岁成齿四。六岁肉牙生。七岁角区缺。八岁尽区如一。九岁咬下中区二齿白。十岁咬下中区四齿白。十一岁咬下中区六齿白。十二岁咬下中区二齿平。十三岁咬下中区四齿平。十四岁咬下中区六齿平。十五岁咬上中区二齿白。十六岁咬上中区四齿白。十七岁咬上中区六齿白。十八岁咬上中区二齿平。十九岁咬上中区四齿平。二十岁咬上下尽平。二十一岁咬下中区二齿黄。二十二岁咬下中区四齿黄。二十三岁咬下中区六齿黄。二十四岁咬上中区二齿黄。二十五岁咬上中区四齿黄。二十六岁咬上下尽黄。二十七岁咬下中区二齿白。二十八岁咬下中区四齿白。二十九岁咬下中区六齿白。三十岁咬上中区二齿白。三十一岁咬上中区四齿白。三十二岁咬上下尽白。

（二）语释者新编三十二岁口齿歌

初生驹马驹齿二，半月之后驹齿四。
六月至年驹齿全，二岁四牙齿窝白。
三岁六牙齿窝白，四岁当门顶二牙。
四齿并生才五岁，六岁肉牙生齐全。
肉牙现名叫犬齿，母马一生没肉牙。
七岁边牙角区缺，八岁上下区一样。
九岁下中二齿白，十岁下中四齿白。

十一下中六齿白，十二下中二齿平。
十三下中四齿平，十四下中六齿平。
十五上中二齿白，十六上中四齿白。
十七上中六齿白，十八上中二齿平。
十九上中四齿平，二十上下齿全平。
二一下中二齿黄，二二下中四齿黄。
二三下中六齿黄，二四上中二齿黄。
二五上中四齿黄，二六上下牙全黄。
二七下中二齿白，二八下中四齿白。
二九下中六齿白，三十上中二齿白。
三一上中四齿白，三二上下牙全白。

·按语

这段口齿的主要特点，可鉴别马的年龄老幼，为便于现代的实用，新绘齿岁示意图；为便于记诵，新编口齿歌。但要知道口齿歌所说的是虚岁，较实际周岁至少小一岁。如初生就算1岁，4岁等于3年或2年半。其次，驹生后6个月驹齿即全长出。原文说1岁驹齿只有2个，2岁驹齿4个，3岁才长齐，是不正确的。但从4岁至15岁左右，一般说来，与实际情况基本上接近。此外，各马的牙齿软硬有不同，以及石槽、硬木槽和现代的水泥槽的摩擦悬殊，还有下颚长，上颚短的“地包天”口齿，对口齿所述的年龄多不适用。口齿论是标题，但本文只有口齿诀而无论文。《元亨疗马集》的齿岁论中，有论文有歌诀，如“夫兽之齿者……于此一验耳”。歌诀与本文略有不同，这里缺掉论文，可能历年排版翻印有所遗漏，参考《元亨疗马集》便知。

歌中所说的“肉牙”，即指口角两边左右上下各一个的虎牙（犬齿），母马一生，无此4牙。公马到6岁时，才可生全，成年的口齿，观此可知公母。5 岁即换腮牙（臼齿），在换腮牙期间，马有 1 月至 3 月左右，吃软草不吃硬草的反应，这不是病，要注意鉴别。否则往往认为消化不良，灌以健胃消导药，也不见效，在此时间，多有瘦弱现象。在门诊上，每遇 5 岁口齿，即要注意问诊，结合检查腮牙的动摇情况。

口齿式样，相当复杂，普通常见的，其区形（齿窝）大、色黑叫豆区，但也有少数的区形小，其色黄叫米区。有的上牙是豆区，下牙是米区，或上牙是米区，下牙是豆区，不论米区豆区，按区定岁都是一样的。另有一种牙齿是到了 8 岁以后，区形不变，就不容易识别，俗称常八岁。这种牙齿，说明肾气充足，骨强力壮。每遇这种区形，就须结合观察毛色的老嫩，眼光的强弱，腰腿的快慢等推测老幼，比较准确。而且其齿质的外貌已变有深棱形，齿根向外开张，细看仍有不同。总而言之，马的齿岁鉴别，全在平时多看，自然不难鉴定。畜牧工作者以及马骡交易员，对这门课程比较熟练。但兽医工作者，参加门诊登记处方，亦属必要的一项功课。

九、骨名图

题解

马的全身骨骼，为构成整体的重要部分，对针灸取穴定位，是不可缺少的基础。因此，本图绘在针灸资料之前。但此图年久，历代翻印失掉原样，所指的各骨部位多不准确。全图共有骨名七十二数，参考“王良先师天地五脏论”中，有脊梁骨（胸椎与腰椎的合称），此图缺。为适用起见，原图从略，又重绘新骨名图和中西骨名对照表于后，以供参考。

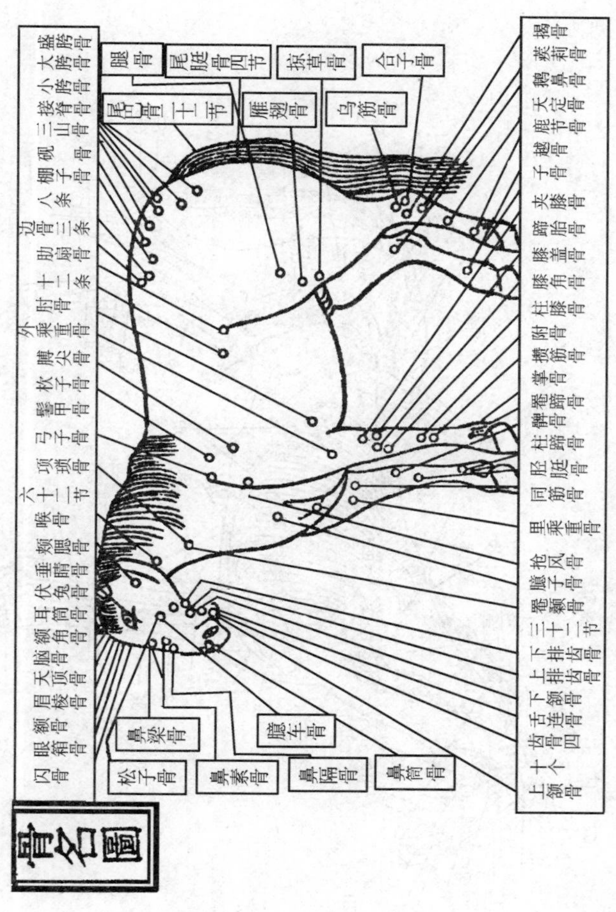

骨名图
腿骨
尾腱骨四节
掠草骨
合子骨
雁翅骨
乌筋骨
松子骨
鼻梁骨
鼻素骨
鼻隔骨
鼻筒骨

十、新骨名图

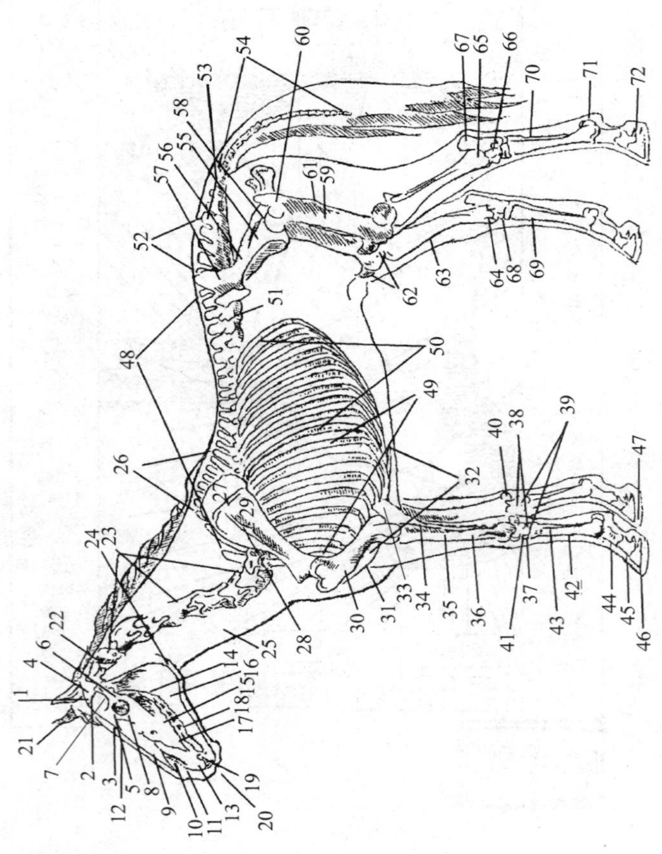
1
2
3
4
5
6
7
8
9
10
11
12
13
14
15
16
17
18
19
20
21
22
23
24
25
26
27
28
29
30
31
32
33
34
35
36
37
38
39
40
41
42
43
44
45
46
47
48
49
50
51
52
53
54
55
56
57
58
59
60
61
62
63
64
65
66
67
68
69
70
71
72

十一、中西骨名对照表

骨号	中兽医骨名	别名	西兽医骨名	别名	部　位	备　注
1	天顶骨		顶间骨		头部最高处，枕骨与额骨之间	在顶间骨的后方即是枕骨，枕骨的古名叫鬃中骨
2	脑骨	寿骨	顶骨		在顶间骨的两旁	
3	额骨		额骨		顶骨下面,颞骨之前	
4	额角骨		颞骨		顶骨额骨两侧	
5	眉棱骨		眶上突		眼眶上部边缘处	
6	眼箱骨		眼眶		眼睛周围处	由泪骨、颧骨、额骨和蝶骨的眶翼共同组成
7	垂睛骨		颧弓		外眼角后方高突处	
8	闪骨		瞬膜和其内的软骨		里眼角内	即第三眼睑和其内的软骨
9	鼻梁骨	松骨	鼻骨		颜面部正中处	
10	鼻隔骨		鼻中隔		两鼻腔正当中	即鼻隔软骨
11	鼻素骨		鼻甲骨		鼻腔内的隧道膈	
12	松子骨		筛骨		在脑腔与鼻腔之间	筛骨，在外表看不到
13	鼻筒骨	姜芽	鼻翼软骨		两鼻腔的外端	中兽医割姜牙，主要是割鼻翼软骨的末端部

（续）

骨号	中兽医骨名	别名	西兽医骨名	别名	部位	备注
14	颊腮骨		下颌支		下颌骨上弯处	
15	上颌骨		上颌骨		在鼻骨两侧	
16	下颌骨		下颌骨		舌两侧，前至下切齿，后至会厌	
17	上排齿骨		颌前骨		口腔上方，左右两侧，上臼齿的根部	
18	下排齿骨		下颌骨前端		舌根左右两侧，下臼齿的根部	
19	上下齿骨	门牙 12，腮牙 24，虎牙 4	齿骨		位于上下齿槽内	公马到 6 岁才够 40 个，切齿 12，臼齿 24，犬齿 4；母马无犬齿，只有 36 个
20	舌连骨		舌骨		下颌支的中间	由一连串小骨构成
21	耳筒骨		耳廓		耳根及耳廓	
22	伏兔骨		寰椎翼		上接枕骨，下连第二颈椎	
23	项锁骨	脖脊骨	颈椎第二至第七		前至枕骨，后至胸椎	
24	喉骨	气管头	喉软骨		气管最上端	
25	罨颡骨	气管	气管轮		上至喉头，下至肺脘	
26	鬐甲骨	梁头	三至十胸椎的棘突		胸椎前位最高处	

（续）

骨号	中兽医骨名	别名	西兽医骨名	别名	部　　位	备　　注
27	髆尖骨		肩胛骨前缘		肩胛骨上端扁平处	
28	弓子骨		肩胛软骨		肩胛骨外凸起处	
29	杴子骨	髆龙骨	肩胛骨		在胸壁的前方，左右两侧，从后上方斜向前下方	髆龙骨，见于伯乐画烙图
30	抢风骨		肱骨	上髆骨	上连肩胛骨，下接桡尺骨，由前上方斜向后下方	
31	臆骨		胸骨		在胸廓的底部	胸骨包括胸骨柄和胸骨体，胸骨柄即胸前挺出部分
32	臆车骨		胸骨体与剑状软骨		同前	
33	肘骨	肘头	尺骨的肘突		尺骨的上端	
34	里乘重骨		桡骨		桡尺骨的内侧	
35	外乘重骨		尺骨		桡尺骨的外侧	
36	同筋骨		桡尺骨		上与肱骨成关节，下与腕骨成关节	
37	膝盖骨	鹤膝骨	腕骨		上连桡尺骨，下接掌骨	腕骨是由七块小骨构成，分上下两层，第一腕骨已退化故不叙述

（续）

骨号	中兽医骨名	别名	西兽医骨名	别名	部位	备注
38	膝角骨		桡侧腕骨与尺侧腕骨		腕骨上层内外侧两块小骨	
39	夹膝骨		第二和第四腕骨		腕骨下层内外侧两块小骨	
40	附骨		副腕骨		腕骨上层后方之突出骨	
41	柱膝骨		中间腕骨及第三腕骨		腕骨上下层中间的两块小骨	
42	胫脡骨		第三掌骨	大掌骨	上连腕骨，下接第一指骨	
43	攒筋骨		第二、四掌骨	小掌骨	大掌骨两侧的小骨	
44	柱蹄骨	三寸骨	第一指（趾）骨	系骨	上连掌骨，下接第二指骨	
45	蹄胎骨	前间骨	第二指（趾）骨	冠骨	上连第一指骨，下接第三指骨	
46	掌骨		第三指（趾）骨	蹄骨	上连第二指骨	
47	罨蹄骨	蹄甲	蹄匣	蹄壳	四肢的末梢部	罨音奄，包藏也，可能古人因蹄甲深部不能用刀铲，亦列入骨类
48	脊梁骨		胸椎和腰椎		前接颈椎，后接荐椎	

（续）

骨号	中兽医骨名	别名	西兽医骨名	别名	部位	备注
49	棚子骨	胁肋	真肋		上与前位的胸椎成关节，下与胸骨成关节	左右两侧各有8条，共计16条
50	肋扇骨	季肋	假肋		上与后位胸椎成关节，下端与肋软骨彼此连接	左右两侧各有10条，共有20条
51	边骨		腰椎的横突		腰椎两侧的突出部分	左右两侧各有6条，共计12条
52	接脊骨		荐椎		前连腰椎，后连尾椎	
53	尾腱骨	尾根	最后荐椎与第一尾椎		前连荐椎，后连尾尖	即第一至第四尾椎，因尾的挺举以此为基础，故名
54	尾巴骨	尾梢	尾尖		尾巴的末梢	
55	三山骨	三峰 三府	髋骨	骨盆骨	上连荐椎，下接股骨	髋骨包括髂骨、坐骨、耻骨。而髂骨的宽大部称髂骨翼，它和荐椎棘突三点在一个平面上，故又名三峰
56	砚子骨		髂骨体		在臀部肌肉平面处	
57	雁翅骨		髂骨翼		荐椎两侧，髂骨的宽大部分	

（续）

骨号	中兽医骨名	别名	西兽医骨名	别名	部　位	备　注
58	盛胯骨	胯窝	髋臼		在髋骨中央的凹陷处	
59	髀骨		股骨		上连髋臼，下接胫腓骨	
60	大胯骨		股骨大转子		在股骨近端外侧的一个较大的突起	
61	小胯骨		股骨第三转子		在股骨中部外侧的一个小突起	
62	掠草骨	阴风骨	膝盖骨	髌骨	在股骨与胫腓骨之间前方的一块小骨	
63	辅骨	小腿骨	胫腓骨		上连股骨，下接跗骨	
64	合子骨		胫骨内踝		胫骨远端内侧的突起	
65	乌筋骨		胫骨外踝		胫骨远端外侧的突起	
66	揭骨		胫跗骨		跗骨上排内侧的一块小骨	跗骨是由6～7块小骨组成的，分为上中下3排
67	鹅鼻骨		腓跗骨	跟骨	跗骨上排外侧突出的一块骨	
68	蒺藜骨		中央跗骨及二、三、四跗骨		跗骨中排和下排的小骨	第一跗骨已与第二跗骨愈合为一块骨
69	天定骨		第三蹠骨	大蹠骨	上连跗骨，下接第一趾骨	

（续）

骨号	中兽医骨名	别名	西兽医骨名	别名	部　位	备　注
70	鹿节骨		第二、四蹠骨	小蹠骨	在大蹠骨内外侧的小骨	
71	越骨	距骨	近籽骨		在球节后方的两块小骨	
72	子骨		远籽骨	舟状骨	在第二、第三趾骨之间后方的一块小骨	

（一）骨名对照的经过

骨骼学，是解剖学的基础，亦是针灸学的基础。关于马骡的骨骼学，古代留存下来的资料很少，仅见于本集卷一的骨名图和王良先师天地五脏论中的一部分骨骼资料，以及相良马论、伯乐针经中的部分资料，后世兽医书中也引用它们，却无新的发展。由于这些资料的写作时代和作者的不同，骨名互有差异，与现代兽医的骨骼名词也不一致。1949 年全国解放后，中央提出了继承和发扬中兽医学，以及中西合作、土洋并举的方针，在党的正确领导下，中西兽医团结在一起，有了合作的条件和可能性。因此，进行中西骨名的对照，是继承和发扬祖国兽医学必须做的一项基础工作。由于资料不全，理解不同，对照是有一定困难的。虽然如此，只要勤于研究，自然就可一次比一次错误少。1958 年，我在山西农学院与高作信同志作了第一次对照工作；1959 年 6 月，在山西省针灸座谈会上与来自北京农业大学的王志同志作了第二次修订；同年 10 月，在山西省针灸进修班与徐玉俊同志作第三次修订；1961 年 1 月，与中国人民解放军第一期中兽医进修班实习小组的王韵三、朱耀文等同志作第四次修订；1963 年，在南京与中国农业遗产研究室邹介正同志作第五次修订；1964 年，在山东与王惠芳同志作第六次修订；1965 年，又通过我院全体同志的第七次修订。至此，暂告一段，敬请读者及时反映意见，以便进一步修改。

（二）骨名对照的原则

1. 参考骨名图中的骨名排列次序，和“王良先师天地五脏论”的骨名顺序按头、颈、胸、尾、四肢，由前向后，由上向下排列。

2. 根据骨骼名称的意义，如天顶骨、闪骨、三山骨、盛胯骨等。

3. 考证本卷“骨名图”所指的部位。

4. 依据穴位的记载，如弓子穴的弓子骨，掠草穴的掠草骨等。

（三）部分骨骼的考证

1. 膊尖骨：《元亨疗马集》点痛论说：“昂头点膊尖痛”，在临症见到的多是颈胸斜方肌处的疼痛，按《兽医针灸学》所载膊尖穴的部位，是在肩胛骨前上角的凹陷处，以“王良先师天地五脏论”的骨名顺序看来，前肢的第一个骨名就是膊尖骨，因此认为膊尖骨就是肩胛软骨。

2. 弓子骨：据伯乐针经说：“弓子穴在弓子骨上四指”，结合现在之穴位和骨名图所指之处，因此认为肩胛骨上的肩胛冈，较为正确。

3. 蹄胎骨：《元亨疗马集》点痛论说：“蹄胎骨胪糊”，本集卷六，十六般蹄头痛说：“蹄胎疼痛不寻常，只因出血被针伤”，由此说明，蹄胎骨是第二指骨。

4. 雁翅骨：《元亨疗马集》点痛论说：“拖脚行雁翅掠草痛”，即是指髋骨和膝关节而言。按医学大辞典说：“人的胯骨即髂骨……形如蝶翅。”根据现代针灸学，雁翅穴的部位和后肢的顺序，看来雁翅骨应是髋骨上部之髂骨翼，较为恰当。

5. 合子骨与乌筋骨：《医学大辞典》：“合骨，内踝骨之别名”，并根据现代针灸学载，在跗关节上方，里为合子穴，外为乌筋穴。因此，认为两者皆指胫骨，合子骨为胫骨内踝，乌筋骨为胫骨外踝。

十二、穴名图

题解

马的穴名原图和伯乐针经的内容、穴位名称与穴数，都属一致。穴名图，是指示穴的位置，但原图指穴的部位多不准确，这是历代翻印之误。除保留原图外，为实用起见，今特新绘穴名图二。

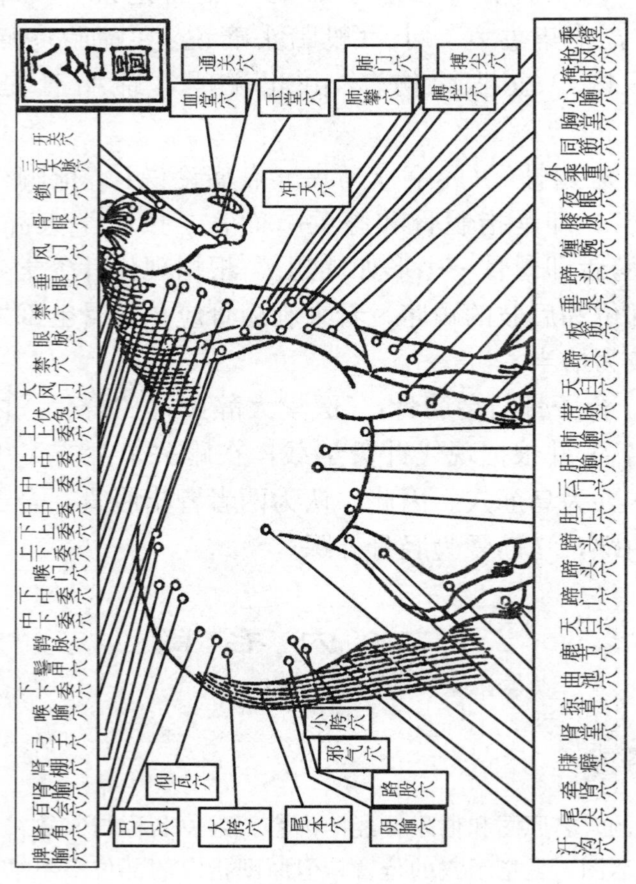
穴名圖
通关穴
血堂穴
玉堂穴
冲天穴
肺门穴
肺攀穴
膊尖穴
膊栏穴
巴山穴
仰瓦穴
大胯穴
尾本穴
小胯穴
邪气穴
路股穴
阴腧穴

十三、新绘火针穴位图

包括灸和烙。

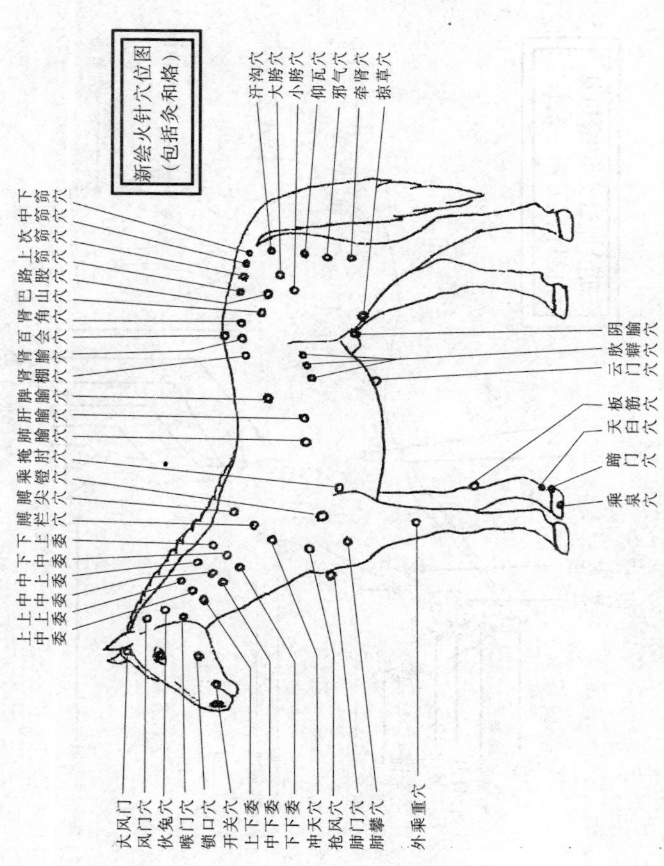

十四、新绘血针穴位图

包括白针、刀割、禁针。现分列于后，以供参考。

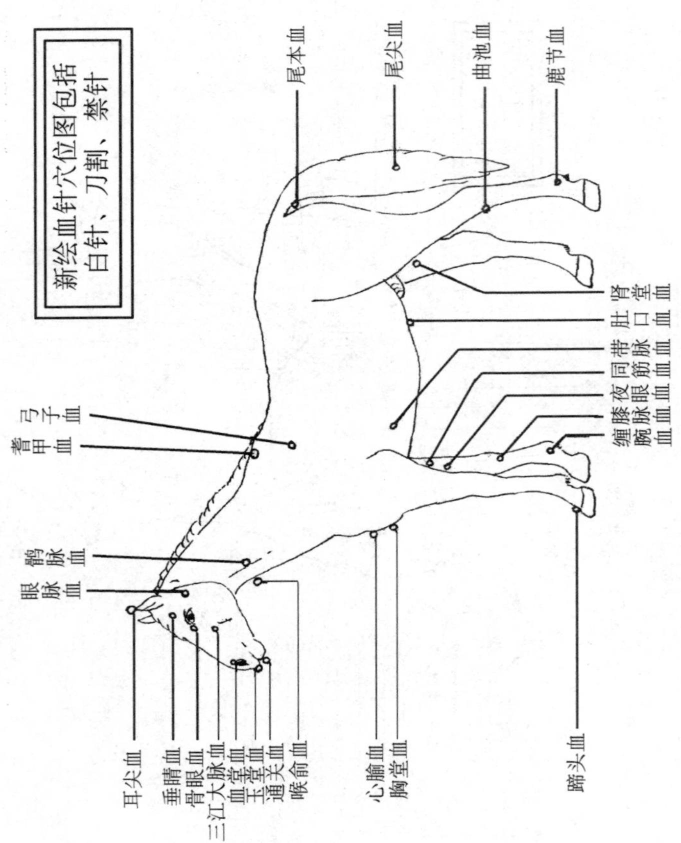

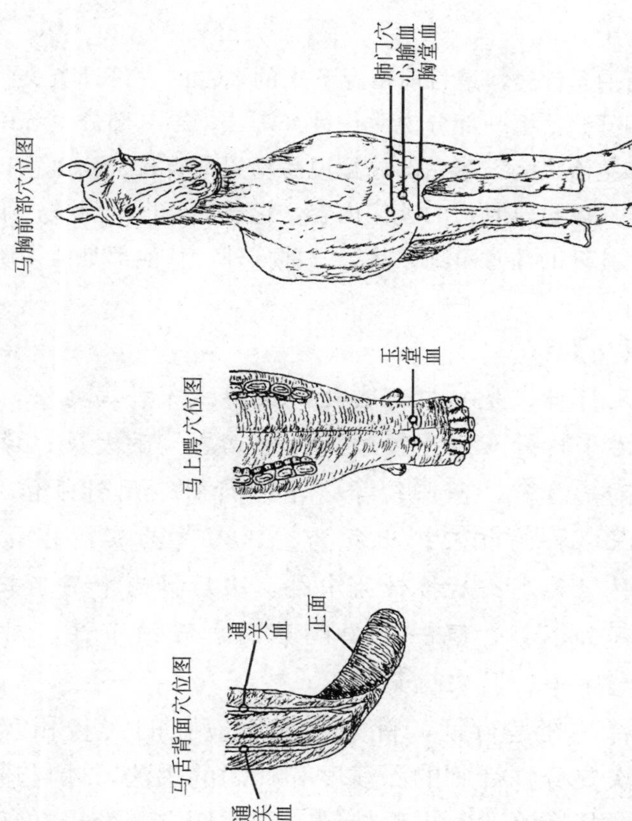

马胸前部穴位图

马上腭穴位图

马舌背面穴位图

十五、伯乐针经

题解

这篇伯乐针经，是目前留存下来的最古的一份针灸文献，内容分为四部分，第一部分说明行针补泻法；第二部分系统说明各穴部位和主治疾病；第三部分是说医马买马吉日、放血忌日和马本命日，此属封建时代的迷信内容，它与针灸根本无关；第四部分为补充扎针的注意事项。除第三部分外，其他都是值得研究学习的资料。

【原文】

大凡行针，先知穴道去处，次辨浅深补泻之法，免其失误。右手持针，左手按穴，行针切忌大雨大风；缘风是祸害，雨是绝命，阴阳纷争，不可行针。用针须依穴道，看病浅深，补泻相应；出气为虚，入气为实；左转针为补，右转针为泻；后按针为中补，次后针为中泻。若偏较一丝，不如不针，隔一毫如隔泰山，仔细审详，对病行针，何愁不痊，具穴道如后：

语释 凡是行针，首先要知道应扎的穴名和穴的部位，其次要分别针刺的深浅度和补泻的手法，才可避免发生错误。扎针手法，右手持针，左手切穴。禁忌在狂风暴雨天扎针，因为风的特性是善行而数变，为“百病之首"，针后体虚，谨防贼风。雨性阴凉，扎针后病畜被淋，或外感阴凉则多危，甚至断绝生命。风雨是自然界的阴阳分争的结果，在此时期，也影响畜体内发生阴阳分争，因此在刮风下雨时不可扎针。扎针，必须按照穴位，对准病情，分别其应补应泻。补泻手法有四：（一）春夏阳气在上，动物阳气也在上，宜浅刺；秋冬阳气在下，动物阳气也在下，宜深刺。这叫浅深补泻法。（二）在扎针时，要随着患畜的呼气入针吸气拔针为补；吸气入针呼气拔针为泻。这叫呼吸补泻法。（三）在行针后，以右手食指向前、拇指向后的左转针为补；食指向后、拇指向前的右转针为泻。这叫捻转补泻法。（四）在拔针时，慢提针，快按孔为补；快提针，慢按孔为泻。这叫提按补泻法。扎针务必对准穴位，若稍偏一线，就不如不针，因隔一毫如隔泰山。疗效的有无和高低，关键就在这里。只要细心审查，对病行针，不怕病不好。今将具体穴名、部位、入针深度、治疗疾病，分列于后：

【原文】 1. 眼脉穴：在眼后四指。是穴入针二分，出血。疗肝脏热、眼肿、泪下病。

语释　眼脉穴的部位，在两眼外角后面 4 指（面横静脉上），入针出血为度，治疗肝脏热、眼胞肿、流泪等病。

【原文】 2. 鹘脉穴：在颊骨下四指。是穴入针三分，出血。疗五脏积热、壅毒、揩擦、疥痨之病。

语释　因鹘鸟多鸣于春季，故此穴名为鹘脉，含有春季宜多放血，有预防热病的意义。在左右颊骨下的 4 指（颈静脉血管上）。此穴入针出血为度，治疗五脏积热及一切癀肿疔毒、血热擦燥、疥癞等病。

【原文】 3. 胸堂穴：在臆骨两边。是穴入针三分，出血。疗心经积热，胸膊一切痛病。

语释　胸堂穴在胸骨左右两边（臂头静脉血管上）。

此穴入针出血为度，治疗心经积热及胸部肩膊部一切气血凝滞的疼痛等病。

【原文】4. 带脉穴：在肘后四指。是穴入针三分，出血。疗黑汗及肠黄病。

语释 带脉穴在左右两肘骨突后面的4指处（即胸侧肋壁的胸外静脉血管上）。此穴入针出血为度，治疗黑汗病、急慢性肠黄病。

【原文】5. 督穴：在肾尖两边，相对。是穴入针二分，出血。疗腰间滞气及肾脏风邪、把胯病。

语释 督穴的部位，在公畜外肾（睾丸）尖的左右两边相对处（即两后肢内侧隐静脉血管上）。此穴入针出血为度，治腰部气血凝滞痛及肾脏中风、抽肾把胯病。

• 按语

前面穴名原图中，有肾堂穴而无督穴。这里的伯乐针经中，有督穴而无肾堂穴，两相对照，督穴是肾堂穴。

【原文】6. 尾本穴：在尾根底四指。是穴入针三分，出血。疗脊间滞气、把腰病。

语释 尾本穴，在尾根的下面，从根至尖的正中线4指处（尾静脉血管上）。此穴入针出血为度，治疗脊梁骨间因气血凝滞所患的腰痛、把胯病。

【原文】7. 同筋穴：在里乘重、臆骨下四指。是穴入针一分，出血。疗闪擘着、乘重骨肿痛并心疽病。

语释 同筋穴在两前肢乘重骨的内侧，臆骨下4指处（臂头静脉血管上）。此穴入针出血为度，治疗闪伤、擘着乘重骨肿痛以及胸前心疽黄肿病。

【原文】8. 夜眼穴：在夜眼下四指。是穴灸穴，禁止针刺。

语释　夜眼穴在两前肢乘重骨内侧，夜眼（附蝉）下4指处（静脉血管上）。此穴为灸穴，禁止出血。

【原文】9. 曲池穴：在两后脚雁翅骨下、曲盘凹处。是穴入针三分，出血。疗雁翅骨肿大及鹅鼻骨肿疼病。

语释　曲池穴在合子骨外前方、蹠背侧中静脉血管上。此穴入针出血为度，治疗飞节内肿及鹅鼻骨疼病。

【原文】10. 膝脉穴：在膝下四指，筋前骨后。是穴入针二分，出血。疗闪擘着、夹膝骨肿、皮骨劳、绞痛病。

语释　膝脉穴在两前肢膝骨下内侧板筋前膝骨后的膝下4指处（掌心浅内侧静脉血管上）。此穴入针出血为度，治疗闪伤夹膝骨肿痛、皮劳、骨劳、肠绞痛病。

【原文】11. 缠腕穴：在前攒筋骨上，后鹿节骨上，筋前骨后。是穴入针三分，出血。疗骨节肿痛，板筋肿病。封裹至效。

语释　缠腕穴，前肢在攒筋骨内侧，筋之前，骨之后（指底浅内侧静脉上）；后肢在鹿节骨内侧，筋之前，骨之后（蹠底浅内侧静脉血管上）。此穴入针出血为度，治疗四肢腕关节、闪伤流注淤血肿痛病及板筋肿病。针后以布包住穴孔，可收良效。

【原文】12. 蹄头穴：在前脚川字上，后脚八字上，共四穴。入针三分，出血。疗攒筋、鹿节骨肿疼，及蹄胎肿毒病，用药封裹。

语释　蹄头穴在两前蹄毛边上缘（正中处蹄静脉丛

处），两后蹄毛边上缘（正中处蹄静脉丛处），4 蹄各一穴。入针出血为度，治疗前腕攒筋骨和后腕鹿节骨肿胀疼痛，以及四蹄胎骨肿毒病。针后穴孔搽生肌药，用布包住为妙。

• 按语

凡是针穴，都应消毒，涂擦酒精才是，特别是四肢下部的针穴，更应在 3 日内忌入水，否则易感染化脓。

【原文】 13. 里外项上共一十八穴。疗马患项脊吝、低头不得病。上上委、上中委、上下委、中上委、中中委、中下委、下上委、下中委、下下委。以上十八穴，入针一寸三分。疗项脊吝、低头不得。火针不效即烙。若是血气壅，即出胸堂、鹘脉大血，用火针于八窌穴，尾前短筋以后。两面共有六针，并八窌穴是七穴，各去脊梁四指。是穴入针二寸五分。若是冷风吹着，及檐下雨水淋着，或脏腑冷气传流，并内所伤，须灌补暖温脾气药及温熁。若是损伤骨髓，肉断，血脉不通，须灌补暖血脉止痛药，并用火针。

语释　脖颈左右两旁，共有 18 穴，治疗马患脖脊部强直，低头困难病。其穴名就是：上上委、上中委、上下委、中上委、中中委、中下委、下上委、下中委、下下委。总名九委穴。以上 18 穴，入针深度各一寸。主治项脊吝、低头困难。先扎火针，如不见效，即用火烙。

• 按语

原文中从“里外项上共一十八穴”起至“火针不效则烙”为止，说是主治项脊吝病，从“若是血气壅”至最后“并用火针”文字零乱，意义不相关联，未加语释。但从现存的文义看，我们认为这是指项脊吝病中的热吝、腰脊吝、尾吝。并从病因分为三种处理方法：①由于血热气滞而产生的热吝，宜放胸堂穴、鹘脉穴（又名大血），内服清热理气药。②由于外感风寒或雨淋，以致冷气传流经络甚至内伤脏腑者，须内服补气祛风的辛温发汗药，项脊吝外扎九委穴。若为脊腰强硬的腰脊吝，则火针腰上7穴（百会一穴，肾棚、肾腧、肾角左右各一穴）。若为尾吝两后腿风寒把胯，起立不便者，可火针八窌穴（即上窌、次窌、中窌、下窌）。在接脊骨后，尾端前，左右两侧各离二指，每穴各离二指，入针8分，配合艾叶火灸。③由于跌打损伤骨髓，肌肉断绝、血脉不通者，可内服止痛活血散瘀消肿药。总而言之，对九委穴的用法，只宜于风寒湿所侵袭的项脊吝。其他原因，酌情而行。至于九委穴的部位，请看穴名图。入针深度，各入1寸就行了。

【原文】14. 髆上八穴：两面共一十六针，用火针各入一寸。疗血脉凝滞、肺气把髆及髆尖骨肿大肿痛病。髆尖、髆拦、冲天、抢风、肺门、肺攀、掩肘、乘镫。

语释 肩髆部的八穴，左右两髆共有16针。是用火针各扎一寸深，治疗血脉凝滞于两髆，肺气不舒畅，把住两髆以及髆尖骨肿大疼痛病。其穴名叫髆尖、髆拦、冲天、抢风、肺门、肺攀、掩肘、乘镫。

• 按语

这段原文，只有穴名、穴数、入针深度，治疗疾病等项，并无各穴部位的说明，这是历史上留下的问题。兹参考《元亨疗马集》以及最近中兽医研究所编撰出版之《中兽医针灸学》，又结合我的看法，暂定八穴部位如下：

髆尖穴：在弓子骨前上角的凹陷处，左右髆各一穴。针法：用火针向后下方扎入3厘米，主治髆尖肿疼、肩胛麻木、肺气把髆、风寒侵袭之胸髆痛。

髆拦穴：在髆尖穴斜下方约4指肉缝处，左右侧各一穴。针法：用火针向内后方扎入3厘米，治疗同髆尖穴。

冲天穴：在膊拦穴斜下方约 4 指肉缝处，左右侧各一穴。针法：用火针向内后方扎入 3 厘米，治疗同上。

抢风穴：在抢风骨节外上缘陷窝中，左右侧各一穴。针法：用火针斜向内下方扎入 3 厘米，治闪伤抢风骨及前肢风湿痛病。

肺门穴：在腋窝正中同筋穴上 6 厘米，左右腋各一穴。针法：用火针向后上方扎入 3 厘米，治肺气把膊病。现代用竹针放气，先用四棱钢针扎破皮，后入竹针 16.67 厘米，入针方向与火针同，治里夹气痛。有人叫夹气穴。

肺攀穴：在抢风穴的后下方相离 4 指软陷处，左右各一穴。针法：火针 3 厘米平扎，治肺气把膊病。现代用钢针放气，平扎，入针 2.66～3 厘米，治外夹气痛。

掩肘穴：在肘骨内侧，肘腋中软陷处，左右各一穴。针法：由后向前平扎，入火针 3 厘米，治扭转闪伤肘气凝滞痛病。

乘镫穴：在肺攀穴斜后上方肌沟中，相离四指处，左右各一穴。针法：平扎，入火针 2.66～3 厘米，治乘镫部痛病。现代用扁针，平扎，2.66～3 厘米，治乘镫部气滞痛，称为小放气。

【原文】15. 弓子一穴：在弓子骨上四指，是穴入针一寸三分，拔拽动皮，入温气，疗膊怯气滞病。

语释 弓子穴：在弓子骨上面 4 指处，即肩甲骨的冈上窝内。左右肩膊各一穴。此穴用大宽针由上向下，刺破皮肤。用手拔拽针孔周围，使皮肤进入气体，再将针孔封闭，治膊部肌肉萎缩病和肩胛上神经及桡骨神经麻痹等症。

【原文】16. 胯上八穴：两面共一十六穴。火针各入一寸，疗内肾积冷、气把胯病。

巴山、路股、大胯、小胯、汗沟、仰瓦、邪

气、牵肾。

语释　胯部的8穴，左右两胯共有16针。是扎火针各入3厘米，治内肾宿寒、滞气把胯病。其穴名叫巴山、路股、大胯、小胯、汗沟、仰瓦、邪气、牵肾。

·按语

这段原文只有穴名、穴数、入针深度、治疗疾病等项，而无各穴部位的详细说明。因此，胯上8穴的部位，像膊上8穴一样是有争论的。兹参考《元亨疗马集》及中兽医研究所编撰出版之《中兽医针灸学》，结合我的看法，暂定8穴部位如下：

巴山穴：在肾角穴后斜下方4指肉缝处，左右各一穴。针法：用火针向内前下方扎入3厘米，主治内肾积冷、抽肾把胯、雁翅骨疼、肾虚后腿肿、冷拖杆等病。

路股穴：在巴山穴斜后下方4指肉缝处，左右各一穴。针法：同巴山穴，主治亦相同。

大胯穴：在路股穴下4指，胯骨上2指凹陷中，左右各一穴。针法：用火针稍向前内下方扎入2.5～3厘米为度，主治胯部风寒湿气病。

小胯穴：在大胯穴直下方，胯尖下面4指凹陷处，左右各一穴。针法：直扎3厘米深，治闪伤小胯及风湿等病。

汗沟穴：在尾根旁开10厘米肌沟中，即大胯穴后面约4指半腱肌与半膜肌的肉缝处，左右各一穴。针法：火针斜向内前方，扎入沟2.5～3厘米。主治：与大小胯穴相同。

仰瓦穴：在汗沟穴下面四指肉缝处，左右各一穴。针法：火针斜向内前方，扎入2.5～3厘米为度，主治同上。

邪气穴：在仰瓦穴下面四指肉缝处，左右各一穴。针法：火针斜向内前方，扎入2.5～3厘米。主治同上。

牵肾穴：在邪气穴下面四指肉缝处，左右各一穴。针法：火针斜向内前方，扎入2.5厘米为度，主治同上。

【原文】17. 腰上三穴，两面共六穴，肾棚、肾腧、肾角，并接脊骨前百会一穴共七穴。去脊梁四指，每穴相离四指，火针一寸五分，疗内肾积冷、气把腰病。

语释 腰部有3穴，左右两面共6穴，其穴名是肾棚、肾腧、肾角，再加上接脊骨前的陷凹中百会1穴，共计7穴。各穴部位：百会穴的前4指，脊梁两旁各离4指，是肾棚2穴；百会穴中，左右两旁各离4指，是肾腧2穴；百会穴后4指，接脊骨两旁各离4指，是肾角2穴。用火针由上向下扎入4.5厘米，治内肾积聚冷气、把住腰部疼痛病。

• 按语

入针深度，每穴2.5～3厘米就行了。针孔太深不易复原，消毒不善，多有化脓成疮，甚至漫延成为串皮的浸淫疮，那就麻烦了。

【原文】18. 肝腧穴：在左里仁畔，从后第五肋里，去脊梁一尺五寸，是穴火针入一寸。疗一切肝家之病。

语释 肝腧穴，在左半身，从后向前数第五至第六肋骨之间，离脊梁正中线50厘米。此穴火针扎下3厘米，治肝虚眼肿、肝冷流泪等病。

• 按语

原文“在左里仁畔”，文义不明，揣测文义是左半身。入针的姿势，应斜向下方，扎肌肉针，深度要看肥瘦，此穴仅左侧一穴。至于离脊梁50厘米之说欠妥，我认为不论体格大小，都由脊梁至腹中线分中一半为宜。

【原文】19. 脾腧穴：在从后第三肋里，自脊梁仰手却合手。是穴，火针入一寸。疗脾胃伤冷、脾寒打颤、脾不磨病。

语释　脾腧穴，在从后向前数第三第四肋之间，自脊梁正中线，以 4 个手指一正一反，就是 8 指，可巧就在背肌的硬棱上面陷凹处，左右各一穴。此穴火针扎 3 厘米，治脾胃寒冷，消化不良，浑身肉跳病。

• 按语

入针的姿势，如扎左面则针向右下方，扎右面则针向左下方，深度看肥瘦，但以肌肉针为宜。此针扎在胸腔，若扎透，穴孔即出气体，虽无性命之危，多有伤瘦弱病畜之气。内服补中益气药，外用胶布粘贴穴孔。扎针后谨防卧地滚碾，穴孔涂碘酒消毒。此穴治冷痛起卧有效。我扎此穴，多是扎右面，疗效显著。

【原文】 20. 肺腧穴：在从后第九肋里，去脊梁一尺五寸。是穴火针入一寸，疗肺气滞及肺痛病。

语释　肺腧穴，在从后向前数第九第十肋之间，离脊梁正中线 50 厘米。此穴火针扎 3 厘米，治肺气凝滞肺痛病。

• 按语

此穴是左右肋各一穴。至于距脊梁 50 厘米的距离，不论体格的大小肥瘦，应与肝腧穴同论，都由脊梁骨至腹中线，分中一半为标准。入针姿势，应向内下方扎入肌肉处。我扎此穴，多是扎右侧。

【原文】 21. 两耳中有禁穴二道，不得针刺。

语释　两耳朵的里面为禁穴，左右各一穴，不准扎放血针。

【原文】 22. 大风门穴：在两耳根后面一指。是穴火烧烙铁，圆烙，深三分，油涂，疗卒中、破伤风或诸风病。

语释　大风门穴，在两个耳朵的根部后面 1 指处。此穴用烙铁烧热，在穴上点烙，深度1厘米，烙后涂麻油或香油，治急性中风、破伤风及一切风病。

• 按语

原文烙深1厘米，按实践证明，应以烙皮焦至渗出黄色液体为度。后面类此情况很多，都依此法，不另烦说。

【原文】 23. 风门穴三道：在额上檐，晴鬃下。是穴火烧烙铁，烙深三分。疗肝昏、脑黄病。三穴一名。

语释 风门穴三穴，在额之上缘，鬃毛根之下缘处，此穴用烙铁烧热，点烙皮焦出黄白色液体，治肝昏、脑黄病，为三穴一名。

【原文】 24. 通关穴二道：在舌根底下两边。是穴入针二分出血。疗六脉闭塞，舌本胀病。

语释 通关穴有两穴，在舌下面左右两边舌静脉血管上，此穴入针出血为度，治全身血管闭塞不通及舌根肿胀病。

【原文】 25. 玉堂穴：在口内上腭第三棱。是穴入针二分，出血。仍用盐擦之。疗五脏伏热、脑壅、束口黄病。

语释 玉堂穴，在口内上腭第三棱。此穴入针出血为度，扎后用食盐擦穴孔，治疗五脏的热毒，脑部的壅热，锁口黄病。

• 按语

此穴又名痢高，因上腭郁血高胀时，多有不肯吃的表现，扎放玉堂穴即效。此穴部位按原文只说上腭第三棱，但有的人扎三棱的正中，我习惯扎三棱或二棱的两旁。总之，以扎郁血高胀部为佳，既出血又稳当，不易出事故。针法：事先将牲口头部固定，一手拉舌，一手持三棱针，持针时大拇指、食指捏紧，中指固定针尖，平扎以血出为度。如果不按操作规程，偶遇不老实的牲口，扎透上腭动脉，则流血不止，就会致死。曾有人用四棱扁针扎玉堂穴，立刻大量出血不止，幸而抢救及时，即用细绳捆紧尾根，才止血而安。

【原文】26. 开关穴二道：在口内两颊上肿处。是穴火烧顶子，烙二分，入盐擦，灌凉药，疗上焦壅热，咽水草难病。

语释　开关穴有两穴，在口腔两腮部的肌肉处，此穴是用球状烙铁在肿处点烙。烙后搽食盐，内服清热解毒药，治上焦积热以致两颊腮肿胀、水草难咽病。

【原文】27. 喉门穴二道：在颊下一指相对。是穴病轻即火针通关，各入三分，重即火烧烙铁，铃围。疗骨胀紧硬、咽水草难病。

语释　喉门穴，有两穴，在颊骨下 1 指的相对处。此穴可视病情而行，轻则用火针，在左右两穴各入 1 厘米深，可以消肿，通过喉门的呼吸关键；重则烧烙铁，在喉两旁画烙圆形，治喉骨肿硬、水草难咽病。

【原文】28. 喉腧穴：在颊下四指。是穴针钩、刀割开，眼圆二寸，透气。疗热壅“呀呷”及束颡黄倒地病。

语释　喉腧穴，在两颊骨下 4 指的正中处，仅一穴。此穴是用钩刀切开皮肉和气管，如眼圆形的 6.67 厘米创口，使透过呼吸，治热毒壅塞咽喉的呼吸不通，以及束颡黄呼吸困难之危急期。

【原文】29. 云门穴：在大马脐前三寸，小马二寸半。是穴火针入一寸，疗膀胱积冷，停留宿水病。

语释 云门穴，在大马脐前10厘米，小马脐前8厘米，此穴用火针扎入3厘米，治膀胱积冷、宿水停脐病。

【原文】 30. 蹄门穴：在蹄两边。是穴火烧烙铁角，点烙出脓，油涂。疗蹄门并弹子头肿痛、点脚病。

语释 蹄门穴，在四蹄后面两边，每蹄内外边各一穴，共8穴。此穴用烙铁尖烧热，点烙至患处渗出黄涎为度。涂麻油。治蹄门肿烂和弹子头（蹄头）肿痛，以及点头行、脚上痛的蹄胎肿大病。

【原文】 31. 天臼穴：在蹄门上窝子。是穴用粗火针入三分，疗久患蹄病。

语释 天臼穴，在蹄门穴的上面正中陷凹处。此穴用粗火针扎入1厘米深，治久患蹄头痛病。

【原文】 32. 伏兔穴：在耳后二指。是穴入火针三分，疗项紧硬病。

语释 伏兔穴，在两耳后伏兔骨后缘陷凹中，左右各一穴。此穴扎火针1厘米，治脖颈直硬病。

【原文】 33. 骨眼穴：在眼内。先将针线穿过眼骨边头，左手牢把线，右手用刀子割去骨眼，不许割着水轮，疗骨眼遮瞳病，如果不割了，即眼不见物。

语释 骨眼穴，在两眼的大眼角，闪骨的尖端。割法：先用针线穿过骨眼的尖端，左手把稳线，右手持刀割去骨眼，不要割伤水轮（闪骨），治骨眼遮蔽瞳仁病。如不割去，就会妨碍视物。

• **按语**

我对骨眼，不是割而是剪，就是一手用指甲切紧骨眼尖，另一手剪破骨眼尖，以剪破出血为度。有些人一见牲口肚疼，不论因何肚疼，就说有了骨眼，要赶快割去。实际上并不是骨眼肚疼，而是割了闪骨，既治不好肚疼，又遗后害，使眼光不真。这一习惯，几乎遍及全国。《元亨疗马集》早作警告说："古来骨眼何曾卧，骨眼焉能有起卧，起卧休将骨眼割，一病未除加一祸。"如雪上加霜，反成其害。这个问题的存在，原因到底在哪里？我认为还是对闪骨和骨眼没有分清，以致一错再错。1952 年全国成立兽医站之后，在党的领导下，凡是经过学习的同志，基本上消除了这一误解。所说闪骨与骨眼的不同点，《元亨疗马集》早已指出：闪骨乃肾水之精华，血轮之外应，马骡禀胎气而生，个个有之，在大眼角内，形如薄片软脆骨即是。骨眼在闪骨的尖端，有如黑钩或黑尖挺出似鱼鳞样才是。至于骨眼为害，究竟有没有起卧呢？为什么形成历史性的错误？按我的经验，骨眼可分急性慢性两种，慢性多是磨得眼睛流泪，睛生云翳，属眼科病；急性则多属于热痛范围的一类起卧，其症状之特征，开始向后退，继而卧地不起，眼闭不睁，头晕眼昏，剪去骨眼尖，立效而愈。由于这种病，以致多年来形成习惯性错觉，不知为此割瞎多少眼睛，实属遗憾。特此赘言，以供参考。

【原文】34. 心腧穴：在臆骨上。是穴如患心疸黄病，用白针镞[①]十余针，针出黄水或血，将盐一钱擦在针处，拔出黄水毒气。如不医疗，成疮透心肺。

注解

①镞：音足，箭头。在这里指针头如箭，形容扎针的意义。

语释　心腧穴，在臆骨的前端，此穴治心疸黄病，用三棱针或小宽针于患处扎放十余针，流出黄水或血之后，用食盐一钱，研细面搽在穴孔，可拔出更多的黄水和毒气。如治不及时，蔓延成疮，此处最易直透心肺，有致死的结果。

【原文】 35. 板筋穴：在膝下。是穴如患板筋大硬，用烙铁点烙。

语释 板筋穴，在两前肢的膝骨后下处。此穴治板筋粗硬，用烙铁烧热，点烙患处。

【原文】 36. 鹿节骨穴：在鹿节骨上，筋前骨后。是穴入针二分，出血。疗失节肿痛病。

语释 鹿节骨穴，在两后肢鹿节骨的外侧，筋前骨后处，静脉血管上。此穴入针出血为度，治疗闪失鹿节骨肿痛病。

【原文】 37. 尾尖穴：在尾尖上。是穴针五分，出血。疗马黑汗病及疳①尾病。

注解

①疳：音甘，热毒。疳尾是血热尾燥脱落无毛。

语释 尾尖穴，在尾尖稍部。此穴入针出血为度，治马患黑汗病以及尾毛燥脱病。

【原文】 38. 肚口穴：此穴通流小便，不许行针。

语释 肚口穴，在脐轮部，此穴可灸不可针。有利尿消肿作用。

【原文】 39. 肷癖穴：在软肷上。是穴火针三针，各入三分，疗肷垂紧硬或腹细病。

语释 肷癖穴，在两肷窝的中央部，右侧一穴。用套管放出盲肠气体，治疗马盲肠臌气。

【原文】 40. 血堂穴：在两鼻内。是穴入针三分，出血。疗肺热攻注鼻肿病。

语释 血堂穴，在两鼻孔内，鼻中隔的静脉血管上，左右各一穴。此穴入针出血为度，治肺热上攻流注鼻肿病。

【原文】 41. 三江大脉穴：在鼻梁两边四指。是穴入针二分，出血。疗热气攻注颊骨肿痛，或疗骨劳、绞痛病。

语释　三江大脉穴，在眼内角，静脉血管上，共二穴。此穴入针出血为度，治热气上攻流注颊骨肿痛，以及骨劳、肚痛起卧病。

【原文】 42. 垂睛穴：在眼上四指。是穴如患肿痛，毒气不散，白针镞之。

语释　垂睛穴，在两眼上部4指处，左右各一穴。此穴治毒气不散，肿胀疼痛，用白针扎患处出血即可。

【原文】 43. 鬐中穴，在脊梁前高处。是穴如患一切肿痛，用白针镞，消散毒气。

语释　鬐中穴，在脊梁骨的前端最高处。此穴治此部一切肿毒，用白针扎放，可消散毒气。

【原文】 44. 掠草穴：在曲池上。是穴入火针三分，针一名，疗腿牵拽胯病。

·按语

原文“掠草穴，在曲池上”，无明确部位；“是穴入火针三分”与实际不符；“针一名”很难理解。可能历代翻印，失掉原文，因此不加语释。按临症实践，掠草穴在两后肢掠草骨下缘陷凹中。向后下方入针2.5～3厘米为度，治掠草骨部的阴风痛有特效。病因多是劳动腿热，外感阴风而得。群众称为阴风痛。因此“阴风”二字，既是病因，又是病名，亦是掠草骨和掠草穴的别名。

【原文】 45. 锁口穴：在口角两面。是穴如患锁口黄病，用烙铁烙深三分，长一寸半。

语释 锁口穴，在口角外面后方陷凹处，左右各一穴。此穴治锁口黄病，用烙铁烙皮焦至渗出黄水为度。

【原文】 46. 外乘重穴：在膝上五寸。是穴入火针三分。疗闪着、肿毒或脏腑攻注肿痛病。

语释 外乘重穴，在两前肢膝上的外侧 15 厘米肉缝处。此穴扎火针 1 厘米深，治阴伤性的局部肿毒，或脏腑热毒流注肿痛病。

【原文】 47. 垂泉穴：在蹄底雀舌。是穴用尖顶烙深三分。疗久患蹄漏、肿痛、毒气不出病。

语释 垂泉穴，在四蹄底下，雀舌（蹄叉）处。每蹄一穴，共 4 穴。此穴用烙铁尖烙 1 厘米深，治久患蹄漏、蹄胎骨肿痛、败血凝蹄、蹄头痛等病。

【原文】 48. 阴腧穴：在外肾后中心缝上。是穴火烧钉子，烙深三分，用油涂，疗阴肾肿大并木肾病。

语释 阴腧穴，在公马的外肾（睾丸）后上方中心缝上。此穴用铁钉子烧热，烙皮焦，以麻油或香油涂患处，治阴肾黄的肾囊肿大，以及木肾黄的阴囊坚硬病。

【原文】

医马买马吉日，不拘月份用之：

己巳　庚午　辛未　乙亥　丙子　丁丑　乙酉　丁亥　戊子　壬辰　乙未　戊戌　乙亥　辛丑　甲辰　乙巳　丙午　己酉　壬子　丁巳　戊午　己未　庚申　壬戌

放血忌日：

春寅午戌　夏巳酉丑　秋申子辰　冬亥卯未

马本命日：

九月巳日　十月亥日　十一午日　十二月子日

以上日不宜行针医治。欲行针，如犯血忌、本命、晦朔弦望、风雨阴寒，皆是禁忌，不可行针。又缘春首及马有病，弃血如泥；余月及马无病，惜血如金。凡针马之疾，先观马之肥瘦，次看吃草多少，然后相度行之：针皮不得伤肉，针肉不得伤筋伤骨，三补一泻。大马先针左，骒马先针右，后学者识之。

补注

其中“医马买马吉日”至“皆是禁忌，不可行针”的内容，语释者认为是迷信未加语释。

语释　春季是马放血的季节，以及马有病时，应该放血，要弃血如泥。其余夏秋冬季，以及马无病时，就要爱惜马的精血，不要任意扎放血，应惜血如金。凡是扎针治病，第一看肥瘦，第二看吃多吃少，然后酌量而行。针刺的部位，必须准确，扎皮下针不可伤肉，扎肌肉针不可伤筋骨。补泻法，要采用三补一泻，公马先针左半身的穴位，母马先针右半身的穴位。后来学习兽医的人，必须要知道这些操作法。

• 按语

膘马春季无病放血，为预防热证之一法；瘦马在春季却不可放血。若有病时，不论四季该放血就得放血。但对老幼肥瘦和吃多吃少，必须预先了解。肥壮的马，可适当多放，瘦马就要少放。至于针皮勿针肌肉，针肉勿伤筋骨，即扎的部位和深浅都要准确，这些都是兽医应当注意的事项。最后，对于公左母右的先后针法，我认为如果公马右肢有病，就得扎右肢的应症穴位，不可受其公左母右的限制，因这种说法不符合实际。

十六、王良百一歌

题解

王良是战国时代晋国的善御者，本歌是唐代人将《马经》中的相马法、旋毛、饲养管理、诊断摘要、眼病、腹痛起卧、风病、筋骨痛、疮黄、口齿鉴别等内容，用五字四言的歌诀，进行了一些重点叙述。原名“疗马百一歌”，何时改为“王良百一歌”无据可查，全文共有 110 首，440 句，因此名为“百一歌”。

【原文】

夫马者兽也，虽由刍[①]饲，亦禀五行。且龙驹[②]骨骏，驽力干慵，或重之以千金[③]，或免之以十驾[④]，非伯乐之相[⑤]，孰能有分！且肝脾肺之源，安则于脏腑匀和，逆则于血脉弗顺，非师皇之术，其何明哉！况兹为戎事之本[⑥]，代人之劳。今撮其要略，共成一卷，号曰“疗马百一歌”。目前病患，悉在卷中，损异毛骨，总存篇内。书云：“义深罕测，学浅难周”，贵乎助善，焉敢效尤者矣。

注解

① 刍：供给牲畜吃的饲草。

②龙驹：古称骏马为龙驹。

③千金：《战国策》郭隗说燕昭王故事：古时有人以千金购骏马不得，后以 500 金买一千里马的骨骸，人皆传其不惜重金购骏马，结果不久有 3 匹千里马送来。

④ 十驾：《荀子》“骥一日而千里，驽马十驾，则亦及之矣。”十驾，即驾车驶行 10 次。

⑤伯乐之相：《吕氏春秋》“古之善相马者，寒风是相口，麻朝相颊，子女厉相目，卫忌相髭，许鄙相肌，投伐曷相胸胁，管青相膹吻，陈悲相股脚，秦牙相前，赞君相后，凡此十人者，皆天下之良工也。若赵之王良，秦之伯乐，九方堙，尤尽其妙矣。”后世即以伯乐来喻善马者。

⑥戎事之本：戎事即军事。古时以车战为主，后来以骑兵为主，战马的作用，在古代战争中，常居决胜负的地位。因此说马是戎事之本。

语释 马属兽类，虽然是草食动物，也是承受阴阳五行之气，生存于天地之间。但骏马筋强骨壮，工作力强，驽马笨拙，工作力差。因此骏马被人重视，不惜千金购买，驽马的工作效率与骏马相差十倍，价值低廉。如没有伯乐相马法，怎能识别其驽骏呢！再说心肝脾肺肾（五脏）是畜体的根本，正常则脏腑平和，反常则气血不顺，要不是师皇的疗马术留传于世，如何诊疗其疾病呢！况且马的作用非常重要，既为军事方面的骑兵基础，又是人民的主要劳力。今择有关马的重点资料，共同组成一卷，名为“疗马百一歌”，凡属常发病以及外貌筋骨等的优缺点，都把它收集在这里。正如《书经》说：事物的道理很深奥，很难测量其深浅。我的学识浅薄，体会不深，好在目的是为助善，并不敢去效法高明的人著书立说。

【原文】（一）略相十首

1. 耳小根一握，头长鼻要宽，能行三百里，解立四蹄攒。

2. 臆前虽阔备，眼旷腹须平，项长筋骨促，尾骨短为精。

3. 鹿耳天然快，獐头第一强，蹄轻腰又短，伯乐亦称良。

4. 鼻上纹王字，目中青晕侵，虽然有筋骨，更要汗沟深。

5. 初生无毛者，伯乐号龙驹，七朝方始起，千匹也应无。

6. 近看虽似小，远望却成高，要知深有力，腹上逆生毛。

7. 蹄大腕又软，腹阔更腰长，行时无步骤，何必问孙阳①。

8. 口浅不能食，眼深多咬人，猪膝难任重，焉堪致远行。

9. 要知有寿马，唇慢口方停，好是如羊目，骒②良寿亦长。

10. 不在如龙状，追风③号古来，目前毛骨骇，未可比驽骀④。

注解

① 孙阳：即姓孙名阳号伯乐。

②骒：yì，良马。

③追风：古代的良马名。

④骀：tái，驽马。

语释

1. 马耳要小而尖，耳根的粗细，如人手的一握粗，马头要长，鼻梁要宽，这样的马能日行 300 里，将它散放休息时，必四蹄挺立而有劲。

2. 虽然具备有胸宽的条件，但还要眼睛宽大视力足，肚腹平坦脖颈长，以及筋骨结合的适当紧密，尾椎亦短，才算精彩。

3. 耳形像鹿耳那样小，是天生的快马。头小如小鹿的头，是速步马中跑得最快的马。凡是举步轻捷，腰短背宽的马，就是相马的老师傅伯乐，亦称赞为良马。

4. 眼睛中有青蓝色的光泽，为视力足，良马之相。虽然筋骨结合紧致而有劲，但是更进一步的要求是，臀部汗沟肉缝深而明，更能快跑。

5. 马初生出体上无毛者，伯乐称为龙驹走马，7 天以后才开始长毛的，可说千匹难选一匹。

• 按语

初生无毛，应是生理发育不全，未可深信为龙驹。

6. 干燥型的马，虽肥筋骨亦外露，近看体形好像小，远看却高大有悍威。要知道真正有力的马，还是腹上生逆毛，气血旺盛，才跑得快。

7. 如果蹄大腕软，腹大下垂，腰长背狭，行步不整的马，不问相马老师孙阳，也知是劣马之相。

8. 口叉浅短，采食能力必定差。眼小睛陷，性情恶劣多咬人，见到这种马，须加小心。前肢膝小如猪膝，难以任重远行，都属劣相。

9. 要知道寿命长的马，必定下唇缓而圆，上唇急而方，能吃有劲；还有眼大而明如羊目，不怕受惊，这种外貌寿命长，良马之相。

10. 良马不在乎如龙驹那样的俊秀美丽。自古以来，对于奔跑最快的马，有称“追风”的美名。只要看到它的皮毛骨骼有特异惊人的部分，就不可当作劣马去看待。

【原文】（二）毛病十首

1. 项上如生旋，有之不用夸，环缘不利长，所以号螣蛇。

2. 后有丧门旋，前兼有挟尸，劝君不用畜，无事也须疑。

3. 牛额并衔祸，非常害长多，古人如是说，此事不虚歌。

4. 带剑浑小事，丧门不可当，滴泪如入口，有福也须防。

5. 黑色耳全白，从来号孝头，假饶千里走，奉劝不须留。

6. 背上毛生旋，驴骡亦有之，只惟鞍贴下，此者是拖尸。

7. 衔祸口边冲，时间祸必逢，古人称是病，焉敢不言凶。

8. 眼下毛生旋，遥看似泪痕，假饶福也病，无祸亦妨人。

9. 毛病深知害，妨人在不占，大都如此类，无祸也宜嫌。

10. 担耳拖鬃项，虽然毛病殊，更若兼鳖尾，有实不如无。

补注

语释者认为是迷信，未加语释。

• 按语

这首原文未对其内容加以具体说明。

【原文】（三）杂忌十首

1. 骑来求得饮，汗解是为强，卸鞍面向北，此事最招殃。

2. 欲出须知此，笼头莫挂垂，虽然无大患，惊惧事防为。

3. 面北朝朝喂，形躯渐渐伤，其中忽有患，有患悔难当。

4. 远来亦忌饱，出去不妨饥，向水莫令骤，防伤肺与脾。

5. 浊水休教饮，多饶毛色焦，时间虽不觉，月内不生膘。

6. 偏怕腥膻物，仍嫌土作槽，鼠穿成大秽，更忌草中毛。

7. 上山犹许骤，下岭不宜骑，必定伤筋骨，能令日渐羸。

8. 近学新医者，安知此事难，将针宜浅刺，方便更须端。

9. 凡针六脉血，不在苦令多，移时若不止，伤损还如何。

10. 有病何妨疗，无伤血莫针，近多愚学者，此意未深知。

语释

1. 马在乘骑刚回来的时候，口渴思饮，应等到劳动的虚热下降，或汗止时再饮水才好。卸鞍时最好不要头向北尾向南背阴的地方，这时脊背热最怕风寒，否则易患揭鞍风症。

2. 要出行时，笼头缰绳不可松搭在马颈上，虽然这是小事，无大的妨害，但须预防马蹄踏缰绳时受惊害怕，发生意外事故。

3. 厩舍向北开门窗，马每天受到北风的吹袭，体质必然逐渐受到损伤，形成瘦弱。这种环境宜早改善，不要认为当时没有病患，若一旦发病，那就后悔不及了。

4. 远行回来，戒忌马吃得太饱，防止发生消化不转病，临到劳动之前，喂得太饱就怕饱伤，少吃几口亦无妨。饮水不要急，特别是在马劳动后身热口渴的时候，更应注意控制其急饮。最好缓一缓再饮，若要饮水急或急于饮水，多有损伤肺与脾胃的不良后果。

5. 不干净的浊水，千万不可饮。若饮污水，常会使马毛焦体瘦。在很短的时间里，虽然看不到这种反应，但要时间长了，就可出现瘦弱的现象。

6. 马骡是草食兽，爱素忌荤，最怕肉食腥膻之气。食草的槽，不要用土涂抹，以免泥土混入草料为马所食，引起消化不良病。老鼠穿洞污秽草料，可传播疾病，所以看到厩舍有鼠洞，应早堵塞。同时每次剩下的草料，要随时扫净，晒干后再喂。草料中有毛发等杂物混入，最易引起消化不良的咳嗽不爽病，这些都是应当注意禁忌的事项。

7. 上山时还可以快走几步，到下岭时，坡陡路滑，为防止闪伤滑倒，不宜骑行。若要骑行，常会蹉伤前肢，引起胸膊痛病，并能使马日渐瘦弱。

8. 初学医的人们，往往不知发生医疗事故的危害性。在扎针时，切记掌握浅刺法，防止深刺发生事故。

·按语

不论扎火针放血针，都须掌握浅刺法（意指适中）。

9. 凡是扎放六脉血的血针，放血量不要过多，看到紫血已去，鲜血已来，即应停止出血。若不能适量的止血，仍令血过多，反而耗损气血，形成精神疲倦，体弱无力的不良后果。

10. 马在有病时应该进行治疗，该放血就放血，无病时不应扎针放血。近来有些医学不精通的人，对此没有深刻的了解，往往无病放血，有病多放，以至损伤气血，延长病期。

【原文】（四）眼候十首

1. 一切眼昏瘴，皆因热所伤，莫令肝脏冷，泪出转难当。

2. 黄风有赤脉，白翳忌侵睛，须抽眼脉血，救疗有功能。

3. 乌风起肝脏，忽患便青盲，便是通神妙，除非解换睛。

4. 有瘴频多泪，无令冷药多，细辛并地骨，犀角决明和。

5. 外瘴须磨点，黄连最能驱，乌鱼骨颇妙，辄莫用珍珠。

6. 欲疗先令暖，仍须使于肝，防风圆蔚好，去泪得睛宽。

7. 不可全凭药，时闻亦用针，频抽口鼻血，脑热勿令侵。

8. 肝病眼睛病，眼昏肝有风，发来时生晕，灌烙抵神功。

9. 环眼难为病，侵睛即多惊，月中骑亦惧，雪内使同盲。

10. 卒热传肝脏，尪羸也易医，奈何双目暗，得效也何时。

语释

1. 一切眼病均视力蒙眬不清，如内障眼、外障眼都是由于肝热上攻于眼，使眼受伤所致。在治疗时，适当滋阴平肝，而不可过用寒凉药，以免肝木受寒为害。若转为肝冷，则流泪不止，治疗就有困难了。

2. 黄风内障眼，表现睛体充血。若治疗失时，日久则瞳仁面前发炎而生翳膜，翳膜遮蔽瞳仁则眼失明，治疗宜放眼脉血，有好的疗效。

3. 乌风（黑风）内障眼。病因起于肝脏，由于肝脏热而生风，上攻于眼，使眼忽然失明，外表看不见云翳，形成青盲眼，即色青而不红，这病是无法治疗的。就是最高明的医生，除非能给它另换一只眼睛，别无良方。

4. 不论内障眼与外障眼，表现经常流泪时，不可多用寒凉药治疗，最好用平肝滋肾药，如细辛、地骨皮、犀角、石决明、决明子适当配合。

5. 外障眼，须用点眼药治疗。黄连对外障最有效，能驱退云翳；乌贼鱼骨研极细粉面，对磨除翳膜亦很有效。但千万不要用珍珠粉来点眼退翳，因珍珠能生肌长肉，云翳宜退不宜敛，若用之会有反作用。

6. 要治眼科病，首先应注意治肝脏的药。须用温暖药，如防风、郁金就好，可以止泪明目。

• **按语**

原文内容，既说用药宜温暖，又用郁金以清热，似有矛盾。泪为肝之液，据临症实践，当分寒与热，稠敛而少者肝热，稀散而多者肝冷，冷宜温暖，热宜清凉。

7. 眼科病，不可单独用药治疗，有时也须配合扎放口鼻部位的出血针。如三江大脉血、通关血、玉堂血，可防止热毒上攻于脑，对眼有好处。

8. 眼为肝的外应，肝病则眼睛生病，眼睛模糊视物不清，是肝经有风热。在发展期间，呈现头晕眼昏，重者双目失明。行走时提腿慢走，甚至碰墙撞物。应内服平肝清热药，外用火烙风门等穴可收良效。

9. 环是圆形，环眼，就是眼睛的周围有特异色彩的圆圈。如白马的眼睛周围有黄色圆圈，就叫环眼。这种眼睛是自然的生理现象，难以作为一种病情去治疗。因这种特异色彩，对瞳仁直射出的光线有反射的影响，所以视力受到障碍，遇物多惊，夜晚走到月亮影下看不清楚，亦要害怕，走到雪路里更看不见，如同盲人一样。

10. 急性肝经热证引起的眼病，来势虽猛，病情虽重，畜体虽弱，也容易治愈。最怕肝虚体弱所引起的慢性眼病，视力逐渐衰弱，以致双目失明。这种情况，虽经治疗，恐难收效。

【原文】（五）医候十首

1. 欲要看口色，春季忌于青，若是秋时候，医之必得宁。

2. 夏病不食草，口中赤色深，莫将为热疗，热疗病难寻。

3. 秋病口中白，时时喘息粗，于中带黑色，肝肺恐应无。

4. 冬季口中黑，医之必不痊，卧蚕虽有色，望退也无缘。

5. 大抵怕青黑，兼忧喘息粗，神功也不救，迟治气全无。

6. 肺病多方疗，心伤鹘脉抽，目前虽有效，已后发无休。

7. 鼻内出脓血，如加气转抽，岂堪连背硬，何用更开喉。

8. 肺病休疑冷，腥膻不可为，但将凉药疗，莫使小猪脂。

9. 天门还治肺，地骨也医肝，心热黄芩妙，人参性不寒。

10. 前面热未退，腰胯却行迟，是热须医热，少将冷药医。

语释

1. 看病的重点，先要看口色，在春季忌见青色，因为青色内应于肝，肝旺于春，春见青色主病在肝，难治。若秋季见青色，肺旺于秋，肺属金，肝属木，木被金克，易治。

• 按语

临症常见，不论春夏秋冬，青色多属虚寒或气滞，有光者重，虽危可救；无光者死，内伤绝象。不可拘执春季难治，秋季易治之说。

2. 马在夏季不吃草，口色呈现深赤色，这是外界气候高热的影响，不可轻易按热证治疗。要摸舌津是燥是滑，燥属热，滑属寒，若将寒证认为热证，病情有变，则难治疗。

3. 秋季生病，口色忌白，口色白，病情严重。如果口色中兼有黑暗色，为肝不藏魂、肺不藏魄的绝色。

• 按语

不论春夏秋冬，遇到白色，慢性多为贫血或虚寒，急性多为内伤或内出血，有光者酌情抢救，无光者死。

4. 冬季生病，口色忌见黑色，口色黑，治也好不了，即使卧蚕微有红色，治愈希望也不大。

• 按语

黑色不论何季，都属肾水亏极之象，皆不易治。即使在有光时去抢救，亦得按舌津燥属热，舌津滑属寒，分别施治，无光者死。

5. 大概看口色最怕青黑色兼喘息粗，医术再高也难救治。

• 按语

这首原文是指青黑的口色就治不好。据临症实践，青黑无光者死，有光者经抢救可活。

6. 肺病有多种，治法也多样，若到心脏内伤时，鹘脉的血管就呈现缩陷之象，目前虽有好转，亦多预后不良，再犯多死。

7. 双鼻流脓血、呼吸抽锯声、背部皮紧硬，这是肺绝症。不是开喉术能治的那种呼吸困难病。

8. 治肺病多是热证，灌以清凉剂为宜，可用猪脂为引，若双鼻流脓兼有腥膻气时，为肺已腐烂不治之症。

9. 天门冬泻肺火有特效，地骨皮是平肝火的要药，黄芩治心热最妙，人参性温而不寒，是补肺气的要药，适用于虚热证。这些药药性不同，都须深知。

10. 前面有热象尚在发展而未好转的同时，后面又有腰胯不灵行走迟滞的症状，这是热伤津液，水亏火旺的前热后寒病。治以滋阴降火为主，如知母、黄柏酒炒有良效，清热解毒为次。如黄连、黄芩等药，都为治实热证之大寒剂，在这种情况下，宜用少量，亦须酒炒。

【原文】（六）起卧十首

1. 脾寒令肉颤，胃冷吐清涎，但针脾上穴，暖胃药为先。

2. 扑尾蹇唇痛，卧时四蹄摊，频频觑肷上，冷热气相干。

3. 起卧无时度，将身似狗蹲，肠中如粪结，巴豆最为珍。

4. 若作如斯候，切在细推寻，如逢肾脉上，多应肠入阴。

5. 识得寻常病，便须用橘皮，槟榔为第一，葱酒最相宜。

6. 止痛当归妙，牵牛芍药和，生姜宜剩使，滑石勿令多。

7. 治脾人参妙，针脾第一功，目前兼恶急，气脉当时通。

8. 尿血还缘热，风虚结涩为，秦艽能治疗，通利大黄奇。

9. 忽荡粪如水，赤黄气息腥，饶伊能用药，口色怕微青。

10. 若还退草料，腹中虚气鸣，大似肠黄候，脾家气不匀。

语释

1. 脾寒则肌肉震颤；胃冷则口吐清涎。脾胃相连为表里，脾寒胃冷都宜火针脾腧穴，内服暖脾胃药。

2. 腹痛时连续摆尾，嘴唇抽搐似笑，卧地则四肢伸展不收，时时回头看肷，这是冷热相凝之气扰乱胃肠引起的冷痛病。

3. 时起时卧，起卧不停，好像狗坐姿势。这是肠中有恶粪积聚，如果有粪结，巴豆是最好的泻下药。

4. 假若遇到这种不明显的疑难症候时，对马所表示的一切动作，全在医生细心地去推测找寻，如果在阴囊部摸到有粗大和波动的变化，多为小肠入于阴囊的现象。

5. 只要认定是寒热凝滞的一般起卧病，就可内服橘皮（青橘皮、陈橘皮简称二皮）、槟榔以和解消导为主，再加上葱白、白酒，解表除寒而为引药，是最适当的治疗方法。

6. 凡有痛感，皆因不通，当归味辛性温，能补血润燥滑肠，有推陈致新（新陈代谢）的作用，所以止痛最好，即通则不痛的道理。牵牛有黑白两种，又称二丑，味甘性温，利水除湿，为治伤水的要药。芍药有赤白两种，赤芍味苦性平，能破血通经，活血止痛；白芍味酸性平，能补血泻肝，止泻痢之痛。生姜味辛性温，温经发汗之药，虽能治冷痛，但刺激性大，不宜多用。滑石味甘淡，性寒平，上开腠理而发表，下达膀胱而利水，通六腑九窍之津液，为入膀胱经药，治水泻热痢病，因其体重，不宜多用。

7. 治脾胃虚弱病，内服人参最好。治脾胃冷痛病，火针脾腧穴有效，目前虽然有恶性的急起急卧，但在扎针后很快就可促使气血通行而止痛。

8. 小便尿血，原因是劳伤肾虚以致心热，热极生风，风火相凝，传于小肠，入于膀胱，结涩不通，形成此病。秦艽能散风去热治虚劳，大黄治秘结去淤热，二药合用则能通利血分湿热，可收奇效。

9. 忽然拉出稀水粪，其色赤黄，其气腥臭，这个症状多属肠黄，纵然能够用药治疗，但须早治，若到口色发现微青的时候，为病程转入后期，难以治疗。

10. 肠黄病，经过治疗之后，假如还是不肯吃草料而肠音洪亮，大体上好像是肠黄，实质上是脾胃不和。治以健脾和胃法，就可以吃喝正常。

• 按语

上述第三首治粪结，古人是用巴豆治之。但巴豆为峻泻剂，易引起胃肠气虚的反应，今多不用。如果要用，应先去净巴豆油制成巴豆霜，比较稳当。制法：即用白麻纸数层，裹巴豆仁（去皮）于中，外加压力榨净油，以纸无油痕为度，千万不可用火炒去油的巴豆霜，预后多不良。不去油的巴豆叫生巴豆，有断肠之险，忌用。每次用量，各自酌情而定。

第六首所述的五种药物，对治冷痛、粪结、肠黄等急性起卧病，有采用之必要。我认为当归既治粪结，又治肠黄，也治冷痛，与牵牛生姜合用，可治冷痛；与芍药滑石合用可治肠黄；与牵牛滑石合用，可治粪结。全在灵活运用，才可发挥其应有的作用。

【原文】（七）疗风十首

1. 有伤即为急，无伤呼为慢，先针喉脉血，亦须先发汗。

2. 尾揭遍身硬，耳紧闪骨生，此风从后得，暖处勿宜吹。

3. 病见从前得，斯须便过关，大风烙最妙，入口下应难。

4. 四脚难移动，一边汗出微，口中时吐沫，见此莫生疑。

5. 不独如斯状，忽然后脚迟，尽知呼肾冷①，卒急也难医。

6. 是药皆治病，唯风却要蛇，防风并半夏，取急是天麻。

7. 治疗皆凭药，就中风也难，七朝疑似退，火烙大无端。

8. 歇汗风饶痒，为疮急躁多，肺风多揩擦，疥瘙即相和。

9. 花蛇及干蝎，亦疗脑旋风，乌头勿单使，麻黄更要芎。

10. 有风切忌惊，角耳最为精，汉椒并附子，相合耳中倾。

注解

①肾冷：原刊为脾冷，但脾冷无后脚迟的症状，肾冷才有这种症状。在《司牧安骥集》校注本中，存疑未改，现改为肾冷，便于解释。

语释

1. 中风病，体表有破伤的属急性；无破伤的属慢性。不论急性和慢性，都应扎放喉脉血（大血），内服解表发汗药。

2. 尾揭起，遍身直硬，耳挺立，闪骨遮睛。这些症状，是从躯体后部中风而得的，宜将病畜喂养在温暖的厩舍中，不要使贼风寒气吹袭畜体。

3. 中风病，若先见到从头颈部以及前半身有强直症状时，此病严重危及生命，火烙大风门穴最好。若风传口腔，牙关紧闭，草料不能咽下时，则难治好。

4. 行走时，看到四肢迟钝，走路困难，半身微微出汗，口中有吐沫的症状，就不必怀疑，肯定是中风病。

5. 中风病，不只有上述各种症状，另一种是忽然两后肢行走迟钝。大家都知道肾冷有此症状，但风入肾经亦有此症状，是属急性，亦是不容易治好的。

6. 凡是药都可以治病，但是风病，却要用蛇为主药（乌蛇、白花蛇），再佐以防风、半夏，可解表除风化痰涎。头部中风最急性，若口紧难开，宜用明天麻（又名定风草），效果良好。

7. 治病，一般都是依靠吃药治疗，但治风症，单凭用药就难治疗。初期就应用火烙风门穴和放血等疗法来综合治疗，尚可收效。如果病程已过 7 天，火烙或放血虽可使症状稍减，病势退一些，但已经迟了，所以这时再用火烙风门穴就没有什么意义了。

8. 歇汗风是劳动出汗而未干，休息于迎风处，畜体被风邪侵袭，外束肌表，所以患搔痒揩擦，以致皮破成疮。如肺风毛燥病，即是浑身痒擦不止，甚至皮肤擦伤而成疥疮。日久不愈，即皮焦毛落，畜体消瘦而成为疥痨病。

9. 白花蛇和干蝎，不但能治在表之风，也可治风入脑之脑旋风。风疾宜用乌头，其味辛甘有毒，大热纯阳，其性浮而不沉，其用走而不守，只能作引导药，所以单独服用功效不大。要配合麻黄解表，川芎活血，才有疗效。但要用制熟的，生用有毒。

10. 患破伤风的病畜，要饲养在安静的地方，人要接触它，须从容消停，切忌惊恐。最好的一种方法，就是要把患畜的两只耳朵，用皮缝上两个形如耳朵的皮套，包住耳朵，不让它听到外界的响动，防止惊吓，再用汉花椒、制附子，共合研面，选适量装入用细绸缝制的两个小袋中，拴线放入耳中，可通关窍治风，另外也可堵塞外界的震动。

【原文】（八）筋骨十首

1. 膊痛缘骑苦，蹄伤败血攻，痛时针且妙，蹄损火能通。

2. 膝骨难任痛，行时脚失多，无针膝脉血，得效也蹉跎。

3. 子骨连蹄痛，多应是物伤，烙蹄蹄不发，渐渐骨开张。

4. 失节莫交频，鹿节黄水成，假饶用火烙，滑石镇长盈。

5. 但是筋骨痛，皆因伤损为，于中砚子骨，末后不通医。

6. 食槽胀虽烙，多缘腑病生，胃翻加吐沫，何药效能成。

7. 小胯骨若痛，牵连雁翅痛，欲针须得穴，用药更持锋。

8. 曲池鹅鼻骨，胀时不在针，芸薹并紫葛，巴豆最攻深。

9. 附骨浸于膝，走骤多饶失，火烙意还粗，药消为第一。

10. 筋胀用猪脑，涂药要蛇床，细辛并藁本，米醋及生姜。

语释

1. 肩膊疼痛，由于乘骑奔走太急，又加路程遥远，损伤肩膊所致；蹄伤蹄头痛，病因是劳动后缺乏牵蹓，以致败血（淤血）流注蹄部。治法要分别对待，膊痛可在膊上8穴随痛处而施针；蹄痛则放蹄头血。若蹄甲枯裂或胀大，则火烙蹄门穴、垂泉穴，可使血液通畅而愈。

2. 膝骨疼痛（腕关节）就难承担负重的任务，因马体三分之二的重量是由前肢负担，膝部有痛感即呈现跛行。病因是由于行路时“打前失”（即前肢滑倒跪地）所致。此病若不放膝脉血，用其他办法治疗，纵然得到些效果，也不会很快痊愈。

3. 子骨（舟状骨）连着蹄胎骨（第二指骨），如果发现肿胀疼痛，多数是由外物刺伤所致。治宜火烙垂泉穴、蹄门穴，可阻止病情的发展，以免发炎日久，使蹄甲脱落或胀裂。

4. 后腕常易扭闪，形成失节症。千万不要使它再扭闪，如果经常扭闪，鹿节部就会逐渐因淤积黄涎而变的粗大。治法：须用火烙法，于蹄腕处烙一道圆圈，然后用醋调滑石粉涂敷，收效快。

5. 一切筋骨痛病，都是由于跌伤、打伤、闪伤、扭伤所致。其中如砚子骨痛（髂骨面），宜早施治，久则形成残疾，不得痊愈。

6. 食槽（颚凹）肿胀，虽然也可用烙法，但此病不是因外伤所致，多是由于脏腑火毒上攻而得。治宜内服清热解毒药可愈。马若得了翻胃吐草病，出现松骨连腮肿，口吐涎沫时，病已到后期，任何药物都治不好了。

7. 小胯骨痛得日久，就可牵连到雁翅骨也痛。要扎针必须取准穴位，才可生效。最好的办法，可内服止痛活血药，外用针灸，针药合治好得快。

8. 曲池在两后肢合子骨前面的弯曲处，鹅鼻骨在合子骨的后面，此二处若有肿胀和疼痛，不需要扎针，最好的方法是用芸薹籽（油菜籽）、紫葛根皮、巴豆，共合捣为膏，用布包患处，可消肿止痛。

9. 附骨在两前肢膝骨的后部，此骨疼痛最易牵连到膝痛。若走得快最易滑倒，经过火烙之后还肿大时，可外敷熁药，特效。

10. 腿痛病，凡是筋有粗胀的部分，可用蛇床子、细辛、藁本、生姜各等份捣为细面，和入适量的猪脑及米醋，调匀涂于患处，以布包好，可消筋胀。

【原文】（九）疗黄十首

1. 躁闷忽衔缰，此即是心黄，先须用火烙，时下得安康。

2. 胸黄忽肿硬，未可用针针，须使消黄药，无令痛所侵。

3. 偏次黄虽少，还缘积热成，常闻连五脏，根向肺中生。

4. 喉内若生黄，此病实难当，药针但少效，向里结成囊。

5. 急慢肠黄候，患时俱一般，慢时一月多，急则当时间。

6. 肾黄肾脉肿，积冷致如然，还须熁腰上，以此出顽涎。

7. 水黄连带脉，虚肿在皮肤，先用火针治，消时脓出余。

8. 肷黄不用针，涂药妙能深，滑石并葶苈，橘皮使郁金。

9. 骡马缘风热，因此作奶黄，涂药教驹哑，切恐结成囊。

10. 一切黄虚肿，多缘积热生，宜抽喉脉血，诸毒不能成。

语释

1. 马骡不论在劳动过程与休息场所，或吃草的时候，忽然表现有烦躁不安惊惶失措的姿态，衔咬缰绳的动作，这就是心黄的初期症状。先用火烙风门穴、伏兔穴，当时就可得到安静，再用药治便可恢复健康。

2. 胸黄在忽然肿硬时，不可在肿硬处乱扎放血，因为黄肿正在发展，针刺有反助发展的危害性。正当的疗法，必须内服消黄散，外涂消肿药，内外合治，可使毒消肿散，解除病痛。

3. 偏心黄（即偏次黄）在胸膊两旁，浮肿面积虽然不大，但其发病原因还是由于热毒积聚而成。寻常听到的说法，此病可牵连到五脏，其发病根源是由肺脏而生。

4. 喉头里边若发生黄肿，这病实在难以治疗，虽然给它吃药扎针，但很少生效。因为热毒攻向喉里，已经凝结不散而成囊肿，堵塞了呼吸道，就有窒息的危险。

5. 急性肠黄和慢性肠黄，病因和症状都基本相同。但慢性肠黄病势轻缓，病期可拖延到一月之多，若治不好，也可致死。急性肠黄则病势急促，有的当天即告死亡。

6. 肾黄则表现肾脉（督血、肾堂血）处肿胀，公马牵连到阴囊浮肿，母马牵连到阴门浮肿，这是由于内肾积冷而得。除扎放肾堂血和内服消黄药外，还须用熁药（方见卷七）贴腰上，加以药灸，使内肾积冷而生的顽固涎水排出体外，方可痊愈。

7. 水黄在脐轮的周围浮肿，严重时也可牵连到左右带脉血的部位，触诊有浮肿之感觉。治法：先用火针在肿处的虚软部分选扎数针，使黄水易于排出。到肿胀消时，则穴孔流脓，这是毒气的残余部分，是恢复期的预兆。

8. 肷黄在两肷浮肿，此病不用针灸治疗，外涂药治是最好的方法。药用滑石、葶苈子、橘皮（青皮、陈皮）、郁金，以上5种除滑石另入不研外，其余各研细面，共合一处，鸡清调涂。如干再换，以好为度。

9. 母马产后受风热侵袭，因而发生奶黄（乳房炎）。可用外涂药治疗，涂药后，要叫幼畜吸食奶汁，以吸引奶孔流通，否则易造成乳腺郁结而成肿囊。

10. 一切黄病的特征，都是虚浮软肿的，病因是由热气凝结而生。治宜扎放喉脉血，排出毒气，以免形成黄肿。

• 按语

上述第九首奶黄病，幼驹可用代食品或牛奶，最好不要吸食奶汁，以免幼驹发生奶痢病，有的体弱毒重，可因此致死。至于奶黄，一面外涂药，一面内服通经解毒药可收良效。另采用人工挤奶，对促进奶汁流通较好。

【原文】（十）疮痍十首

1. 竹节疠膊疮，骨钻亦难当，若涂先用洗，欲洗使盐汤。

2. 贴疮虽用药，艾炙且令焦，干姜将内入，根出始方消。

3. 瘠疮生眼畔，瘠血化为虫，即渐侵于脑，和睛变作脓。

4. 口内忽生涎，心脏热如然，有疮须用药，包药使绵缠。

5. 肺毒若生疮，医之要肺凉，贴药虽宜洗，可用甘草汤。

6. 断腕缘风血，燥蹄亦一般，麝香葶苈子，贯众及黄丹。

7. 冷病缘草结，脓多疮口寒，乳香并附子，贴此始应看。

8. 疥癣深秋旺，爪疮盛夏多，芜荑鹤虱妙，能杀此般虫。

9. 血燥连蹄肿，筋风血作脓，都缘风血聚，忙疗莫蹉跎①。

10. 一切破损疮，勿令口自伤，溃疮难治疗，客风须提防②。

注解

①“芜荑鹤虱妙，能杀此般虫”和“都缘风血聚，忙疗莫蹉跎”二句，原刊误排倒置，今特调整归正。

②提防：原刊为“是防”，现改正。

语释

1. 竹节（烧灰存性），能治肩髆部压伤性的疮疡，但须早治，若腐烂透骨，也是难以治好的，如果要搽竹节灰，就得先用盐水洗净疮口的脓血再搽。盐水能消毒，竹节灰能去腐生肌。

2. 一般脓疮，多用外搽脱腐生肌药，如不见效时，就得多加考虑。如果疮形属阴，可将干姜研细面撒入疮内，外用艾叶火烧熏烤，促进疮形还阳，长出新肉，才能敛口生肌，毒尽而愈。

3. 疳疮生在眼睛周围，疳血内有了寄生虫，就会逐渐侵入脑中枢和眼内，使脑和眼球发炎化脓。

4. 口内忽然流出带有泡沫性的黏液，这是心经积热的原因。口内有疮须用口噙药，就是用丝袋装入消毒药，拴噙口内使其慢慢噙化，毒消而愈。

5. 肺经受火毒而生的肺毒疮，治疗应内服清热凉肺药，另外疮上还要贴拔毒药，并在贴药之前，先用甘草汤洗净疮口。

6. 断腕就是腕疮，燥蹄就是蹄头（毛边）燥烂，这两种病，都是由于血热受风而生燥痒的原因。治法：宜用麝香0.3克、葶苈子30克、贯众30克、黄丹15克。治法：先将贯众、葶苈子另研细面，然后把黄丹、麝香和合研匀即成。湿疮干撒，燥疮香油调涂，数次即效。

7. 草结（槽结）病，在化脓开口时，疮口外受冷冻，则流脓特多。治以乳香、制附子各等份，共研细面，搽于患处，就可痊愈。

8. 疥癣病，在深秋季节（阴历九月）发展旺盛，疥疮在暑热季节（阴历六月）发生最多。用芜荑、鹤虱治这两种病最好，内服外用，都有杀虫的疗效。

9. 血燥形成的血毒病，不仅蹄头肿，还牵连到蹄胎肿。筋毒是久行伤筋，发生于四蹄腕部，破流脓血。这两种病都是由于血热受风，致使淤血凝聚而成。急需早治，否则毒水漫延蹄甲，日久浸淫腐蚀，则有烂甲脱落，丧失劳力。

10. 畜体皮肤有破损或生疮疡，千万不要让病畜用口去啃咬，使伤口化脓。疮疡破烂不结痂，则难以治疗，同时有疮疡则皮肤卫气不足，失去防御外邪侵袭的抵抗力。必须保持疮口的清洁，并加以适当的保护，防止客风（贼风）侵袭，以免成为破伤风。

【原文】（十一）齿岁十首

1. 齿有数般苍，教伊识不妨，莫言为小事，识得大贤良。

2. 黑白一齐全，生来始八年，中间初似破，十二岁无偏。

3. 齿如十二月，骍牙象四时，二十四气足，伯乐定为规。

4. 四齿不曾退，年纪只是驹，但看连畔者，咬得臼还殊。

5. 驹子生驰齿，嚼之必不匀，直饶齿岁小，区臼也多平。

6. 向南马齿口，野放咬山多，区臼虽先破，莫言齿岁过。

7. 黄区将欲尽，黑臼已全无，上下齿更展，二十岁应余。

8. 骍牙初出肉，俗言即五六，至老或不生，须平区臼真。

9. 骍牙无可定，骒马不会生，若凭为端的，休言此是真。

10. 有寿三十岁，筋骨一依常，虽然能走骤，争如少年强。

语释

1. 马的门牙（切齿）有多种变化，苍是黑色，在这里指门牙中心的黑窝（就叫区，由黑色变黄至白），它随年龄的大小变化，一年变一样，借此可识别其年岁的老幼。凡是喂养使用马的人，以及从事治疗马病的人，教他们有这些常识并不妨事。不要说这是一件小事而不学习，能认识齿区变化，即可鉴定其老幼，对交易评价与诊疗方面都很需要。

2. 马的门牙上下 12 颗，都出现黑臼窝（黑区）时，就是 8 岁了。下门牙中间的两个牙区，如果已经咬破黑臼成为黑星时，那时正好 12 岁。

3. 门牙上下 12 颗，象征一年的 12 个月，驔牙（犬齿，又叫虎牙）左右上下各一颗，象征四季的春夏秋冬，腮牙（臼齿）左右上下各 6 颗，共 24 颗，象征一年的二十四节气。这是伯乐取类比象的定规，也是成年马（指公马）的牙齿数。

4. 看到上下门牙中间的 4 颗牙未曾脱换，其年龄只能说是驹子（3 岁之内）。看到上下两边的 4 颗牙，区臼已咬破一角，形成燕尾者，是驹齿全部脱换，这时已到 7 虚岁（6 周岁）。

5. 驹马生的牙齿，弯曲不直叫驔齿。这种齿形，上下吻合不平，虽然年龄小，区臼很早就会磨平。依靠看区臼鉴别老幼是不够准确的。

6. 在山区放牧的马骡，经常啃咬南面背阴的草坡，地阴草硬，牙齿的区臼磨损较快，黑区虽然早期磨破，但不可仅凭这一点说它年龄大，还须结合毛色、眼光、腰腿多方面分析才是。

7. 黄区将尽，只见黄星不见黑区，而且上下齿形向外展时，这是 20 岁以外的年龄。

8. 犬牙刚露出齿龈时，俗话常说为 5～6 岁。但有个别公马到老亦不生犬牙，必须凭区别臼鉴定年龄，较为正确。

9. 犬牙不能作为鉴定年龄的依据，因为母马就不生犬牙，若凭犬牙看老幼，是不够正确的。

10. 有的马骡体质强壮、寿命亦长，年到 30 岁，筋骨尚未衰退，仍可使役。

十七、续添伯乐画烙之图

續添伯樂

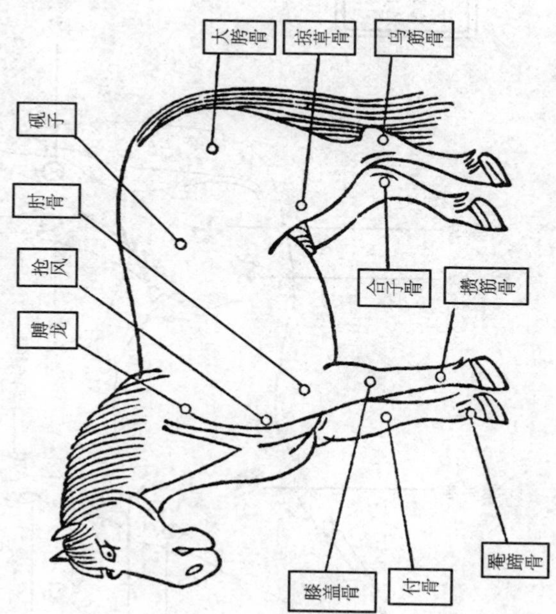

十八、新绘画烙部位之图

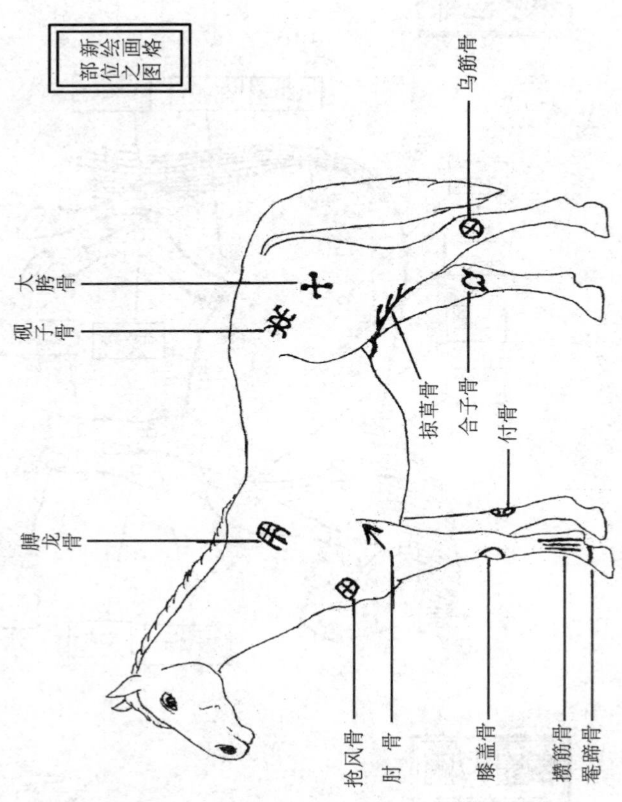

十九、伯乐画烙图歌诀

题解

本篇用四言七字歌诀十二首，扼要说明十二种筋骨肿痛病的病因、症状和画烙治疗方法。由于十二种筋 骨肿痛的部位不同，所以画烙用的铁烙形状也不同，每首歌诀上均绘有适宜该症的铁烙形状，以便仿照画烙之用。

【原文】

画烙膊龙骨歌（田）

膊骨肿痛病难移，当因打损受灾危，
火烙之时须用字，药针敷熁最为奇。

画烙抢风骨歌（⊗）

抢风骨大说根基，皆为折损是因依，
用火烧铁田字烙，自然痊瘥不须疑。

画烙肘骨歌（↑）

肘骨疼痛把脚拖，为因闪折不调和，
按其骨节三叉烙，当时轻健自消磨。

画烙砚子骨歌（[illegible]）

砚子骨大为因何，盖为打伤肿痛多，
用火烧铁栀子烙，免令失误得安和。

画烙大胯骨歌（[illegible]）

大胯肿痛拽脚行，识其此证是能明，
骨穴上头四点烙，更添十字便安宁。

画烙掠草骨歌（⋔）

掠草骨痛损伤多，本因骨胀脚难挪，

麻叶烙画须平稳，涂油针治便消磨。

画烙膝盖骨歌（○）

膝劳肿痛最难任，踏空虚闪败涎生，

注膝穴内须出血，火烙周围得瘥宁。

画烙付骨垂歌（⊖）

付骨垂病侵于膝，行时直脚多饶失，

火烙之时亦还粗，用药熷消为第一。

画烙合子骨歌（ᗷ）

合子骨胀说根基，皆为转损是因依，

筋分雁爪须消散，自然痊可不须疑。

画烙乌筋骨歌（⊗）

乌筋胀病怎生医，筋转之时受灾危，

火烙十字圈一道，油涂消散是为奇。

烙攒筋骨大歌（|||）

攒筋骨大为何因，失节之时是其根，

川字火烙熷药擦，便是医家妙手真。

烙鼍蹄骨大歌（⌒）

鼍蹄骨胀最难医，因伤子骨是根基，

蹄门穴内微针刺，须将烙铁画蛾眉。

语释

1. 髆龙骨（简称髆骨，现名肩胛骨）痛的症状：肿硬多痛，行走困难。病因：是受打伤形成的损害而作痛。治法：先于肿处扎放淤血，用火烧烙铁画烙“用”字式于患处，再外敷熘药（方列卷七），然后内服止痛散淤药，内外合治，可收良效。

2. 抢风骨（现名肱骨，又名上膊骨）在胸骨两侧的前端。此骨肿大的原因，是在劳动过程中滑倒碰伤骨质所致。治法：火烧烙铁轻手画烙“田”字式于患处，自然就可治好，不必怀疑。

3. 肘骨（现名尺骨的肘突）痛的症状：行走拖脚不敢抬腿。病因：多是转弯扭闪折损致使关节受伤而得。治法：按照关节的形状，火烧烙铁画烙“三叉”于患处，即可减轻痛感举步而行。

4. 砚子骨（简称砚骨，现名髂骨体）肿大的原因：多为打伤而形成肿痛，使此部肌肉肿硬不散。治法：火烧烙铁画烙“栀子”于患处，早治可以快好，迟治恐难恢复原形。

5. 大胯骨（现名股骨大转子）肿痛的症状：患畜拽着后脚行走，有经验的医生或畜主，都知道多因打伤而成此病。治法：火烧烙铁在大胯骨的上下左右四角先点烙“四点”，再于中间画烙一个“十”字，和四点连接就可治好。

6. 掠草骨（现名膝盖骨）痛的原因：多是扭转或闪伤而得。症状：由于此骨关节肿胀，促使患肢行走困难。治法：火烧烙铁画烙“麻叶”于患处，须注意烙的手法，不轻不重才可安全。烙后用麻油涂，以润皮焦，如有肿胀，用小宽针扎放淤血，就可消肿而愈。

7. 膝盖骨（现名腕骨）肿痛，是难以负重远行的一种病。原因：是由于踏空闪伤，以致关节流注败涎而生肿痛。治法：放膝脉血，火烙膝部周围，轻手画烙圆圈一道就可治好。

8. 付骨（现名副腕骨）在膝骨之后，此骨肿大侵害膝骨，故行走不便，形成直脚行的姿势。由于关节不得劲，走路容易滑倒。治法：火烙患处，烙后如果肿胀不消，可用熁药敷之（方列卷七）为消肿的第一良方。

9. 合子骨（现名胫骨内踝）肿痛的原因：是扭转损伤而得。治法：火烙患部筋骨之间画烙“雁爪”，自然就可消肿止痛而愈。

10. 乌筋骨（现名胫骨外踝）肿痛的原因：亦为扭转损伤而得。治法：火烙患部圆圈一道，然后画烙“十”字于中间，烙后涂麻油以消散火毒有奇效。

11. 攒筋骨（现名第二、四掌骨）肿大的原因：是踏空闪失而患。治法：在肿处火烙“川”字，再外敷熁药，就可治好。

12. 罨蹄骨（现名蹄匣）肿胀，是难治的一种病。原因是由于损伤子骨（现名远籽骨，又名舟状骨）牵连而成此病。治法：用小宽针于蹄门穴轻微放血，再于蹄匣上边缘处画烙“蛾眉”一道，就可治好。

六阳之图六阴之图

语释　此图六阳，是指少阳，太阳，阳明；六阴是指少阴，太阴，厥阴。实际上是三阴三阳，若配合十二经络，即为六阴六阳。此十二穴，各代表一经之穴。六阴六阳，亦即十二经络联系脏腑之代名词。如眼脉穴，即是属于厥阴肝经之穴，因此名为“眼脉穴厥阴肝经”，余皆类同。

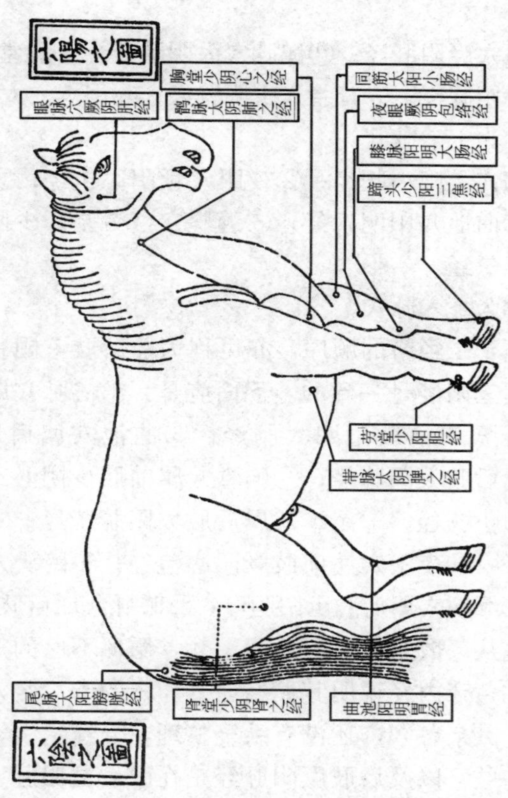
六陽之圖
眼脉穴厥阴肝经
胸堂少阴心之经
鹘脉太阴肺之经
同筋太阳小肠经
夜眼厥阴包络经
膝脉阳明大肠经
蹄头少阳三焦经
劳堂少阳胆经
带脉太阴脾之经
尾脉太阳膀胱经
肾堂少阴肾之经
曲池阳明胃经
六陰之圖

• 按语

六阴六阳，配合十二经络的分经，人是以手足分经，马应以前后肢分经，但这里尚未说明。此图应和本集卷三末尾之上下六脉穴列在一处，是一致的。在这里前后无联系。按照上下六脉穴即是：

①眼脉穴厥阴肝经；②鹘脉穴太阴肺经；③胸堂穴少阴心经；④带脉穴太阴脾经；⑤肾堂穴少阴肾经；⑥尾本穴太阳膀胱经。

以上称为上六脉穴。

①同筋穴太阳小肠经；②夜眼穴厥阴心包经；③膝脉穴阳明大肠经；④曲池穴阳明胃经；⑤缠腕穴（劳堂）少阳胆经；⑥蹄头穴少阳三焦经。

以上称为下六脉穴。

若根据十二经络的顺序，亦可称为前后肢三阴三阳经，与人的手足三阴三阳经是一致的。下面应是：①鹘脉穴属前肢太阴肺经；②膝脉穴属前肢阳明大肠经；③曲池穴属后肢阳明胃经；④带脉穴属后肢太阴脾经；⑤胸堂穴属前肢少阴心经；⑥同筋穴属前肢太阳小肠经；⑦尾本穴属后肢太阳膀胱经；⑧肾堂穴属后肢少阴肾经；⑨夜眼穴属前肢厥阴心包经；⑩蹄头穴属前肢少阳三焦经；⑪缠腕穴属后肢少阳胆经；⑫眼脉穴属后肢厥阴肝经。

以上是从一数至十二再返回一数，循环不已的规律。人的十二经穴早在黄帝内经说明其循经原委。马的十二经穴仅有这十二穴的规定。其余各穴，还没有系统整理，分经定穴。但本图对缠腕穴是在前肢，以及后肢厥阴肝经是在眼后之眼脉穴。另外膝脉穴、同筋穴、尾本穴都属阳经，但穴位都在内侧阴面，这是需要研究的问题，特此说明。

司牧安骥集 卷二

一、马师皇[①]五脏论

题解

本论以阴阳五行的理论，论述马体内部的五脏六腑和五官七窍、五体、五液等的关系，以及与自然界的五方、时令、五气、五色、五味等的关系。歌诀则说明各脏的病理和治疗原则。

注解

①马师皇：相传黄帝时代的医生，善医马病，后人尊为兽医始祖。

【原文】肝[补注①]第一

春三个月，肝旺七十二日[①]；肝为尚书[②]，肝重三斤十二两。肝者外应于目[③]，目即生泪[④]，泪即润其眼。肝家纳酸[⑤]，肝为脏，胆为腑[⑥]。肝者风为脏[⑦]，胆者精为腑[⑧]，肝是胆中之佐[⑨]；肝为里，胆为表，肝为阴，胆为阳，肝为虚，胆为实。肝者外应于东方甲乙木[⑩]。歌曰：

肝家受病眼睛昏，头低耳耷少精神。

闪骨生疮多泪下，胡骨把胯病元因。

饭须之间攻左脚，青葙石决樟柳根。

早晨临卧灌两上，此病应须眼再明。

注解

①肝旺七十二日：一年有四季而脏有五，五脏分主四季，因此脏不能独占一季。现在我们说，一年是365日，这是根据太阳历，古代我国用太阴历，太阴历一年不足360日（闰年例外），360日的五分之一是72日，而一季是90日，因此说，五脏各旺72日。旺是旺盛，古书有时是用“王”，含有主宰和主导的意义。肝旺于春，心旺于夏，肺旺于秋，肾旺于冬，脾旺于四季，每季季末18日，这就是五脏分主四季，各旺72日的说法。

②肝为尚书：我国古代封建王朝政府，设立“礼、吏、户、刑、兵、工”六个部，每部的主管长官叫尚书。按《内经》，肝为将军，主思虑计谋，主怒。而《千金方》则说肝为郎中，但不管是尚书还是将军，目的都是为了说明肝在畜体内是一个重要脏器。

③肝者外应于目：《素问》金匮真言论：“东方青色，入通于肝，开窍于目，藏精于肝。”注：天之五方气色入通于脏，以养五脏之精，肝之精开窍于目，而通乎天气，故目为肝之外窍。

④目即生泪：《素问》说：肝之液为泪。《千金方》，肝藏血，血舍魂，在气为语，在液为泪。都是说眼泪是由肝控制，因此肝热则睛昏眼涩，肝冷则流泪不止。

⑤肝家纳酸：《素问》宣明五气篇：五味所入，酸入肝，五味各走其所喜，酸先走肝，故云，肝家纳酸。

⑥肝为脏，胆为腑：脏是由藏字演化而来，畜体内凡是藏精气而不泻糟粕的器官叫脏。肝为五脏之一。腑是由府字演化而来，畜体内凡是传化物而不藏精气的器官叫腑。胆为六腑之一。胆、脑、髓、骨、脉、胞宫，又称奇恒之腑。肝胆互为表里阴阳虚实。

⑦肝者风为脏：《素问》阴阳应象大论：东方生风，风生木，木生酸，酸生肝。注：风乃东方春生之气，故云东方生风。风生

木者，寅卯属木，春气之所生也。由此可知，肝者风为脏，是指肝具有促进畜体生长发育的特征。

⑧胆者精为腑：胆囊内贮藏的是胆汁，胆汁是肝脏分泌出来的，因此胆汁为肝之精液，而胆囊是储存输送肝精的府库。《难经》，胆在肝之短叶间，重三两三钱，盛精液汁三合。故胆为中精之腑。精亦作清。《千金方》，称胆为中清之腑。李梴《医学入门》，称胆为清净之腑。但马并无胆囊，胆汁直接由肝入肠，所谓胆腑只是代表胆经作用而已。

⑨肝是胆中之佐：胆为甲木，肝为乙木，甲为首，乙随之，胆为中正之官，因此，据阴阳学说，肝是胆的辅佐者。

⑩肝者外应于东方甲乙木：方位中的东属木，天干中的甲乙属木，五脏中的肝也属木，它们之间有共同性，肝为脏，其余是外在条件，因此说，肝者外应于东方甲乙木。

补注

①肝，现代研究认为，肝的功能还包括神经系统、消化系统、循环系统和内分泌的功能。

语释　春季三个月，是肝气旺盛的时期，肝旺始于立春，终于清明，共有七十二天，肝在五脏中的地位是“尚书”。肝的重量约 1 875 克。肝的外窍是目，肝之液为泪，目生泪以润眼。五味皆走其所喜之脏，酸先走肝，因此肝家纳酸。肝为五脏之一，胆为六腑之一，二者的关系异常密切。肝在畜体中有促进畜体生长发育的功能，像植物生长需要东风一样，因此说“肝者风为脏”。凡风病，出现眩晕和动摇的症状，都属于肝经病。胆则为中正之官，胆囊是储藏运输胆精（胆汁）的府库，一名清净脏。马虽无胆囊，但有肝胆二经。《内经》说：凡十二脏，皆取决于胆。胆为甲木属阳；肝为乙木属阴，因此，肝是胆的辅佐者。肝胆互为表里阴阳虚实。肝为脏属里属阴属虚；胆为腑属表属阳属实。肝对外界环境是与五方中的东方、十天干中的甲乙、五行中的木，互相适应。有歌于后：肝脏受病眼睛昏，视物不清眼朦胧，头低耳耷（耷拉下来）精神短慢；肝热则闪骨（第三眼睑）生淤，红赤充血，多稠泪（眼眵）；肝冷流清泪，迎风不断流；水不生木，肝肾俱虚。是胡骨把胯病的原因，此症发展迅速，很快即由肝经传至肾经，使左右肢抽搐痉挛。肝经病应以平肝滋肾为主，平肝用青葙子、石决明、樟柳根，每天早晚各灌一次，就可使眼重新复明。

【原文】心第二

夏三个月，心旺七十二日①；心为第一②，心重一斤十二两③，上有七窍三毛④补注①。心者外应于舌，舌则主血⑤，血则润其皮毛。心家纳苦⑥，心为脏，小肠为腑。心者血为脏⑦，小肠者受盛之腑。心是脏中之君；心为里，小肠为表；心为阴，小肠为阳；心为虚，小肠为实。心者外应于南方丙丁火⑧。歌曰：

心家受病连膈痛⑨，胃口哽气又唇蹇⑩。
多卧少草嘴揾土，小肠尿血伤心然⑪。
麒麟没药红芍药⑫，不限依时童子便⑬。
每药每日两度灌，此马一定得安全。

注解

①心旺七十二日：夏季炎热，热属火，心属火。因此，心气和四季中的夏气相应，由立夏日起到小暑止，共72天，为心应夏气旺盛的日期。

②心为第一：《素问》灵兰秘典论说：“心者君主之官也，神

明出焉。”这和心在五脏中为第一的说法是一致。

③心重一斤十二两：这是指马的心脏重量，但即使是马，由于品种个体大小和年龄老幼也有不同。

④七窍三毛：血液进入心脏和由心脏排出的孔道有七，即主动脉一孔、肺动脉一孔、前腔静脉一孔、后腔静脉一孔、肺静脉三孔，共七孔；三毛则指心脏中的三个瓣膜，即二尖瓣、三尖瓣、半月瓣。

⑤舌则主血：“舌”字应是“心”字之误。按内经的说法：心之外窍为舌，心主血，舌为心之外应。故不是舌主血。

⑥心家纳苦：《素问》阴阳应象大论说：“南方生热，热生火，火生苦，苦生心，心生血。”因苦为心之味，故味之苦者入心以养心气。《素问》五脏生成篇说：“心欲苦”；宣明五气篇说：“苦入心”，以其相合，故心家纳苦。

⑦心者血为脏：包括以下三个内容。甲、心生血。王冰说：“心生血，盖血乃中焦之汁，奉心神而化赤。”这说明中焦如池塘之沤物，协助脾胃小肠吸收食物精华，供给心肺以生气血。乙、心主血，主持血液的循环作用。丙、“脏直通于心，心藏血脉之气也”。即五脏之精通于心，使心脏能统治着血脉之气。

⑧心者外应于南方丙丁火：《素问》脏气法时论说：“心主夏，手少阴太阳主治，其曰丙丁，心苦缓，急食酸以收之。”王冰注：“心主夏火之气、手少阴心主丁火、太阳小肠主丙火，二者相为表里而主治其经气，丙为阳火，丁为阴火，在时主夏，在日为丙丁”。以及阴阳应象大论：“南方生热，热生火，火生苦，苦生心”，因此心外应于南方丙丁火。

⑨心家受病连膈痛：《灵枢》经脉篇，“心手少阴之脉，起于心中，出属心系，下膈络小肠”，故心痛则牵连四维膈疼痛。

⑩胃口哽气又唇蹇：胃口哽气，是呕哽气唇蹇，是唇肌抽搐痉挛。《千金方》：心虚风寒，口面喎斜的抽搐状，哽气是胃气逆，

火不生土的特征，均是心虚寒的症状。

⑪小肠尿血伤心然：“然”字据《马经》为“热”字。小肠的功能是分清浊。胃将水谷腐熟后，一部传脾，一部转入小肠，小肠又将水谷清气供心生血，浊气经三焦之渗透，传于肾脏而入膀胱是为尿液。至于小肠与心是表里关系。因此，认为尿血症是心热传给小肠，受热时则小便短涩而赤。

⑫麒麟：即麒麟竭，一名血竭，为破血止痛药。

⑬不限依时童子便：“依”字疑为“何”字误刊。即不论任何时候都要用童便，因童便为清心热要药。

补注

①上有七窍三毛，心上面有三个瓣膜和七个输血孔；“七窍”《辞源》为眼、耳、口、鼻未见第二种说法；据校正增补《痊骥通玄论》四十六说第二说，马心经内经受病诀，“心上有气孔三毛”七孔者眼、耳、口、鼻是也，三毛者阴户俱于土分，其二火户，俱于二下其一也。世俗不知根究，皆传心内有七孔三毛，准入远矣。歌诀“眼耳口鼻为七孔，二火阴户为三毛”。

语释　夏季三个月，气候炎热，热属火，心属火，因此夏季是心旺的季节。自立夏日起，到小暑共旺 72 天。心为一身之主，心脏重约 875 克，上面有三个瓣膜和七个输血孔。心气通于舌，心脏正常则舌能辨五味，因此，舌是心的外窍。心是血液循环的推动者，使血液周身流转，以输送营养到四肢骨骼、五脏、六腑和体表皮毛，得血滋养，才润滑光泽。五味各有所喜，苦味先入心以泻心火，养心气。心为五脏之一，小肠为六腑之一，心与小肠相合，心主血，心藏血，以统血脉之气。小肠则盛受胃腑腐熟的草谷，因此，小肠是受盛之腑。心藏神统帅五脏，是五脏的主宰。心和小肠相合，心为脏为阴，阴为里，因此，心为里；小肠为腑为阳，阳在外，因此，小肠为表，二者结成表里关系。心为脏，只能藏精气而不能泻糟粕，故心为虚脏；小肠为腑，只能传化物而不能藏精气，故小肠为实脏。心在五行中属火，夏季属火，南方生热，热生火，故心外应于南方，丙为阳火，丁为阴火，因此，在季节心脏于夏，在天干心脏于丙丁。有歌于后：

心痛则必牵连胸膈疼痛，心虚寒则呃逆哽气，蹇唇似笑。病畜因胸膈痛而多卧少站，胃气逆则食欲减退，不肯吃喝，卧地伸颈，嘴巴贴地。尿血症是心受热伤，心移热于小肠产生的病症。心主血，血不通则痛，凡血淤而痛，则用血竭、没药、赤芍以破血止痛；心热则不论何时都要用童便以清心火，每副药每天早晚各灌一次，这个病马一定可以痊愈。

【原文】肺第三

秋三个月，肺旺七十二日；肺为丞相[①]，肺重三斤十二两。肺者外应于鼻，鼻则主气[②]，气则通其荣卫[③]。肺家纳辛[④]，肺为脏，大肠为腑。肺者气为脏，大肠为传送之腑[⑤]，肺是脏中之华盖[⑥]；肺为里，大肠为表，肺为阴，大肠为阳，肺为虚，大肠为实。肺者外应于西方庚辛金[⑦]。歌曰：

肺为华盖心上存，鼻连西方庚辛金。
皮肤受病鬃尾落，大肠连脚左边存。
肷颤肉动脚又散，鼻中脓出病十分。
医工见者休辨认，此马必定救无门。

注解

①肺为丞相：《素问》灵兰秘典论说：“肺者，相傅之官，治

节出焉。”注：位高近君，犹之宰辅，主行荣卫阴阳，故治节由之。《千金方》提出有人用尚书、上将军等来形容肺的功能，目的都是说明肺有辅佐心的重大作用。

②肺者外应于鼻，鼻则主气：《素问》金匮真言论说：“西方白色，入通于肺，开窍于鼻”，故鼻为肺之外候，主通呼吸。

③荣卫：荣亦作营，有营养的含意，卫有防卫的含意。谷料入胃，脾运其精微以传于肺，由肺传五脏六腑。营气行脉内，卫气行脉外，二者相辅相成。由于营卫的生成和分布以及营卫的功能，都密切与肺气相连，故说气则通其荣卫。此话来源于《内经》，其原文是：“谷入于胃，次传于肺，五脏六腑皆所以受气，清者为营，浊者为卫，营行脉中，卫行脉外。”又“营者，水谷之精气也……乃能入于脉也，故循脉上下贯注五脏络六腑也；卫者，水谷之悍气也，其气慓疾滑利，不能入于脉也，故循皮肤之中，分肉之间，薰于肓膜，散于胸腹。”

④肺家纳辛：《素问》宣明五气篇说：“辛入肺。”注：西方生燥，燥生金，金生辛，辛生肺，故味之辛者，入肺以养肺气。

⑤大肠为传送之腑：大肠的作用是传送糟粕，排出体外，故称大肠为传送之腑。

⑥华盖：是古帝王用的仪仗，形状如伞，立于王者身后。心为帝王，肺则覆盖着心，故肺为脏中的华盖。

⑦肺者外应于西方庚辛金：《内经》金匮真言论：“西方白色，入通于肺，开窍于鼻，藏精于肺”，西方属金，庚为阳金，辛为阴金，故肺外应于西方庚辛金。

语释 秋季三个月，自立秋日起至寒露日止，为肺金收降的季节，共 72 日。肺居膈上，与心相处，心在五脏中为第一，为君主之官，肺则为宰相之官，主行营卫阴阳，在五脏中仅次于心，为丞相。肺的重量成年马约有 1 875克。肺主气，其外窍为鼻，肺正常，则鼻知香臭，鼻是呼吸的孔道，鼻正常则呼吸通畅。肺主气而朝百脉，气通顺则营血得行而不淤，卫气得滋而卫外，辛味属金，故辛味喜入肺，肺得辛味则旺。肺为太阴，大肠为阳明，因此肺为脏，大肠为腑。肺管呼吸气体，是主管气的脏器。呼吸包括外呼吸，即吸收空气中的氧气到体内，将体内新陈代谢产生的二氧化碳气排出体外；也包括内呼吸，即血液内的氧气供给各部器官和组织，并将各部器官产生的代谢气体吸收到血内，输送到肺以排出体外，以及代谢的废物由汗腺和体表排出。因此，肺是主管气体交换运行的脏器，当这种气体交换发生阻碍时就要生病。大肠则是传送糟粕排出体外的腑，传送糟粕的机制决定于气，气滞则粪便迟滞不得排出，形成便秘；气虚则大便失禁、腹泻；气实则便结。肺是生气之源，乃五脏的华盖。肺合大肠，肺为里，大肠为表，肺为脏属阴，大肠为腑属阳。脏藏精而不泻，满而不能实，故肺为虚；腑传化水谷而不藏，实而不能满，故大肠为实。肺在五行中属金，在五方中的西方属金，故肺外应于西方。在天干中的庚辛属金，庚属阳金，辛属阴金，因此，庚金属大肠，辛金属肺。有歌于后。

肺居心上，形如华盖，外通鼻窍，受象属西方庚辛金。皮毛属肺，肺受邪，皮肤受病，多有鬃尾脱落症状，这是肺风毛燥病。若肺气受损，不能下达大肠（表里关系）失去传送糟粕的功能，又不能传送营养，滋生肾水（金生水，母子关系），则大肠与肾俱病。大肠与肾位居下焦部，由于金不生水，则肾虚，肾虚则水不涵木，此时肝肾俱虚，因而发现后肢浮肿，特别是先肿左后肢，因左属肝肾之故。肺壅肺败病至后期，若见肷肉跳动，行步散乱，双鼻流脓，病情已十分沉重，医生看到这种情况，就不必盲目治疗，因为此马救不活了。

【原文】肾第四

冬三个月，肾旺七十二日；肾为烈女①，肾有两个，左即为肾，右即为命门②，肾重一斤十二两。肾者外应于耳③，肾即生津液，津液壮其骨④。肾家纳咸，肾为脏，膀胱为腑，肾者水为脏⑤，膀胱为津液之腑⑥，肾是脏中之使⑦；肾为里，膀胱为表，肾为阴，膀胱为阳，肾为虚，膀胱为实。肾者外应于北方壬癸水。歌曰：

肾家受病切须知，后脚难抬耳又垂。
心连小肠尿更涩，膀胱邪气透入脾。
限料早晨空草灌，苦楝茴香青橘皮。
脚重头低阴又肿，此马必定可忧疑。

注解

①肾为烈女：《素问》灵兰秘典论说："肾为作强之官，伎巧出焉。"至唐代《千金方》称"肾为后宫烈女"，以此来形容肾为阴脏，静而性烈，纯而不杂。

②肾有两个，左即为肾，右即为命门：按此说见于《难经》三十六难说："脏各有一耳，肾独有两者，何也？然肾两者，非皆肾也，其左为肾，右者为命门。命门者，诸神精之所舍，原气之所系也，男子以藏精，女子以系胞，故知肾有二也。"又据清代汪昂辑著之《本草备要》卷二"肉桂"小注"两肾中间，先天祖气乃真火也……"。按此说则是指命门在两肾中间。历代诸家说法不一，有待研究。我同意汪昂之说。

③肾者外应于耳：《素问》阴阳应象大论说："肾主耳。"《中藏经》说："肾者精神之所舍，性命之根，外通于耳。"

④肾即生津液，津液壮其骨：肾与膀胱为表里，膀胱藏津液，管津液之气化，而肾主骨。津是体液中的清洁部分，它随卫气运行于周身和体表，温泽肌肉，充养皮肤，汗即由液化成。故《内经》说：腠理发泄，汗出溱溱，是谓津。液是由水谷精微所化，它是体液中的较浓部分，随着营气循经脉运行于体内，分布在关节骨腔等处，可以滋润皮肤，补益脑髓。《灵枢》五癃津液别论说："五谷津液和合而为膏者内渗于骨空，补益脑髓。"津液二者密切相连，不能分割，因此说，肾即生津液，津液壮其骨。

⑤肾者水为脏：肾属水，其色黑，其时冬，其曰壬癸。故说肾为水脏。

⑥膀胱为津液之腑：《素问》灵兰秘典论说："膀胱者，州都之官，津液藏焉。"这就是膀胱为津液之腑的来源。所以膀胱是全身水液汇集之所，对津液，汗液、尿液三者有互为多少的关系。如尿液多则体内津液就会减少，反之，汗液多或大便水泻多，尿液也会减少，以及天热汗多而尿少，天冷汗少而尿多。古人由此直觉的认为膀胱是津液之腑。

⑦肾是脏中之使：全身各脏腑虽各有其不同的功能，但却都离不开肾水来润泽，才可发挥其应有的作用，以完成不同的任务。所以肾水的亏损盈余，对整体的生长衰老，寿夭有关。它的功能像州都之官，处于佐使的地位，因此称肾是脏中之使。

语释　冬季三个月，是肾水旺的季节，始于立冬，终于小寒，共 72 天，古有烈女不嫁二夫之称，故以烈女名词，说明肾为阴脏，纯而不杂的藏精之脏。畜体内有两个肾。两肾属水（真阴）两肾中间通脊为命门属火（真阳），为先天之发源地（参考注解便知详情）。肾的重量大约是 875 克。肾与耳相通，肾健壮则听觉敏锐，肾伤则耳聋。肾与膀胱为表里阴阳，膀胱藏津液，主气化，肾主骨，津液充盈则骨壮。五味之中的咸入肾。因此，肾家纳咸。肾和膀胱的关系是：肾为脏，膀胱为腑；肾为水脏，膀胱为津液腑；肾为里，膀胱为表；肾为阴，膀胱为阳；肾为虚，膀胱为实。肾的属性属水，北方属水，壬癸属水，因此肾的外应是北方。壬水属膀胱，癸水属肾，天干中的壬癸属肾。有歌于后。

肾经的病原和症状，医生应深知。后脚难抬两耳垂，病邪已经损肾经，尿涩淋沥小肠热，因为心热移到小肠，湿热转注入膀胱，气不得化尿癃闭。另外，因脾土克肾水，治时应该限草料，清晨空草将药灌，方用茴香金铃散，肾病若现阴囊肿，后肢浮肿举步迟，头低耳耷无精神，此马一定难以治愈。

【原文】 脾[补注①]第五

四季脾旺，每季各旺十八日[①]，共旺七十二日；脾无正位[②]，胃为大夫[③]，脾重一斤二两。脾者外应于唇，唇即生涎，涎即润其肉。脾家纳甜，脾为脏，胃为腑。脾者土为脏，胃者草谷之腑，脾是脏中之母。脾为里，胃为表，脾为阴，胃为阳，脾为虚，胃为实。脾者外应于中央戊己土。歌曰：

脾无正位号中央，双抽两肷连膀胱。
多卧少草又哽气[④]，唇干舌燥口生疮。
生姜和蜜并绿豆，砂糖四两用消黄。
气药健脾针脾穴，此马验认是脾黄。

注解

①四季脾旺，各旺一十八日：在《内经》中，对脾旺的季节有两种说法：一、脾不主时，旺于四季，各季季末十八日。二、脾主长夏，即由夏至到立秋这一段时期，现在中医多以脾主长夏

立说，而中兽医则均以脾旺于四季季末十八日立说，按脾主长夏，是以病理的角度而说，以长夏湿热，脾恶湿，长夏多生消化器病，故有此说。其次四季的生、长、收、藏皆从化，化为其转折点，脾主运化，故以脾为长夏，特别是由夏到秋之间，为湿热之气最旺盛的季节。脾恶湿，故以脾主长夏，脾旺于四季的末尾时期，则从脾的生理角度而说，因脾主消化吸收，为后天生命之本，一日不食则饥，数日不食则疲殆而死，故说脾旺于四季。

②脾无正位：位指方位，脾为孤藏，以灌四旁（四脏），不属于四方，而居中央。因此说，脾无正位，非无正位，而是指中央面向四方，无一定的方位。

③胃为大夫：脾为谏议大夫，脾与胃一膜相连，互为表里阴阳，因此亦以胃为大夫。

④哽气：即胃气上逆而发生的呃逆，多因胃幽门痉挛而生此种现象。

补注

①脾，现代研究认为是指多系统、多器官的功能单位，可能与消化、血液、内分泌和神经系统联系，且与免疫功能有关。

语释　脾不专主四季中之一季，而是每季各旺 18 天，四季共旺 72 天。脾为孤藏，位居中土，而不应四方，胃与脾相表里，其地位如大夫之职，脾重约 560 克。脾主肉，其外窍应于唇，唇能生涎，涎能润肌肉。五味之中，脾喜纳甜味（甘味）。脾为阴脏，胃为阳腑，脾在五行属土，因此，脾是土脏；胃腐熟容纳草谷，因此胃是草谷腑。脾胃为动物的后天根本，其他脏腑所需的营养，都是由脾胃供给，因此它是五脏中的母亲。脾和胃的关系是脾为里，胃为表；脾属阴，胃属阳；脾为虚，胃为实；脾性属五行中的土，五方中的中央，天干中的戊己，其中戊土属胃，己土属脾。有歌附后：

脾为孤脏，不像其他四脏，各旺一季，各应一方，而是分旺于四季之中，故称中央。脾与肷相连，脾病则肷吊，传肾则两脚抽搐，传肺则气抽，病连膀胱，则小便不利，热邪伤脾，则表现多卧少吃，严重时，出气吭声（哽气），唇舌无液，口生疮烂。治法：内服消黄健脾药，配合蜂蜜、生姜、绿豆、砂糖为引，同调灌之，再扎火针脾腧穴。上述症状，据经验认为是脾黄病。

• 按语

脾黄属于热证，为什么要扎火针脾腧穴呢？过去我治此病，只是灌消黄健脾药，不扎火针，服后虽有些好转，但疗效不够显著，仍是不多吃喝，若不是每天灌米粥，早已饿死啦！后来想到脾为至阴之脏，恶湿喜燥，燥可去湿，脾黄热中有湿，必须去湿清热，逐扎火针脾腧穴，次日大有好转，逐渐而愈。此后每遇此病，即是针药同时并用，疗效就快了。附此供临症参考，不妨一试。

二、马师皇八邪论

题解

说明中兽医病因学说中之八邪——风、寒、暑、湿、饥、饱、劳、役。并根据病邪传变的途径，以识别病程轻重的不同。

【原文】

黄帝[①]问曰：夫马有八邪之病，遂逐天地寒暑而往来，五脏传遍，而散其病形，大小体貌皆何如？马师皇答曰：八邪病者，风、寒、暑、湿、饥、饱、劳、役是也，即无大小，遍传五脏，并攻四肢，其为疾，当随处而攻也。

一曰风伤肺。皮毛肺之合也，风邪先舍于皮毛，久邪舍于所合。故曰：风伤肺。

二曰寒伤脾。脾土也，恶湿、寒湿皆为阴气也。故曰：寒伤脾也。

三曰暑伤六腑。六腑为阳，阳在上，暑火气也，火炎上。故曰：暑伤六腑。

四曰湿伤肾。湿属土，肾属水，土克水。故曰：湿伤肾。

五曰饥伤脂。脂与肉兼生，凡马水草足，则肥而有脂；水草不足，则瘦无脂，饥谓水草不足也，故脂伤焉。故曰：饥伤于脂。

六曰饱伤五脏。饱谓水草太过，水草倍，则肠胃伤。故曰：饱伤五脏。

七曰劳伤心。心之液为汗，劳则汗出，遂损心液。故曰：劳伤心。

八曰役伤肝。役，行役也。久则伤筋，肝主筋。故曰：役伤肝。

注解

①黄帝姓公孙，生于轩辕之丘，即今河南省新郑县西北乡，所以称为轩辕氏。建都于有熊，即今河南省新郑县，所以又称为有熊氏。曾领兵与蚩尤作战得胜，当时诸侯尊为天子，因建都于我国的中部，中属土，其色黄，所以称为黄帝。

语释　黄帝问马师皇说：听说马有八种致病因素，这些病因，随着一年之间的春温、夏热、秋凉、冬寒不同气候而流行，家畜受邪，心、肝、脾、肺、肾各脏受害成病，畜体即表现不同症状，这些病变对马体大小、口齿老幼是不是有不同的表现，应该如何认识？马师皇回答说：八种致病因素，就是风、寒、暑、湿、饥、饱、劳、役。它不论口齿老幼和体格大小，都可以发生，使心、肝、脾、肺、肾各脏受病，并且攻注四肢各部，对它的治法，可按照辨证论治的方法去进行。

第一说“风”，风邪首先伤肺。肺主皮毛，皮毛与肺相合，风邪侵袭畜体时，首先侵袭皮毛，初入皮毛，则腠理闭闷而肺发热，多见于外感性的咳嗽或双鼻流涕病。若病久入内，则可成为肺壅等病，形成危害生命的结果。所以说，风伤肺。

第二说“寒”，寒邪伤脾。脾在五行中属土，恶湿喜燥，寒湿都属阴气，阴见阴则更阴。所以说，寒伤脾。

第三说“暑”，暑邪伤六腑。原因是六腑属阳，暑气属阳，夏季小暑、大暑之间，天气炎热，火热最盛，阳见阳则更阳。所以说，暑伤六腑。

第四说“湿”，湿邪伤肾。原因是湿气联系到五行属土，肾脏联系到五行属水，土能克制水，这是指正常情况，若太过则土能克害水。所以说，湿伤肾。

第五说“饥”，饥饿伤脂。原因是脂和肉合并而生，凡是水草充足的马就肥胖，水草缺乏就瘦弱。饥，说明水草供不应求。所以说，饥饿损伤脂肉。

第六说“饱”，过饱伤五脏。原因是饮喂过量，吃喝多，就要损伤胃肠，胃肠受伤，五脏不安。所以说，过饱伤害五脏。

第七说“劳”，过劳伤心。原因是汗为心液，若负重过量，或走太急，就要出汗，出汗太多必损心液，心液少，则血亏而心衰，这就叫汗出伤心。所以说，过劳伤心。

第八说“役”，久役伤肝。原因是长期使役，经久不息，则筋劳，损伤筋的健壮。筋为肝所主持，筋损则肝损。所以说，久役伤肝。

【原文】

然风寒暑湿者，四时之病也，为外阳受病，与阴药而服之，是治阳之病也；饥饱劳役，一体之病也，为内阴受病，与阳药而服之，是治阴之病也。

语释 风、寒、暑、湿，属于季节气候变化，过则为邪，使畜体患外感病，外感病应给予解表的阴性药，这是治表证病的方法；饥、饱、劳、役，可使畜体本身亏损虚弱，是内部的阴虚病，内损症应滋补，以扶助五脏阳气不足，给予滋养的阳性药，这是治五脏虚损病的方法。

• 按语

治病必求于本，本指阴阳，因此，内经说“阳病治阴，阴病治阳”，也就是“从阴引阳，从阳引阴”的意义。根据这个治病治因的原则，再结合辨证论治的方法，深入分析，辨别阴阳，明确阴中有阳，阳中有阴的精微点，那就更为细致了。

【原文】

一日于皮肤、大肠受病，二日于表、胃受病，三日于血、心受病，四日传脏腑，五日诸脏受病，六日三阴三阳受病，七日遍攻，八日乱攻，九日三损，十日病满，医疗失时。此是十种日之病也。

语释　病的发展，病邪传注第一阶段在皮肤，肺主皮毛，大肠为肺之表，所以第一阶段，称为大肠受病，实际上可以叫它是肤浅期；第二阶段，病仍在表，但此时病邪已传注脾胃，胃经受病，家畜即呈现不肯吃的症状，因此这一时期可以叫它是食滞期；第三阶段，病入血液，心主血，血受病则心经受邪，病畜此时多有血行不畅精神郁滞的表现，因此这一时期叫做神郁期；第四阶段，病邪入内，传经入某脏腑，病势逐渐加重，可以叫做发展期；第五阶段，病传五脏，五脏均受邪，使病进入严重期；第六阶段，病邪已传入十二经脉，前肢后肢三阴三阳经均受病，这时可叫做传遍期；第七阶段，病传畜体内外，遍攻畜体脏腑经络、四肢各部，可以叫做病变期；第八阶段，病势乱传，变症百出，已入危险境地，可叫做变危期；第九阶段，病损三焦，三焦乃脏腑的水路交通，三焦损，则体焦毛枯，津液不通，因此可叫做断流期；第十阶段，病势已进入恶性阶段，无法治疗，可叫做死亡期。这就是病情转化的十个时期。

【原文】

皮肤在六腑上阳也。马食水谷，然后为力；水谷在腹中化为气血，气血乃行于皮肤，其糟粕传与大小肠。小肠连心，心属火；大肠合肺，肺属金。肺象华盖，是五脏之盖，以属于太阳也。心属南方丙丁火，以属于统阳也。内肾隐精，以属于太阳。肝为厥阴，肺为太阴，外为少阳以宰也。六日三阴三阳，唯厥阴主病。内损魂伤，肝中隐魂，肺中隐魄，心内藏神，肾内藏精，三阴三阳皆受病。

七日遍攻，内外惧尽。九日三损，损其三焦，毛发干枯，筋甲不随，行动无力，牙齿动摇。夫马出相者，是马五脏之神变，内即有病，外而显之。人相之者，见其外，以知其内，是以凡马有病，先看口色，昼即相其行步，夜即听其喘息，即知病源，然后观其逆顺，定其吉凶，莫不因八邪而生也。

语释　皮肤在六腑的上面，亦可以说是外面，上与外，都属阳性。马吃水草，然后劳动才有力；因为水草在肠胃中，经过胃的容纳腐熟，取其精微，由脾运化转送到肺，肺则传送于五脏，小肠则吸收阴液上输于心而成血，所剩渣滓转入大肠排出肛门而成粪，浊液再经肾入膀胱排出而成尿，通过这样的消化吸收作用，才能使气血行于皮肤，以御外邪的侵袭。其次脏腑具有表里阴阳关系，心与小肠相表里，心在五行中属火；肺于大肠相表里，肺在五行中属金。肺的形状如莲花，在心之上，如伞覆盖着。因此，古人又称肺为华盖，即五脏的盖。肺为太阴，但肺与皮毛相合，肺气外达皮毛，皮毛属于全身的外表，故又以肺属于太阳以卫外。心在五方属南方，在五行中属火，“丙丁”乃“十天干”中的三、四数，为火的代名词，全身之阳，都属于心脏，故称心为统阳。肾内藏精，与膀胱为表里，膀胱属于太阳经，肝属厥阴经，肺属太阴经，肝与胆相表里，胆属少阳经，为肝的主宰，肺属太阴，表里互通，要经过半表半里，在半表半里之间，而以少阳胆经为主宰。所以病到第六阶段的三阴三阳传遍期，独以厥阴肝经为主要关键。因肝内藏魂，入肝伤魂；肺内藏魄，入肺伤魄；心内藏神，入心伤神；肾内藏精，入肾伤精，这样使得三阴三阳都受病。到第七阶段，遍传内外，则病情变危。到第九阶段，伤损三焦，水道断流，则表现毛干筋痿，行动无力，牙齿动摇，这时有危及生命的结果。

凡马有病，表现出各种症状时，是五脏的阴阳不平衡所引起的。内脏有病，外面就反映出来，人们看兽病，看它的外貌变化，就可知内脏的病情。凡是马有病，先看口色，因口色可反映内脏的多种情况。白天再观察其行走姿态，夜晚即注意听其呼吸声音的变化，这样就可知道它的发病原因，然后分析病情的轻重和预后的好坏。总而言之，马病多端，但病因却都离不开八邪，都是由这八种致病因素而引起的。

三、王良先师天地五脏论

题解

本论以动物与天地同气、天兽合一为立论基础。如天有五行，马有五脏；天有日月，马有眼目；地有江海，马有胃肠；地有林木，马有鬃毛。一年四季中五脏分旺四季，五脏纳五味，五脏分属五方等，所有一系列的归类，都以天地阴阳五行为根据。因此，称为王良先师天地五脏论。

【原文】

混沌初分，轻清上为天，重浊下为地，盘古氏为尊，自后女娲、伏羲，始有人民万物。天地之内，人为贵，马实次之。故《传》曰："行天莫如龙，行地莫如马"，则马之为用，可以任重致远，天下之物，未有能先之者也。是以往古有八骏①之名，九逸②之号。然究其所自，莫不牧养之有法，救治之有术。若《周官》③牧师④焚牧⑤通淫之有时，圉师⑥除蓐衅厩⑦之有教；巫马⑧又掌养疾马而乘治之。相医而药，用攻马疾，则马之有医，其来尚矣。其显而见于古昔者，马师皇是也。

注解

①八骏：即八匹善于奔跑的俊秀良马。《博物志》有“周穆王欲驱周行天下”之说。

②九逸：《西京杂记》：汉文帝有良马九匹，“一、浮云，二、赤电，三、绝群，四、逸骠，五、紫燕骝，六、绿螭骢，七、龙子，八、麟驹，九、绝尘”的称号。

③周官：又称《周礼》，为后人叙述周代设官分职用人的法制书。

④牧师：周代掌握牧地管理畜牧事业的官职。

⑤焚牧：早春野草未萌前，放野火将枯草烧尽，以促进野草生长茂盛。

⑥圉师：管理马厩的官。

⑦衅厩：秋季将厩舍整修涂刷后，杀猪羊以祭马王，以祈马匹健康的迷信行为。

⑧巫马：职务名称。

语释　在天地刚分开时，属于体轻的清气向上升成为天，属于体重的浊气向下降成为地，盘古氏是最初的人，以后到了女娲氏和伏羲氏时代，才有了多数的人民和多种物类。天地之间，人为万物之灵，马和人比较，那就差的多了。所以《易传》里说：能在天空飞行的莫过于龙，能在地上快跑的莫过于马。这就是说马的作用，可以负重，运到远方。这在当时的物质条件下，还没有能超过马的速度，所以古代对马的美名有八骏、九逸的称号。然而细究他们，所以能获得这种成就，主要根源是由于平时有合理的饲养管理，病时能及时治疗，医术高明作保障。像《周官》书中指出，当时有牧师，专门负责管理焚牧和公母种畜的按时交配，圉师则督促勤除圈粪以讲卫生并设立衅厩的定规，巫马又主管病马的饲养和治疗，当时仅以祈祷神鬼的迷信作为治病的方法，后来感到迷信不治病，就采用吃药扎针治疗，配合祈祷法，这时改名巫医。最后逐渐体会到迷信完全靠不上，才纯粹用药或扎针治疗，这时定名为医兽或兽医的称号。说明有畜牧就有了兽医，很早以前就已经有了，但著名于古代的兽医先师还是以马师皇为最早。

【原文】

盖良马虽为四足，亦禀天地而生，故天有五行，马有五脏；天有三光，马有三大；天有日月，马有眼目；天有四时，马有四肢；天有七星，马有七窍；天有六律[①]，马有六脉[②]；地有八山，马有八窌；地有江海，马有肠胃；地有沟渠，马有血脉；地有林木，马有鬃毛；地有四渎，马有四蹄；一年有三百六十日，马有三百六十穴，亦有三百六十骨节也[③]。

天顶骨　脑骨　额骨　额角骨　眉棱骨　眼箱骨　垂睛骨　闪骨　鼻梁骨　鼻隔骨　鼻素骨　颊腮骨　松子骨　上颌骨　下颌骨　上排齿骨　下排齿骨　上下四十齿骨　舌连骨　耳筒骨　伏兔骨　项锁骨（六十二节）　喉骨　鬐颡骨（三十二节）　鬐甲骨　膊尖骨　弓子骨　杴子骨　抢风骨　臆骨　臆车骨　肘骨　里乘重骨　外乘重骨　同

筋骨　膝盖骨　膝角骨　夹膝骨　附骨　柱膝骨　胫骨　髀骨　攒筋骨　柱蹄骨　罨蹄骨　蹄胎骨　掌骨　子骨　脊梁骨（三十二节）　肋扇骨（一十二条，两面二十四条）　棚子骨（八条，两面共十六条）　边骨（两面六条）　三山骨　接脊骨　尾靶骨（三十二条）　尾挺骨　雁翅骨　掠草骨　合子骨　乌筋骨　揭骨　蒺藜骨　鹅鼻骨　天定骨　鹿节骨　鼻筒骨　越骨

注解

①六律：古代音声，分五音六律，六律是“黄钟、太簇、姑洗、蕤宾、夷则、亡射”，等于现代的乐谱音调。

②六脉：一说三阴三阳之六脉；另一说浮、沉、迟、数、滑、涩为六脉。

③三百六十骨节：马的骨骼块数是205块，这里所说的骨节，不是真正的骨节，灵枢九针十二原明确指出，所言节者，神气（神经）之所游行出入也，非皮、肉、筋、骨也。其下各骨的数目即如此。如项锁骨即颈椎骨，实际只有7节，但它说是62节。

语释　马虽是四足的兽类，但它的整体机构，也是接受天地阴阳二气生成。所以天有五行——金、木、水、火、土，马有五脏——心、肝、脾、肺、肾；天有三光——日、月、星，马有三大——眼大，鼻大、蹄大；天有日月照全球，马有两眼看物明；天有四时——春、夏、秋、冬，马有四肢；天上有七星——北斗七星，马体有七窍——耳、目、口、鼻共七孔；天有六律，马体有六脉；地上有八山（这八山的山名未查到），马体上有八窌，在马接脊骨后面两旁，分为上窌，次窌、中窌、下窌、左右各一穴，每穴各离二指，入火针各八分治腰腿风病；地面上有江有海，马体内有肠有胃；地面上有排灌水流的沟

渠，马体内有血液循环的脉管；地面上有林木植物，马体有鬃尾皮毛；地上有四渎——长江、淮河、黄河、济水，马有四个蹄子；一年有360天，马体上有360穴和360个骨节。

• **按语**

这段骨骼名称，共67个，和本集卷一骨名图，互相对照，骨名图缺脊梁骨，而本段缺砚骨、盛胯骨、大胯骨、小胯骨、腿骨。若两相添补都为72数，产生不一致的原因，可能是历年排印之误。关于骨名的注解，骨名图已注，这里从略。

【原文】

前面有六门，后面有四门，门门相对。马有一百五十九道明穴，并在一百八十道白针、一百八十道火针之内，各有去处。夫针则无害，补针有义，若偏较一丝，不如不针。上秽、中秽、下秽：上秽是左潭脉，中秽是带脉，下秽是肾脉；秽为污也，污为血也。马有三堂六脉：三堂者，一胸堂，二玉堂，三肾堂，此名三堂；六脉者，一耳根不动，二眼脉不散，三口色不恶，四舌色不弱，五膈前有七道命脉不绝，六膈后有七根命毛不侧，此名六脉。肝主眼，肾主耳，脾主唇，肺主鼻，心主舌，眼、耳、唇、鼻、舌是名外，肾、肝、肺、脾、心是名内，见其外即知其内，内外相应，认病下药，何忧不痊。大肠如江，小肠如海，头、心、肺、肾如四海。头为髓海，心为血海，肺为气海，肾为水海，血海如沟渠。大肠长一丈二尺，象一年十二个月；小肠长二丈四尺，按一年二十四气；呼为内一匹。四蹄有八字，四八三十二；马头高八尺，似于八节[补注①]，呼为外一匹。

语释　马体前面有六门，后面有四门，门和门，两两相对。马体有159道明堂穴位，它们都包括在180道白针，180道火针之内，而且各有各的部位。针灸治疗，用的合法，才能有益。针法，有补有泻，补泻是有一定的含意，取穴必须准确，若稍偏一线，还不如不扎针。马有三秽，三秽之内的上秽，就是左潭脉（鹘脉血），中秽是带脉血，下秽是肾堂血。秽的原意是污浊，即指血液。马身上有三堂和六脉；三堂是：一胸堂血，二玉堂血，三肾堂血，因此叫三堂；六脉是：一耳根挺立而有劲，二眼睛转动灵活有光亮，三口色光润无恶象，四手握舌体有劲而不轻软，五膈前有七道命脉不绝，膈后有七根命毛不侧，这就叫六脉。膈前有七道命脉不绝，膈后有七根命毛不侧，找不到根据存缺待补。诊断要看五官，因为眼通肝，耳通肾，唇通脾，鼻通肺，舌通心。五官在外，五脏在内，看到外貌就可知内情，内外是互相对照的。先认清病而后吃药，不愁它不好。大肠像江河，传送糟粕，小肠像海，承受胃的内容物以分清浊。头、心、肺、肾像四海，颅腔内脑髓最多，因此头是髓海；全身血液都要通过心脏，因此心为血海；整体呼吸都要通过肺脏，因此肺为气海；全身水液都要通过肾脏和膀胱，因此肾是水海。血海如沟渠贯通相连，以行血液循环。大肠的长度为1丈2尺，用它来取象一年有12个月；小肠的长度为2丈4尺，用它来取像一年有24个节气，这是马体内的情况。四蹄后叉有八字形，四个八数，合起来就是32；马头高8尺，好像八节，这是马体外的情况。

补注

①马头高八尺，似于八节：八节为春分、秋分，二分为阴阳之和；立春、立夏、立秋、立冬四立为生、长、收、化、藏之始。夏至、冬至二至为寒暑至极（据同源八节）。

【原文】

夫马虽是四足，亦禀阴阳而生，生于灰台之下。龙饮天池之水，遂生得马。马祖亦有父母，父名屈强，母名屈女，屈女生女子，女子生得飞兔，飞兔生得麒麟，麒麟生得马，马生得骡。凡马有三百六十骨节，亦有三百六十穴。马有十二万二千一百一十经受病毛窍，马亦有三斗六升血。出气为喘，入气为息。马若无病，一日一夜有三万六千一百度喘息；马若有病，一日一夜有二万六千一百三十五度喘息。马有六腑：胆为清净之腑，大肠为传达之腑，胃为草谷之腑，小肠为受盛之腑，膀胱为津液之腑，三焦为中渎之腑。

语释 从“夫马虽是四足”起至“马生得骡”为止，根据文字一看就可明白，内容是些神话，乃封建社会产物，无语释必要。凡马有360骨节，亦有360穴，这两句话，已重复应删去。马有122 110经受病毛窍，全身皮毛之孔窍数目多少很难确定，但它们与经络脏腑相连，外界的风、寒、暑、湿直接影响它们，是外感病的途径。马还有3斗6升血，血量的多少根据马体的大小肥瘦，有多有少，并不一定是3斗6升。出气为喘，入气为息，这是古代之说，现代是以出气为呼，入气为吸，为之一息，这点不同处，应当分清。马有病和无病有不同的呼吸次数，按一日一夜24小时计算，每天有1 440分，无病的呼吸是一日一夜有 36 100 次，以1 440分相除，每分钟呼吸为 25 次；有病的呼吸是一日一夜有26 135次以上，以 1 440 分相除，每分钟呼吸为 18 次。

• 按语

马的呼吸数字，现代说法是，无病呼吸每分钟 8～16 次。以 16 次和 25 次对照，悬殊太大。按我的看法，无病每分钟为8～16次，是指寒带和温带地区，寒带 8 次的较多，温带 16 次较多，这是因为马的体格以及地区气候的不同。如体格大，气候冷，呼吸就慢；体格小，气候热，呼吸就快。这样看来，无病呼吸每分钟 25 次，接近热带是对的。

语释　马有六腑：胆是清净之腑，与师皇五脏论中的胆为精之腑，意义一致。清净是纯洁无杂质，胆汁要帮助胃肠消化，能吸收食物中的精华，必须具有精中之精，才能胜任此项工作。大肠的功能是传送食物糟粕，因此为传送腑。胃的功能是容纳腐熟草谷，因此是草谷腑。小肠的功能是承受胃送来的食物，以分清浊，因此是受盛腑，膀胱的功能是贮藏和气化全身津液，因此是津液腑。三焦的功能是使全身津液适当的流行，以供给五脏的需要，因此叫中渎腑，渎即水道。

【原文】

夫医马者，须知病源，察其根本，按审筋脉，听其喘息，便知生死。春三个月，一日一夜血脉流传二百四十遭；夏三个月，一日一夜血脉流传一百八十一遭；秋三个月，一日一夜血脉流传一百二十遭；冬三个月，一日一夜血脉流传六十遭。春三个月，肝旺；夏三个月，心旺；秋三个月，肺旺；冬三个月，肾旺。肝属东方甲乙木，心属南方丙丁火，肺属西方庚辛金，肾属北方壬癸水，脾属中央戊己土。春三个月，肝旺七十二日；夏三个月，心旺七十二日；秋三个月，肺旺七十二日；冬三个月，肾旺七十二日；脾无正形，旺在四季，内各旺十八日。马有四百八病，内四病不见。春管一百一病，夏管一百一病，秋管一百一病，冬管一百一病。内有四病不见者（口中衔铁，背上搭鞍，两边垂镫，令人乘骑）。马若有病，须是应病下药。肝纳酸、脾纳甜、肺纳辛、心纳苦、肾纳咸。马有七连：耳连肾，舌连心，肝连眼，脾连唇，齿连骨、鼻连肺、尾连肠。

语释 治马病的人，首先要通过四诊，先搞清楚病因和疾病发生的根源，根据看到的症状和切按的脉象、听到的呼吸和畜主的反应（问诊），才可分析病程的轻重缓急、是生是死。血液循环流行，随着季节变化，春季三个月，一天一夜血脉循环二百四十遭，夏季三个月，是一百八十一遭，秋季减为一百二十遭，冬季减为六十遭。

• 按语

血液流行速度，每季度相差 60 遭，特虽是由冬到春，由 60 遭增为 240 遭，这个悬殊如此之大，不知从何说起，实际情况也不是如此，暂存疑，待识者增注。

语释 五脏分旺四季，春季是肝旺的季节，夏季是心旺的季节，秋季是肺旺的季节，冬季是肾旺的季节。肝在方位上属东，在时日上属天干中的甲乙日，在五行中属木；心在方位上属南，在时日上属天干中的丙丁日，在五行中属火；肺在方位上属西，在时日上属天干中的庚辛日，在五行中属金；肾在方位上属北，在时日上属天干中的壬癸日，在五行中属水；脾在方位上属中央，在时日上属天干中的戊己日，在五行中属土。春季 3 个月，肝旺 72 天；夏季 3 个月，心旺 72 天；秋季 3 个月，肺旺 72 天；冬季 3 个月，肾旺 72 天；脾无正形，分旺在四季，每季末尾内各旺 18 天。马有 408 病，其中有看不到的 4 种暗病，其余 404 病，春夏秋冬各管 101 病。

• 按语

这段 404 病，四季各管 101 病，不符合实际，理应删去。

语释　四种暗病，就是“口中衔铁、背上搭鞍、两边垂镫、令人乘骑”。“口中衔铁”，常使铁勒磨伤口角，勒伤舌体；“背上搭鞍”，两边垂的厚薄松紧、偏轻偏重时，可致背部压伤磨破等病；“两边垂镫”，当乘骑的人不知爱护，走马正在奔跑，呼吸洪大时，忽以垂镫，踢碰肝肋，会引起肝肺气滞血瘀等痛，以致腿拐或不吃草等病；“令人乘骑”，乘骑使役的人虐待牲口，如负重快走，碰击猛打牲口，以致形成暗伤。

马有病时，必须对应用药，如酸味药入肝，甜味药入脾，辛味药入肺，苦味药入心，咸味药入肾，此以五味入五脏的对症用药法。马体外部和马体内部有七处相联系，耳朵内连于肾，如耳聋、耳根黄，与肾有关；舌内连于心，如舌疮属心火；眼内连于肝，如肝热传眼的云翳流泪病；嘴唇内连于脾，如唇破烂属脾火；牙齿内连于骨，如牙齿软硬与骨骼强弱有关；鼻内连于肺，如鼻涕脓，多从肺来；尾巴内连于肠，如直尾行大肠痛，卷尾行小肠痛。

【原文】

肝欲得小，耳小则肝小，肝小则识人意。肺欲得大，鼻大则肺大，肺大则能奔。心欲得大，目大则心大，心大则猛利不惊。目四满则朝暮健。肾欲得小，肠欲得厚且长，肠厚则腹广方而平。脾欲得小，肷腹小则脾小，脾小则易养。望之大就之小，筋马也；望之小就之大，肉马也，皆可乘致。至瘦欲得见其肉（谓前肩膊肉），至肥欲得见其骨（骨谓头颅）。马有五赤：铁磨口角，呼为一赤；磨膊，呼为二赤；肚带磨破肘下，呼为三赤；磨梁擦背，呼为四赤；磨破尾下，呼为五赤。马有五疾：垂瘘不收肾之疾；气如攒椽肺之疾；蹇唇爱笑脾之疾；舌如朱砂心之疾；两眼不见物肝之病。马有三危：鼻中血出是肺危；眼内生疮是肝危；阴肿是肾危。马有五劳：筋劳、骨劳、皮劳、气劳、血劳。凡伤劳者，医家须要审详，所知而胜不知，所识而胜不识，但念此，则盲而可明也。

语释 肝要小，耳小就表现为肝小，肝小就能意识到人的心意，善于听从指挥；肺要大，鼻孔大就表现为肺大，肺大就能快跑；心要大，眼睛大就表现为心大，心大就勇敢而不怕惊吓。眼睛圆满，早晚走路眼光充足。外肾（睾丸）要小；肠要厚而长，肠厚就表现肚腹宽大而方平；脾要小，肷腹小就为脾小，脾小就容易上膘。远看大近看小，这是筋骨马，有耐劳持久之力；远看小近看大，这是肉马，劳动较迟笨，这两种马都可乘骑远行。再瘦的马，也要能看到肩膊肉，再肥的马，也要能看到头骨上的骨棱，就可参加使役（此段属相马学）。

马有五赤病：铁疆绳磨破口角，称为一赤；垫膊的膊套磨破肩膊，称为二赤；肚带磨破肘后，称为三赤；鞍毡磨破梁背，称为四赤；鞧皮磨破尾下，称为五赤。此属劳动用具不适当所致的痛苦，有改善用具预防五赤之必要。

马从外貌看有五种代表五脏的疾病，公畜阴茎（阳物）垂下，不能自行收回，是肾虚的疾病，呼吸气如拉锯钻木椽之声音，是肺绝的疾病；上唇向上翻，如笑之状，是脾受寒邪的疾病，舌色像朱砂红而无光，是心绝的疾病；眼无云翳，看不见物，为内障眼，有云翳看不见物，为外障眼，都属肝脏疾病。

马有三种危害生命的病：两鼻流血，是肺脏的危险病，因为鼻血太多，可引起虚脱致死，就是流少量血，如果是肺破裂，也可致死；眼内生疮，是肝脏病的外表症状，久患不愈亦有危险性；阴囊及睾丸肿而不散，是肾脏病的外表症状，治疗失时，多有危险性。

马有五种伤劳病：劳动将回脱卸用具，不及时卧地左右滚碾者，是筋受劳伤；滚碾后躺卧不愿即时起立，同时发出呻吟之声者，是骨受劳伤；滚碾后随时起立，而不及时振毛抖去尘土者，是皮肤受劳伤；滚碾后随即起立振毛，而鼻内不发喷者，是肺受伤的气劳病；蹲腰蹴腿好像尿的姿势，但尿不出来，或滴淋不通，是血分受劳的血劳病。总之，上述五劳不论哪一种劳，都是伤于劳役的病，医生必须要详细审查。但在未审之前，应具备两个条件，就是平时在理论方面要多学多问，在实践方面要多接触实际，只有这样，方可得出明确的诊断。

• 按语

五赤虽属皮肤小病，但有预防的必要，以免火郁毒发肿烂化脓成疮，引起中风（感染破伤风）致命。治法：凡遇五赤，外涂碘酒，内服荆防败毒散，可收良效。处方列后：荆芥 13 克、防风

17克、薄荷10克、连翘17克、桔梗20克、金银花27克、蒲公英20克、乳香20克、没药20克、甘草13克，以上10种共研末，开水冲调，冷水调稀，候温灌之，轻者一副，重者两副为度。

四、胡先生清浊五脏论

题解

轻清者为阳，重浊者为阴，因此，清浊即阴和阳，清浊五脏论，即阴阳五脏论。篇首即以阴阳五行开端，内容与师皇五脏论、王良先师天地五脏论大同小异，文词都为七字诀，共计162句，为现存古代有关五脏论的重要资料之一。

【原文】

清浊初分未晓明，混沌犹如金卵形。
盘古起时开天地，下为浊气上为清。
头即象天足象地，两眼呼为日月明。
天有五星[①]辰宿位，地有五岳[②]五山尊。
世有五行并五性[补注①]，生老病死苦相因。
神有五通[补注②]通天地，马有五脏立身形。
天产兽类马为贵，更兼狮子及麒麟。
肺肾心肝脾作脏，万病皆从五脏生。
肝为尚书为佐使，肾为烈女水中精。
脾为大夫名谏议，肺为丞相佐其心。
四处呼为四宰相，心为五脏第一尊。
血脉皮肤并骨节，关连心脏得安宁。

注解

① 五星：即金星、木星、水星、火星、土星。

②五岳：即五座名山，它们分别是东岳泰山，在山东省泰安县；西岳华山，在陕西省华阴县；南岳衡山，在湖南省衡阳县；北岳恒山，在山西省浑源县；中岳嵩山，在河南省登封县。这叫中国的五大名山，所以称为五岳。

补注

①关于五性，裴老先生注为："五性是五行的五种特性，金性刚硬；木性曲直；水性润下；火性炎上；土性化生万物。"经考《中兽医古籍选读》五性的一说为肝性静；心性燥；脾性力；肺性坚；肾性智。再查《辞源》五性与上书相同，可见古籍选读所注五性之性，源出自《辞源》，言之有据应属可信。

②经查《辞源》五通为淫邪神名，亦称显灵公。查《中国方术大辞典》五通神，"旧时江南民间供奉邪神，传为兄弟五人，其有五神通，故称。五神通为佛教语，即天眼通；天耳通；他心通；宿命通；如意通"。

语释 世界在最初时代，天地混合不清，如同鸡蛋黄的形状。到了盘古氏的时代，清气开始上升为天，浊气开始下降为地，天和地才明显的分开。

畜体与天地相应，头在上如天，足在下如地，两眼光明如日月，天上有五星和二十八宿，地上有五岳，诸山以此五山为尊。世界上有五行的五种特性，人世中有出生、离别、疾病、衰老、死亡的各种痛苦，互相依存。神即阳气，与金、木、水、火、土五行交通，天地才能运行。马有五脏，才能形成血肉有生命的体躯，自然界产的各种兽类，以马最为宝贵，还有狮子和麒麟，也是宝贵的兽类，它们都以肺、肾、心、肝、脾作为脏器，而一切疾病又都是从五脏发生的。

五脏的职能不同，可以用古代官职名称来比喻。肝的职能为尚书，有勇有谋，有协助心脏藏血藏魂调节血量的功能；肾如烈女，静而性烈，纯而不杂，藏精藏水，以供给全身的需要；脾像谏议大夫，专主运化水谷中的精微，以营养生命；肺像丞相，直接辅佐心脏与心相连。心主血，肺主气，气为血帅，血为气母，密切的关联着。以上肝、肾、脾、肺四脏称为四位宰相，共同辅佐心脏。心则是五脏的首脑，专主血液循环，外达皮肤，内通筋骨，使四肢和全身的骨骼都和五脏互相联系起来，因此畜体各部的安宁，都关联着心脏的安宁。

【原文】

肝能藏魂肺隐魄，心内藏神肾隐精。
脾即脏中生血气，五神总不离身形。
皮肤内连于血脉，肺注皮肤疮疥成。
内即关连于肺脏，齿根本是骨中生。
血脉内连于心脏，心家有病脉不停。
脾虚即饥多虚热，肾虚耳似听蝉声。
肺虚鼻中无香气，心虚无事目生惊。
肝虚目赤有眵泪，万病皆从五脏生。
筋骨蹄干节有病，血损毛焦咋又兴。
肾伤齿黑知休咎，想见根源病浅深。
肝脏共同胆一处，肝胆夫妻一路行。
胆号为腑肝为脏，脏腑中间要辨明。
脾与胃通连血脉，并合阴阳一处行。
小肠连心心作脏，小肠为腑一家论。
大肠通肺肺作脏，大肠为腑上下贯①。
肾合膀胱肾为脏，膀胱为腑又须闻。

若说三焦知去处，都来总不离身形。

头至于心上焦位，中焦心下至脐轮。

脐下至足下焦位，此是三焦亦要明。

注解

①大肠通肺肺作脏，大肠为腑上下贯：原文无，今按文义补。

语释　肝是藏魂的场所，耐劳的根本，能使筋充实生长血气，所以肝的功能叫魂，魂是血中之阳气，藏魂即藏血。魂在劳动时，则游行各经产生抗力，并上注目而为视，休息静卧时，则下归肝而休养。肺的功能叫魄，魄是气中最精华的真气，在肺中为泡沫上精华润泽之气，在皮毛和口色为光亮之色泽，整体各部都离不开肺气的舒畅，以维持生命。在正常时呼吸平顺，就叫肺藏魄。心是藏神的地方，神就是五行中的火，正常情况，表现精神活泼，知觉灵敏，就叫心藏神。肾的功能是藏精，精是动物体中最宝贵的物质，精的来源是水谷的精华，其他四脏的精华，有余也藏于肾。交配用的精，是肾所藏精的一部分。脾的功能是运行水谷的精华传送到心肺以化生气血。神魂魄精气血，分属于五脏，总名为五神。因此，五脏一名五神脏，五神不论何时，都不可离开体形。皮肤与体内气血相连，肺气流注皮肤，气血不能畅行，则生疮疥，这就是肺与皮毛相合的道理。齿根本是由骨中生出，骨属肾，齿病即肾病。血脉内通于心，但心家有病，脉却不停止流动。

脾胃虚弱，即吃不多，表现为营养不足，身体瘦弱，多患虚热病。肾虚则耳鸣，如听到蝉鸣声。肺虚鼻中闻不到香臭。心虚则目花，无事而自相惊扰。肝虚不能藏血，则眼睛赤红而有稠敛浓泪。总而言之，万病都从五脏发生，如筋骨病，蹄甲枯干病，关节痛，多因血液损耗而发生，血损则毛焦而散立。肾主骨，齿为骨之余，肾伤则齿黑，由齿质的黑色，可知肾是否受伤，由此可推知病的根源和病情的轻重。

肝与胆紧密相连，互为表里阴阳，如夫妇相辅相成。胆为六腑之一，肝为五脏之一，二者关系虽然密切，但肝经病和胆经病，还是要分辨清楚。脾和胃血脉相通，脾为脏，胃为腑，二者互为表里阴阳。小肠与心相连接，心为脏，小肠为腑，二者互为表里阴阳。大肠与肺相通，肺为脏，大肠为腑，二者互为表里阴阳。肾与膀胱相合，肾为脏，膀胱为腑，二者互为表里阴阳。三焦为孤腑，如果问三焦的划分，则从头至胸膈为上焦，从胸膈至脐部为中焦，从脐至后肢为下焦，这就是三焦的部位，也要辨明。总的说来，它们都是畜体上的脏腑。

• 按语

文内“肾虚耳似听蝉声，肺虚鼻中无香气”两句，对人说很恰当，马哑不能言，有此反映，也无法告知医者。

【原文】

脾即属阴呼作磨，碓是心王号丙丁。
脾即为寒心为热，阳阴二字要知因。
脾磨能消化五谷，心旺血脉不暂停。
阴盛阳衰脾不磨，谷豆难消草料停。
血脉不行住着碓，四肢无力暂难行。
碓磨俱停血脉罢，好手医人疗不能。

肝生于胆呼为腑，胃主根源脾肉生。
肺为乍虚心上起，生于虚汗在心神。
津液关连于心脏，要知来处本元因。
肝属东方甲乙木，春旺花开万物生。
正月二月六十日，三月十二木家荣。
七十二日肝家旺，已外十八土家荣。
心属南方丙丁火，夏月炎天正旺兴。
四月五月六十日，六月十二火家荣。
七十二日心家旺，已外十八土家荣。
肺属西方庚辛金，恰到三秋正旺兴。
七月八月六十日，九月十二金家荣。
七十二日肺家旺，已外十八土家荣。
肾属北方壬癸水，旺在三冬最是能。
十月更兼十一月，腊月十二水家荣。
七十二日肾家旺，已外十八土家荣。
脾无正形分四季，四季荣旺要安宁。
四十四处经中说，四八三十二界分。
每季各旺十八日，脾家当旺解惺惺。
此是五行分四季，内按五脏要分明。

语释 脾为脏中之母，属至阴之脏，胃主消，脾主化，脾胃消化草谷，如磨石之磨谷，故脾呼作磨。心为君王，位居南方，性属丙丁火，心搏动不止，如碓臼捣米之搏动不停。脾性寒属阴，心性热属阳，阴阳平衡，才能寒热相持，脾磨之所以能消化五谷，全凭心血旺盛搏动不停，才可发挥其运化的功能。若脾阴太过心阳不及，则血行迟缓，脾磨不转，这时谷豆难消化，草料停滞，四肢无力，行走困难，最后严重时，碓磨俱停，再有好的医生治疗亦不能奏效。肝与胆相表里，互相作用；脾与胃相表里，互相作用。肺气的急性虚脱，是由心衰而引起，心衰则汗出不止，汗就是津液外出，津液来源于肾，而肾又依靠脾胃供给，脾胃又依靠肝胆协作。但因心火不足，则肝胆脾胃都不及，由于火不制水而出虚汗，古有“汗为心液，汗出心伤”之说。这说明消化系统的作用，不仅一脏一腑，而是涉及各脏各腑的共同作用。

肝在方位属东，在五行属木，在时日属甲乙，肝的旺盛日在春季，自立春之日起，即阴历正月、二月、三月内的 72 天，以后 18 天为脾的旺盛日；心在方位属南，在五行属火，在时日为丙丁，心旺在夏季，自立夏之日起，即阴历四月、五月、六月内的 72 天，以后 18 天为脾的旺盛日；肺在方位属西，在五行中属金，在时日属庚辛，肺旺在秋季，自立秋之日起，即阴历七月、八月、九月的 72 天，以后 18 天为脾的旺盛日；肾在方位属北，在五行属水，在时日属壬癸，肾旺于冬季，自立冬之日起，即阴历十月、十一月、十二月内的 72 天，以后 18 天为脾的旺盛日。脾无正式位置，分旺于四季，每季各旺 18 天，至于“四十四处经中说，四八三十二界分”是为谜语，如算术乘法口诀，4 以 10 乘为 40，4 以 8 乘为 32，共计仍为 72 天，为脾的旺盛日，这就是五行配五脏分旺四季的定规。

【原文】

肝病传与南方火，父母见子必相生。

心属南方丙丁火，心病传脾祸未生。

脾家得病传于肺，安荣必定土生金。

肺家得病传于肾，金水相生无退迍。
肾家得病传于肝，水能生木必相亲。
此是号名相生法，免有灾殃祸害侵。
肝家有病传于脾，木来克土必灾生。
脾家有病传于肾，土来堰水疗无因。
肾家有病传于心，水来浇火救无门。
心家有病传于肺，金逢火化倒销形。
肺家有病传于肝，金能克木病难痊。
此是五行相克病，好手医工疗不能。
因此休咎须消息，相生相克要分明。
春病忌秋肝脏死，秋病还忧夏旺兴。
夏病亦嫌冬月冷，肾病常忧四季荣。
口中舌如煮豆色，瞪目看人不转睛。
喉中作声如抽锯，汗出如油是死形。
见此病源休治疗，且饶妙手亦无能。
下手即凭诸方论，善恶中间要晓明。
此病诊时如雀啄，定息看时气不停。
鹘脉自来不着道，乍来乍去不停匀。
一息一动当不停，动如毛发入幽冥。
大论高谈多广说，察色中间会听声。
了了心间无不会，临时不善恐难明。
应是医家行海上，谈论医药众人听。

语释　肝病传心为木生火，心病传脾为火生土，脾病传肺为土生金，肺病传肾为金生水，肾病传肝为水生木。以上是五行配合五脏的相生规律，病从相生的规律传变为顺，病轻易治。肝病传脾为木克土，脾病传肾为土克水，肾病传心为水克火，心病传肺为火克金，肺病传肝为金克木。以上五行配合五脏的相克规律，病从相克的规律传变为逆，病重难治。要知道各种疾病的预后好坏，必须懂得相生相克的规律，才可分明。

肝病在秋季为金克木，肺病在夏季为火克金，心病在冬季为水克火，肾病在四季土旺的各十八天内，为土克水。以上各脏之病，凡遇到相克季节，预后多不良。口腔和舌如煮豆色（紫黑色）为心绝，目直视而睛珠不动为肝绝，喉中呼吸如抽锯声为肺绝，汗出如油黏而不利为心绝。凡见到这些症状就不必治疗，再巧的技术亦不能好。我们当医生，就凭各种方法评论病情的好坏，若切脉诊得雀啄之象和鹘脉血管忽上忽下的来去不定，以及一息之间，脉来一至或动如乱发脉，都为绝脉死象。

最后六句是从总的理论方面说，诊断还要察口色，听呼吸，理论联系实践，诊断与治疗即不困难，不然临证就难辨明是何病症。医术是应该广为传播的，因此将这篇五脏论说给大家听。

五、碎金五脏论（五篇）

题解

碎是零碎，作者虚心的说叙述的不够系统和完整，金为贵，以此说明文内所述理论的宝贵，内容论述畜体的脏腑生理病理，故名碎金五脏论。

【原文】

头高八尺似龙形，二气阴阳造化成。

四大为躯无实相，胎胞运气不坚形。

造父[①]昔时观外相，慧性天然有异灵。

筋骨宿因皆注定，观形看息断平生。

内说一篇五脏论，堪与医家作证明。

天有五星辰宿位，马有五脏立根形。

注解

①造父：是古代的善御者，周穆王时，因他对八骏马调教有功，封于山西赵城。

语释　马的头位高8尺有如龙的形状，其整体来源是由公精母卵配合而成。地水风火四大元素组成畜体，但地水风火并不是实际的物相，组成畜体的实相是四肢、骨骼、脏腑、气血。幼驹在母体胎胞中，是受胎宫气血以养育，本身是柔软不坚固的。古时造父擅长看马外形，他禀性聪明有天赋的特殊智慧，知马的筋骨肢体和脏腑之间有密切关系，通过看形听息，就可知该马的性能和健康情况，下面谈的这篇五脏论，可作兽医临症的指南针，因为天空宇宙是由星辰组成的，而马体是由五脏作为立命的根基。

【原文】肝第一

肝为东方甲乙木，三斤十二似荷形。

左短右长都五叶，肝垂心下若垂铃。

肝盛目赤饶眵泪，肝热睛昏翳膜生。

肝风眼暗生碧晕，肝冷流泪水泠泠。

肝即善能纳酸味，气引风牵入脏盛。

过得咽关皆有处，似水通流每润经。

语释 肝脏与方位配合是在东方，与十天干配合属甲乙，与五行配合属木。肝的重量约 1 875 克，形态像莲花样，左叶短右叶长共五叶，部位在心之下。肝体的一半与罗膈相连，一半垂膈下，如垂铃样。肝经病变，肝火盛则眼睛红赤，眼角多稠泪（眼眵）；肝经风热则眼睛昏朦，睛生云翳；肝风症则瞳仁发暗无光，内生青绿色的云翳；肝经虚冷则流清泪，淋漓不止。五味各有所喜，酸喜入肝，故肝善纳酸味。肝是风脏，诸风牵引之症皆属于肝。凡食物下咽入胃，通过消化吸收，即取其精微于肝，肝精随营血运至全身，如水之流行循环不已，以供给周身脏腑经络的需要。

【原文】 心第二

心属南方丙丁火，注于心上最偏灵。

大小只如鸡子样，一斤十二旺朱明。

受其津液都五合，注润魂魄得安宁。

心有七窍通于舌，玉户金关能润经。

心热舌干多吐沫，心冷吐水变唇青。

心虚无事多惊恐，心痛颠狂脚不宁。

心黄护系逢人咬，心攻唇口变疮生。

心即善能纳苦味，小肠同腑脉同荣。

语释 心脏与方位配合是在南方，与十天干配合属丙丁，与五行配合属火。火气流注于心脏主持全身的知觉最为灵敏，重量约 875 克。心旺于夏，位应南方为朱雀；心主神，为神明所舍之处；心主血液，容量约五合，阳津阴液经心血循环运输与五脏，肝肺二脏得其正常的流注润泽，则肝魂肺魄就可以健康安宁。心上有七窍（详见师皇五脏论），为心与脉管相通的孔窍。心血上行通于舌，舌下有两唾阜，形如卧蚕，左名金关，右名玉户，能分泌津液（舌津）以润泽口舌。心经病变：心热则舌干津燥而吐黏沫；心冷则口吐清水唇色变青；心虚则神散，多有无故自生惊；心痛则呈现精神颠狂不安，刨地咬膝，四蹄不宁；心黄要拴好缰绳，防止咬人。一般情况，心火上攻则口舌发生疮烂。五味各入其所喜之脏，心善于吸收苦味。心与小肠有表里关系，心为脏，小肠为腑，心和小肠的脉象是互相联系的。

【原文】 肺第三

肺属西方庚辛金，色似莲花华盖形。
肺壅鼻中饶清涕，正病脓如金露形。
肺喘毛焦因气败，肺寒[1]连咥鼻喷清。
肺风摆头多鼻咋，肺热浑身疮疥生。
皮肉毛焦肺家管，肺纳辛味体浮轻。
肺合大肠为传送，通连水脏自然惺。
三斤十二分为相，本住耶尼佛国城[2]。

注解

①寒：原文作壅，据文义改。

②耶尼佛国城：佛教的创始人释迦牟尼，母摩耶夫人，耶尼即佛主，佛的居处叫佛国，由于佛教的发源地在我国西南方，唐代去取佛经是由中原向西行经新疆入印度，故有佛居西方之说。这里即以耶尼佛国城代表肺性属金，居胸廓之中，西方属金，故以此为喻。

语释　肺脏与方位配合是在西方，与十天干配合属庚辛，与五行配合属金。肺的颜色如莲花色，形状像华盖覆盖着心（详见师皇五脏论）。肺经病变：肺气壅滞则鼻中多流脓涕，肺的本经病是鼻流脓涕色黄而稠，肺喘毛焦；原因是肺气已败；肺寒多有连续的阵发性咳嗽，阵咳时鼻中即喷出清稀水涕；肺外感风邪，毛孔闭郁，肺气不舒呼吸不畅，使病畜摆头和鼻咋；肺经积热，则皮生疮疥，浑身痒擦，肺主皮毛，皮生疮疡，被毛焦枯，病都由肺经管制。肺的质地轻浮，喜纳五味中的辛味。肺与大肠相合，大肠为表，肺为里，大肠为传送糟粕之腑，但全凭肺气的推动，才能发挥其传送的作用。肺性属金，肾为水脏，金生水，所以肺金舒则肾水生，肾脏自然健康。肺重约1 875克，肺脏的部位居胸腔之内，与西方的金气相应。

【原文】 肾第四

肾属北方壬癸水，膀胱两畔要匀停。
左管大肠蟠四匝，一丈二尺不交并。
右管小肠蟠八襀，二丈四尺绝其盈。
肾壅耳聋难听事，肾虚耳似听蝉声。
肾热耳根黄肿起，肾冷拖腰靸脚行。
肾伤牙齿频咬动，一斤十二古来论。
一切咸味其中纳，内注风劳亦不停。
证候先须看步脉，辨别浮沉识重轻。

语释 肾脏与方位配合是属北方，与十天干配合属壬癸，与五行配合属水。部位在膀胱的前上方两旁，左右两肾的大小、位置配合要均匀。左肾管大肠，大肠蟠曲成四匝，互相并不交错，长度 1 丈 2 尺（指古代）。右肾管小肠，小肠盘曲八转，为受盛之腑，不断的接受由胃腑转送来的已腐熟的草谷，小肠的长度 2 丈 4 尺（指古代）。肾经病变：肾气壅滞则耳聋。病马耳聋，难以听从指挥；肾虚则耳鸣，好像听到蝉叫的声音；肾热则耳根生黄肿；肾冷则腰板如拖，后脚僵硬，行走迟钝；肾阴内伤则牙齿不断咬空（不吃草时可听到病畜有咬牙磨齿的吱咕声）。古人说，肾重约合今875克，肾喜纳五味中的咸味，外邪的风寒湿，内损的劳和役，内注都可伤肾，亦不易治好。判断是不是肾经证候，先要看它的行走步法和脉象，从脉象的浮沉以识别病是在表在里，分清病情的轻重缓急。

【原文】脾第五

脾属中央戊己土，日夜垂磨不暂停。

脾冷鼻凉多限料，脾热唇蹇[①]见料惊。

脾寒身颤毛如刺，脾虚吐沫病自生。

脾不磨时马不食，脾黄起卧忌变增。

脾即善能纳甜味，胃口相生佐土星。

下得咽关皆有处，分别阴阳配五行。

注解

①蹇：抽搐收缩短促像。

语释　脾脏与方位配合是在中央，与十天干配合属戊己，与五行配合属土。脾的功能如磨转，日夜不停地运化水谷精华以营养全身。脾经病变：脾冷则鼻凉少吃或不吃草料；脾热则唇抽缩不吃料。脾主肉，脾寒则浑身肌肉振颤，毛直如刺；脾虚而吐涎沫，是脾自病；脾不运化草谷，马就不想吃；脾黄起卧病，最怕变症，因它是重病，再要增加变症，就有性命之危。脾喜纳五味中的甜味，脾与胃为表里，脾主运化，胃主容纳腐熟，两相结合，才可完成消化任务。食物下咽到胃以后，经过脾胃消化，才能分出阳津阴液，分送到五脏各部，供给需要维持生命。脾属阴，胃属阳，二者虽是共同完成消化任务，但所患的病症属性不同，其病的传注五行生克不同，必须加以分析。

六、起卧入手论

【原文】

说马起卧有多般，第一且是入手难。
大肠九襀应九曲，小肠八襀应八蟠。
五襀受结在膈后，四襀受气也相连。
五蟠受水小肠旺，三蟠受精并受涎。
横弦立肚须回避，一尺二寸玉女关。
入手多须用油水，莫教粪涩向前难。
打结之时靠外手，两面搜寻细意看。
里结之时入手见，徐徐按动气通宣。
靠门结时燕口取，盛将油水推向前。
背手结时翻手转，合在手里恰一般。
吊结之时须缚倒，两面碑起曲头弯。
垂结之时靠梁打，虎口按破便得安。
大肚板肠粪不转，猪脂盐豉七圣丸。
用药调和速灌啖，盘饭中间气接连。
内伤之时不打鼻，腰背板着一似椽。
牵上粪场不起卧，卧至多时起觉难。
回头盼腹看两肋，此马多是损关前。
口看卧蚕带紫色，此马必死不能痊。
医书之内分明说，圣人留下古今传。

语释 马骡的肚痛起卧病，说起来是多种多样的。诊疗起卧病，首先是在谷道（直肠）入手检查，掌握这种方法要熟练，不然诊治就有困难。因为大肠有九个弯曲，像黄河水流千里而有九处弯曲一样，小肠是盘曲弯转八次。大肠的后五个弯曲处，在横膈上缘之后，为病粪结聚所在，大肠的前四个弯曲处易受风气，形成风气疝。小肠的后五蟠能吸收水分，为分清浊的处所，小肠的前蟠受精受涎，以吸收水谷精华滋养五脏。

直肠入手检查，手遇到横弦肠必须消停，距离肛门一尺二寸（约 40 厘米）称为玉女关（即直肠窄狭部），入手之前必须将施术的手臂多涂些油（麻油、豆油都可），并用润肠剂灌入直肠，使其润滑便于检查，以免肠道滞涩，向前入手困难。

通过了玉女关，手到腹腔，触摸结硬的粪块，要往开按结时，则依靠外面的那只手，就是用伸入的手将粪块推到腹壁按住，用外面的手轻轻压揉以按开粪块。入手到腹腔不一定立即发现粪块，须左右两面详细搜寻即可摸到结粪，摸到后要从容消停，慢慢揉按摆动，使结粪散开，气血宣通，自然通利而愈。

靠近肛门就有结粪，叫“靠门结”。取此结要用燕子衔泥法，即以食指、中指、无名指先掏粪块的中心，后掏周围，少而慢地取净为止。谨记用手放入油水以滑利之，逐渐向内向前推移，使通利而愈。入肠的手背上觉着悬有硬粪时，这是“背手结”。取此结要将手心翻转，正好可用手握破结粪。“吊结”取结要将马仰卧，用带将四蹄束在一起，并把病畜臀部和头部垫高，使躯干弯曲，方能入手握破结粪。在背手结的前面，有结粪向下垂者叫“垂结”，取此结亦用卧取结粪法，手背靠着脊梁，用虎口（拇指，食指之间）向上按住，外手在脊梁处轻轻按揉，破结粪后，就可通利而安。摸着大肚板肠有结粪积聚，不能蠕动行转者，叫“大肚板肠结”，通此结要内服七圣丸（即续随子、腻粉、木通、鼠粪、二丑、滑石、草灰汁），猪脂油、盐豆豉为引。约吃一顿饭的时间，就可打通结粪而安。

凡起卧病，若脏腑受到损伤时，病畜不打喷嚏，或腰背僵直如板如椽，或把病畜拉到空旷场所，肠结而无起卧动作，或长久卧地起立困难，以及回头看腹和肋部者，这样的肚痛马，多因玉女关前肠胃某部分受到损伤，再看口色卧蚕色，发现青紫无光泽，这种马肯定要死，不能治好。疗马书里早已说得清楚，这是自古至今留传下来的经验谈。

七、造父八十一难经

题解

这是一篇古代有关诊断与治疗的文献，内容重点在症候的区别诊断，本文说明马有八十一种难以诊疗的疾病，因此以八十一难命名。

【原文】

第一难病是心黄，咬齿头低是乙缰。

起卧望空身毛颤，翻目流星口不张。

见者须当与辨别，三朝不差[①]必身亡。

灌药用针全不退，医家认取急心黄。

注解

①差：通瘥。

语释　第一种难以辨认和治疗的病是“心黄病”。病畜磨牙发吱咕声，头低，嘴衔缰，有起立要卧、卧地要起的症状，有时抬头望空，神情惊惶不安，皮战栗而毛竖，眼睛乱转或两眼上翻，咬牙切齿，不愿张口。医生见到这些症状，必须诊断明确，要和其他起卧症辨别开。心黄病是一种危急病，若三天之内治疗不好，病马定死无疑。如果灌药扎针都不见效，医生就可认定它是不可挽救的急性心黄病。

·按语

心黄病若在初期，仅现眼急惊狂，食欲不振，此时早治尚可治疗，等到出现咬胸咬膝的症状时，已难治疗。若浑身肉颤，汗出不休，则为临死前的症状。治法：消黄散，重用黄连、蔚金，可收良效。

【原文】

第二难病夹心黄，时人见者乱消详。

咬肋尾直脚不住，心腧一道针烙强。

然而取效须兼药，蔚金更使川大黄。

甘草地黄三两分，同和灌啖得安康。

语释　第二种难治病叫“夹心黄”，就是心包络黄（心包膜炎），是一种难以辨认的病。在初发时，人们看见容易乱猜，因为它仅表现回头咬肋、尾巴向后直挺、精神不安、四蹄乱动等症状。治法：扎放胸堂血，火烙心腧血，再服清心凉血药。处方：川蔚金、生地、大黄、甘草，以上四种各 150 克，共研细末，水调温灌，就可治好。

• **按语**

夹心黄的特征，就是“咬肋尾直脚不住”，亦可说是心黄病的初期症状，在这时候，没有经验的人不容易看出，有的病畜已经开始咬嚼饲养员或使役员的衣襟袖口，还以为和他玩耍。所以古代兽医先师指出了“时人见者乱消详”的经验之谈。至于药量的多少，应按病畜的老幼肥瘦大小等情况，酌量而行。

【原文】

第三难病是心焦，五攒集聚似火烧。
毛落色暗难移步，饮水冲着把舌掉。
闷即垂头搭[①]耳卧，拽动缰绳把首摇。
针方医治早为之，补法先教用药消。

注解

①搭：应为耷。古兽医书中多将耷耳作搭耳。

语释　第三种难病“心焦病”。症状为腰背及四肢拘束不伸，皮温高体内热（表里俱热），心热上薰肺金，肺金受邪，毛自脱落无光泽，行走迟慢，口渴急欲喝水，喝罢舌垂口外，头低耳耷，卧地不愿起立。心通脑，心热则上攻于脑而脑痛，脑痛则摇头，摇头则拖动缰绳。治法：扎针吃药同时并治，宜早不宜迟，先内服清热解毒药，使热毒消散，再用补肾滋水药，使水火相济，阴阳平衡而愈。

【原文】

第四心热治惟艰，口干气冲五攒间。
口色更看赤脉[①]候，医家认取是心痰。
头低泪出常不绝，喘息气粗人会难。
治肺消黄药与疗，更无舌上似火燃。

注解

①赤脉：心色赤，赤脉即心经脉。

语释　第四种难病叫“心热”，亦属难治的一种病。症状：唇舌卧蚕干燥无液，热灼肺金，气传于五脏，使腰背及四肢攒聚，皮温高热，行走拘束。它和五攒痛（蹄叶炎）的形状相似，区别则据口色和脉象，心热口色赤红而热，心脉洪数，热盛则生痰，医生也可认为它是心热痰迷之症。若呈现头低耳耷，眼流泪不止，或呼吸气粗时，为热传肝肺之象，变症已生，人们常不易领会，故治心热的同时要泻肺热。治法：内服清心泻肺的消黄药物，心热去，则舌上就不会有像火烧的赤红而热的症状，病就好转了。

【原文】

第五难病冷伤心，膊颤头低喘息频。

两眼似盲不见物，此时病状转沉沉。

三朝不可定知死，别取名方细细寻。

语释　第五种难病叫“冷伤心”。症状：两肩膊处皮肉跳动，头低，呼吸短促，当双目像失明看不见东西时，病势已转入沉重期。此病来势很急，三日之内不见好转，肯定要死，可找寻名方尽量抢救。

·按语

此病为阴盛阳衰，治以回阳强心之法为主，可用人参、制附子、肉桂这三种药物各等分，共研末灌之。药量按畜体之大小、病程之轻重而定。

【原文】

第六难病次心黄，医工见了便忧嫌。

头垂口中涎沫出，遍传五脏肺家先。

心脉自然寻常去[①]，阳脉后来奔阴间[②]。

皮急更兼连肠窍，医家莫作破伤风。

注解

① 心脉自然寻常去：次心黄病，如果患畜的脉搏洪数，是正常的应病脉象。病情虽急，治疗合宜，预后良好，因其脉象是心经病的正常脉象。故云："心脉自然寻常去。"

② 阳脉后来奔阴间：阳脉即心脉，次心黄的后期，往往出现阴脉，这表示患畜将要死亡，而阳脉在后期不见，故云：奔阴间，阴间即死亡之意。

语释 第六种难病叫"次心黄"，即慢性心黄病。医生看见这种病就发愁，因为治疗的疗效不高，多是预后不良。次心黄的症状，类似急心黄，仅病势稍缓，当看到头低耳耷，口吐涎沫，则心病已传肺脏，此病首先传肺，所以口吐涎沫，为火克金的表现。心脏有火，其应病之脉，应洪数有力，洪数有力属阳脉可治。若到后期，脉象沉迟无力，成为阴脉，就难痊愈。次心黄应与破伤风病区别开，次心黄的皮紧而不柔，便粪干硬，类似肠结不通，是心火灼伤津液，不可当作破伤风病，而用发汗解痉药治疗，若发汗就更伤津液，促进死亡。二者的区别是，破伤风是浑身强直的皮紧，此病是皮紧而无强直，切勿错诊错治。

【原文】

第七难病是心湿，水咽喉中吐血珠。

缘因伤重损五脏，起卧其形似伏猪。

水伤连肝心肺急，摆头垂耳泪连珠。

针烙医药徒劳治，蓦然惊倒项筋舒。

语释　第七种难病叫“心湿”。病因是负重劳伤，心肺热极，急饮啌水，水咽气管中（喉中）抢掠心肺，牵连肝脏都受损伤。症状：口吐血珠，起卧时如猪伏地（两前肢向前伸张，后肢卧地），摇头垂耳是心伤，泪珠不止是肝伤，五脏俱损，此为不治之症，扎针吃药枉费功，忽然倒地，脖筋伸直，就停止呼吸了。

【原文】

第八心劳最难医，元因毒草损伤脾。
毛落更加肌肉瘦，水草日减渐尫羸。
四脚难行髓骨痛，早与名人说的知。
莫教变作长年病，急检难经与救之。

语释　第八种难病是“心劳”，此病最难治疗，病因是牲口吃了有毒的草，形成慢性中毒 ，脾胃损伤，以致消化机能衰弱，不能正常地吸收食物中的营养，日渐瘦弱。肺受毒则毛落，心受毒则血液循环紊乱，降低了新陈代谢的功能。症状：自行脱毛（毛是血之余气化生，血亏则脱），肌肉消瘦（肌肉是脾脏的气血化生，脾胃虚弱则瘦），每天少吃少喝，日渐消瘦，形成骨瘦如柴，皮包着骨，这是髓空骨痛，行走无力。要赶快找名医治疗，并告知病因，不要使其变成慢性病，应查阅难经里边的有效良方，施行治疗。

• 按语

心劳病的产生，有时是由于负重过量，出汗太多，以致汗出伤心而成。不一定是吃毒草，如果是慢性草料中毒，首先应更换草料，草料更换后，病畜即可逐步好转。所以叫做难病，是因为人们不易发现它是草料慢性中毒症。

【原文】

第九肺劳切要医，肺为华盖方属西。
秋天似患肠黄病，因为脾家不磨时。
日渐尪羸吃草慢，病深连灌药无疑。
但灌补劳治肺药，啌嗽连频急疗医。

语释 第九种难病叫“肺劳”，这个病要想尽一切办法去治疗，肺为华盖，位在心上，象属西方和五行中的金，金性肃敛，主秋，因此秋天是肺旺的时期。所以在秋季生肺病是最严重的肺病，肺与大肠相表里，秋天看到有拉稀症状，粪腥臭带有不消化的草料，好像慢肠黄病。实际是因脾土不能生金，脾不磨草，肺得不到充分的营养，肺气虚使大肠不能收敛而拉稀。这是肺气虚劳病，而不是慢肠黄，由于消化不好，所以一天比一天的瘦弱，吃草迟慢，病情虽严重，连续灌几剂补脾肺药就可治好，不必怀疑。若有咳嗽症状，则应先治咳嗽，须辨证论治。

【原文】

第十把膊爱抬头，连点前来不自由。
硬地行时连心痛，却唤医人作祟求。
不须更觅其他药，但把油烟薰鼻头。
更针肺腧并主膊，难经之内用功搜。

语释 第十难病叫“肺气把膊”。症状：爱抬头，因为胸膊部有滞气凝结逼迫不通而有疼痛，马不会说却知避重就轻，所以在向前行走的时候，一直是仰着头，很不自然。走到硬地，表现更为明显，这是疼痛牵连心痛，人们不知，想不出办法，却用迷信的祈祷法去求神鬼。其实这种病并不难治，也不必找寻任何药，只用麻纸一张，蘸少量的麻油，用火燃着吹灭，以烟火接近鼻孔薰之，令马将烟吸入，就可疏通滞气。但注意不可薰得太过，否则会引起肺热流涕病。可用火针扎肺腧穴，以及膊上的主要穴位，如膊尖穴，抢风穴，就可治好。要治兽病，平时就要在难经里边苦读深钻，临症时才能得心应手。

【原文】

十一难病肺家痛，哽气频频粪少送①。
起卧连声长肚胀，五攒集紧喘更痛。
气痛由闭为小事②，腹内如雷结不通。
但灌葱酒调气药，便见安康方有功。

注解

①哽气频频粪少送："哽气"即气逆呃噎，此症食欲不振，食少故粪量亦少，故说"粪少送"。

②气痛由闭为小事：肺气痛不是真正的粪结，大便秘闭是气不顺、浊气不能下行所致。这个症如果治疗得当，气通即愈，并不严重，因此为小事。

语释　第十一种难病叫"肺家痛"，即肺气痛。症状：经常有吭吭的哽气声，每次排粪的时候，不但粪量少而且粪出迟，严重时起卧不安，哽气连声，肚腹微胀，腰腿拘束，呼吸气粗，这种病是由于肺气凝结，使大肠不通的便闭症，治疗并不困难。听肠音是雷鸣声，与肠音细而短小的急性便秘根本不同。只是内服调理肺气药，配合葱酒为引，就可生效，恢复健康。

• 按语

这病我过去常用乌药顺气汤，疗效很好，处方如下：

乌药 50 克、生香附 40 克、紫苏叶 25 克、桔梗 40 克、旋覆花25克、天花粉30克、陈皮40克、当归100克、肉苁蓉50克、木香25克、甘草20克，以上11种共研细末，男尿一杯为引，同调灌之，即效。

【原文】

十二难病肺家黄，口中吐沫实难当。
垂头两耳横担后，垂液沥沥口难张。
起卧频频连声唤，医家莫得乱消详。

语释 第十二种病叫“肺家黄”，简称肺黄。病畜口吐黏连性的白沫，呼吸粗热。肺黄是严重病，肺金为热所攻，积热之攻，使病畜头低耳耷，口吐涎沫，黏连不断，口紧不愿张开，脑胁闷痛，使患畜不断起卧，并发出连声的呻吟，医生看到这种情况，不必再去乱行推测，就可认定是肺黄，并设法予以抢救。

【原文】

十三肺壅最难看，啌嗽连宵三五般。
肺滞上焦连上膈，垂涎气出闪连连。
走骤惊狂如醉狗，此时无力卧观天。
自然倒地心性急，立死无生命不存。

语释 第十三种难病叫“肺壅”。这是最难诊断的一种病，症状中具有阵咳，但次数不多，一天不过三五次，且多在清晨。肺壅是肺气壅滞不通，牵连胸膈，再传三焦，病畜口角垂黏涎，呼吸不顺，吸深呼浅或呼吸浅频。若到气闷神昏境地，病畜常有狂暴走跳，如惊如狂，或神昏如酒醉，行走不稳，呈东倒西跌样子。这时病畜已虚弱无力，卧地不起，但因呼吸困难，颈却伸直，头仰向上，类似观星姿势。如果由观星姿势变成一般的倒卧姿势，头颈不再向上仰伸，是心脏已绝，必立刻死亡，这就是肺壅后期和临死期的状态。

【原文】

十四难病肺家风，胸前搓破一重重。

疥瘙连皮毛又落，后连尾下尾旁中。

灌药先须治肺散，涂药为良即见功。

语释　第十四种难病叫“肺家风”。症状：皮肤瘙痒，胸前部擦破一层又一层，这种疥疮的瘙痒非常难忍，不仅胸前连皮带毛都擦掉，体躯其他部也有，逐渐蔓延到后腿和尾部，痛痒难忍，尾毛脱落。治法：内服洗肺散（方列本集卷八治肺部），外涂治疥药（方列本集卷七治瘙部之乳香散），内外合治，可收速效。

【原文】

十五肺痰涎沫出，伤冷伤热要辨之。

热即是沫因乘重，冷即口中有涎垂。

似卧不卧难治疗，腰间温熁正合宜。

但灌坠涎三服药，各随脏腑辨根基。

语释　第十五种难病叫“肺痰”。症状：口吐黏沫，在鉴别诊断上要分清病性是寒是热。伤于热，口吐的是黏连沫，病因是乘骑负重，热伤肺经，热盛生痰；伤于寒，就是滑利涎丝，涎水由口垂到口外，甚至流连地下，为寒伤脾肺。如果病畜表现像卧而又不卧的蹲腰姿势，为寒气传肾，一般单治肺痰的疗法，就难以见效。可在腰间百会穴扎火针，配合艾灸疗法治疗，内服除寒湿化痰涎药，应连灌三剂。但此病变化多，治疗要根据个体情况、脏腑演变辨证论治，不可拘泥于某一疗法。

【原文】

十六伤肺又难痊，喘息头低肺有寒。

啌嗽频频声不绝，即知因伤五脏间。

肺家只有五般病，认取难经意内言。

语释 第十六种难病叫“伤肺”，若单纯治肺，亦是难以治好的。古代的叫法出气为喘，入气为息，与现代所称的出气为呼，入气为吸是一致的，患畜因呼吸不顺，经常愿意把头低下，为肺脏受寒，同时有连续性的咳嗽声。咳症虽然是肺经受寒，但与其他四脏有关，有时其他脏先受伤，然后表现为咳症，因此肺啌有五种，应按其根源在何脏，病症表现的不同，对症治疗。医生要记住难经里边的这句话。

• **按语**

原文中对于五种咳嗽症状没有明显的指出，《元亨疗马集》王良啌嗽论，对于五脏之啌嗽症状分的很清，就是肺啌之状，啌而喘息有音，鼻流脓涕也；心啌之状，啌而前蹄抱地，谓心痛也；肝啌之状，啌之头则左顾，谓左胁痛也；脾啌之状，啌之头则右顾，谓右胁痛也；肾啌之状，啌则悬其后脚，谓腰中痛也，此为五脏内伤外应之啌也。特附于于此，以供参考。

【原文】

十七难病肺家风，壅紧顽涎气不通。

四蹄强硬行无力，双耳横担脊似弓。

水草渐减频加喘，治肺消黄药有功。

更抽六脉胸堂血，今后轻健可追风。

语释 第十七种难病叫“肺家风”，为肺受风邪，气壅痰聚有顽固性的痰涎，凝聚壅塞于气管中，形成呼吸道不通利的拉痰音。行走时四蹄僵硬，举步无力，两耳下垂，脊弯如弓，水草少进，呼吸气粗。治法：内服清肺消黄散，外扎六脉血针中的胸堂血，就可恢复健康，行走轻快。

·按语

这里所说的肺家风与第十四难病的肺家风，病名相同，但彼为表证，此为里证，根本不同，特此提出，便于区别。

【原文】

十八难病肺家伤，摆耳摇头似心黄。
眼目不开口不禁，鼻中脓出似鱼肠。
气息更兼腥又臭，瘦恶毛焦体不强。
日久时多不治疗，灵丹圣药治无方。

语释　第十八种难病叫“肺家伤”。症状：摆耳摇头，胸闷气滞，精神不安，有时站立不稳，好像心黄病。实际不是心黄，两者的鉴别诊断是：肺家伤是两眼不想睁，口不紧；心黄病是两眼睁，口咬紧。而且此病双鼻流脓如鱼肠样，出气如烂肉的腥臭，体特瘦，毛特干，病期稍久，不易治好。这种病，任何灵丹妙药，亦是治不好的。

·按语

此病与《元亨疗马集》七十二症中的“肺败病”相同，都属肺烂病。

【原文】

十九难病肺家颡，鼻中气响似铃扬。
脓血喷下腥秽臭，脑中空病怎生当。
除却开喉断绝得，医药饶伊有万方。
须要羊头取热脑，开之里面贴其疮。
有效不过三五日，医家用意莫胡忙。

语释 第十九种难病叫“肺家顑”。症状：呼吸有音，鼻腔内一呼一吸好像摇铃的响声，鼻流脓带血，气味腥臭，此属危急病。若到呼吸困难，毒气攻入脑海时，怎能有生命呢？除非用开喉手术治疗外，任有多少方药亦赶不及治疗。采用开喉术时，必须用刚杀了的羊脑调药，由开喉处贴于喉内疮上，这是急救法，有效也不过三五日。在此时期，医生要用心设法治疗，以免预后不良。

·按语

肺家顑，病变在气管最上端声门部，俗称“里喉”，《元亨疗马集》，七十二症中称为束顑黄，为急性热病，脓痰阻塞气道，常可使马窒息，急救用开喉术，现在可用抗生素、磺胺消炎，不一定用羊脑调药，内灌消黄散由鼻腔投入。

【原文】

二十难病肺毒伤，腹胀满来又难啌。
壅闷连胸气又结，嘶如在野发声狂。
气针慢把脾肺治，卧时辨取左右相。

语释 第二十种难病“肺毒伤”。病因：饱肚负重急行，以致消化不转，食物化生毒素，肺受其毒病。其症状是：肚腹膨胀，胸闷而咳嗽困难，只听到有轻微的咯吭声，滞气壅结，胸膈烦闷，有欲吐不吐的虚呕现象，有时突然发出大声嘶叫。治法：先扎放气针，如气海穴、肺腧穴、肝腧穴、脾腧穴，都可酌情选用。再内服顺气健脾胃药，针药合治，疗效迅速。注意看患畜卧地的姿势，看是向左卧还是向右卧，以判断其痛感在哪面，以便作为辨证论治的参考。如左边痛则向右边卧，右边痛则向左边卧。

【原文】

二十一难肺家酸，头低鼻内出清涎。
口中吐出些些粪，日久时多病相传。
更兼两目双垂泪，行步移来四脚攒。
或是喥嗽心中热，灌药如同似等闲。

语释　第二十一种难病叫“肺家酸”。病因：努伤肺气，肺病传肝的肝肺气滞病（金克木）。酸属五味之一，酸味入肝，以酸代表肝，因此称为肺家酸。其症状是：头下垂，两鼻孔有清稀的涕液流出，口中退出少量的草渣，好像有轻微的反胃现象。这是由于肺气传肝，以致肝气郁滞，使胆汁不能畅达消化系统，帮助水谷消化，因而有反胃的症状。在这个阶段，得不到及时与合理的处理，则病期延长，传变更加复杂，就有两眼流泪（泪为肝液），走路步法不稳，四肢拘束（肝主筋，肝伤则筋软）或胸中闷烦虚热而咳嗽，到这时候，治疗已迟，预后多不良。

【原文】

二十二病肺家难，喘气连声眼似环。
腹胀满来饶起卧，回头四脚向上翻。
更有肺绝一般病，咬牙嚼齿似风痫。
针刀快治看六脉，脾肺心肝肾一般。

语释　第二十二种难病叫“肺家难”。这病的特征是：出气粗，有连续性的喘息声，甚至逼的两眼睁圆，肚腹胀满，起卧不安的症状，有时回头看腹，有时卧地，四蹄朝天。总之，上述症状如得不到及时合理的抢救，发展下去就成为肺气绝病，这时病畜咬牙嚼齿，如羊痫疯的口吐白沫，昏迷不醒，肢体抽搐。治疗要及时，或扎针，或动手术，放气消胀，赶快抢救。注意诊其胸凫六脉的脉象，看是否尚有生气，若六脉呈变易的绝脉象，那就不必再动手术和扎针，因为很快便会死亡。

·按语

根据本病的症状推测，如同现在所说的“臌胀病”。即由于食物发酵化生气体的“风气疝”。今列一方，以供试用。方名“丁香散”，治马、骡、驴、牛由于食物发酵化生气体的臌胀病。

丁香25～50克、木香25克、藿香25克、青皮25克、陈皮25克、槟榔25克、甘草25克，以上7种共研细末，开水冲调，候温灌之，马骡驴一小时，牛半小时就可消胀而安。

【原文】

二十三难肺家急，喘息气粗连喉脉。

行时腰痛难移步，除却开喉别无策。

但灌治肺消黄散，灌啖先须用油蜜。

语释 第二十三种难病叫“肺家急”。病名由呼吸紧急和病势危急而定（好像是喉骨胀）。症状：呼吸气粗，喘息困难，牵连喉脉（鹘脉血），亦逼的努张，行走时如腰痛不敢开步，若到咽喉肿合，呼吸十分困难时，除用切开气管术，再无别的好办法。在能灌进药的时候，可灌清肺为主的消黄散，配入香油、蜂蜜为引。

【原文】

二十四难损肝家，目垂泪下更无夸。

冲热走时伤于肺，放血先须治疗它。

水草不住依时节，陌然更患咬风邪。

肝家咬齿相传染，即是先从五脏伤。

变见依方无减差，难经论里细消详。

语释 第二十四种难病叫“损肝家”，为肝家受邪。

症状：眼闭不睁，时刻流泪（泪为肝液，流泪不止为肝虚）。病因是奔走太急，肺热传肝，金克木病。治法：先放大血清肺热，就可吃喝正常，若忽然出现咬牙切齿的抽搐现象，这是由于肝虚而又外感风邪，内受金克传入筋分的变症，这病多因五脏先受内伤引起。要掌握其变化情况，看是何脏为根本，随症施治，就可生效。要详细研究难经，进行区别诊断。

【原文】

二十五难是肝风，坐翻两目脚踏空。
口中吐沫牙关紧，项直肚胀脊腰躬。
医工唤作鬼抽病，本是肝家胀疲风。
千万医方必定死，难经论尽一场空。

语释　第二十五种难病叫“肝风”。症状：病畜两眼向上翻转，双目如失明，四脚直立，踏步闪空，口吐涎沫，牙关紧闭，脖颈直硬，肚腹紧满，脊腰弯曲，医生叫这种病为“抽筋风”。实际上这种病是病毒伤肝的一种肝胀风症，任你找千万个医生，病畜也必定要死，难经已经论述尽，再治疗也是空忙一场。

【原文】

二十六难是肝黄，眼肿头低目无光。
水草不食心肺壅，头旋脑转喘忙忙。
切须先灌洗肝散，用药之人明记方。
拨云散子调和下，针刀治疗永除殃。

语释　第二十六种难病叫“肝黄”。病因热积肝经而生黄，其症状有眼胞肿，头下垂，眼光昏朦不清亮，不愿喝水，不想吃草，头昏脑晕，呼吸粗热，此属热攻心肺，气血壅滞的表现。上述病症，须先灌洗肝散（方列本集卷八治肝部第一方）。用药的医生要把处方预先记明确，临时才能应用。外治则用拨云散（方见《痊骥通玄论》治肝病，用冰片、麝香各250毫克，硼砂、炉甘石、青盐、黄连、铜绿各10克，共研细末，用药眼内点），再扎放眼脉血和刀割骨眼穴，配合治疗，就可根除此病，使它不再复发。

【原文】

二十七难是肝胀，说与明人怎生向。

不过三日身必死，难经论里无方状。

报知后代医工者，下药无效空惆怅。

语释 第二十七种难病叫“肝胀”。医生见到这病，要与畜主说明，此病的转归方向，三天以内，此马必死，难经里边亦无治法，特此告知后代兽医工作人员，灌药亦是无效，空忙一场。

·按语

所说的肝胀病，今有病名而无症状，并明确指出是没有治法的一种死病。病名是根据症状的总结而定出的，今无症状而有病名，在诊断上很难使人明白肝胀病的症状如何。第二十五难病肝风症中有“本是肝家胀疫风”也是绝症，是否一病，二者的异同，均不得而知，暂存疑。

【原文】

二十八难是肝热，两眼唇青如黑血。

医工见了百愁生，本因伤重失水渴。

日渐毛焦不吃草，即是东方春时节。

向里血注连心起，浑身冷硬诚如铁。

语释　第二十八种难病叫“肝热”。症状：两眼泡里边和上下唇里面，都出现青黑色，医生看到这些症状特别发愁。此病的根本原因是劳伤过重，喝不到水或饮水不足，水亏不能养木，而成肝热之病，遂有一天不如一天的毛焦体瘦，由少吃到不吃。肝属东方甲乙木，应时在春，此病又发于春季，则死亡可能性大。又因肝藏血，心主血，血与肝心相通，若到热毒攻心，心经受邪时，变为心绝，必浑身冷硬如铁，成为尸体了。

【原文】

二十九难是肝虚，透睛膜碧泪如珠。
日日更兼常吃水，都缘心热是肝虚。
使用治肝凉药灌，洗肝散子苍术俱。

语释　第二十九种难病叫“肝虚”。有青绿色的云翳遮满眼睛，而且是泪珠常流，病畜口渴，经常要喝水。病因是肝虚心热，君相两火相并，心热传肝外现于眼，为相生不及的子病累母病。治法：以凉肝为主，配以清心火药，内服洗肝散，加苍术，就为完善的良方。

• 按语

洗肝散列于本集卷八治肝部之第一方，查看便知。此病为肝虚，洗肝散为大凉之剂，为防过凉伤脾，故加苍术以发阳气。

【原文】

三十难病是肝衰，骨痛起卧人难解。
吃草更兼喉中噎，无奈时时眼痒煞。
摆头掉脑如醉狗，分明记取肝家败。

语释　第三十种难病叫“肝衰”。症状：筋骨疼痛，起卧困难，但一般人却很难了解即是此病。若到吃草困难，咽喉紧缩如噎塞，以及筋骨疼痛，眼睛布满红血丝，眼干发痒，摇头摔脑如酒醉，甚至昏迷倒地，这时已是肝经败绝，是死前的现象。

• 按语

《元亨疗马集》脉色论说："力败筋输肝不亏"，因此肝虚肝衰症，都由筋骨表现其症状。在肝衰症初期，治以平肝滋肾养阴药，是可以治疗痊愈的，但往往不易为人注意到。其实只要注意马在劳动将回后是否不打滚，或打滚后卧地不起，即应考虑是否发生此病，医者应从问诊中加以了解。

【原文】

三十一难是脾劳，腹痛长添毛又焦。

日渐消瘦双耳垂，浑身疮疥似火烧。

即是伤重因于热，行步蹒跚脚又跳。

语释 第三十一种难病叫"脾劳"。症状：病畜经常易患肚痛，毛干体瘦，双耳下垂，浑身生疮疥，痒擦不止，皮肉发烧，行走时脚步摇摆不稳，举步如跳。此病的病因是负重劳伤脾虚，外受湿热而成为脾劳病。

【原文】

三十二难是脾黄，起卧舒腰摆尾忙。

褰唇爱笑脾家病，脉息三朝气作劳。

口中黄色应难救，脾腧针烙治三焦。

语释 第三十二种难病叫"脾黄"。症状：起卧时伸腰摆尾，唇翻如笑，而褰唇如笑是脾经的特征。诊其脉象濡缓，呼吸微喘，此病应急治，如三天不见好转，脉象滑迟，出气喘粗，为脾病传肺，土不生金，若满口黏膜呈黄色，为病势危急之后，恐难治疗。此病应扎火针脾腧穴，可治湿热，能疏通三焦的水道，清热解毒。

【原文】

三十三难是脾虚，泻粪频频更吐珠。

正气温脾散子灌，都是脾家一位居。

消磨不转水草慢，蓦然倒死项筋舒。

事须一一明记取，却检难经用功夫。

语释　第三十三种难病叫“脾虚”。病畜口吐涎丝，每天泻粪次多量多。治法：内服正气温脾药。从现象看，吐是胃病，泻是肠病，究其病因，都属于脾经病。正常状态，脾气以上升为顺，今下泻是脾虚下陷；胃气下降为平，今上逆是寒伤胃阳，失去容纳腐熟的功能。因此以灌正气温脾药，使脾阴胃阳的升降各恢复其正常。脾虚如不能给以及时合理的治疗，脾胃的消化机能不能恢复，经常少吃少喝，这样畜体就不能得到营养的补偿，动物就不能生存下去，结果一旦倒地，脖颈伸直而死，这就晚了。这些事须记住，参考难经，苦读深钻，做出妥善的处理方法。

·按语

正气温脾散，在本集卷七卷八内未有此方名。我对此病常用的一个正气温脾散，处方在后，特提出供临症参考。但只适用于初期，若到后期就恐难有效。

党参 40 克、白术 25 克、茯苓 30 克、炙甘草 25 克、炙黄芪 50 克、炙升麻 25 克、藿香 25 克、丁香 20 克、砂仁 20 克、陈皮土炒 25 克、青皮盐炒 20 克、煨肉蔻 40 克，以上 12 种共研末，生姜 25 克为引，同调灌下，如有好转时，可根据畜体情况，适当加减，以好为度。

【原文】

三十四难是脾寒，头低鼻内摆清涎。
肉颤更兼膊肉颤，五脏相连不能安。
下手一针右补治，自有名方疗得痊。

语释 第三十四种难病叫“脾寒”。症状：头低，两鼻流出如盐颗的白水珠，浑身肌肉无定处的跳动，特别是肩膊部肌肉跳动，此为心火不足，心为脾母（火生土），火不足则脾寒肌肉跳动，心寒膊肉跳，母子相连，使它不能平安。治法：火针脾腧穴，内服温补药治之，治脾寒的名方很多，如温脾散，健脾散等方，都可治好。

【原文】

三十五难脾家热，碾卧时时喘不撤。
中央戊己脾为事，管的皮肤百骨节。
疼痛毛焦添腹胀，频频咋喘又作热。

语释 第三十五种难病叫“脾家热”。症状：有连续性的起卧和滚碾，气喘不通，脾属中央戊己土，为脏中之母，脾的功能，主运行水谷的津液，化生气血，它和皮肤骨节都有联系，皮肤属肺，肺为脾之子（土生金），脾生涎，涎注于骨空处（即关节处），所以脾病骨节痛，疼痛时间长久，则毛干，腹胀，出气粗热，以脾热不能化生津液，津液枯，无以润泽皮肤骨节，故现此种症状。

【原文】

三十六难脾蔓风，摆尾亚腰时踏空。
起卧先须两目急，针治脾腧更用功。
此病因从冷热生，急灌灵丹病可攻。

语释 第三十六种难病叫“脾蔓风”。症状：以手摆腰脊，病畜有痛感，表现摆尾，向下弯腰，行走时腰部前后不遂，左右摇摆，也呈现向下弯腰，类似通常所说的腰格子病。由于腰痛不得劲，腿也就不敢伸张，这样举步落地有时就像脚踏空处的样子，在将起或将卧时，因腰痛而呈现眼睛急转的样子。治法：火针脾腧穴，更须配合药治疗，这种病因，是内有火热外感风寒，冷热相凝而致，急需内服除风解表的对症药，就可攻除病邪而安。

【原文】

三十七难脾家冷，浑身似铁气又哽。
即是寒风吹拍着，致令痛病因难整。
灌药先须出汗散，急用蛜蝌汗自猛。

语释　第三十七种难病叫“脾家冷”。症状：触诊全身皮肉凉硬如铁，可听到出气有吭声。这种病的病因是外感风寒，风寒过甚，外束肌表，内伤脾脏，以致发生这种病，此病在短期内难以立刻恢复健康。治法：先须内服出汗散风的蛜蝌散，可收良效。方列本集卷七第十二节治中风部，查看便知。

【原文】

三十八难肝表黄，频频吐沫项硬僵。
牵卧倒来声哽气，此时且与慢消详。
若是三朝医不差，难经必定更无方。

语释　第三十八种难病叫“肝表黄”。缘肝为里，肝之表即胆，又名“肝胆黄”。症状：正在牵行时，或站立休息时，或劳动中，忽然卧倒在地，出气有吭声，脖颈直硬，口吐白沫，在发作时期要注意护理，特别要保护好头部，防止病畜摔伤和擦伤等意外事故的发生，此病宜急治，若过三天治不好，难经里边的治法就没有了。

• **按语**

《元亨疗马集》有“论马无胆”之说，又有“胆为清净之腑”的记载，马是无胆囊的，但有胆管，胆汁由肝分泌出来后，经胆管入十二指肠，胆管阻塞，胆汁流行不通，可以形成胆胀症。肝黄也可以蔓延到胆管，即形成肝胆黄。马属动物和其他家畜不同，没有胆囊，因此没有单纯的胆经病。胆经病必与肝连，以下肝表胀即肝胆胀，肝表风即肝胆风，肝表虚即肝胆虚，肝表衰即肝胆衰。

【原文】

三十九难肝表胀，此病难医药怎当。
低头摆脑回眼卧，即是心肝五脏伤。
咬齿又还颤飒飒，恰似伤风患头黄。
针刀慢把脾肺治，医药纵然救一场。
若是检方知必死，名工好手莫论量。

语释　第三十九种难病叫“肝表胀”，又名“肝胆胀”。此病吃药亦难以治好。症状：低头摇脑或卧地回头朝后看，这是热伤心肝传于五脏之象。有时咬牙嚼齿浑身发抖，好像脑热中风的昏迷不醒症。治法：扎放眼脉血，刀割骨眼穴，再内服治脾肺的药物，进行挽救，但恐无济于事。此病结果是要死亡的，就是有好的名医，亦不可轻视这病。

【原文】

四十难病肝表风，吐沫头垂脊似弓。
肚胀腰拳先口噤，立发时时气不通。
此风恰是风抽病，医人寻取伯乐功。

语释　第四十种难病叫“肝表风”，又名“肝胆风”。症状：发病时病畜气滞不通，口噤不开，口吐白沫，头低下垂，腰脊弯曲如弓，肚腹胀满，外观类似中风抽搐病。医生要寻方治疗，以争取像伯乐先师手到病除之功效。

【原文】

四十一难肝表虚，狂行惊走似疯猪。
不惟惊走拴不住，目中滴泪更如珠。
灌药镇心并治肺，魂魄虚邪病自扶。
仍爱摇头瞠两目，龙骨白矾用珍珠。
滑石朱砂远志散，三服之内把邪除。

语释　第四十一种难病叫“肝表虚”，又名“肝胆虚”。症状：不仅像疯狂症那样的狂暴急行和快跑，人们拴拉也拴拉不住，而且还有眼流泪珠，不断摇头，两眼睁圆的姿态。治法：内服镇心神安肺魄定肝魂的药物，就可好转。服后诸症若失，但仍有摇头瞪目现象，再灌远志散，方用远志（补心肾之虚）、龙骨（安魂镇惊）、白矾（化痰定魄）、珍珠、朱砂（安神镇静）、滑石（通利水道），以上六种，分剂量酌情而定，共研末，连服三剂，可把病邪消除，得到痊愈。

【原文】

四十二难肝表衰，咬牙嚼齿病难苏。
耳垂伏地颤飒飒，医工切须用功夫。
此般病体人难识，不知此病有差殊。

语释　第四十二种难病叫“肝表衰”，又名“肝胆衰”。症状：病畜咬牙嚼齿，两耳下垂，卧地不起，浑身肌肉抖擞为特征。这病不容易治好，兽医工作者必须想尽一切办法尽量挽救。这种病症，一时很难确诊，如果不细心，容易错诊，耽误性命。

• **按语**

慢性的劳伤病，急性的肚疼病，在病入垂危的时候，多有上述情况，单纯依靠这些病状，很难确定是何种病，此时病畜口色脉象也都变了，为不治的一种症状。《内经》说：五脏六腑，皆取决于胆，肝胆俱衰绝，成为沉郁性的绝症，故列为肝表衰病。由于各脏病后期多有此种现象，故只列症状，而不列治法。抢救办法是强心回阳，待病情好转时，然后再治本病。

【原文】

四十三难肾家风，因医五脏热相冲。

四蹄难移须数日，腰脊僵硬又蹝踵。

后脚多跷生肿气，肾家传奔膀胱中。

用药先须早补治，排风散子使蜈蚣。

语释 第四十三种难病叫“肾家风”。病因是由于劳伤五脏，水亏则火旺，虚热互相冲击而成本病。症状：行走时四肢迟钝，腰脊强硬，步态不稳，东倒西歪，站立时后肢多向上跷起。腿浮肿，此为命门火衰，火衰不能制水，膀胱不能气化津液，水溢横流肌表而成浮肿之象。治法：要速治，先补肾水和命门火，使肾阴（真阴）肾阳（真阳）健壮，配合除风等药物，加入蜈蚣，入肝舒筋，可收良效。

• **按语**

本书内无排风散，王肯堂《证治准绳》中有排风散：明天麻、桔梗、防风各100克，乌蛇、全蝎、细辛、芍药各50克。本文及五十四难所说的排风散，可能是指此方，但对各药之定量，需酌情加减，不可固执成方。

【原文】

四十四难肾家黄，虚肿来时肷喘忙。
结硬多时变黄水，恐防气蔓入胸堂。
急手先须与针破，更须淋洗乃为良。
白矾浆水先煎洗，不过三上病除殃。

语释　第四十四种难病叫"肾家黄"。肾有内外之分，内肾是腰子，外肾是睾丸，俗名"蛋子"。本病是指外肾生黄，睾丸肿胀为虚肿，因有虚喘症状，肿胀是先发硬，时间长则变为黄水，肿由阴囊睾丸向会阴处蔓延。此病要及时治疗，若毒气向前蔓延，谨防毒气蔓延到胸堂。治法：必须先在肿胀处行针刺，引流黄水，再用白矾、浆水，煎好洗患部，不过三次，病可痊愈。

【原文】

四十五难肾家伤，两耳双垂体不康。
口中黑色仍多有，用药应须检妙方。
黄芪槟榔与白芷，黑参柴胡及麻黄。
干姜龙骨白附子，肉桂苁蓉用茴香。
一十二味捣为末，炒盐兼用煎葱汤。
每服须用生姜酒，灌之三服得安康。

语释　第四十五种难病叫"肾家伤"。症状：两耳下垂（肾开窍于耳，耳下垂为肾气亏损之象），肢体瘦弱，口中多呈灰黑色（属肾脏真阴、真阳亏损之象，但以有光为可救，无光者绝象不治）。治法：内服补肾药，处方如原文，其方意药理简述于后，以肉桂、制附子补命门火为君，黑参（元参、玄参）、肉苁蓉、煅龙骨补肾水为臣，黄芪、槟榔、干姜、茴香补脾健胃为佐，柴胡、白芷、麻黄解表除寒为使，盐、葱、酒、姜宣通表里为引。连灌三剂，可收良效。

【原文】

四十六难损肾棚，一卧不起倒抽牵。
浑身似冻冷如铁，心中常似火烧煎。
四脚无力难移步，自把身躯左右翻。
针烙肾腧穴一道，医者十中一二安。

语释 第四十六种难病叫“损肾棚”。肾棚为内肾外卫，受到跌打损伤形成此病。症状：卧地不能自起，呈现倒坐姿势和后肢抽搐现象，触诊皮肤僵硬冰冷，但舌温高热，心中火郁内热，牵行四肢不敢开步，体躯东倒西歪。治疗：火针或火烙肾腧穴（在百会穴的左右两旁，各离三到四指处，入针 6 厘米）。这病多预后不良，十个里边可能治好一两个。

【原文】

四十七难肾家冷，拖腰舒筋起卧迟。
上虚下冷因伤力，败气冲心传与脾。
即是急速因争路，更缘走骤恶乘骑。
致令得病难治疗，愚医不识又作知。
醋炒蚕沙腰内熨，火针更烙恰合宜。
药用乌蛇并附子，防风牛膝使当归。
酒下一服黑神散，此药灵通效不迟。

语释 第四十七种难病叫“肾家冷”。症状：腰部运动机能失灵，行走时腰拖腿拉，起立和卧地行动迟钝，系上焦虚、下焦冷的伤力症。病因是急行快走损伤气血，以致气血流行不及，形成心脾气虚肝肾气冷的病情。治疗难以快好，不懂的医生要赶快学习，不要假装，耽误治疗。外治法是醋炒蚕沙（蚕屎）装布袋趁热搭于腰部熨之，冷再换热，如此连续热熨，再火针或火烙腰上七穴（百会穴一穴，肾棚穴、肾腧穴、肾角穴各二穴），内服药物叫黑神散，即乌蛇、黑附子除风寒为君，当归、牛膝、防风活血解表为臣为佐，白酒舒通经络为使，一剂就可复康。

【原文】

四十八难肾家热，起卧时时尿黑血。
伤重只因热上得，水草未进粪又结。
消磨不转是脾病，左右牵连百骨节。
好酒烧盐同调下，不过三上血自绝。

语释 第四十八种难病叫“肾家热”。症状：起卧不安，尿中带血，严重时尿变成黑色，病因是负重劳伤，肾水亏损，以致热极而成此病，此时病畜水草少吃，甚至不吃，便粪秘结，这是脾不运化的消化不良病。由于脾病不能吸收营养供给需要，因此行走迟滞，牵连到全身左右骨节不灵活。治法：炒盐 50 克，白酒 50 克，和温水同调灌之，一天一次，连灌三次，血尿自然停止而病愈。

【原文】

四十九难大肠风，频频努喷气不通。
眼似流星吃草慢，头低耳垂脊隆躬。
医人莫作求神祟，肠结肚胀塞心胸。
五日三朝如不差，用药先须使泻通。
滑石一两配楼葱，芫花相接使天蓬。
续随腻粉牵牛子，风结木通即和通。
九味相和都为末，生油同下有神功。

不过三服须有功，大肠从此更无风。

语释 第四十九种难病叫“大肠风”。就是大肠中风形成的粪便秘结不通，病畜经常用力排粪，甚至发吭声，气仍不能下行，逼得两眼睁圆，眼珠乱动，吃草减少，头低耳垂，脊背弓起，亦是拉不出粪来。这时兽医千万不要当作神鬼作怪，迷信祈祷，这种办法根本无济于事。虽然有些肚胀，这是由于肠内有结粪，滞气不得下行，以致塞满胸膈，如果三五天内不能好转，可用通肠泻下药治疗。处方：滑石、楼葱（葱白长的）、芫花、天仙子、蓬莪术、续随子、腻粉（轻粉）、牵牛子，治疗由于大肠风所引起的结症，加入木通就可通利，以上九种共研末，生油（食油）为引，最多三剂可除病根。

• **按语**

根据上述症状，似与《元亨疗马集》起卧入手论所说的靠门结有些相同，可用直肠检查法，先须掏粪，再服药治，否则缓不济急。同时大便不通，岂能守待数日，虽属慢性，亦不宜于延长日数，标本两治，比较完善。

【原文】

五十难病大肠结，起卧微微喘不歇。

回头看腹肷又颤，气奔心胸似火热。

医人见了百忧愁，针刀谩治无门说。

此病多应难救疗，五脏肠中只怕结。

语释 第五十种难病叫“大肠结”。症状：开始慢性起卧，呼吸微喘，回头看腹，肷部肉跳。若治疗失时，则肠中结塞不通，逆气上冲于心胸之间，而发出喘声，医生看到这个症状就有些忧愁。在这时候，需要动手术开腹取结，稍微动手迟慢，就无救疗的希望，这种病多数是死亡，很难治愈。内脏肠胃病，就怕结不通。

• 按语

这段内容，看到肠结是古今可怕的一病。至于剖腹取结法，《元亨疗马集》明堂针穴论说：“肷腧一针于肷堂，剖腹于胃中取积。”可惜这段记载无详细操作法，虽属失传，但证明我国古代的兽医先师，早有动手术治肠胃积聚的方法。

【原文】

五十一难小肠风，搭头在背咬身躯。
嚼草卧时胞似转，起得来时步亦慵。
便使白芷天门冬，麻黄黑附及苁蓉。
茴香芫花并狗脊，七味同调酒可攻。

语释　第五十一种难病叫“小肠风”。症状：把头搭在背上咬自己的背皮，在吃草时，忽然疼痛，欲卧不卧，蹲腰踏地，像尿道不通的胞转症姿势，行走时，不愿开步。治法：内服黑附子、茴香、苁蓉、狗脊暖肾滋水，天冬润燥，芫花利水，麻黄、白芷解表风寒，以上八味，共合研末，配入白酒为引，就可治好。

• 按语

原歌是“七味共调酒可攻”，实际上应为“八味共调酒可攻”。

【原文】

五十二难小肠结，败气冲心肠内热。
小肠不通脊隆躬，尿下些些似黑血。
结聚病来无门问，水银海蛤海金沙。
朴硝大黄炒盐灌，此药灵通实可夸。

语释　第五十二种难病叫“小肠结”。病因是劳伤过度，耗损气血，滞气凝滞不行，上冲于心，心遗热于小肠，以致小肠热结不通。症状：脊梁高起，如人之鞠躬行礼样，小便淋沥，尿色有似黑血，由于内部瘀滞，气血凝聚，没有向外排出的通道，以致小肠不通。治法：内服水银、海蛤、朴硝、大黄、炒盐、海金沙这六种药物，很快就可使尿通，色正而愈。

【原文】

五十三难髓家风，四脚难移骨节慵。

本是骨家相传染，想应此病也难攻。

语释 第五十三种难病叫“髓家风”。症状：四肢骨节忽然失去正常的运动姿态，行走东倒西歪，站立时摇摆，四肢软弱，最后卧地不起，这就是风入骨髓病。要想把这个病治好，也是难以办到的事。

• 按语

风的特性是“善行而数变”，无处不到，无孔不入，一有空隙，立即乘机而入。风在皮肤肌肉则多痒擦，风入筋分则强直不能伸屈，治以及时，尚可望生。风入骨髓，则全身柔软，关节失灵，筋骨不遂，开始行走跌跤，站立摇摆，最后卧地不起，四肢抽搐乱滚乱动，好像肚疼起卧，结果死亡。本难髓家风病，就是这样，临症常见，此病多在一天左右即死（急性者几小时，慢性者一天）。剖检脏腑及全身肌肉，肉眼观察看不到什么变化，多发于阴历的二月春分前后，以及八月的秋分前后，因为这两个季节是马骡脱换毛的时候。在劳动出汗时，休息于太阳照不到的阴凉地方，在这种特冷特热的情况下，最易发生变化。一经中风，直中三阴（五脏），因此死亡可能性大。

【原文】

五十四难子肠风，腰拳起卧觉蹱踵。

但与排风散子灌，若用神针更有功。

语释　第五十四种难病叫“子肠风”（母畜的子宫中风）。症状：腰脊弯曲不敢伸，起立和卧下都感到困难，步态摇摆不稳。治法：内服排风散（方见四十三难按语），外扎火针（如腰上七穴），更为有效。

【原文】

五十五难壅毒攻，便知五脏变成风。

延过皮肤结硬肿，炙针凉药最为功。

·按语

第五十五种难病是五脏壅毒攻发的“无名肿毒”。病因是五脏内有火，变化而生风，风火相搏，以致气血凝滞，流注于皮肉之间，郁结而成肿硬之毒。治法：内服清凉解毒剂，外用针灸法于患部，扎放毒水，最为有效。

【原文】

五十六难泻血伤，气因冷热入于肠。

冷热相冲变作血，两肷时时颤莫当。

药用当归并厚朴，大黄郁金没药方。

语释　第五十六种难病叫“泻血伤”，又称“便血”。病因是劳伤过度，亏损肾水，以致水亏火旺，再饮冷水或吃冰冷食物，冷热相击，流注于大肠变化而成血，轻者便粪带血，重者纯便鲜血。症状：除便血为病的特征外，两肷部有时肌肉跳动，为肠内有痛感的表现。治法：以当归补血润肠，厚朴降泻胃肠宿食的毒素，大黄泻胃肠之淤热，郁金凉血解热，没药散淤消肿，共合研末，灌之即效。

【原文】

五十七难五般淋，一般形状两般寻。

续随腻粉天仙药，冷热相冲不用针。

语释 第五十七种难病是“五般淋”。诊别：应分清淋症和浊症，淋症来自尿道，浊症来自精道。治法：不论哪种淋症，都用续随子、腻粉、天仙子（行水破血以利水），共研末灌之（酌情定量），就可通利而愈，不用扎针。

• 按语

原文对“五般淋”没有说明。按人的五淋有膏淋、石淋、劳淋、气淋、血淋。现据临症实践，膏淋是由寒湿而得，尿中如脓样或如精液样物，内服官桂、二丑、小茴香可收良效。石淋是久饮碱性水或久喂石磨麦麸皮而得，尿中有如砂石状物，尿时淋沥表示疼痛，内服金钱草、海金沙等药有效。劳淋是劳伤过度而得，尿次多，尿量少，久患逐渐体瘦毛焦，内服续断、骨碎补、菟丝子补肾有效。气淋，老瘦马多属气虚不通，灌补肾药可效；肥壮马多属气滞不通，内服知母、黄柏、滑石、木通、官桂可愈。血淋，即尿血之严重期，淋沥不通，按尿血病治之有效。

【原文】

五十八难伤水寒，浑身肉颤立不安。
鼻中喘气多来往，因骑饮水损其肝。
鼻冷耳垂饶腹胀，毛焦卓立四蹄攒。
水草不食多合眼，麻黄蛮姜药最便。
更须急灌频嚏喷，不过三上得安然。

语释 第五十八种难病叫“伤水寒”。症状：浑身皮肉乱跳，站立不安，呼吸气粗。病因是在劳动过程中急饮冷水，冷气伤于肝脏，病畜鼻头凉，耳下垂，肚腹胀，毛焦直立，四肢拘束，不吃不喝，眼闭不睁。治法：内服麻黄、蛮姜（现名高良姜，产于贵州省）为最好的除寒利水剂，但必须赶快灌服，再于两鼻内吹入通窍取嚏药，使之打嚏喷，促使病畜从鼻孔流出水液，以减除内部水寒为害，最多三剂药，就可治好。

【原文】

五十九难是脾寒，卧多立少要人看。

最宜出汗温脾散，急灌休将作等闲。

病状万般依经本，用药方书不可捐。

语释　第五十九种难病是“脾寒”。症状：多卧少站。治法：内服解表出汗温暖脾胃的药物，要赶快灌入，不可耽误。一切病状要依照难经的记载对症治疗，特别是有关药物与方剂等书，更为不可缺少的参考书籍。

·按语

本病的症状有些简单，初学时难以确诊。据临症所见，多有舌津滑利，舌上有芒苔，上唇微黄，不吃草料等症。特附于此，以供参考。

【原文】

六十难病九般干，数卷经书一处攒。

即是脾家五脏处，各居脏腑数多般。

瘦弱尪羸憔悴甚，疲劳拘急为攻传。

语释　第六十种难病叫“九般干”。畜体内有五脏：肝、心、脾、肺、肾，四腑：胃、小肠、大肠、膀胱。九般干，即此九脏腑津液俱干。因此这病是很复杂的慢性病，要对马经各卷详细钻研，才能取得合理治疗。本病的主要病因是劳动过度损伤脾脏，脾气虚弱，则无力吸收营养，久之肌肉消瘦，脾虚实则肺虚（土不生金），肺虚则皮毛憔悴，肺虚则肾虚（金不生水），肾虚则骨髓空虚，骨痿无力，肾虚则肝虚（水不生木），肝虚实则筋拘力败，肝虚则心虚（木不生火），心虚则血液枯少，心虚则脾虚（火不生土），如此循环不已。脏腑内的精液气血，逐渐耗损，由多到少，由少到干，以至死亡。

【原文】

六十一难慢肠黄，漉漉泻水向中肠。

肺脉动时口中白，用药应须先检方。

语释 第六十一种难病叫“慢肠黄”（就是慢性肠黄）。症状：是小肠清浊不分，把食物中的营养水液直接流入大肠而成水泻病，肠中发咕噜声。肺与大肠为表里，肠黄传入肺脏时，口色发白，白色为肺脏的本色，因此肠黄见白的口色，主病已到后期，为腑传脏的逆症，多有死亡的危险。用药治疗要谨慎，应首先对畜主说明情况，找一个特效方尽量抢救。

【原文】

六十二难九般黄，肿硬时多变作浆。

针烙要知深与浅，恐防里面变成殃。

语释 第六十二种难病叫“九般黄”。病初患部肿硬，后变软成黄水，针刺火烙要知病变的部位深浅，深则深刺，不然刺伤内部，反而使病深入，引起不良后果。

·按语

这个病名是九种黄的总名称，根据内容推测，是指下部的九种阴性黄，我认为就是膝黄（两前肢膝部）、腕黄（四肢腕部）、蹄黄（四肢毛边处）、水黄（脐部）、阴黄（脐后至阴部）、奶黄（母畜的乳房部）、阴肾黄（公畜阴囊部）、水肾黄（母畜阴门）、蛤蟆黄（两后肢内侧或外侧）。在初期肿胀紧硬，逐渐变软，内成黄水。这九种黄病，据我临症所见，内服生蒲黄散，可以治好此病。其中膝黄虽属上焦部位，但因马、骡、牛都是四肢走行的兽类，接近地面亦多属阴，因此，按阴性的黄肿治疗，可收良效。特别是牛患膝黄，其皮更厚于马、骡，欲收速效，可把蒲黄加量，就能消失。如马骡每副药内用 50 克，牛就得用 100 克，才能看到消肿的疗效。膝黄有肿硬未熟透的皮厚时，若早行针刺，往往导致不应有的后遗症，即膝部生赘肉。故对针刺，不能在肿硬未变黄水以前。灌生蒲黄散，疗效满意。今将处方于后，供作参考。

“生蒲黄散”治九般阴性黄肿病：

生蒲黄 50 克　五灵脂 40 克　盐小茴香 25 克　盐知母 100 克　盐黄柏 100 克　广木香 20 克　以上六种药，除蒲黄另入外，共研末，男孩尿一杯为引，同调灌之，隔一天灌一付，二至五付，酌情而行。

【原文】

六十三难倒汗风，把住牙关气不通。

三四日间犹可疗，五六日后病难攻。

语释　第六十三种难病叫“倒汗风”，现名揭鞍风、歇汗风。症状：牙关紧闭，不能吃草，全身毛窍闭塞，呼吸困难，为风邪外感病，当病邪尚未入里时，治疗还容易，五六日后病邪入里，就难治了。

【原文】

六十四难豆伤肠，用药朴硝川大黄。

巴豆牵牛脂油蜜，当时治疗得安康。

语释　第六十四种难病叫“豆伤肠”，又称伤料。内服药物用朴硝、川大黄、巴豆、牵牛以通肠泻下，猪脂油、蜂蜜润滑肠道，治以及时，可得安全。

• **按语**

按本草十九畏药歌说："巴豆性烈最为上，更与牵牛不顺情"，说明二药并用，其通泻之力更大，以人的抵抗力，恐伤元气引起虚脱的危险。今用此二药治马患"豆伤肠"，还属对症药，但要注意掌握好用量，防止虚脱。同时要知道巴豆不可生用，用之有断肠之危险性，必须用去油的巴豆霜，配入少量，方为妥当。对其他药物，也应根据畜体的大小强弱，食料的多少，酌情而用。

【原文】

六十五难恶疳疮，犹如发背气荣黄。
若药涂擦油药妙，龙骨白芨是奇方。

语释　第六十五种难病叫"恶疳疮"（是最严重的一种疳疮）。由于气血凝滞发生于脊背部经久不愈的恶性脓疮。若用药物涂擦，还是配合油类的润燥药最妙，可把煅龙骨、白芨各等分，共研极细面，和猪脂油或香油调涂患处，为有效的奇方。

【原文】

六十六难吐粪稀，医工见了便怀疑。
卧地寻常不开眼，胃家翻倒损于脾。
因骑伤重失水草，喉中噎涩又还迟。
乌药茯苓杵为末，生姜酒下恰合宜

语释　第六十六种难病叫"吐粪稀"。这个名词，既是病名又是症状。兽医工作者见了这个病，便怀疑为什么还有卧地、经常眼闭的姿态，这是胃腑失去容纳腐熟的功能，以及脾脏不能吸收运行水谷精华的缘故。主要原因是负重乘骑奔走过度，又不能按时饮喂，以致损伤脾胃而成此病，所以气管及食道都有干燥不润咽噎迟滞的反应。治法：内服乌药顺气为主，佐以茯苓补心脾而利水，生姜和胃止呕，白酒宣通血脉，同调灌下，最为适宜。

【原文】

六十七难鼻中颡，鼻中作声如铃响。
气塞闭脑连喉间，良医作肺伤不爽。
天门白芷并贝母，苁蓉桂心款冬花。
玄参知母枇杷叶，灌之三上得安痊。

语释　第六十七种难病叫“鼻中颡”，俗名“鼻呼噜”。症状：听到患畜鼻腔有如铃响的声音，这就是以症状而定病名。病因：由于肺脏热气大盛，上冲于喉脑之间，闭塞不通的反应。有经验的医生认为这是劳伤肺气，肺热不爽症。治法：内服天冬、知母、贝母、枇杷叶清肺泻火，肉苁蓉、玄参滋水降火，桂心引火下降于肾脏命门以归原，白芷入血去风火，款冬花泻虚热，止咳逆。但冬花性温，对肺热不可多用，治肺寒咳嗽有特效，在这里是用它来牵制寒性药，以免过凉伤肺的意思。照此方灌三剂，就可治好。

【原文】

六十八难口中疮，日日朝朝吐沫忙。
涎沫减来渐渐瘦，五脏伤热病难当。
冲破口中黄赤色，定知死病自灾殃。
白矾大黄猪脂灌，此药灵通不可量。
记取此方为妙术，消黄凉药治心良。

语释　第六十八种难病叫“口中疮”，简称“口疮”（包括唇舌牙龈）。症状：唇舌烂斑，口流黏沫，连续上止。正常情况，口疮逐渐好转而黏沫也就随之减少。若烂斑不见好转，而黏沫减少，同时肢体瘦弱者，为毒力强，损耗津液，这样的病情很难快好。再说正常口疮口色是黄赤色，这是热证的反应，如果不是这种黄赤色而变为青紫色时，为疮毒入内的绝色，肯定有死亡的危险。治法：在口色黄赤时，内服白矾、大黄、猪脂油，这药疗效很好，要谨记采用这个药方，因是治口疮的妙法，有消黄解毒清心火的功用。

【原文】

六十九难是痏风，朝朝毛落又揩鬃。
欲疗先须放大血，更饶脂药灌成功。

语释 第六十九种难病叫“痏风”，痏是属于血液循环系统病，有冷热肥瘦的不同。初期体壮为肥热痏，久病体瘦为冷瘦痏。这里所谈的应属于肥热痏，为内热生风，非外来之风，所以表现每天自行脱毛和擦掉鬃毛的症状。治法：扎放大血，内服猪脂油为引的治脱毛痒擦药，就可治好。

• 按语

本病与《元亨疗马集》七十二症之膘马肺风热燥相同，放大血可泻血液中的毒素，所说“热生风”和“治风先治血，血活风自灭”即是此意。猪脂油味甘性寒，凉血润燥，行水散风，解毒杀菌特效，故对此病为主要的引药。至于内服治脱毛痒擦药，可参考本卷卷八治肺部之洗肺散，加入猪脂油特效。

【原文】

七十难病歇汗风，只因摘卸被风冲。
五脏遍时牙关硬，四脚难移脊似弓。
萎瓤风药配楼葱，方中用药使蜈蚣。
天麻附子并官桂，沙苑蒺藜更有功。

酒下一服蛜蝌散，威灵半夏有神通。

语释　第七十种难病叫“歇汗风”，病因是劳动将回，身热有汗，脱卸鞍毯、垫膊等用具于迎风处（如房檐下，门洞底），贼风乘虚而入皮肤肌肉之间，若由经络传遍五脏时，则出现牙关紧闭，不吃水草，四肢直立，脊弯如弓的症状。治以内服治风药方“蛜蝌散”蛜蝌（全蝎）、蜈蚣、天麻、制附子、官桂、沙苑蒺藜、威灵仙、制半夏、瓜蒌瓤，以上九种共研细末，葱白（切碎）白酒为引，同调灌下，一剂就可见效。

·按语

本难称为“歇汗风”，从“只因摘卸被风冲”可知是揭鞍风，《元亨疗马集》七十二症中称为揭鞍风，而六十三难的倒汗风，未述病因，但症状与此相同，推想亦系劳动汗出后，为寒风所吹，风入腠理形成的风邪闭症，实际二者应是一种病症。

【原文】

七十一难遍身疮，风痒朝朝不易当。

疥瘙固有多般数，都是脾热毒气伤。

语释　第七十一难病叫“遍身疮”，就是发无定处的化脓疮。症状：病畜浑身痒擦，日久揩擦成疮。这种疥痒性的脓疮种类虽多，但根本原因都是由于脾脏有湿热化生的毒气而为害。治法：应以除湿热配合补气生肌为治本法。

【原文】

七十二难筋骨伤，筋断之时各有方。

牛膝苁蓉并肉桂，巴戟茴香用槟榔。

败龟虎骨骨碎补，自然铜下永除殃。

语释 第七十二种难病叫“筋骨伤”，就是跌打损伤中的筋扭、筋伤、骨节挫伤等病。可用下述续筋健骨的良方，即内服茴香、肉桂补命门火（真阳）；败龟、骨碎补、巴戟、肉苁蓉补肾水（真阴），强筋健骨以治本；炙虎骨、煅自然铜续筋补骨；牛膝散淤血，止疼痛；槟榔健胃克食助消化，增加营养以治标，使筋强骨壮，永除灾殃。

【原文】

七十三难医胀方，生下驹儿数日强。

与药先须取下恶，水蛭虻虫用红娘。

芫青地胆并没药，当归酒下最为良。

语释 第七十三种难病叫“产后子宫胀”。病因是母畜产驹后，没有及时灌入“生化汤”，以致淤血恶露不净，流注子宫而作胀痛。症状：肚肷微胀，慢性起卧，多卧少站，阴门流浊，小便不利。治法：内服生新血化淤血的药物。处方：炒水蛭、虻虫、红娘、芫青、地胆、没药、当归，以上七种药物共研末，黄酒为引，服后消胀而安。

• 按语

产后生化汤，即可防止此病发生。生化汤：当归 50 克、川芎 25 克、桃仁 25 克、南红花 20 克、炮干姜 15 克、益母草 25 克、炙甘草 15 克、泽兰叶 25 克，研末灌之，男孩尿为引。

【原文】

七十四难生闪骨，闪骨双睛不自由。

时人唤作心黄病，路上惊狂走更忧。

说与今时医者道，宜向难经论里求。

语释 第七十四种难病叫“闪骨胀”。闪骨在两眼的大眼角内，此病是心火上攻于眼，以致闪骨胀大，遮蔽瞳仁，妨碍视物，行动失去自由，病畜走在路上，因视物不清，容易受惊乱奔，好像心黄疯狂症的样子，人们如果审不清，就容易误认是心黄病，特在这里告诉现在的医生知道，治法宜向难经内寻找。

• **按语**

这病即骨眼症，先将病畜头部固定，用手撑开病畜眼角，一手捏住骨眼尖，一手用剪刀在骨眼尖端的肿胀部剪除一分，放出淤血即好。这个方法很简单，可代替过去的割骨眼。

【原文】

七十五难爱点头，系在柱上不肯休。

点头搐脑风涎病，鼻中衄血又交流。

因为风汗透如耳，须索开脑用功求。

麝香猪牙并瓜蒂，葶苈藜芦更用油。

谷精龙脑相和下，自然频嚏病相投。

语释　第七十五种难病叫“爱点头”。这是依照症状而定的病名，就是拴在柱上，亦不停的连续的点头。点头搐脑这种病，是风涎病，病畜不只口内流涎，而且还有双鼻流出鲜血的症状（衄血）。病因是劳动出汗之后，贼风乘虚直入两耳所致。治法：必须用开窍通脑的药物，处方：麝香、猪牙皂、甜瓜蒂（苦丁香）、葶苈子、黎芦，谷精草、龙脑（冰片）、油菜籽（芸薹籽），以上八种共研细面，装瓶候用，每遇这种耳风点头病，以少量药面吹入两鼻内，立即就很自然的连续发出喷嚏，脑窍通利，耳病自愈。

【原文】

七十六难脑涎风，医家见了切用功。

左右转时盘旋倒，药用前方有神通。

大戟一颗胡麻子，醋调一合灌耳中。

语释 第七十六种难病叫“脑涎风”。这个病名是按照症状而定的，因为脑中风又有口流涎的症状。在发病时，病畜即头眩脑昏，左右转圈，盘转周旋不停，甚至跌倒在地。治法：可用前面那个麝香吹鼻散的药方进行治疗，有通利脑窍的功能。再用大戟一颗，配合胡麻子，各等分，共研面，醋调匀，纱布包住，塞入两耳中即效。

【原文】

七十七难冷肝拖，又共焦筋事两般。

行时左右频搐脚，牵行骨热却除痊。

但针曲筋左右处，自然筋缓永安痊。

语释 第七十七种难病叫“冷肝拖”。这个病名是肝主筋，肝冷则筋冷牵连到腿而发生的腿痛病。在鉴别诊断上有两种症状，一是“冷肝拖”，俗名“寒筋腿”，将走时，两后肢连续抽搐而行，即每走一步，向上提起再放下着地，行走百余步，腿内觉热才恢复正常姿态。治法：在曲筋的陷凹处，叫曲池穴，火针刺之，左右肢各一次，自然热和缓而愈。另一种是“焦筋腿”，与冷肝拖寒热不同，由于肝热则筋热，而成筋肉萎缩，两后肢短曲，不能伸直的样子。

• 按语

“寒筋腿”一般常见的多患于老瘦牲口，冬天犯病，夏天自愈，由于圈湿而生此病。“焦筋腿”俗名“转筋腿”，多是疲劳之后，发生腿转筋，多患于乘骑走马，走伤筋脂而得，治以内服补肾疏肝强筋健骨之药，配入和血止痛药，很快就可治好。

【原文】

七十八难爱摇缰，脑中之肉似鱼肠。

五脏因此气注病，定知此病最难当。

此病仍须开顶脑，难经论里别无方。

语释　第七十八种难病叫“爱摇缰”。这个病名是按照症状定出的，说明牲畜发病后，头脑不断摇动，缰绳也随着摆来摆去，所以既是病名，又是症状。这病在初发现的时候，只看到有“爱摇缰”的特征，而没有诊断出究竟是什么病，因此便谈不到什么治法。结果死亡以后，从解剖中看到脑髓已经变质，好像鱼肠的样子，最后推测病因，是五脏之中有湿热凝滞之气，上注于脑而成此病，根据死亡的结果，肯定是最难治的一种病。后来又遇到这样的病状，用开脑的手术能够治好，所以在最后写出了开脑的治疗方法，除了这个办法，难经里边再无别的良方。

【原文】

七十九难龋骨风，口中龥草又难冲。

只是草台并牙长，更被风结变成痈。

都缘肺脏关连起，且须针烙用神功。

语释　第七十九种难病叫“龋骨风”（齿槽骨膜炎）。症状：由于牙龈浮肿，牙齿疼痛，吃草亦就困难，这是一种牙槽骨肿痛，以致牙齿痛，不能吃草病。病因：主要是肺热上攻，外感风邪，闭塞毛窍，凝结不通，而成的一种牙龈痈肿病。治法：一面在肿处扎放血针，一面在腮颊部火烙，可收良效。

【原文】

八十难病五般难，口中哽噎五丛关。

木舌草台多难治，定知此病救无安。

语释 第八十种难病叫“五般难”。症状：吃草困难，草入口中硬塞咽噎，不能通过五丛关，所谓“五丛关”就是指口腔内的咽喉、舌、唇、牙、齿五处。上下唇是牙齿的外卫，马骡吃草先用唇采取，这就是第一关，门牙为第二关，舌能接送食物为第三关，腮齿是咬嚼食物为第四关，咽喉是第五关，咽通食道，喉通气管，此处为呼吸与食物分界的要口。这五道关口，都距离不远，紧密相连，所以叫做五丛关。这五道关口任何一道有病，马吃草就发生困难，因此称为五般难。五般难中，特别以舌肿如木的“木舌症”和因牙床肿痛齿不平的牙齿病两种难治。但马不能一日不吃，如果不能把这些病治好，可以肯定的说马是不会好的，必因饥饿而死。

【原文】

八十一难论里搜，难经之内用功求。
万病先从五脏生，多方需要细寻搜。
息脉死活如来处，宜向难经究本由。
辨认四百四般病，传与贤良后代留。
药饵切须看生性，前贤秘法最难求。
百圣经书仙人造，世代流传万古秋。

语释 八十一难论述了各种疑难病，人们要用工夫在这里钻研，任何疾病都离不开五脏，都与五脏密切有关，要设法详细研究畜体的脉搏和呼吸变化，病的好转或死亡都是有根源的。应该向难经中追究它的致病因素。只有这样，才能分析认识出各种疾病，写成资料，以传给后世爱好兽医工作的医生。辨证是困难的，治疗也不简单。处方要注意药物的性色气味，最难得到的是别人已经实验过的有效良方，如此一代传一代，为保证畜牧业健康发展而服务。

八、看马五脏变动形相七十二大病

题解

根据万病皆从五脏生的道理，说明马的72种比较重要和较难治的病。篇首简略指出，马有任重致远，参加战役的功用，历代又有许多著名兽医先师，作了保畜的创造性成果，以及自然方面的季节气候与畜体方面的互相关系等，然后分述各种疾病，分别叙述了它们的病名、症状与治法。后列七字四言的歌诀，以便于记诵。这份资料后来发展成为《元亨疗马集》中的七十二症。现在看来，虽较古老，但对现代担任保畜工作的同志，仍有参考的价值。

【原文】

夫马生天地之中，禀阴阳造化之气，故蹄可以践风雪，毛可以御风寒，任重致远，行地无疆，而武所赖以闲，习者岂可后哉。昔神农皇帝，创置药草八百余种，留传人间，救疗病马。自后马师皇、孙伯乐、王良、造父间世而出，为时名医，能辨马之寒热，识马之虚实，观形骨之驽骏，别四时之受病；又能知五脏六腑之病源，察五行衰旺之气候，有病针药，随疗即瘳，而为万世之师也。

春三个月，肝旺七十二日，位列东方甲乙木，外一十八日旺于脾；夏三个月，心旺七十二日，位列南方丙丁火，外一十八日旺于脾；秋三个月，肺旺七十二日，位列西方庚辛金，外一十八日旺于脾；冬三个月，肾旺七十二日，位列北方壬癸水，外一十八日旺于脾。脾属中央戊己土，此是五脏各旺七十二日，为脾旺四季，是阴阳之表里，都计一年三百六十日，土于四季各旺一十八日，都计七十二日，为土旺时日也。脾无正形，分在戊己之位，乃于中央，以四脏为主。腑病为阳，此病易医；脏病为阴，此病难测。马有四百四病，内有七十二大病，其意深，其旨远，病相各别，医者当用心求之矣。

语释 自然界中的马，是禀受阴阳造化之气而生活在天地之间，是经过公母两性交配胎生而来，它的四蹄甲，厚大而坚硬，可以耐踏地面上的霜雪冰冻。皮毛，厚而长，冬绒夏凉，可以防御外界的风寒侵袭。在功用上能负担重量，由近到远，凡是陆路的地区，登山渡水，都可通过，最重要的保卫国防的治安工作，都离不开它。我们学习兽医事业的人，万勿忽视这项工作，必须把它发扬光大，才可发挥其利国利民的作用。

早在上古神农时代，已经发现了八百多种草药，供给社会上人畜应用，后来到了轩辕黄帝时代（公元前2698年），有著名兽医马师皇，以至西周穆王时（公元前947—前928年），又有著名兽医造父，周灵王时（公元前770—前748年）又有著名兽医王良，东周秦穆公时（公元前480年），有著名兽医孙阳封号伯乐，他们都是当时的著名兽医先师。在诊断上能鉴别马的寒热虚实，各种证型，看它的骨骼形态可知劳力的强弱，并依据整体观念辨证论治的诊断原则，按照四时（春夏秋冬）不同季节、不同气候、不同感受和五脏六腑的不同病因，分析出阴阳五行的太过与不及，最后经过他们治疗，或扎针或吃药，达到痊愈，因此，可称为历代的兽医先师。

春季三个月，是指阴历正月、二月、三月，每月按30天计算，共计90天，从立春那天起，为肝脏旺盛的72天，肝与方位配合是在东方，与十天干配合是属甲乙，与五行配合是属木。此外，最后的18天是脾脏旺盛的日子；夏季三个月，是指阴历四月、五月、六月，每月按30天计算，共计90天，从立夏那天起，为心脏旺盛的72天。心与方位配合是在南方，与十天干配合是属丙丁，与五行配合是属火。此外，最后的18天是脾脏旺盛的日子；秋季三个月，是指阴历七月、八月、九月，每月按30天计算，共计90天，从立秋那天起，为肺脏旺盛的72天，肺与方位配合是在西方，与十天干配合是属庚辛，与五行配合是属金。此外，最后的18天是脾脏旺盛的日子；冬季三个月，是指阴历十月、十一月、十二月，每月按30天计算，共计90天，从立冬那天起，为肾脏旺盛的72天，肾与方位配合是在北方，与十天干配合是属壬癸，与五行配合是属水。此外，最后的18天，是脾脏旺盛的日子。脾与方位配合是在中央，与十天干配合是属戊己，与五行配合是属土。这就是五脏各旺72日。脾是分旺于四季内，五脏属阴为里，六腑属阳为表，如甲乙属木，甲为阳木代表胆，乙为阴木代表肝；丙丁属火，丙为阳火代表小肠，丁为阴火代表心；戊己属土，戊为阳土代表胃，己为阴土代表脾；庚辛属金，庚为阳金代表大肠，辛为阴金代表肺；壬癸属水，壬为阳水代表膀胱，癸为阴水代表肾。以上合计为一年有 360 日，脾土是在四季的末期各旺 18 天，共计 72 天，为土旺盛的时日。脾没有正式位置，是分旺于各脏之间，所以脾属中央，以肝心肺肾四脏为四方的主位。此外，凡是六腑病都属阳性，容易治疗，五脏病都属阴性，收效较慢。总而言之，马有 404 种病，其中有 72 种大病，要研究它的病理，相当深远，病情多端，各有不同，学习兽医的人员应当专心致志苦读深钻，方可以担任这项诊疗工作。

【原文】 第一，马患脾家病：口色多黄，鼻冷多寒，不食水草，褰唇似笑，伤冷之候，速与针爝，须灌温脾药。歌曰：

冷伤脾病少精神，鼻冷毛焦颤不宁。

姜枣厚朴能和胃，脾穴温针更爝频。

语释 第一种病是马得了“冷伤脾”。症状：口中的色泽多呈黄色（黄色是脾土的本色），两鼻孔里面以手指插入，或鼻孔外面上端两陷凹中，以手指捏诊，多呈寒冷之象（胃火衰弱不能上升）。不吃不喝（由于脾不运化，胃就无处容纳），上唇向上翻起，好像笑的样子（上唇属脾，脾病多是外应于唇），以上症状，为冷气伤脾的表现。治法：赶快外用针灸和内服温暖脾胃的药物。歌诀说：冷气伤脾病的症状是精神短少，鼻部寒凉，毛色焦黄，肌肉乱跳。内服生姜表解寒气，大枣（煮熟去核）补脾气，厚朴降实泻湿，以上三种，可调和脾胃。再火针脾腧穴，以艾火温灸于针柄，加强火力，更可快好。

【原文】 第二，马患伤脾并胃气不和：水草渐退，精神减少，眼色慢，气脉短少，须灌气药。

草伤脾病气不和，频频呵欠不奈何。

水草渐退微要卧，气滑药灌酒相和。

语释　第二种病是马得了“脾胃不和病”。症状：逐渐少吃少喝，精神倦怠，眼睛迟慢，切诊右凫气关脉（脾胃脉）短小无力，根据这些情况，必须灌调理脾胃药治疗。歌诀说：草伤脾病，切诊右凫气关脉（脾胃脉）不正常，经常打呵欠，疲倦不已，水草一天比一天的减少，喜欢卧地。治疗灌以调理脾胃的补脾健胃药，如黄芪、白术、茯苓、甘草、苍术、厚朴、陈皮等药，白酒为引，同调灌之，就可治好。

【原文】 第三，马患脾不磨病：草谷难消化，气脉不和，鼻中息短，精神慢，多卧，上唇似笑，速须针，用生姜枣煎气药①灌。

脾不磨病要得时，口内青黄气力微。

鼻冷频频时要卧，针脾暖胃恰合宜。

补注

①关于气药，经考查校正增补《痊骥通玄论》注解汤头有马气药方为：桂心、大黄、木通、郁李仁、白芷、青皮、当归、芍药、瞿麦、牵牛子各等份为末，右件为末，每服二两，开水调，放温，灌之大效。可知气药确有古方，《司牧安骥集》虽未收入，但元代问世的《痊骥通玄论》有记载。

语释　第三种病是马得了“脾不磨病”。症状：吃进的草料难以消化（如便粪中有囫囵料和粪气特臭），切诊右凫气关脉不正常，鼻中气短，精神倦怠，多卧少站，上唇翻起如笑的样子，赶快扎放有关健脾的穴位（如扎放上唇内的唇腧穴，为增加饮食的特效穴位）。用生姜、大枣煎水为引，配入健脾药物中灌之即效。歌诀说：脾不磨病，要治疗及时。症状：口色青黄，气力微小，鼻头凉，肯卧。治法：扎健脾针、灌暖胃药正合适。

【原文】第四，马患偏次黄病：从心脏起，生在肺门后。此病直透心肺，多是心脏壅毒，有失灌啖凉药，为缘马热上生黄，速须针医，灌啖凉药涂之。

偏次黄病有可医，抢风头上肿如梨。

急须针破涂妙药，更灌凉药病相宜。

语释　第四种病是马得了“偏次黄病”。这病来源于心脏，生在肺门穴的后部，直透心肺二脏。由于心脏积热，没有及时内服泻心火的药物，以致热盛而生黄肿。赶快放血（如大血、胸堂），内服泻火药，外于肿处涂消肿药。歌诀说：偏次黄病，有的可以治好。就是指肿在抢风骨上部，黄肿高大坚硬，如梨的样子，赶快在肿处扎放毒血，涂以有效的清凉剂，再内服消黄药可愈。

【原文】第五，马患急偏次黄病：亦从心脏起，为缘马春秋不抽六脉血及喂热料，毒气攻于五脏，所以病生，速灌凉药，抽其大血。

急偏次病心上得，抢风近上连食脉。

若是正病治他难，些小皮肤药医得。

语释　第五种病是马得了“急性偏次黄病”（炭疽病）。这黄亦是从心脏发生。病因：由于春秋两季不放六脉血（如大血、胸堂），以及经常喂有易生火毒的草料，以致热毒攻传五脏，所以发生这种急性的偏次黄。要赶快灌入特效的消黄药，再扎放大血。歌诀说：急性偏次黄病是难以治愈的，微小的皮肤黄肿尚可治好。

【原文】 第六，马患束颡黄病：是五脏壅毒，攻于咽喉，有失灌啖。须与针烙，用药渐次消除，及与出血，医迟便见损伤。

束颡黄病咽喉肿，草料微细热气冲。

火烙用针凉药灌，更须涂药渐消融。

语释　第六种病是马得了“束颡黄病”。病因是五脏积聚火毒，上攻于咽喉，没有及早灌清热解毒药治疗而成此病。急需一面放血，一面火烙，配合灌药，可使逐步好转，若稍迟治，就有性命之危。歌诀说：束颡黄病的症状，主要是咽喉肿合，这时吃草少吃慢咽，原因是热气上冲于咽喉之间而为害。治法：一面于肿处火烙（这是热极用热治，取其火就燥的一法），一面放大血或胸堂穴，再灌消黄药，烙后将患处涂以消肿药，可使逐渐消散而愈。

【原文】 第七，马患搦颡黄病：肺热攻注，连腮肿毒并起，渐渐病重，草料不食，头低出气不得。与灌消黄凉药，抽胸堂血。

搦颡肺毒病要知，连喉腮肿急须医。

草料渐退舌根肿，消黄凉药用猪脂。

语释　第七种病是马得了“搦颡黄病”。原因是肺热毒上攻流注所致。症状：喉部至两腮漫肿连片，逐渐由小而大，严重时妨碍吃草，头要低下，出气就有困难。治法：内服消黄药，外放胸堂血。歌诀说：要知道搦颡黄是肺毒形成，它的症状，连喉带腮肿成一片，这时赶快治疗，因草料已少吃，舌根亦肿了。内服消黄解毒药，加入猪脂油为引。

【原文】 第八，马患肺牵把膊双拒胸膊病：此马行步稍难，牵动便卧，时时用力搐倒，是因伤重，气促损肺而得疾，把定胸膊难行，食脉紧急，食槽肿硬，须烙肺门。

肺牵病状又如何，食槽下面肿硬多。

连膊把定行步慢，肺门针烙易奈何。

语释 第八种病是马得了“肺气双把胸膊痛病”。这种马行走困难，一经开步就要卧地，时刻不敢用劲，稍微用力，便会抽搐倒地。原因是劳动负重而伤，由于喘粗气促损伤肺脏，以致滞气凝结不散，把住胸膊，难以行走，脉象紧数，食槽（颚凹）有肿硬的结核，必须火烙肺门穴（在两前肢、胸旁、放里夹气的软陷处）。最后四句歌诀说：肺气牵动胸膊痛的病状怎样？食槽下面有肿硬结核，把住两膊不开步。治法：火针肺门穴，可疏通滞气而愈。

【原文】第九，马患草结病：是在母腹中时，谷料之毒气攻注，初时皂子大，次如杏核，渐若连珠。硬即是风，软即是脓，若是不取，须致命矣。

草结之病用心取，硬即是风软是母。

偏损鞍马结成脓，和根取子无复有。

语释 第九种病是马得了“草结病”（马腺炎）。这个病名不是说食草结于肠胃中，而是说草料中的毒素上攻流注而成的病。《元亨疗马集》称为“槽结病”。发病部位是在食槽中，发生此病的原因，是胎驹在胎胞中发育时，母体吃进的草料含有毒素，为胎驹吸收，在出生以后，幼驹体内的这种毒素迸发上攻，流注于食槽部位。初发生时，如皂角子大，其次如杏核大，逐步的一颗接一颗如连珠形。触诊坚硬为外感风，柔软为化脓，若不及时取掉，任其发展为害，多有性命之危。歌诀说：草结病是要用心摘取，触诊坚硬是风火毒，患部温度特高，若是柔软为已化脓之象，治须及时，若等脓溃治疗失时，毒气入内就晚了。及时连根带子一起取掉，就可根治，不再发生此病。

【原文】 第十，马患前结病：起卧喘息粗，因马食草料之时，伤草谷，在大肚中热气积聚，恶粪成结。其马负痛起卧，气粗鼻咋，腹胀气满，与灌气滑药[①]，并四味脂气药[②]，透过；若不透过，即难治。

前结起卧连胸臆，两脚夹头气不通。

频灌气药啖四味，急走牵行即见功。

补注

①关于气滑药，查元代《痊骥通玄论》，明代《元亨疗马集》两书都有气滑散，主治马非时起卧，冷热痛疼。《痊骥通玄论》注解汤头治脾部首方即气滑散，方为：木通、滑石、瞿麦、青皮、细辛、续随子、茴香、苍术、牵牛、陈皮、甘遂、当归各等分。为末，用药二两半，水半升入酒半升，同调灌下。

② 四味脂气药见本书卷八猪脂药。

语释 第十种病是马得了“前结病”。症状：起而复卧，卧而后起，呼吸粗大。病因：劳动将息，乘热喂草料，吃的急又多，停滞在大肠中，积聚不散而成结，以致疼痛难忍而形成起卧，呼吸气粗，两鼻咋开，肚腹胀满。可灌通结利气药，可使结通而安，若通不过，就难以治好。歌诀说：前结起卧不只胃内疼痛，而是牵连到胸膈亦有痛感，所以呈现两前肢包头，好像嘴咬胸脯的姿势。这是由于气血被食物结滞不通的反应，急灌通结利气药，如上述四种，灌后立即拉蹓，就可通利。

【原文】 第十一，马患后结起卧病：马因食干草过多，在肠胃，缘马积热涩滞，负痛滚碾，聚粪成结，速灌气滑油酒药，便须入手按破，气通即差，勿令放交气满。

后结起卧腹胀大，回头向腹侧肋卧。

入手打破气脉通，教伊卧时也不卧。

语释 第十一种病是马得了“后结病”。原因是马吃干草太多积在肠胃，又因内脏有热以致阻塞肠道，引起腹痛乱滚不止而成粪结病。急灌通肠利气药，配入麻油苦酒为引。再入手于直肠，施行按摩术，握破结粪，就可以治好。如果时间长了，肷腹胀满起来，结症到这阶段，就属于后期，多有性命之危。歌诀说：后结起卧症状有肷腹胀大，回头看腹，侧肋卧地的姿势。在直肠入手握破结粪，气血流通时，教它卧地也不卧地了。

【原文】 第十二，马患中结起卧病：大肠壅热，涩粪难行，积聚恶粪在板肠，腹痛滚碾成结。

中结起卧因失饮，冷热气壅不降升。

须知此病是中结，变成积块致沉萦。

语释 第十二种病是马得了“中结病”。原因：由于大肠积热，以致粪塞不通，凝结顽固性的粪块于板肠中（大结肠末段即胃状膨大部，亦属中结），而有腹痛乱滚的中结病。歌诀说：中结起卧，是因失掉饮水时间（不按时饮水），以致冷热气滞，不能升清降浊。要知道这种中结病是顽固性的，凝结成块，为最严重的致命病。

【原文】 第十三，马患冷痛起卧病：因冷热不调，冷伤于脾胃，多作寒热，气痛不止。须灌和气药，更针熷脾腧穴，即差。

冷痛起卧因伤脾，口鼻耳冷出气微。

三熷穴上针要动①，葱酒下药恰合宜。

注解

①三熷穴上针要动：即刺三熷穴。伯乐针经中无三熷穴这个名字，现在亦无此穴名，上文说针脾腧穴，歌中说针三熷穴，则二者是相同之穴位，脾腧穴的位置在从后数第三肋上，可能因此而得三熷之名。是否待考，但本症据实验，火针脾腧穴疗效最好，收效速。

语释　第十三种病是马得了“冷痛”病。病因：由于冷热不调和，特别是冷气伤于脾胃，以致寒热凝滞疼痛不已。治法：必须灌入和解脾胃凝滞之气的药物，再针灸脾腧穴，就可以好。歌诀说：冷痛起卧主要是由于冷气侵伤脾胃所致。口、鼻、耳触诊俱冷，出气轻微。脾腧穴上先扎火针，后用艾叶火烧灸三团，以针摆动为效验，内服葱白、烧酒为引，配合暖脾胃药，为对症疗法。

【原文】第十四，马患大肚粪不转：结聚恶粪在大肠，更连板肠。粪涩，多卧不起，时时回头，须用脂药一两服，微微粪行。

大肚板肠粪行涩，起卧头低尾摆迟。
起时前脚恰如坐，频将四味啖猪脂。

语释　第十四种病是马得了“大肚粪不转”病。为有顽固性的结粪，停于盲肠和大结肠的全部。症状：多卧少站，时时回头看肷。治法：必须灌入大量的润滑药，连服一二剂，可使结粪慢慢通行下来。歌诀说：大肚板肠粪不通，在起卧时头低、尾摆迟，起时前肢不欲起，如坐的姿势。内服滑石、续随子、通草、腻粉四味药，配猪脂油为引，连续灌入，就可通利而愈。

【原文】第十五，马患胞转病：欲待蹲腰，却不尿。

马气涩失尿，与灌气药，入手拨正，即差。

胞转疾病失尿时，气闷不顺勿狐凝。

滑石灯心葱酒灌，入手拨正用心机。

语释 第十五种病是马得了“胞转”病。症状：蹲腰不卧，像要撒尿却不尿。病因：由于滞气凝结于膀胱，以致尿道不通，形成当尿不尿。治法：内服顺气利尿药，再入手于直肠轻拨尿道，就可通利。歌诀说：胞转病是当尿不尿，气滞不通所致，不必怀疑。内服滑石、灯心、葱酒等药，再入手于直肠轻拨尿道（若是母畜可从阴道入手拨之），但要注意细心掌握操作。

【原文】第十六，马患肠入阴：痛因滚碾，腹中有一窍如钱来大，透小肠入于阴囊中，负痛时起时卧，回头看腹。须与气药、治七伤药、葱酒灌之，手揉复原，带子计之。

肠入阴时尿不通，频频回头小肠疼。

以手揉过带子系，七伤气药酒和葱。

语释 第十六种病是马得了“肠入阴”。原因是在卧地乱滚时，小腹部有一个如古代铜钱大的窟窿，使小肠从这个窟窿透入阴囊中。挤压疼痛，所以时时起卧，回头看腹。必须内服提气药物和治七伤药，配合葱酒为引灌之。再用手于患部，轻轻揉按送肠入腹中，待其复原，另以线带捆紧。歌诀说：肠入阴时，尿就不通利，经常回头看，表示小腹有痛感，以手轻揉送入，外用线带束起。内服治七伤提气药，和入葱酒为引，可以治好。

【原文】第十七，马患水谷并：遍身汗出，鼻中有水沫出，弩目鼻咋，头平耳垂，鼻中时滴清水。

水谷并病努目睛，鼻中出水冷如冰。

遍身汗出鼻又咋，死生当日及初更。

语释 第十七种病是马得了“水谷并”。这个病是由于多吃多喝，以致胃内容物不能很快的消化行转，而成胃扩张的病态。所以表现症状为浑身出汗，鼻孔流水，口吐沫出，眼睛睁起，鼻孔咋大，头平耳垂，鼻中不断滴清水。歌诀说：水谷并在严重时，逼得两眼睁起，鼻流水珠，以及遍身出汗，鼻孔咋开。治不及时，最多十二小时左右即死。

• 按语

这病用现代的导胃管可以解危，再内服加强胃火的药物以助消化，亦可少死或不死，在古代的条件下，那就多死。

【原文】 第十八，马患水掠肝病：因热困乏猛吃水肝伤，其水又伤脏腑，渐入皮肤。

水掠肝病目直视，遍身汗出喘息粗。

口中黑色难治疗，头低脚散命必殂。

语释 第十八种病是马得了“水掠肝”病。原因是劳动身热，肢体困乏，猛饮冷水，以致冷气既伤肝脏又伤胃肠，逐渐流传于皮肤肌肉之间而为害。歌诀说：水掠肝的症状，双目直视不转睛，浑身出汗，呼吸喘粗，口色黑煤，为气血分离之象。最后，头低不抬，四脚散乱，跌倒而死。

【原文】 第十九，马患浑睛虫病：其病因雾露水入眼，转入睛中，号浑睛虫，用药点，五轮穴针，即差。

浑睛虫病本因何，露水入眼出不得。

恐他点药治疗难，开天穴内针得力。

语释 第十九种病是马得了“浑睛虫”病。病因是在阴雨天气、牧放于野外雾露草塘中，雾露水滴入眼睛内，变化而成虫，以致睛生翳膜，黑白不分，寄生于翳膜之中，游动不停，妨害视物，因而名之。一面用点眼药治之，一面于五轮穴扎放，就可治好。歌诀说：浑睛虫的病因，乃露水滴入眼，不能流出变化而生。若单纯用“点眼药”，难以治好。不如在开天穴（五轮穴）扎放，可使虫随水出，收效迅速。

【原文】第二十，马患内障眼病：因心肾不安，肾属水，心属火，水火相克，二脏相伤，致令目中受病，眼目传注，流脉入瞳，于太阳穴针治即愈。

内障病眼医莫迟，头热频频流脑脂。

太阳穴内须针烙，洗肝凉药用山栀。

语释 第二十种病是马得了“内障眼”。病因是心肾两脏水火不平衡，即心火不能下交于肾，肾水不能上交于心，肾水不能克制心火，以致血热上攻，流注瞳仁而为害。治法：扎放太阳穴，就可治好，歌诀说：内障眼病要赶快治疗，触诊头部温度高热，经常眼角流脓眵，外扎太阳穴，内服清洗肝热的凉药，主要以“山栀子”为不可缺少的一种药，因此药有凉心肾三焦的作用。

【原文】第二十一，马患外障眼病：初得有似热晕，频频泪出，青晕朦瞳仁，有似遮栏，速与点灌医疗，即差。

外障眼病肝家积，初得泪下如雨滴。

拨云膏子频与点，更灌洗肝是仙方。

语释 第二十一种病是马得了“外障眼”病。初发病时，眼睛好像有热，昏闷不清，经常流泪，继而发展成为青色云翳视物不明，好像前面有物遮掩。赶快外点眼药，内服退云药，就可治好。歌诀说：外障眼是肝脏积热外传于眼之病，初期流泪特多，拨云膏要连续点，再灌洗肝散，为特效药方。

【原文】第二十二，马患筋骨风病：缘肝注筋骨，是肝脏邪气攻于筋骨，有似风狂之状。

筋骨风病恰如狂，后脚拽胯行动忙。

豆淋葱酒风药灌，医人用意细消详。

语释　第二十二种病是马得了“筋骨风”病。病因是肝主筋，肝经风邪，传入筋骨。症状：行动紧急，好像得了疯狂病的形状。歌诀说：筋骨中风病，好像疯狂形，后腿拖胯行，急忙不暂停，内服豆淋酒，葱白为药引，医人要细心，千万莫错诊。

• 按语

豆淋酒就是用黑豆炒焦，以白酒浸透，滤过去渣，即成治风入筋骨病的药。

【原文】第二十三，马患腮腿风病：后脚腰胯无力，卧时筋舒，起立不得，兼是损着肾棚、簇肉俱断，其病难差。

腮腿风病初受时，后脚筋舒起不得。

腰腿百会须针烙，五脏受风连胸臆。

语释　第二十三种病是马得了“腮腿风”病。症状：两后肢腰胯都没劲，卧地筋弛，不能起立，如果腰部肾棚亦受损伤，腰肌萎缩和麻痹，此病就难治好。最后四句歌诀说：腮腿风在初期，后腿筋舒松，卧地不起。治法：可在腰上七穴（百会穴、肾棚穴、肾腧穴、肾角穴），胯上八穴（巴山穴、路股穴、大胯穴、小胯穴、汗沟穴、仰瓦穴、邪气穴、牵肾穴），选择针灸。若风传五脏时，则牵连到胸部，亦就有麻痹现象。此属后期最严重的阶段。

【原文】第二十四，马患损着五攒痛病：出气粗，精神慢，口痛，不食水草，双拒胸膊，须针六脉出血，止痛药灌之。

损着五攒病哽气，欲卧不卧连心肺。

水草微细拒胸臆，医者分明子细记。

语释 第二十四种病是马得了“损着五攒痛”病。这个病名是指腰背和四肢共计五处的气血凝滞痛。症状：出气粗，精神少，口亦好像有痛感，不肯吃喝，行走时，两前肢不敢开步大走。治法：必须扎放胸堂穴、肾堂穴、蹄头穴，内服活血顺气的止痛药。歌诀说：损着五攒疼的症状有出气哽塞不通，想卧又不敢卧的姿态，此为痛连心肺的反应。甚至还有少吃慢喝和行走时步度缩短，不敢大踏步的走路。医生对这个病要详细分析研究。

【原文】第二十五，马患筋风疮：初得作坑，有赤水流连蹄腕，渐次转多，急须贴之。

筋风疮病连蹄腕，赤水常流不可观。

须是就疮敷妙药，不过数日必能干。

语释 第二十五种病是马得了“筋风疮”。这个病名为四肢小腿溃烂病。初期仅是肌肉肿胀，按捏软陷如坑，最后破流血水蔓延到蹄腕，逐步发展严重，必须尽快治疗。歌诀说：筋风疮为筋分受风使肌肉腐烂而成疮。由前肢鹤膝或后肢合子，不论单双肢都是，久之流连到蹄腕部，多是破流血水，痛苦难当，惨不忍睹。必须在疮上涂贴对症的脱腐生肌药，不过三五日，就可结痂而愈。

【原文】 第二十六，马患肺花疮：初得时前后脚连腿上下生出。须截烙与灌啖贴药。

肺花疮病急须医，初出连脚后连腿。

若是赤脓须且觑，药非应病应难退。

语释　第二十六种病是马得了“肺花疮”。这个病名，是皮肤有开花疮，肺与皮毛内外相合，所以叫做肺花疮。初期先从四蹄起，逐渐牵连到四肢，由下向上而发生。必须用烙铁火烙，截止其蔓延。再结合内服解毒药，外搽脱腐生肌药，综合治疗。歌诀说：肺花疮病要赶快治，初发先从蹄下，后向腿上，逐渐蔓延。若是破流脓血尚可治好，如流臭污黑水，多为预后不良，总之就是脓血也得对症之药才可收效，否则很难治好。

【原文】 第二十七，马患草噎病：因困来猛食水草，吞咽不及，噎在喉咽内，致口中吐沫，遍身汗出，垂头。便须治之。

草噎病状下咽迟，垂头直项喘不得。

口中沫出微有汗，此病多应人不识。

语释　第二十七种病是马得了“草噎病”。原因：多在劳动渴困之际急吃猛咽，咬嚼不细，以致噎在喉头下的食道中，逼得口吐痰沫，浑身出汗，头下垂，痛苦万分，急需治之。歌诀说：草噎病是咽不下饲料，垂头直脖，出气困难，口吐沫，微出汗。这病没有经验的人不易认出。

【原文】 第二十八，马患卒心疽病：五脏各有毒气，攻注于外，出自胸臆，下至肺门，抢风上下肿破，须针烙涂药。

心疸黄病前脚开，肿硬医家要镞排。

针镞火烙频水泼，多时未效奔心来。

语释　第二十八种病是马得了“卒心疸”，亦就是“急性心疸黄”。原因：五脏的火毒，总攻于心，表现于体外的一种急性黄。症状：在胸前和两肺门、抢风部，先肿后烂。治法：一面扎放毒血，或用火烙法配合外涂消肿药，酌情施用。歌诀说：心疸黄是在两前肢的前部开放，初发肿硬时，医生要用四棱扁针扎放毒血，严重时，可用火烙法。但要注意用冷水于患部不断淋洗。若病期延长，不见好转，毒气内攻入心，则有致死的危险性。

【原文】第二十九，马患草伤胀病：因饱后骑急，伤着咽喉，喘粗，腹胀结，喂时不食水草。

起卧胀病饱太过，口干喘粗气不和。

和水粪行无滞碍，气滑药灌便消磨。

语释　第二十九种病是马得了“草伤胀”。病因：饱肚乘骑，奔走太急，以致食物不化而成此病。症状：由于呼吸受到障碍，形成出气粗大，肚腹胀满，所以上槽喂草不吃，下槽饮水不喝。歌诀说：草伤胀病，有起卧不安的病象，由于饱肚行走太过，以致口干无津、出气粗大的气血不和病。治以调理气血，使津液流通，粪行通利为法。内服顺气滑利药，使脾胃恢复正常的消化功能，才可痊愈。

【原文】第三十，马患肺孔开病：双鼻血出，喘粗鼻咋，因五劳而得。肺为气海，肺为华盖，肺为五脏最娇，不可伤之。

肺孔开病双鼻咋，频频血出兼肺啌。

肺脏伤败须救疗，七伤理治定能痊。

语释　第三十种病是马得了“肺孔开”。症状：双鼻出血，出气粗大，鼻孔咋大。原因：是五脏受到过度劳役而得。从生理上谈，肺为气体最集中的一脏，所以称“肺为气海”。从部位上看，肺在心之上，形如花瓣样，所以称“肺为华盖”。从形态上说，肺是最娇嫩的一脏，不可毁伤。歌诀说：肺孔开是双鼻咋，双鼻流血不止，兼有咳嗽。这种肺受伤败病必须迅速抢救，内服理肺治七伤的药物，一定能够治好。

【原文】 第三十一，马患血海翻病：马心主于血，役于劳气，是心脏之败，致令血海翻。

血海翻病心肺攻，有热因病气脉冲。

没药当归用酒灌，胸堂出血有倍功。

语释　第三十一种病是马得了“血海翻”。马的心脏主持全身血液循环，所以有“心为血海”之称。因使役过度，劳伤肺气，引起心血无所依从，以致血液上攻而成此病。歌诀说：血海翻病是热气上攻于心肺，以致气血冲逆翻溢于外。内服没药散淤血，当归补新血，白酒和血行气为引，再放胸堂血有特效。

【原文】 第三十二，马患脑黄病：初得时，头低耳垂，精神短少，身转，口中有水沫出，因五脏热毒传流入脑，变作脑黄，心中闷乱，发歇不定，凉药灌之。

脑黄得病两耳垂，左转头低脚数移。

水草细微精神慢，心腧出血恰合宜。

语释　第三十二种病是马得了“脑黄病”。初期有头低耳垂，精神短少，有时转圈，口吐白沫的症状。原因是五脏热毒，上攻于脑，变成脑黄，以致心神不安，发作、间歇无一定的时间，忽停忽作。内服清热解毒药治之。歌诀说：脑黄病状是耳垂头低，向左转圈（为心脏靠近左侧心烦不安、心脑相通的道理），脚步站立不稳，有时乱动，少吃少喝没精神，在胸前心腧血扎放毒血，可泻热毒。

【原文】第三十三，马患肺颡病：其病甚恶，两鼻中黄脓极臭，毛焦精神少，肷筋搐，因慢肺黄所传，其病不可治。

肺颡之病恶形仪，黄脓兼瘦传四肢。

毛焦眼涩精神短，肷搐肺败不多时。

语释　第三十三种病是马得了“肺颡”。这个病名是指下至肺、上至喉，都有腐烂，属于最恶性的一种病。症状有两鼻流出极臭的黄色脓液，毛焦，精神少，两肷筋抽搐，肚扁。此为慢性肺黄的传变，这病不可能治好。歌诀说：肺颡病，性最恶，鼻流黄脓，身体消瘦，最后传流四肢肿，毛焦眼闭没精神，若到肷搐肚扁，是肺气败绝，死期已临。

【原文】第三十四，马患急肺黄病：初得毛焦受尘，汗流遍身，肉颤脚不住，喘粗，肺脏壅毒，致有黄生，用凉药灌之。

急肺黄病初得时，口黄毛焦汗流之。

板蓝大黄猪清灌，鬐膊淋水急须医。

语释　第三十四种病是马得了“急性肺黄”。初期毛焦、毛根黏连尘土，继而汗流遍身，肉跳动，站立不安，出气粗，此为肺脏积毒而成黄病。灌清凉剂治之。歌诀说：急肺黄病初得时，口色黄，毛焦，全身出汗。内服板蓝根、大黄、猪胆汁，外用冷水于鬐甲两肩膊部淋洗，为救急的清热法。

【原文】第三十五，马患脑颡病：鼻中脓出，兼有疮生，不觉渐瘦，不可治也。

脑颡之病得多时，鼻中脓出有疮痍。

莫怪形躯渐渐瘦，倏忽之间化作泥。

语释　第三十五种病是马得了“脑颡”病。症状：额窦发炎，腐烂化脓，脓从鼻出，若治不好逐渐瘦弱，最后就不可能治好。歌诀说：脑颡病是慢性的长期病，脑额部腐烂，脓从鼻出。若治不好，就影响到整体逐渐瘦弱，这是病情发展的必然过程，不足为奇。忽然倒地即可死亡。

【原文】第三十六，马患热吝病：初时腰背颈项紧硬，行步不稳，形如中风，耳紧。针项、针腰，灌止痛药。

热吝之病两耳紧，牵着脊硬行不稳。

频灌凉药并出血，用着风药病必损。

语释　第三十六种病是马得了“热吝”病。初期腰背和脖颈触诊皮肤紧硬，行步摇摆，形如中风，两耳紧立。火针项上九委穴和腰上七穴，内服止痛活血药治之。歌诀说：热吝病是两耳紧，牵行时脊腰直硬，东倒西歪。连服清热药，再放胸堂血可愈。若按中风病灌发汗药，愈伤津液，使热更燥，病必有变，切勿错治，免受损失。

【原文】第三十七，马患慢肺黄病：初得头平耳垂，精神短少，粪紧涩，尿迟，如血汁，或似栀子黄色；若阴肿，鼻内有脓，即不可治。

慢肺黄病两耳坼，水草不食尿又赤。

若是阴肿并鼻湿，检尽名方医不得。

语释 第三十七种病是马得了“慢性肺黄”。初期头平，耳奓，精神短少，便粪紧小，滞涩不润，小便不利，尿色如血，或如栀子（药名）的黄赤色，若到阴部浮肿，鼻内流脓时，就不必盲目治疗。歌诀说：慢肺黄病，两耳分奓，不吃不喝，粪便紧硬，小便色赤，阴部浮肿（为肾亏），鼻流脓出（肺伤），肺肾两伤，选尽良方，医治无效。

【原文】 第三十八，马患肺颠黄病：脚狂精神转恶，或起或卧，或颤或搐，口色赤白，或肺门有汗，走急，与灌凉药。

肺颠黄病脚有狂，肷搐精神转更强。

或起或卧来往走，急灌凉药莫消详。

语释 第三十八种病是马得了“肺颠黄”。症状：四肢呈狂暴性，精神兴奋为转向恶化之象，一阵起立，一阵卧地，有时肉跳，有时肷搐，口色忽赤忽白，或肺门穴的部位出汗，走得特快。治以内服清凉剂。歌诀说：肺颠黄四肢乱走呈狂暴性，肷部抽搐，精神特强，或起或卧，来回行走，乱走不安，急灌清凉药，千万莫消极。

【原文】 第三十九，马患肺痰病：口中多吐涎沫，因肺壅热所得。此病急须灌化痰药。

肺痰膈上热涎多，口中沫出不奈何。

葶苈白矾能治肺，频频灌啖渐消磨。

语释 第三十九种病是马得了“肺痰”病。症状：口吐多量黏连性的涎沫。原因：由于肺脏壅积热气而成。治法：急需灌入化痰药物。歌诀说：肺疾病因胸膈热，口吐黏沫不停息，葶苈白矾泻肺热，连续灌服疾自减。

【原文】第四十，马患肺败：因非理走骤，饮喂失时，寒热相通，劳苦疲乏，鼻咋喘粗，精神短慢。与灌治肺药。

> 肺败病状又如何，饮喂失时走骤多。
> 精神渐弱鼻又咋，清喉灌啖渐消磨。

语释　第四十种病是马得了“肺败”病。原因：由于使役时不合理的虐待牲口，如刚出门就快走和临到站口亦快走。又在饮喂时，不按时进行合理的饮喂法。如劳动刚回，虚火未降时，就大量喝空水，以致特冷特热之气，互相凝结而伤肺脏，使马一经劳动就感到疲乏不堪。症状：鼻孔咋，出气粗，精神短少迟慢。治法：内服调理肺气药。歌诀说：肺败病状为何因，多由饮喂无定准，还有劳动两头快，以致鼻咋少精神。内服清喉理肺药，病情逐渐可减轻。

【原文】第四十一，马患心黄病：因五脏积热，依时不抽六脉血，并失灌啖。逢人便咬，精神转大。与灌凉药。

> 心黄病体精神多，弩目直视气不和。
> 舌如朱砂牙齿干，移脚不动难奈何。

语释　第四十一种病是马得了“心黄”。病因：是五脏积热，既不按时放血（如大血、胸堂血等穴），又未早服消黄药。症状：见人就咬，精神兴奋。治法：内服清心及各脏火毒之特凉剂。歌诀说：“心黄”精神特兴奋，弩目直视不转睛，若到“舌如朱砂赤无光，牙齿枯白无泽润”的时候。则有“四肢不动呼吸停”的结果。

【原文】 第四十二，马患心风黄病：两耳卓槊，蹄不住狂走，唇口冷，左右咬人，因热极所得。灌凉药，烙风门穴。

心风黄病因热极，脚狂乱走一如痴。

两耳卓槊逢人咬，风门火烙切须知。

语释 第四十二种病是马得了“心风黄”。症状：两耳向上直立如中风样，四蹄站立不稳定，乱走不停，嘴唇冷，左右乱咬人。病因：主要是热极而生。治法：灌清凉剂，火烙风门穴（此为“甚者从之”的反治法）。歌诀说：心风黄是热极因，痴迷乱走不清醒，耳尖朝上类中风，见人就咬要小心。治法：火烙大小风门穴。

【原文】 第四十三，马患肝昏病：两眼不见物，四脚不住，身转乱走，冲撞墙壁，此肝昏之病。与灌凉药。

肝昏之病有似醉，四蹄欲倒头垂地。

行步之时逢物撞，须将火烙病除退。

语释 第四十三种病是马得了“肝昏”。症状：两眼睛并无云翳，就是视力失明，四肢连续乱转，乱碰，冲墙撞壁，这就叫肝昏病。治法：内服清凉肝热的药物。歌诀说：肝昏症状如酒醉，行立跌跤头垂地，走路眼瞎乱冲碰，火烙风门病可轻。

【原文】 第四十四，马患木肾黄病：行多拽胯，脊梁紧硬，火针百会穴，新水泼之。

木肾黄病腰脊硬，拽胯精神不欲行。

百会火针须水泼，仍令频灌去根萌。

语释 第四十四种病是马得了“木肾黄”。这个病名与第四十五病的“内木肾黄”互相对照，是属于“外木黄”。应指阴囊和外肾（睾丸）有肿硬如木的形态。症状：行走拖胯，脊梁紧硬。治法：火针百会穴，另用新汲的井花凉水于肿处淋洗。歌诀说：木肾黄的症状是腰脊硬，行走拖胯，精神短少，不愿多走。治法：火针百会穴，另用新汲的井花凉水洗患处，再内服消肿解毒药，则为治本法。

【原文】 第四十五，马患内木肾黄病：腰背紧硬，头平耳垂，多起却又卧，常亚腰攒蹄，频与灌啖草前药。

内木肾黄切须知，腰背紧硬又头低。
水草微细鼻内冷，用药攻医不可迟。

语释　第四十五种病是马得了“内木肾黄”。这个病名为内肾肿硬如木。外貌症状：只能看到腰背紧硬，头平耳垂，多数病马是站立不动，但也有卧地不起的情况，走路摆腰，四肢紧缩不敢开步。治法：连服消肿解毒药，空肚灌之。歌诀说：内木肾黄的一切症状，必须知道。从外貌看到有腰背紧硬，头低，鼻冷，少吃喝，急需服药治疗，迟治多有性命之危。

【原文】 第四十六，马患阴黄病：马因伤重，并伤宿水不消，与温熁针百会穴，淋洗灌啖。

阴黄得病阴茎垂，伤冷伤重脚难移。
淋洗涂药频频灌，七伤空草恰合宜。

语释　第四十六种病是马得了“阴黄”。病因：多由使役过度，形成劳伤，又饮水过量，宿水停留不散而成此病。治法：火针百会穴，配合艾灸，再用消毒药水洗肿处，内服消黄利水药。歌诀说：阴黄的症状为阴茎浮肿，外垂不能收缩。病因主要有两点，既过劳，又伤水，结合而成此病。所以后肢行走不便。治法：一面用药水洗患处，外敷消肿药，一面内服治七伤的走伤、水伤等药物，空肚灌之，最为妥善。

【原文】 第四十七，马患急肝黄病：初得口色青，眼中泪出，两目如痴，此肝黄之候。频灌凉药。

急肝黄病口色青，眼中泪出少精神。

草料细微兼有汗，洗肝凉药灌须频。

语释 第四十七种是马得了“急性肝黄”。症状：开始口色青，眼流泪，双目不灵，这是肝黄的特征。治法：连服清肝火的药物。歌诀说：急性肝黄口色青，眼中流泪少精神，吃喝迟慢身出汗，连服清肝药就行。

【原文】 第四十八，马患单肝黄病：两眼无光，牵行不得，时时倒坐，肝气壅塞。耳后火烙，与灌凉药。

单肝黄病目无光，牵行倒坐脚如狂。

凉药葱酒大黄灌，耳后须教火烙黄。

语释 第四十八种病是马得了“单肝黄”。这个病名与第四十七病对照，属于慢性肝黄。症状：两眼无云翳，就是看不清，所以牵行倒退，乃肝火上攻于眼的反应。治法：火烙耳后风门穴，内服凉肝药，歌诀说：单肝黄病眼失明，牵行倒退脚乱行，内服葱酒与大黄，火烙耳后两风门。

【原文】 第四十九，马患虫蚀肝黄病：初得身躯转不定，两眼似睡，或惊或走。与灌凉药。

虫蚀肝黄病脚转，似睡多惊时又喘。

耳后眼前两处烙，葱酒大粪黄连灌。

语释　第四十九种病是马得了“虫蚀肝”的一种黄肿病。症状：开始身体左右转动不安静，两眼好像睡眠不愿睁开，有时如受惊的走几步。治法：内服凉肝药。歌诀说：虫蚀肝的黄肿症状：四脚乱转无定踪，一阵如睡，一阵如惊，一阵气喘。治法：在耳后风门和眼前的大风门穴火烙，内服黄连、大黄清热解毒，加入葱酒为引。

【原文】 第五十，马患肺旋黄病：马骑来不歇，便与草料，即不知马困疲乏，牵拽不动。宜灌治肺药，放胸堂血。

肺旋黄病脚多转，回头向后似呵欠。
牵拽不动毛又焦，治肺凉药用水煎。

语释　第五十种病是马得了“肺旋黄”。这个病名是滞气凝胸，以致肺脏旋转不安的意思。病因：是急走忽停，虚火未降，呼吸未定，上槽太早，岂不知这时马体困乏疲倦，即劳倦伤脾，消化力弱，一进食物，随着淤血凝膈，滞气结胸，而成为两前肢不敢开步的痛苦状态。治以内服清肺顺气药，外放胸堂血。歌诀说：肺旋黄四脚多有转动不安，回头看后，张嘴呵欠（吸气），拉不开步，毛焦等症状，治以内服清肺顺气药，煎水去渣灌。

【原文】 第五十一，马患肝黄病：因肝脏壅热，攻注于目，两耳卓槊，东西乱走，猖狂乱撞，可灌凉药。

肝家受病人不知，两耳卓槊眼睛痴。
奔冲信脚东西走，耳后眼前火烙之。

语释　第五十一种病是马得了“肝黄”。病因：肝热攻眼而发生。症状：两耳直立，东西乱碰。治法：灌凉肝药。歌诀说：肝病不易诊，耳立眼朦胧，东西乱冲碰，火烙两风门。

• **按语**

本病与前面第四十三“肝昏”、第四十七“急肝黄”、第四十八“单肝黄”症状大致相同，治法也差不多，为什么分为四种病，可否合并在一处，有待研究。

【原文】第五十二，马患肺风黄病：初得遍身揩擦、皮肤瘙痒。可放大血，灌五参散。

肺风之病疥还生，遍身揩擦似虫行。

大血放却毛滋润，五参散灌气血荣。

语释 第五十二种病是马得了“肺风黄”。症状：初期由于皮肤瘙痒，遍身喜爱揩擦。治法：外放大血，内服五参散。歌诀说：肺风病发展下去，即成为疥疮，遍身揩擦痒若虫行，扎放大血，可使被毛光润，灌五参散，调理气血和平（处方可参考本集卷八治肺部之人参散与洗肺散）。

【原文】第五十三，马患肾腧黄病：初得连腿肿，久不消，便有疮生。频与新水淋，急针，药扶持。

肾腧黄病初得时，肷搐腿肿勿疑之。

若攻前脚水草慢，病重传来入四肢。

语释 第五十三种病是马得了“肾腧黄”。这个病名，即在百会穴左右两旁肾腧穴的部位发生黄肿，开始由肾腧部位牵连到两后腿有黄肿，经久不消就化脓成疮，外用新鲜的消毒药水连续洗之，并急需用针扎放毒血，再内服消黄解毒药，共同扶危救急。歌诀说：肾腧黄，亦就是说得病时有肷搐、两后腿肿的症状就可认定，不必怀疑。若攻到两前腿亦肿和吃喝减退的时候，就为病重传四肢。

【原文】 第五十四，马患双抽肾病：把腰胯，脊梁紧，头平耳垂，水草慢。下止痛药灌之。

双抽肾病因闪着，脊梁曲硬拽后脚。

或上或下肾堂血，没药当归用芍药。

语释　第五十四种病是马得了“双抽肾”。这个病名是两个腰子痛。症状：行动时表现把住腰胯不灵活和脊梁骨紧硬，头平，耳垂少吃喝的情况。治以内服止痛药。歌诀说：双抽肾病是因闪伤而得。症状有脊梁弯曲紧而硬、后腿胯或上或下的姿态。外扎肾堂血，内服止痛活血药，如没药、当归、赤芍，可为本病的主要药物。

【原文】 第五十五，马患单项痿病：因困来未定，便饮水，及客风吹着，单项紧急，用凉药灌之。

单项痿病因何得，脑热气攻连项急。

走来未定即饮水，用药行针效顷刻。

语释　第五十五种病是马得了“单项痿”。这个病名是指脖项一侧麻痹痿弱。病因：劳役过度，饥渴难忍，劳动将回，呼吸未定，急饮空水，以及外感风邪，形成脖颈一侧皮肌紧急之象。内服清凉解表药治之。歌诀说：单侧项痿的病因，是热气攻脑牵连到脖颈紧急。还有劳动将回，急饮空水的因素。一面灌药，一面火针九委穴，就可见效。

【原文】 第五十六，马患单抽肾病：腰脊久冷，灌冷药过多，必有后冷之病。与温针之。

单抽肾病脚难移，腰胯久冷苦伤骑。

肷后一穴针三寸，七伤药灌更无疑。

语释　第五十六种病是马得了“单抽肾病”。症状：

是一侧腰胯痛（左或右）。病因：腰脊为寒湿长期损伤，或由于灌冷药过多，而成为后寒病。治宜火针，以加强温热为法。歌诀说：单抽肾是后肢行走困难（左或右），腰胯部受寒，还有劳伤过度亦为致病因素。治法：肷部肷癖穴，一名三穴，每次火针各 3.5 厘米（左痛扎左，右痛扎右），内服治七伤的寒伤药，就可治好。

【原文】第五十七，马患项脊吝病：其病腰身硬，低头不得。若不早治，传在肺经，不可治。

项脊吝病连腰硬，汗出损着两膝间。
用药行针须好手，若是正病治应难。

语释 第五十七种病是马得了“项脊吝”。症状：腰部直硬，伸着头不得自由活动，若不及早治疗，待病入肺经，则不可能治好。歌诀说：项脊吝病是脖颈和腰脊两大部位的腠理之间受损所致。吃药和扎针必须是有经验的医生，才可应手而痊。若病势入内传到肺脏，则难治疗。

• 按语

本病与前面第三十六之“热吝”相似，为什么分为两病，可否合并，有待进一步探讨研究。

【原文】第五十八，马患肺吝病：两脚拒地难行，两脚或高或低，水草慢；若加鼻湿，不可治。

肺吝之病两脚牵，鼻内脓出血相连。
若加肷硬并肉瘦，灌尽凉药救无缘。

语释 第五十八种病是马得了“肺吝”。症状：两前脚不愿着地，行走步态是一脚高，一脚低，呈跛行，少吃喝，若鼻内流出脓血时，就不可能治好。歌诀说：肺吝病状是两前肢互相牵连，不愿开步，鼻流脓血，若到肷部紧硬，肌肉消瘦时，则任何凉药也无效果。

【原文】 第五十九，马患风吝病：因骑走骤，或当风卸鞍，汗犹未定，迎风而立，去鞍并不交碾，致令有此病状，贼风透入，令五脏病生。

风吝之病气不和，因骑走骤汗出多。

当风卸鞍迎风立，鼻开腰硬且奈何。

语释　第五十九种病是马得了“风吝”。病因：乘骑特快，使畜体热度增高，汗水未干，立于迎风处脱卸鞍具，又未让它卧地打滚使毛窍舒畅，以致贼风乘虚而入，逐渐传流五脏而为害。歌诀说：风吝病是气血不和，主要致病因素是由于乘骑奔走特快，身体疲乏，出汗太多，立于迎风处卸鞍而得。若毛孔闭塞还通，则有鼻孔咋开，腰脊直硬之恶劣症状，这时多属预后不良。

【原文】 第六十，马患脾家虚病：精神短慢，毛焦受尘，鼻中息短，气脉不和，因冷伤脾胃病。频与温脾药。

脾家虚病口色黄，时时起卧似寻常。

毛焦鼻冷移左脚，术人三熁针最良。

语释　第六十种病是马得了“脾虚”。症状：精神生慢，毛焦而根部积有尘垢，呼吸气短，脾胃脉象不正常，因冷伤脾胃，所以出现上列症状。连服温脾药可愈。歌诀说：脾虚症状口色黄，连续起卧不停，毛焦、鼻冷，左前肢不断向前移动（因脾在左侧，有痛感的反应），医生可在患畜左侧，从后向前数第三肋第四肋之间，离脊梁正中线，仰手合手处（大畜八指，中畜七指，小畜六指），针灸脾腧穴，可收特效。

【原文】 第六十一，马患肚黄病：病因是脏腑内积聚，膀胱宿水不消，兼荣卫不和。须与针，用药敷贴，以新水泼之，次用大黄气药灌啖了，不住牵行，此病渐减。

肚黄之病又何如，荣卫不和滞气多。

须用大黄气药透，空草却与灌温药。

语释 第六十一种病是马得了“肚黄”。这个病名是指肚底有黄肿。病因：由于气血不和脏腑中有积聚凝滞，使膀胱宿水不能排出而成病。治法：可在患部扎放毒水之后，涂以消肿药，但在扎放后，先用消毒药水淋洗干净再涂药，然后配合内服药。方中以大黄为主药（可泻血分之湿热和有形之积滞），加入顺气活血药，服后要多拉蹓，帮助畜体运动，此病可行逐渐消散。歌诀说：肚黄病因如何得，气血不和凝滞积，须用大黄配顺气，空肚候温再灌入。

【原文】 第六十二，马患遍身揩擦病：因走回卸鞍早，致有歇汗风伤于皮肤，须与放大血，及用肺风药灌，次涂药治之。

遍身揩擦歇汗风，肺门壅滞气未通。

大血出却频灌药，五参于此有殊功。

语释 第六十二种病是马得了“遍身揩擦病”。病因：由于劳动刚回，身热带汗，卸鞍太早，以致风伤皮肤而成此痒擦之病。治法：扎放大血，灌入治肺风药，再于患处涂药可好。歌诀说：遍身揩擦病，又称“歇汗风”，因肺主皮毛，而皮毛受风，以致气血壅滞不通，扎放大血，连服五参散，特效。此方适宜于肥壮马。

【原文】 第六十三，马患脾毒风气病：唇口俱肿，毛焦受尘，气脉不通，多注破皮肤，有失医疗则疮生。须与针烙治之。

忽然唇肿脾毒风，毛焦受尘气不通。

细针唇上连口鼻，五参散子用苁蓉。

语释　第六十三种病是马得了“脾毒风气”病。症状：口角和上下唇都肿，毛焦，毛根积尘垢。病因：由于气血不得流通，以致流注皮肤，治不及时，则化脓成疮。治法：可于肿处扎放毒水。歌诀说：忽然唇肿，乃脾毒风病，症状有毛焦，毛根积尘垢，因气血不通所致。治法：用三棱小针于唇鼻肿处扎放，内服五参散加肉苁蓉，以滋水降火，可收良效。

【原文】第六十四，马患肘黄病：原是热毒攻注，兼荣卫气不和。缘血为荣，气为卫，兼肚带勒得紧。蓄住气脉，攻于皮肤，须与针破纴药，更频淋之。

肘黄荣卫气不和，本是壅毒积热多。

针破用药微消散，频淋新水与消磨。

语释　第六十四种病是马得了“肘黄”。病因是热毒攻注于肘，加上卫气和荣血不和，荣气行于脉内，卫气行于脉外，二者相并而行。因此，又称血为荣，气为卫。此外，亦有因肚带勒得过紧，以致气血凝聚不能流通，攻注皮肤而成黄肿之象。必须扎放毒水，填入药线，流出脓血，连续洗净而愈。歌诀说：肘黄乃气血不和，热毒壅积为主因，扎放肿处的毒水，搽入脱腐生肌药，就可消散，流出脓血，连续洗净可好。

【原文】第六十五，马患肺毒病：忽然生疮，状如葡萄之颗粒、食水草慢，不着脂膘，精神短少，口色白。与开喉，放大血，用治肺药灌啖，烙铁烙之。

肺毒之病忽生疮，状如猪脑脓似浆。

不甘水草精神慢，此是正病肺家伤。

语释 第六十五种病是马得了“肺毒”。症状：病畜突然发生脓疮形如葡萄一颗连一颗，发生于喉部，吃喝迟慢，逐渐瘦弱，精神短少，口色白，若咽喉肿合，呼吸困难时，可行开喉术，扎放大血，内服清肺药，火烙患部治之。歌诀说：肺毒喉肿暴发病，状如猪脑脓浆生，水草不吃少精神，这是肺伤要命病。

【原文】 第六十六，马患骨眼病，初得之时，多惊，怕乘骑。本是肝家积热，大眦里面生骨，如指甲大，磨得眼睛碧色，多昏暗不见物色，频泪出者。不取了，磨坏眼目。

骨眼多惊怕乘骑，肝家壅热灌失时。

针线穿定刀子割，不损五轮始会医。

语释 第六十六种病是马得了“骨眼”。症状：初期有精神不安、惊惶失措的样子，怕人乘骑，根本原因是肝热所致。骨眼的部位是在大眼角里面、闪骨之上，长出如指甲大的黑色硬膜，有钩尖，病期稍久，磨得眼睛有青绿色的薄云翳，以至昏暗看不见任何物质和色泽，经常流泪，若不及早取掉，日久磨坏眼睛。歌诀说：骨眼病，多惊怕，怕人乘骑，由于肝热治疗失时而发生。取骨眼法，用针线穿透拿利刀割去，注意不要损伤五轮，方为完善。

【原文】 第六十七，马患附骨垂病：于膝下同筋上，肿者多前，先频与用消筋骨药敷之，更须点烙。

附骨垂之病在膝，同筋骨下肿多时。

用治筋骨药频贴，不效还须点烙之。

语释 第六十七种病是马得了“附骨垂”。此病部位在两前肢膝（腕关节）下，大掌骨上端，肿胀多发生在前肢的后侧方，先用消散筋骨肿胀止痛药敷之，如不效，然后用烙铁点烙。歌诀说：附骨垂病在膝部，大掌骨处肿日久，治用止痛药先涂，若不见效点烙治。

• 按语

原文一说附骨垂在膝下同筋上；一说在同筋骨下，互相矛盾，目前对同筋骨究系西医所说何骨，意见尚不一致，但附骨垂是掌骨瘤，已无何分歧，此病多发生在掌骨后侧，靠近腕关节处，故语释如上。

【原文】 第六十八，马患蹄黄病：多发生在四蹄上。病因：自来春秋不出四蹄之恶血，毒气冲于四蹄，致有蹄黄疮病，频与贴药，即差。

蹄黄毒气注多时，蹄胎上面作疮痍。

膏药频涂于上面，更敷疮药不宜迟。

语释 第六十八种病，是马得了“蹄黄”。患病的部位，在四蹄的毛边上面。病因：从来每年春秋两季没放过四蹄血，以致毒气流注于四蹄，而成蹄黄疮烂之病。连续搽以消黄解毒药，可好。歌诀说：蹄黄病，毒气流注，日久不愈，蹄胎上面就会烂有疮痕，连续搽药，外敷润滑膏，及早施治为宜。

【原文】 第六十九，马患痱尾病：因有贼尾，痒擦多日，聚脓成虫，在于尾脡内，须与毒药疗之，除去虫，住痒，医迟退了尾。

痱尾之病因贼尾，痒来擦动作痱疮。

毒药频搽虫又死，勿令稍缓尾凋伤。

语释 第六十九种病是马得了“疳尾”。由于贼风侵入尾部，以致痒擦很久，使皮肌腐烂化脓而成虫害，寄生于尾脡内，可用毒药治之。这样就可杀虫止痒，但要及早施治，否则尾被虫蚀，毛将脱尽。歌诀说：疳尾病因是贼风，痒擦日久疳疮成，早施毒药虫可死，迟则尾毛都脱尽。

【原文】第七十，马患唧水病：盖因冷热不调，伤于脾，日渐羸瘦，兼饮宿水，伤于脾气，须草前用药灌之，即差。

唧病本因冷伤脾，伤水渐瘦已多时。

冷即难医热即易，针脾暖胃恰相宜。

语释 第七十种病，是马得了“唧水病”。病因：冷热不调，冷伤于脾，以致逐渐瘦弱，再饮隔夜污水，伤害脾的阳气而成此拉稀粪病。必须空肚灌药，就可治好。歌诀说：泻水病，冷伤脾阳为主因，由于伤水拉稀，病畜日久身体渐瘦。这种病，分冷热两证，冷证治疗，收效较慢，要是热证，就容易治，火针脾腧穴，内服暖脾胃药，就为对症疗法。

• 按语

所谓冷证兼虚，热证本气未虚。因此热证易治，冷证难治，收效慢。

【原文】第七十一，马患肺把膊病：因伤、气冲于前膊，并是五劳七伤之病。速与针医，时时失治，多传肢膊病，食水草慢，转难医。

肺把膊步点头移，哽气因之草料微。

胸堂出血连针膊，亦须治肺药扶持。

语释　第七十一种病是马得了“肺把膊病”。病因是走伤肺气，凝于两前肢的肩膊部而成，亦是五劳七伤之病。此病急需扎针治疗，若过时不治，多有传到腿部的情况，膊腿并患，病情就严重了，这时吃喝若减少，则转为难治。歌诀说：肺把膊病，病畜行走时，有疼痛点头的姿态。严重时，呼吸吭声，少吃少喝。治宜扎放胸堂血，与膊部有痛感的地方，再内服顺气润肺药，共同扶持，可以好转。

【原文】第七十二，马患伤重尿血病：此病先伤心脏，次传于小肠，遂使荣卫气不和，致令尿血。缘心为血海，小肠为表，至于尿血，须急与治之。

伤重尿血草料微，时时展腰病连脾。

红花当归没药酒，七伤连灌莫相疑。

语释　第七十二种病是马得了“伤重尿血病”。病因：是负重劳伤心血，心遗热于小肠，遂使气血不和，以致尿血。这就是心为血海，心与小肠相表里的关系，而成尿血之病。必须急与治疗。歌诀说：伤重尿血，草料少吃，时时伸腰，腰痛不舒，此病与脾亦有关系，劳倦伤脾，心为脾母，心脾相生，母子关系。药用当归补血强心，红花、没药活血散淤，白酒为引宣行药势，七伤散灌，连服无疑，和血止痛，尿血可愈。

监本增广补注安骥集　卷三

古唐洞羊贯　诚重校

（本卷大意）

即是前载有三十六黄与二十四黄，后有十毒五疔，最后附有取槽结法、放血法、上六脉穴、下六脉穴。疮黄疔毒，都是皮肤外科病，取槽结法、放血法，则为外治的手术疗法，由此可知，本卷的重点是外科。

一、天主置三十六黄病源歌

【原文】 急心黄第一

急心黄病多饶惊，摆尾摇头不暂停；（夫急心黄者，少阴主其病。春不抽鹘脉血，并放胸堂血，积邪热在膈上心脏之间，久被风寒、暑湿、饥饱、劳役八邪而所伤，冲击成疾也。）水草不食频起卧，咬物伤人两眼瞪。（又曰：因骑骤，毒气结变为黄也。心主神，心病，故惊也。摆尾者，心连小肠，小肠连肾，肾脏主闷，使摇头；心络上主于胸，心有闷，使胸中疼痛也。咬物伤人者，为心气逆传于肝，肝家受邪，故伤于胆；胆主于脾，故咬人也。瞪目乃直视也。主于目极也，以死难治。）朱砂、雄黄并甘草、人参、茯苓分两停；灌之三服不转可，此时命尽掩幽冥。

语释　急性心黄病的症状，多有惊惶不安和连续性的摇头摆尾。甚至停止吃喝不断起卧。若到咬物又咬人，两眼瞪起，目珠不转动的时候，更属严重。内服药物：朱砂、雄黄、甘草、人参、茯苓，五种分量都是相等量，临时酌情而定。连服三剂不见好转，在这时候，生命尽绝，需要挖坑深埋于僻静处。

【原文】急肺黄第二

急肺黄病患不轻，医工初见早心惊；打尾瞪目身有汗，喘粗舌紫口唇青。（夫急肺黄者，为春不抽大血，夏月不以凉药灌，积败血邪热在于肺脏之间，又复伤于暑热，故发作黄也。打尾瞪目者，以大肠属肺，尾属肠也。肺脏有滞传于道，故作痛，乃打尾也。肺有病顺传肾，肾经热极，传于肝也，亦瞪目。身汗者，为肾汗，此病不可治也。）火急调药须灌啖，看其脉气便沉沉；惟有神仙能治疗，争奈神仙不易寻。

语释　急性肺黄病，一来就不轻，兽医一见到这病，心里就惊惶。症状：尾巴乱摔，两目直视，浑身出汗，呼吸直喘，舌色紫黑口唇青。就是火速进行吃药治疗，如果脉象沉微无力，就很难治好，终归死亡。

【原文】急肝黄第三

急肝黄病要审详，忽觉得时脉不强，动脚之时似醉狗，目暗昏昏乱撞墙；（夫急肝黄者，因驰驱太急，或伤太走，已伤于筋，又伤于脏，肝主筋，筋病肝病也。目不见物，筋损则行如醉狗，牵行乱撞难行，此病证难治，死也。）眼脉胸堂须出血，洗肝解毒最为良。

语释 急性肝黄病，要详细的诊断，如果粗枝大叶的检查，在初期是不容易看出的，忽然发觉到它的时候，已成为心脏衰弱的危险状态，行走时如酒醉得东倒西歪、两眼如瞎，碰墙乱走。治法扎放眼脉血，胸堂血，内服洗肝散以解毒为最好的方法，但要在初期，才可生效。

【原文】急肠黄第四

急肠黄病看其真，回头觑腹又褰唇；水草不食频起卧，喘粗喘急猛倒身。（夫急肠黄者，阳明主其病。因暑月乘骑太过，气透随呼吸而感寒热，在于肺脏之间；大肠之传遍，邪入于大肠间，积聚而为病，所有积聚肠中，发痛回头，两脚肠间中痛；褰唇者，为肠胃连故也。）甘草、大黄、山栀子，吴蓝、黄药、大青珍，猪脂、炒盐并豆豉，灌之不减救无因。

语释 要看急性肠黄的真像为回头看腹，并有上唇向上抽搐，饮食废绝，连续起卧，呼吸粗而急促，猛烈卧地。治法：内服甘草、大黄、山栀子、吴蓝（指产于吴地之蓝，即今之江苏一带）黄药子、大青以上六种药，为珍贵良方。再配入猪脂油，炒食盐、淡豆豉为药引。都属解热一类药，如不好转再治也无效。

【原文】慢肺黄第五

慢肺黄病最分明，前探哽气喘啌频；水料不食须啌草，鼻中脓出病十分。（慢肺黄者，阳明受病，因乘骑急走，喘不能出，叠损肺，胃气与相搏，其病肺气衰，日渐瘦也，鼻中黄水出也。）阴硬带黄肿其脚，试拈鬃尾落纷纷；此病见时休治疗，多应命尽在逡巡。（皮毛属于肺，肺病多日，鬃尾自落也。）

语释 慢性肺黄病，诊断要分明，症状有站立时两前肢向前互相更换的探出，呼吸间有吭声，连续喘而带咳嗽。严重时不吃不喝，有的吃草时亦咳嗽，若到鼻中脓出时，为肺已腐烂，病情严重的危险期。还有阴部肿硬而有黄水以及两后腿浮肿者，为肺气衰极（金不生水），以致肾虚之象。再以手指拨鬃尾部之毛，自行脱落很多，毛根枯干无脂肪。见到这些症状，可知生无希望，就不必妄加治疗。

【原文】慢心黄第六

慢心黄病强精神，坠缰无力睡昏昏；猛然觉来多惊恐，行行咬物亦伤人。（慢心黄者，因久渴失饮，药不灌啖，乘骑伤重，致令随呼吸感邪热在于脏腑。肝经积热邪，病多狂行之证，随后传之于心经也。）（若狂奔，啖人物，此慢心黄之病也。）甘草、大黄并栀子，黄连、黄药用郁金，川硝、白矾、白沙蜜，三灌难痊病已深。

语释 慢性心黄病的症状，勉强有点精神，经常缰绳堕地，头垂无力，像睡眠的样子，昏昏沉沉，忽然醒来而现惊惶恐惧的姿态。有时一直乱走咬牙嚼齿，见人或物，就要咬，药用甘草、大黄、栀子、黄连、黄药子、郁金，川硝（产于四川的芒硝）、白矾、白砂糖、蜂蜜为引，连服三剂，如不好转，病情已重，就难以挽救了。

【原文】慢肝黄第七

慢肝黄病似急黄，形状相同脉稍强；眼目昏昏兼慢草，用何医疗最为良？（慢肝黄者，厥阴主其病。因热乘骑走太过，多伤于筋。肝主筋脉，故走伤母也。肝受邪，则目不明，故肝经受邪气，与脏中发其病也。）（则不美草，正肝病也。）防风、甘草、川羌活，黄连、黄药用青葙，砂糖绿豆同为汁，灌之三服自安康。

语释 慢性肝黄病与急性肝黄病的症状，基本相同。其不同点就是急性肝黄脉不强，慢性黄脉稍强，两眼昏迷不清亮和吃草迟慢。这病用什么药治疗最好？用防风、甘草、羌活、黄连、黄药子、青葙子等药最好。砂糖绿豆为引，内服三剂就可健康。

【原文】慢肠黄第八

慢肠黄病起卧频，时时看腹又褰唇；三朝五日不食草，气道时时奔后行。（慢肠黄者，阳明主其病。因暑月乘骑，久伤于肺，积邪毒于肺间，为肺通大肠，通于脾，故褰唇，脾胃间邪气与真气争也，争所以肠胃作痛，故回头看腹也。）甘草、大黄、黄药子，黄连四味分两停，猪脂炒盐并豆豉，灌之三服定安宁。

语释 慢性肠黄病的症状，起卧频繁，不断回头看腹和上唇翻卷，三天五日不吃草，这是由于滞气凝于肠道，影响胃肠正常的消化并有不断的肛门虚努和排气（放屁），有里急后重的表现。内服甘草、大黄、黄药子、黄连共四味各等份，猪脂、炒盐豆豉为引，连服三剂可好。

【原文】遍身黄第九

遍身黄病世间稀，啃咬浑身揩破皮；揩擦皮肤如血色，唇紫舌赤又病蹄。（夫遍身黄者，病因膘大，逾岁不抽上六脉血得之。缘血气盛，邪客之则热，阳明受病。虚于心肺，风血气散于皮肤，使遍身瘙痒，闷乱擦揩，用口啃咬，浑身四蹄揩破如血色也。）三堂六脉须出血，消黄治肺共扶持，灌啖三朝不轻可，直饶妙手也难医。

语释　遍身黄是少见的一种病。其症状是经常啃咬和摩擦浑身，以致皮破呈血色。严重时唇色紫黑，舌色赤红，四蹄也破烂。治法：可扎放三堂血（玉堂、胸堂、肾堂）。胸堂、肾堂亦属上六脉血。内服清肺火为主的消黄散，共同治疗。如服药后三日仍不好转，就是再高明的医生，亦难治好。

【原文】 胸黄第十

马患胸黄最不宜，夏月炎天多有脂；马嫩马肥失灌啖，更缘走骤恶乘骑。（夫胸黄者，少阴主其病，因暑月乘骑，驱驰无节；又春季不抽鹘脉血，夏月更失灌凉药，积热蕴毒于胸间，乃变为黄病，皮肤肿也。）白针豁破黄水出，大黄、何首、朴硝宜，（硬如石切，用白针豁破，搽妙药撮尽黄水，然后灌凉药消黄散，方可得差也。）猪脂、猪脑频频搽，消黄治肺共扶危。

语释　胸黄是马最不应该患的一种病，我们必须提早预防，因为此病多发于暑热季节，喂料过多的幼龄肥壮马，主要是不按时灌凉药，又过度的使役和乘骑，以致毒积胸而成。治法：急用白针（即出血针）于肿处扎放毒水，再以大黄、何首乌、朴硝酌情定量，共研细面，和猪脂、猪脑涂搽患处。再内服消黄润肺的药物，才可解危而安。

【原文】 心痘黄第十一

心痘黄次胸黄病，胸堂近上柱槽中，心痘近下双脚里，能肿能硬及有红。（夫心痘黄者，少阴主其病。因极饱而便走骤，喘息未定，遂发出在胸堂皮肤，或上或下肿硬，用白针，又白针刺后宜服消黄散也。）白针鏃破黄水出，大黄为末油盐同，（须涂其药，即可病愈。）砂糖、蜜水、消黄药，灌啖斯须速有功。

语释 心疽黄，比较胸黄轻微。胸黄部位靠近柱槽，即胸堂穴的上面至胸前，心疽黄则在胸堂穴的下面至两前肢里面的中间。症状：红肿高大而硬。治法：先用白针扎流黄水，后以大黄研为细面和麻油食盐涂于患处，再内服消黄散入砂糖蜂蜜为引很快见效。

【原文】肚黄第十二

马患肚黄速须医，骒大二马各须知，大马患时连肚肿，小马侵奶亦侵脐。（夫肚黄者，太阴受病。因为伤热，承饥而饮；或乘困而使，露宿过多；水吃太紧，其水能依胃而散，水气出于肠，落路而行，此呼为败水也。宿久也，在腹中多日不能转散，其败水邪气逆行经络，不顺荣卫，血气不相通，结成大病，积于肚下，使肚下垂如覆箕，此名肚黄，肿畔侵脐，以火针烙，涂药，黄水出，愈。）脐畔三分原是穴，宿水三升不可迟；湿热更须投气药，自然痊差不须疑。

语释 马得了肚黄病，要赶快治疗，须知公马和母马的症状不同，公马多是肚腹部浮肿，母马多是蔓延到脐后至奶房部浮肿。治法：在腹下肿胀处，用冷针多点刺之，渗尽黄水。再灌温脾、暖肠胃、利水去湿之药为主，配合顺气药为辅的方法，自然痊愈。

【原文】内肾黄第十三

内肾黄病初得时，抽搐后脚水草稀；时时腹胀回头觑，仰瓦胯瘦抽起蹄。（夫内肾黄者，厥阴受其病。因远行驰骋，股肾无力，频又压身，致肾棚中血气不通多日，经络凝闭，血不荣于股肾，仰瓦胯瘦也。腹中不顺，常有败水积肾中，故乃肿黄也。）茴香、益智、香白芷，（如后股肾中闷痛，此内肾黄证也。）苦楝、官桂、青橘皮，温酒小便并盐灌，未喂之时与灌之。

语释　内贤黄病在初期的症状是：后肢抽搐而行，少吃少喝，经常肚腹膨胀，回头看腹胯，仰瓦部肌肉逐渐瘦小，站立时后蹄不断的向上抽起。治法：内服小茴香、益知仁、香白芷、苦楝子、官桂、青皮共研末，黄酒、男童便、食盐为引，空肚灌入。

【原文】木肾黄第十四

木肾黄病脚难移，阴囊肿痛硬如脡；回头舒展频哽气，喘粗头蹠耳亦垂。（夫木肾黄者，病因乘饥饮冷水太多，乃为木肾黄。肾属水，北方生寒，寒冷相，极寒太过，滞阴气入于肾经，令马外肾见硬证，致脚重，频频舒展哽气也。）下针之时看分寸，麒麟、没药用当归，茴香、益智、香白芷，盐汤通草可同医。

语释　木肾黄是指公畜的阴囊部，肿硬如木又如石槌，行走时后腿困难，回头展腰，出气粗喘，甚至吭声和头低耳搭等症状。病重者，可扎放毒水，但要浅刺以皮破流出为度。内服麒麟竭（血竭）、没药、当归、小茴香、益智仁、香白芷共研末、盐水通草丝为引，灌之可愈。

【原文】偏次黄第十五

偏次黄病要看详，忽觉医家心早忙；或在胸前或在膊，项边脊畔出非常。（夫马偏次黄者，因为久饮浊水，并夏不灌啖，多日积邪热在于心肺之间，故邪毒散出为黄也。黄者水也，其病难得痊也。）微微似肿即渐大，急下金针及妙方；名师用药兼医疗，大命方知得久长。

语释 偏次黄病要详细诊断，才可看到，一发现此病，医生就心急着忙，因为这病不容易治好，它的部位或在胸前，或在肩膊，有的牵连到脖颈和脊背部的两侧，这是比较特殊的现象，初期稍有浮肿，容易粗心而忽略，使其逐渐肿大而为害，急需扎放毒水，内服消黄药物，只有及时合理的治疗，才可免除死亡。能做到这点，才是一位良好的医师。只有正确的诊治，才能保证马匹安康。

【原文】搦嗓黄第十六

搦嗓黄病须速医，医工忽见早生疑；马嫩马肥失灌啖，致令毒气在心弥。（夫搦嗓黄者，因为马膘肥太过，气盛，春夏不放大血，更久失灌啖，令毒热积心肺，在膈上之间，久而发作，上攻注于咽喉闭塞，故作搦嗓黄，出气难。此病不瘥，即死也。）毒气发来喉闭塞，抬头不得肿又侅。早朝得病黄昏死，夜后还生信有奇。

语释 搦嗓黄必须很快治疗，以免呼吸不通，窒息而死。医生一见就要确诊是否此病，防止耽误时间，导致死亡。这病多发于年幼的肥壮马，火热太盛，不预服清凉剂，以致火毒攻心，上冲于喉而肿胀，妨碍呼吸，既不便抬头又不能低头，形成伸头直项。此病发展很快，早晨得病晚上死，能活到夜间的非常少见。

【原文】膝黄第十七

马患膝黄病不任，水草如常脚步沉；膝上有肿生脓血，白针未可用阳针。（夫膝黄者，因伤久走，损着筋脉，骨伤无力，不能拘管，或左或右，闪擘损膝盖骨，日多气血解荣，致筋危骨痛也。）大黄、何首同为末，猪脑、猪脂效最深；油单湿布频封裹，治肺消黄值万金。

语释　马得了膝黄病，就不能负重，但吃喝照常，仅走路时，举步沉重，膝部肿胀内生脓血。可先用白针扎放，若单为肿胀，内无脓血时，则应改用阳针（即火针或火烙）。外用：大黄、何首乌共研细面，配猪脂油、猪脑子和匀涂患处，以油布包裹，内服清肺消黄药，疗效显著。

【原文】 蹄黄第十八

马患蹄黄贵速医，如石似铁用针非；白针针时未轻可，转加疼痛要须知。（夫蹄黄者，因久不修蹄，败血邪毒积聚，下注于蹄乃痛也。）用火烧针攒蹄烙，（火烙时，以热治于筋，通节也。）真酥猪脑数摩蹄。脚下碛石须洒水，放令频卧是良医。

语释　马得了蹄黄，要早治才好。在如石如铁的肿硬时，不宜扎针。否则不但无效反而更加疼痛，这时必须知道，一般先烧针点烙，再配合酥油猪脑涂擦，另外，休息的场所，地面垫铺砂石，经常洒水使其湿润，让病畜在这里自由起立和躺卧。是良好的方法。

【原文】 腕黄第十九

马患腕黄要看详，后脚属阴前属阳；前脚患时热又肿，后脚节骨冷如霜。（夫腕黄病者，前脚是属心膈，热冲前脚腕为黄也。后脚属阴者，脾邪热，太阴受病，热盛也。）前脚大黄脂脑裹，（阴气下冲以注后为黄也。故使前热，后脚冷注传下肿。）后脚木鳖用为封；前脚定应春夏有，后脚多是向秋冬。

语释　马得了腕黄病，要详细诊断，马的四脚是前脚属阳，后脚属阴。以手触诊，便知其不同，即前脚特热，后脚特冷。治法：是前脚以大黄末配猪脂油和猪脑子包裹。后脚以木鳖末包裹。其发病季节亦不同。前脚多在春夏患，后脚多是秋冬患。

【原文】 单嗓黄第二十

单嗓黄病甚分明，一边嗓肿一边轻；白针出血转加硬，火针镰了却还平。（夫单嗓黄者，病因或伤料；或系于炎日间，积热于脏腑，久而发作为黄。白针出血，引淤、邪气而出可也。）猪脂并酥勤勤润，消黄治肺啖宜频，放入栏中令自在，自然病可有精神。

语释 单嗓黄的症状明显，嗓部一侧肿胀，或在左或在右。初期不可用白针刺，这时肿硬未化黄水和脓，若针刺放血，反而促使结缔组织增生使肿处变硬。但可用火针以宣通气血促其消散和化脓外流。再外涂猪脂、酥油以润泽。内服清肺消黄药，灌三至五剂为宜。护理方面：可解除缰绳，让其在一定的场所内，自由活动。这样性情愉快，精神活泼，可缩短病期，提高疗效。

【原文】 舌黄第二十一

马患舌黄用心窥，精神依旧水草稀；腹中害饥频索草，及至上料却不饥。（夫舌黄者，病因心家热毒上发，出于口舌为疮，精神依旧也。）但须开口舌上觑，舌肿舌硬有疮痍；（然口内有疮，故难食，腹中散出，害饥，故甚瘦也。）酥蜜、生油、甘草末，每日频频与啖之。

语释 马得了舌黄病，要用心诊断，外观精神照常，就是少吃少喝，在下槽以后因肚饥常找草吃，赶到上槽添草撒料时，却又不吃像吃饱的样子。这时开口观察才知道舌有肿硬或疮烂的痕迹，治以酥油、蜂蜜、食油、甘草末，每天连续灌之。很快就可痊愈。

【原文】鼻黄第二十二

马患鼻黄出气粗，鼻肿鼻硬药难敷；白针镞时无脓血，火针刺疗得消除。（夫鼻黄者，因肺积热，毒气塞滞于鼻。为肺气不足，为阴，故阳针引之即愈。）猪脂、豆豉、川硝末，消黄治肺亦相须，麝香、瓜蒂并鸡子，频与涂鼻免教殂。

语释　马得了鼻黄病，出气粗，鼻肿硬，牵连到鼻梁亦有肿硬，在这种情况下，外敷药困难，用白针扎放无脓血，用火针温散，可消除肿硬。内服应灌猪脂、豆豉、川硝面配合清肺消黄等药物，外用麝香、瓜蒂（甜瓜蒂，药名苦丁香）共研极细面和鸡清调匀连续涂于患处，可收良效，免除死亡。

【原文】颊黄第二十三

马患颊黄有双单，耳鼻眼颊肿如山；（夫颊黄者，阳明受其病，因而传于肺脏，即生毒气，伤肺间，发作变为黄病，出于上焦，腮一边，患颊之上肿为疾。）一边患时尤轻可，双颊牵连食槽间。（火针镞开出血，黄水即出。）火针匀镞毒气散，口服消黄不暂闲，酥蜜、生油、川硝末，砂糖浆水共白矾。

语释　马得了颊黄病，有单双两种，单者为一边面颊（或生于左，或生于右），双者左右两颊都患，部位在耳下眼后鼻骨两旁。形状红肿高大，单颊肿轻，双颊肿重，甚至肿至食槽间（颚凹）。治法：可用火针浅刺以消散其毒气，并急需内服消黄的一类药物。如酥油、蜂蜜、生食油、芒硝、砂糖、浆水、白矾。

【原文】背黄第二十四

马患背黄仔细看，脊梁两畔鞍贴间；（夫背黄者，因夏月远行，邪气入经络，气衰腰背痛也。背属于心，心火盛也。）有肿似铁针不可，（火盛内熏，上燎于肺，肺金也，主皮毛，金多火少，邪正相拒，故生背黄也。）直须火烙断根源。

语释 马得了背黄，要仔细论断，部位在脊梁两旁。驮鞍的中间。肿硬如铁时，千万不可扎放白针，火烧烙铁烙为根治法。

【原文】蛇黄第二十五

马患蛇黄要知因，牵连肺脏是其根；伤重远行及伤热，伤饱奔驰损庚辛。（夫蛇黄者，病因失饥，饱后重骑，走随呼吸太紧，邪气传于肺，肺主声，又主皮肤，故其病乃发作于皮底也。）有肿似蛇皮肤底，隐隐相连似红津，火针不可须烧烙，治肺仍敷药有神。

语释 马得了蛇黄，要知道原因是内通肺脏而发生。由于饱肚负重远行，伤热而损肺，所以红肿如蛇形，隐隐微现于皮肉间，火针不效可火烙，内服治肺消黄药，外涂清热解毒药可治好。

【原文】耳黄第二十六

马患耳黄有单双，双少单多是寻常；耳肿耳硬生脓血，内有脓囊似宿肠。（夫耳黄者，病因暑月乘骑，远行过多，不歇，腰间无力，伤于脏，积邪热在于肾经，肾通于耳，因热而发为耳黄也。）下针之时绵塞耳，勿令脓血向里伤；（治则针之，针时以绵纸紧塞其耳，勿令有脓血入耳中，此治耳黄法也。）病治差时不依旧，一耳低垂一耳张。

语释　马得了耳黄，有单双两种，常见到的多是单耳（左或右）双耳很少。症状：耳内部肿硬化生脓血，在宿脓时，脓囊如肠形。治法：必须使脓出毒尽而愈。未针之前先以绵细软纸填入耳窍，以免脓血流入。愈后患耳低于好耳，这是耳黄的后遗症，因患耳没劲，所以不能竖起。

【原文】脾黄第二十七

马患脾黄要审详，外连肷唇号中央；脾冷口干多饮水，脾热脾毒口褰张。（夫脾黄者，因饮其水，或日中伤热，或喂于热料，伤于脾脏，邪热于脾胃，饶身血气至于脾，阳虚阴盛内寒，脾受寒而唇口褰，喝笑笑之状。脾经积热，见于唇口常焦也。）冷气伤着脾肋颤，（又冷物令脾冻，冷气太过，故身颤毛焦，口变白色，可治。）冷草伤脾口色黄。

语释　马得了脾黄病，要详细诊断，脾属中央戊己土，外应口唇和两肷，脾脏受冷因口干肯喝水，这是马的特性，越寒越喝，若脾脏有热毒时，口唇多焦，不时张开，冷气伤脾则肋部肌肉表现跳动，冷冻草料伤脾，口色呈黄色，黄为脾土之本色。

·按语

脾黄病因，是属湿热郁滞而成。治以清热利湿之法，可收良好效果。

【原文】带黄第二十八

马患带黄用心看，为侵罗隔近肺间；（夫带黄者，少阴主其病，因伤饱乘骑，鞍太紧，前后气不能通泄，郁其毒在带间，不能散则为黄。故用烧烙，即差也。）伤重伤饱紧鞍带，致令血脉不通连；（宜用慢火熨烙，放带脉血。）白针出血不轻可，直须火烙断根源。

语释 马得了带黄，要用心细诊，因这病的部位紧靠罗膈，接近于肺脏。由于饱肚负重，未放松鞍带，以致此部血脉凝滞不通而成黄肿。治法：首先用白针扎放，如不见轻，可烧烙铁，慢熨而愈。

【原文】脑嗓黄第二十九

脑嗓黄病得多时，鼻中脓出有疮痍；（夫脑嗓黄者，病因心脏积热，邪毒在于膈上，日久不治，热聚或再伤热，兼骑恶，使着紧，则其病转甚，病大盛，复逆难也。）水草不食渐渐瘦，（又曰：失饥失水，水极攻之，名为脑枯，在于脑上，内外成疮也。）不免身躯化为泥。

语释 马得脑嗓黄的病因，是心脏积热，经久不治传之于肺，肺受热而使鼻内生疮，逐渐恶化。症状：鼻流臭脓，食欲不振，机体日见消瘦，终于死亡。

【原文】肺嗓黄第三十

肺嗓黄病恶形状，黄病初出连四肢；（夫肺嗓黄者，病因肺伤于重力，或暑月承热而大走，积邪气于心肺之间，又或再远行损于肺，为秋夏伤于湿暑，因此传之与肺相合，肺主声音，浮肿而出脓，兼肺气不足，故发嗓黄，形状是毛焦目赤，搐肷脚散也。）毛焦眼赤精神慢，搐肷脚散不多时。

语释 肺嗓黄病是急性，病情极其恶化。在初期出现时，由于呼吸困难，就牵连到四肢行走亦有困难。此外还有毛干、眼睛红、精神沉郁。若到两肷抽搐，脚步散乱的阶段，则为临死期。

【原文】脑黄第三十一

马患脑黄两耳垂，四脚频移头又低；（夫脑黄者，病因心伤，邪热积而不散，发作上攻，其脑有黄。病有二络通于肝，主目不见物也；是秋伤于湿，至冬啌，盖因秋间饥饱劳役损于五脏，脑劳髓黄病也。）脚狂乱走不见物，风门火烙不宜迟。

语释　马得了脑黄的症状头低耳垂。站立不稳，有时乱走如狂，眼睛看不见物。治法：火烙风门穴，可效。但宜早治。

【原文】慢偏次黄第三十二

慢偏次黄有何医？抢风头上肿如梨；（夫慢偏次黄者，因心肺久积热在膈上不散也。）急需针破涂大粪，（发时在胸膊间，须用针而差，灌凉药，解之可也。）更灌凉药病相宜。

语释　慢性偏次黄有什么治法呢？其黄肿部位是在抢风骨的上端，肿大如梨。治法：赶快用白针扎放毒水，外涂大黄（原本是大粪，可能是印错）内服消黄散可愈。

【原文】胞黄第三十三

马患胞黄病可知，秘注后粪草料稀；（夫胞黄者，病因积热甚，或伤心故也。心连小肠，致小便中热，热闭于胞中，即为淋沥。热风生，所以尿血，黄病也。）回头向腹频频盼，小便淋沥似血垂。（又曰：受热于膀胱与小肠也。小肠回肠也，其水液自回，小肠别汁渗入膀胱之中，胞气化之，以溺泄出也。今小肠与膀胱受热，故不能遗溺于小便，乃胞脬之闭也，以辛凉药去热也。）灯心通草盐汤灌，便泉清利是安时。

语释 马得了尿胞黄的症状，有便粪秘结和少吃草料。此病主要是膀胱黄肿，所以不断回头向腹部观望。小便时淋沥不通，尿色红如血。内服灯心、通草、盐水等利尿药物，使尿道通利尿色正常而愈。

【原文】单肝黄第三十四

单肝黄病目无光，搐着倒坐脚又狂；（夫单肝黄者，病承汗立于檐下，腹上有汗，乘骑太过，病因伤肝，即眼目不见。）凉药葱浆大粪灌，（诸疾盖厥风生于目，则眼绝于内，荣卫络于外。目者马之穴，为三阴有衰于下，五阳逆厥于上，一水不能胜五火，目所不见也。牵行倒坐为眼不见物，发攻于上便盲也。阴气渐衰，阳气浊故也。）取出脑涎火烙强。

语释 单肝黄是肝脏热毒，外转于眼，所以眼目无光，抽搐倒退脚乱动。内服凉肝明目的药物，以葱白、浆水、大黄（原本是大粪可能是印错）为主药。再于头部风门穴火烙，待出黄液为度，可收良效。

【原文】尿黄第三十五

尿黄因冷聚其热，变为肿气兼有血；（夫尿黄者，病因尿罢其余沥未尽，感气于脏腑，变为黄肿，肿中肠，中风在府，令住寒传入心，使气不得下通，故曰：心生于血，肝纳于血，令小便尿涩不宣，淤血不宣，淤血积于肾，血涩也，故行经络也。）临时用药使大黄，涂时醋面调盐末。

语释 尿黄是阴茎浮肿。因劳伤肾虚，尿时在迎风处冷气入内，以致冷热相凝而成。所以浮肿不通，久则尿中带有少量血液。治法：可用大黄研面，配陈醋、白面、食盐和匀调涂，就可消肿而愈。

【原文】 锁口黄第三十六

锁口黄病少人知，识会之人方可医；（夫锁口黄者，病因上焦热，在膈前，伤于心肺，久热生风，心热而口涩，此名锁口也。）一名心风噤却口，（秋伤于湿，冬生咥，盖因秋间饥饱劳役，伤于心肺的形状，急治锁口穴，火烙差也。）时人见者乱猜疑。人参、茯苓并远志，黄连、甘草共山栀，羌活、川硝并鸡子，须知灌啖速为宜。

语释　锁口黄，经验少的人，不易认出。此病必须确诊，才可治好，因在初期，口肿不大明显，好像心风口噤，这时最易形成错诊，这两种病的不同点是：心风黄是口角不肿不烧，此病口角肿而热。内服：人参、茯苓、远志、黄连、甘草、栀子、羌活、芒硝共研末，鸡蛋清为引灌之，分量临时酌情而定。

二、治二十四黄

【原文】 心黄歌第一

心黄起卧何频数，汗从头出次遍身。
起卧急时逢物咬，回头乱咬及身颤。
口眼赤色兼有验，便知死命在逡巡。

语释　心黄起卧病的症状：切诊脉搏频数（即连续性的数脉），浑身出汗（汗为心液，心热即出汗，汗出即伤心）但先从头部出汗，渐次遍及全身。神是心的功能，在五行之中属火，由火热太过，出现心不藏神（神不守舍）

的狂暴症状，在病情严重时，见物见人就乱咬，有时回头咬已身，浑身肌肉乱跳。若到满口腔唇舌和眼睛都呈赤红色时，便知生命正徘徊于生与死之间。

【原文】肺黄歌第二

肺黄起卧慢腾腾，喘粗垂耳少精神。

口眼鼻黄皆有验，黄脓喷出死之因。

喷出白脓方可治，切须仔细认根源。

语释 肺黄起卧病，是由慢性逐步发展为严重的趋势，开始呈现出气粗耳下垂精神少。临症经验若见口腔、眼睛、鼻腔、黏膜色黄和两鼻流出黄脓时，为死亡之象。若是鼻流白脓，尚可治疗。诊断此病，必须详细审察其发病根源（因为不同于一般病，肺病多有传染性，宜注意隔离、消毒等方面的工作。）

【原文】肝黄歌第三

肝黄不卧口眼青，牵行两眼似双盲。

逢物逢墙便冲抵，时时乱走或嘶鸣。

舌青劲立蹄不动，其中十死无一生。

语释 肝黄病起卧症状只是嘴唇和眼睛呈现青色，牵行时双目昏昏，乱走乱碰，或动或抵或叫唤。若到舌色青、四肢直立不动时，是十死无一生的预兆。

【原文】肾黄歌第四

肾黄不展后双蹄，后乃拳腰不展施。

双足难抬时哽气，喘粗搐肷颤危危。

粪口黑漉不可治，若无身颤可通医。

语释 肾黄（即内肾俗名腰子，发生的黄肿病）症状：两后肢拳挛收缩，不愿伸张，若到后肢不能开步，呼吸吭喘，肷部抽搐，体肌抖擞时，属于危险期。当粪口（肛门）泻黑水时为肾绝，难活；或无体肌抖擞，虽危，尚可抢救。

【原文】脾黄歌第五

脾黄起卧虽非急，忽蹲腰坐上唇褰。

举头如笑唇频动，耳尾时时似扇扇。

稳腰便卧脾家验，口眼兼黄自晓然。

语释　脾黄起卧虽不是急性，但在腹痛时，忽然呈现蹲腰坐地，上唇翻起，抬头似笑，连续翻唇，耳朵和尾巴亦时刻摆动，其蹲腰将卧的姿势，是稳定腰部才卧。根据临症经验，多属于脾痛的表现。再望诊口色和眼睛都呈黄色，更可证明是脾黄病。

【原文】急肠黄第六

急肠黄马病连连，抬头紧耳向人攒。

忽作难禁形状体，陌然引颈似鸡咽。

遍身汗出频加验，汗出须知自首先。

汗若臭黏治不得，便调灰粪[①]及黄连。

语释　急性肠黄的症状是连续出现，仰头紧耳好像向人求救的姿态，在疼痛剧烈时身不由己的伸脖缩胸如鸡咽食样，浑身出汗是常见的症状，一般先从头部出。汗若黏如油汁又有异臭气时，病情危险。治疗亦难好转。治法：可用灰粪、黄连研末调灌。

补注

①灰粪：经查《本草纲目》兽部，马条，白马通（马屎曰通）。（附方）有久痢赤白，马粪一丸烧灰水服。可见此处灰粪为马粪烧灰。

【原文】慢肠黄歌第七

慢肠黄马慢腾腾，耳垂贪水步难行。

引项打尾频觑肷，稳腰便卧口黄生。

口若色黄肠必燥，药盐同炒与脂停。

语释 慢性肠黄的症状，是逐步发作的，开始两耳下垂，喜爱喝水，行走迟钝，继而伸脖，摆动尾巴，不断回头看肷，卧时消停，口色发黄，此为肠内有燥热的反应，内服消黄药物，配入炒盐、猪脂油为引，可以治好。

【原文】脑黄歌第八

脑黄起卧不忙然，口中沫出尾如鞭。

头上有汗逢墙抵，行如醉客恰一般。

目①紧头低状可验，始知黄在脑中患。

注解

①目：原作口，据文意改。

语释 脑黄（脑水肿）起卧，不能马上就可确诊，必须慢慢地全面的掌握情况，在病发作时才可看出。口流黏沫，尾巴乱摆，头部出汗，逢墙抵触，行如酒醉东倒西跌，眼闭头低。这时才可证明脑中有黄病。口紧改为目紧。

【原文】风黄歌第九

初见风黄捉四肢，早已膨腰血脉痴。

腹中如火腰背硬，脚直耳紧项难低。

盖因热料牙关急，退毛贴下卸鞍时。

语释 风黄病，初期的症状：是血脉迟行，四肢强直，耳紧脖硬，腰背紧硬，身体发热。病因：是劳役将回，乘热或带汗卸鞍太早，或在退毛时拴于迎风处（如房檐下、门洞底），或久喂热料而引起，若到牙关紧闭时，已属严重期。

【原文】 偏次黄歌第十

偏次生肿膊上连，盖因热积五脏间。

粟麦壅滞时多聚，血气不流闭却关。

连肉不连皮用药，连皮粘肉火针钻。

语释　偏次黄的部位发生在两前肢胸侧，上连膊部。病因：多吃粟麦热毒积于五脏，使气血淤滞而成。肿在肌肉者，内服消黄药；牵连到皮肤，还是扎火针。

【原文】 流黄歌第十一

胸浮流等是三般，皆是阴阳气不全。

为少骑习乘热聚，久停壅滞在心间。

药用消黄浆水下，急须针治便平安。

语释　胸黄、浮黄（肚黄）、流黄是三种病。其病因都为阴阳偏盛偏衰，流黄多因乘骑少，多吃热料，久立不运动，以致热毒壅聚，由后阴向前流注，时久则毒流注到胸部，就严重了。因此，急需治疗，内服消黄药物，浆水为引，并扎放肾堂血、带脉血、胸堂血，可愈。

【原文】 草黄歌第十二

草黄眼急立头高，元因伤饱未能消。

移脚到槽开口懒，四停八稳瘦分膘。

得病便绝谷和料，水草和曲喂七朝。

语释　草黄（胃食滞）表现两眼睁起，头向上仰，是过食引起胃火衰弱无腐熟之力，所以上槽时，亦懒于开口，停立不愿行动，逐渐瘦弱。治疗宜在草内用温水拌神曲，连喂七天，可开胃进食。

• 按语

神曲的定量，医生临时酌定，一般每天喂 60～120 克，如有好转，不可拘执 7 天，两天亦可。

【原文】束口黄第十三

束口黄时马减膘，不能张口脉浮高。

颊中筋急难开口，任加麸料亦焦毛。

烙断颊中筋两股，紫苏紫菀蜜矾硝[①]。

诃子黄连同等用，随时忌水至来朝。

注解

①硝：原作消，据文义改。

语释　束口黄是口角被黄肿束紧而成。所以有饥伤脂的瘦弱现象，脉搏浮大，两腮颊筋肉紧张妨碍开口，就是加喂麸料亦毛焦体瘦。治法：可于两腮颊的筋部，用烙铁烧熨。再内服消黄等药物，如紫苏、紫菀、蜂蜜、白矾、芒硝、生诃子肉、川黄连，以上各等分（如每味各 50 克或各 25 克）服后当日忌饮生水，否则黄肿更大，最好饮熟水（凉开水）为宜。

【原文】舌黄歌第十四

舌黄舌摆似垂刀，涎沫流时脉又高。

舌色紫时脉气闭，三堂放血不分饶。

兼有四蹄何用惜，茯苓紫菀[①]小油调。

注解

①菀：原作苑，据文义改。

语释　舌上黄肿时，舌头摆动，形如垂刀，到严重期，口流涎沫，脉搏浮大。若见舌色紫红时，是血气闭塞的危险期。治法：可扎放三堂血（即玉堂、胸堂、肾堂）和四蹄头血。内服白茯苓、紫菀等药，麻油为引可好。

【原文】颊黄歌第十五

颊面腮肿通食槽，内外如石硬不消。

阴脉冲阳气不顺，壅聚而生似拳高。

阳结阴顽成肿患，鏃开血出类樱桃。

盐醋若涂揩一上，莫教饮水应时消。

语释 颊黄严重时，往往连腮和食槽都肿胀，多由气血不和所致，触诊皮肉坚硬如石，高肿如拳头者，属阳性，漫肿平陷久患难愈者，属阴性。治法：可于肿处扎放。其流出之血，稠黏如珠，抛地好像樱桃样。扎后以盐醋涂患处，忌饮生水，很快就可消肿而愈。

【原文】丁黄第十六

丁黄初觉紧拳腰，背上生疮向八窌。

脓似黄胶犹可治，血连黑水命难逃。

白矾四两人中物，杜仲菜子入瓶烧。

封口不令烟火出，炭攒伏火便须炮。

每要灌时蜜水下，秋冬毯被覆其腰。

语释 丁黄的痛感比任何一黄都厉害，痛如钉刺故名丁黄（现称为疔疮）。在初发现的时候，腰部紧缩如人拳头的收挛形，背上化脓成疮，治不及时，很快继向腰后之八窌穴位发展为害。脓出黄色黏如胶水者，为毒气在表，尚可治好。若流黑色血水者为毒入内脏有性命危险。治法：可用白矾、人中白、生杜仲、油菜籽各等分。如各120克共合一处，放入磁罐内，将口密封，在先文火（慢火）后武火（大火）的火炉中，炮制成焦炭形为度。最后取出研末，配蜂蜜水灌下，若在秋冬寒冷的天气，可用毯布将患部掩盖，防止风寒外感和冻伤引起意外的变症。

【原文】搦颡黄歌第十七

忽逢搦颡病难医，艺如造父也攒眉。
颊骨肿时心肺肿，料毒谷气滞颊颐。
多为乘骑不出汗，血极不散贵须知。
索勒须抽鹘脉血，黄赤临时要辨之。
赤黑色时犹可治，血连黄水不通医。
药用消黄浆水下，开喉便是一般奇。

语释 搦颡黄难以治疗，就是技术相当于古代兽医先师造父的水平，忽然遇到这病，也攒眉发愁。从喉连颊肿为毒气严重，是心肺发炎的外表症状。原因多是吃进了变色变味的霉烂饲料，引起消化不良，以致料毒上冲于喉，蔓延到腮颊颜面而浮肿。还有乘骑走马，多为劳动身热未出汗时，忽然站立不拉蹓，以致淤血流注而为病的。治法：可用细绳捆脖扎放大血并辨别放出大血的血色，如鲜红色尚可望生，若赤黑色，疗效就不高。内服消黄解毒药，配入浆水为引。呼吸闭塞时，可行开喉术以救急。

【原文】外肾黄第十八

外肾黄马有三般，致令阴肿一边偏。
硬似铁石如冰冷，恐疑肠襀[①]在阴间。
肿处热时黄药灌，生姜研烂更加矾。
须用火针流脓水，勤勤水泼便平安。

注解

①襀：kuì，拴，系。原作溃，据文义改。

语释 外肾黄在鉴别诊断上，大致有三种：第一种是阴囊一边肿大，一边正常。第二种是触诊硬如石，冷如冰，这时怀疑小肠入于阴囊之间名为肠入阴。第三种是两外肾均浮肿而热者，名为阴肾黄。内服消黄药物，生姜、白矾为引，若腐烂流脓水，可扎火针，另以消毒药水，多洗几次可好。

【原文】 阴黄歌第十九

阴黄有肿走脐饶，渐渐流来为肚黄。
多立少骑冷气聚，久停壅滞在膀胱。
忽然心间胀闷起，病名遂唤作流黄。
肚边生肿从后发，此乃流黄不易当。

语释　阴黄的部位，是阴部至脐部之间浮肿，肿过脐前者，叫肚黄。原因：由于多立少骑，以致饮入的冷水湿气流注肌肤而成浮肿。若忽然表现胸肿气粗，烦躁不安的样子，则为黄毒攻心的危险症状。这就叫做流黄（俗称走黄）。从脐后肿向脐前的这种流黄不容易好。

• 按语

据临症经验，每遇黄毒流走时，可急灌托里护心散，即制乳香、制没药各等分，如各 30 克或各 60 克酌量而行。共研末，男尿一杯为引，同调灌之，有防毒入内，引毒外出之功。但须早灌，迟治多无效。

【原文】 蹄黄歌第二十

蹄黄破移水浸伤，忽因口咬破针疮。
二毒相竞蹄胎热，疮中出水号为黄。
油蝎白矾盐少许，汉①椒沥青治疮伤。
更灌七伤三五上，休教入水便安康。

注解

①汉：原作汗，据文义改。

语释　蹄黄原因有二：一种是蹄部破伤后，入水，浸烂；另一种是因病扎放蹄头血，其针孔快好时，发痒难忍，以口啃，针伤处，变生肿烂。这两种毒热不论哪一种在发病期间，触诊蹄胎都发烧，破伤流水，所以叫做蹄黄。治法：油蝎（全蝎麻油炒）、白矾（明矾）、食盐（炒）少许、汉花椒、沥青（即松香黄蜡混合溶化而成）以上五种，共研细面，搽患处。再内服七伤散三至五剂，配合护理工作，蹄部切忌入水浸湿就可治好。

【原文】 肘疮黄第二十一

肘间乘镫忽为黄，心头热气注生疮。
前脚肘黄元是热，镞开渐渐病消亡。
更有硇砂去烂肉，干姜等分入砒霜。
糯米饭丸绿豆大，似鼠逢猫虎趁羊。

语释 肘黄的部位，在两前肢（左或右）肘头和乘镫处。原因是心脏热毒流注于此。治法：于肿处扎放毒水，即可消散，如有腐朽成高疮者，用硇砂、砒霜、干姜各等分，研面以糯米煮至半熟为丸，如绿豆大，填入患处朽肉处，其效如猫捕鼠，如虎吞羊，可说是药到病除的脱腐剂。

【原文】 疮黄歌第二十二

疮黄不住随筋流，久停热在五攒头。
磨搭破时毒气蛊，疮痕胀引水无休。
白芨白蔹无心草，斑蝥巴豆据方修。
干姜硇砂相和用，此疮即差不须忧。

语释 疮黄的原因是气血流行的太过或不及所致。部位在脊梁的前端（梁头）久经停留热毒于此处（即现代所称的有鬐甲瘘）。在磨破皮肤时，疮形的毒气高胀如虫蛊之象。破后黄水不断外流。治法：白芨、白蔹、无心草

（即鼠曲草，功用是泻火解毒）、斑蝥、巴豆（去油）、干姜、硇砂以上七种共合研面擦之即好。

【原文】双蟆黄歌第二十三

双腮连颡似含瓜，通身奔胁号虾蟆。

此病觉早方可治，镞开血水似槐花。

消黄二两分三灌，但忌奔泉不用他。

语释　双蟆黄的症状，是两腮连喉部浮肿如含瓜，最后流串到左右两肋之间亦有浮肿，形如蛤蟆故名。这病早治可效。扎流血水如槐花的颜色。内服消黄散，一天分三次，每次灌 60 克，护理方面忌饮生水，改饮熟水（凉开水）。

【原文】心疽黄歌第二十四

心疽黄肿出黄津，若有脓时水一盆。

盐醋调涂须先净，熟磨揩擦隔烟薰。

更灌七伤三五次，便须痊差不须论。

语释　心疽黄在胸之中部，扎流黄水或脓水特别多，扎后洗净患处，以盐醋涂之，若患处发痒摩擦不止者，可用烟火靠近薰之，再按七伤病灌以治热伤的药物，三至五剂，就可治好。

三、岐伯疮肿病源论

【原文】

黄帝问于岐伯：“五脏六腑邪热之毒，何以知之？”岐伯答曰：“荣卫稽留于经脉之中，则血泣而不行，不行则卫气从之而不通，壅遏而不能行，故热；大热不止，热盛则肉腐，肉腐则为脓，然不能陷骨，髓不为焦枯，五脏不为伤，故为毒也。”

语释 黄帝问岐伯说：“五脏六腑中的邪热之毒，怎样可以知道?”岐伯回答说：“荣（代表血的功能）卫（代表气的功能）流行在全身十二经络里边，首先是血凝而不行，由于血凝不行，则卫气亦就随之而不通，这时气血阴塞而不能流行，所以发热，逐步变为高热，热到一定程度时，则把肌肉烧烂，肌肉烧烂则化为脓。然而已成的脓，不能自行接近的骨，髓不会为它烤的焦枯了，以至五脏六腑亦不会为它所伤害。所以变为肿毒形成疮肿之象。”

【原文】

黄帝问岐伯曰：“何为显毒?”岐伯答曰：“热气浮，使其筋骨肉无余，故曰为毒疮；上皮肤薄如纸，已坚里成肿，毒气随经络而行，壅注成脓也。”

语释 黄帝问岐伯说：“什么是显现于外的毒气?”岐伯回答说：“体内热毒气化升浮于体表，使畜体的筋骨和肌肉完全消灼化为脓血，这种疮是由热毒攻注形成的毒疮，毒已显现于外，因而叫做显毒。在肌肉已经化脓成熟时，其上面的皮肤薄如纸。如是坚硬，则里边已经化脓，毒气是随经络流行壅滞流注而成脓。”

【原文】

黄帝又问岐伯曰：“及尔所说，未知其子细，疮肿都有几番?”岐伯答曰：“有脓无头者是阳毒；其有脓血者，是肺毒；肿硬如石者，是阴毒；眼下瓜疮，是肝毒；鼻内有疮，是气毒；口内发疮，是心毒；躁蹄发有疮，是筋毒；漏蹄有疮，是肾毒；干漏，是血毒；唇上有疮，是脾毒：此是十毒之状也。”

语释　黄帝又问岐伯说：“按你所说，仅是毒气的基本要领若进一步涉及临症实践中去仍不能知道它的详细情况，究竟这种毒气在畜体上所发生的疮肿共有几种不同部位和不同症状呢?”岐伯回答说：“一、触诊里面软肿为已有脓之象，且表皮坚硬而不露头者，是阳毒；二、皮肤破伤脓血混合者，是肺毒；三、肿硬如石温度不高者，是阴毒；四、两眼下（左或右）颜面部腐烂如西瓜之红瓤者，是肝毒；五、两鼻腔（左或右）腐烂流脓者是气毒；六、口舌疮烂者，是心毒；七、四蹄腕躁裂腐烂者是筋毒；八、四蹄心流脓而为湿漏者，是肾毒；九、四蹄甲干烂无脓而为干漏者是血毒；十、上下唇烂者是脾毒。这就是十种毒形成疮肿的不同部位和不同症状。”

【原文】

黄帝问岐伯曰：“一、气毒者何以别之?”岐伯答曰：“气毒者，是鼻受其庚辛金之气，血淤不行，住滞，疮紧得肿，即气血滞而不行，血壅住，变成漫肿也。不须针刺，用药涂之。”木鳖子散：主治一切疮肿。木鳖子 虫衣（粉炒）穿山甲 黄柏（各等分），右件为细末，醋打面糊，成膏，隔日涂之，差。

气毒病源歌第一

气毒在鼻肿低头，不用施针刺血流。
便将衣粉炒焦黑，黄柏同将木鳖瘳。
又共穿山甲为末，等分烧焦在意求。
醋打面糊同调药，隔日涂之肿自休。

语释　黄帝问岐伯说：“一、气毒病如何诊疗?”岐伯回答说："气毒病是鼻病，肺开窍于鼻，形成肿硬化脓的疮痕，这就是由于气血相凝而变为浮肿的。治法：不必扎针，用药外涂，就可治好。处方就是：木鳖子散，此散不只能治气毒病，凡属一切疮肿，都有一定的疗效。用醋和白面调为糊状入药成膏，隔一天涂一次，以好为度。"［今将药理简述于后。1. 木鳖子，去皮用仁，甘温有小毒，配醋可消肿，涂恶性疮肿有效。此药适宜于外用。2. 虫衣粉，此药研面，可治毒疮肿。3. 穿山甲，是属地方性的俗写，本草纲目，正名鲮鲤又名穿山甲，经过沙土炮制者称为炮甲珠。微寒有毒，能宣通经脉下乳消肿，排脓血特效。4. 黄蘖（即黄柏）泻膀胱相火，补肾水不足，凡属阴火类病，内服外用都有特效。以上 4 种，各等分，共合研面用。

（气毒病源歌语释）气毒病的症状是鼻肿低头。治法：不扎针，只把出衣粉炒成焦黑色，再把黄柏、木鳖子、穿山甲，另炒为焦黑色，四种药的分量相等，在炒时要注意火力，以炒焦为度，若过度成灰即失去药效。最后用醋打面糊和药调成膏状，涂于肿处，隔一天换一次，如此数次，肿胀自然消失。

【原文】

黄帝问岐伯曰："二、肺毒者何?"岐伯答曰："肺毒者，太阴主病。经络受其火毒，壅滞不行，毒随经络而行，血紧为疮，不过五日，变成脓血；又随血筒列处，肿毒为疮者，荣卫气血不能随身流转也。用针刺破，出尽脓囊恶血，骔药治之。"砒黄丸治之：砒霜 硇砂 砒黄 雄黄 粉霜（各等分），右为细末，面糊为丸，纴药一丸，便差。

肺毒病源歌第二

肺毒壅滞经络中，血紧成疮变作脓。

流转血筒行处是，用针刺破血流空。

雄黄砒霜同共用，粉霜硇砂砒黄同。

等分面糊为丸子，一丸纴上便成功。

语释　黄帝问岐伯说："二、肺毒病，如何诊疗？"岐伯回答说："肺毒病，是前肢大阴经为病，原因是火毒流入经络之中，阻碍气血不能舒通畅达，致使血行流注，在三至五日内，即化脓成疮。凡属血液通过的血管处，都可发生这种毒疮。虽有不同部位，但其原因，均为气血被火毒阻碍而不能正常流行所致。治法：可用白针放尽脓血毒水，放入药线。"（即砒黄丸）其药理作用，说明于后。1. 砒霜与砒黄，据本草纲目说：皆属一物，即砒石，又名人言。生者名砒黄炼者名砒霜，皆有毒为腐蚀烂肉之药。2. 硇砂有毒，金属类的焊药中多用之。用水冲净，再以醋煮干如霜，刮下用之，为软坚化硬去腐特效药。3. 雄黄，甘平有毒，解毒杀虫，化淤血之药。4. 粉霜即水银霜，即以汞粉（轻粉）转升成霜，功同轻粉，可杀毒疮中的虫菌等物。以上 4 种各等分，共研细面，面糊和成小丸，每处用一丸，研面，蘸于药棉上，塞入疮口可好。

（肺毒病源歌语释）肺毒病的原因是一种毒气凝结于经络之中，以致血液流注而成疮肿化为脓汁。凡是血管所经过的部位，都可发现这种病。治法：用针扎放毒水。把砒黄丸塞入疮口就可药到病除。

【原文】

黄帝问岐伯曰："三、阴毒者何？"岐伯答曰："阴毒者，因为其冷气不顺，阳气盛，阴肿，冷如冰水者是阴肿。须得火针出脓，五日即可；若微热者，黄柏散治之”。黄柏 香白芷 当归 茴香 芍药 白蔹 防风 大黄（各等分），右为细末，用醋调涂之，三上可差。

阴毒病源歌第三

阴毒结聚冷如冰，肿硬时高哽气声。
更用火针出脓血，不过五日便须平。
又将此药须治疗，芍药当归白芷停。
防风白蔹同为末，醋调涂之便须宁。

语释 黄帝问岐伯说：“三、阴毒病如何诊疗?”岐伯回答说：“阴毒的原因是阳盛阴衰，以致阴囊浮肿，触诊如冰冷的症状。治法：火针患处，使出脓后，五天可好。若发微热可用黄柏散治疗。”今将处方药理简述于后。1. 黄柏苦寒，沉阴下降，为滋阴降火药。2. 香白芷，辛能散风，温能除湿，芳香通窍而表汗，为散风除湿发汗药。3. 当归甘温，为补血润燥滑肠之要药。4. 茴香有大小茴两种：大茴辛热，小茴辛平，都治寒气，但大茴力大，小茴力小，酌量而行。5. 芍药有赤白两种：白芍补虚泻火，赤芍散瘀泻火，在这里宜用赤芍。6. 白蔹苦寒，为泻火消散结肿之药。7. 防风辛甘微温，为除风胜湿之要药。8. 大黄苦寒，为泻湿热积滞通利二便之药。以上八种，共研细面，用醋调涂于患处，三治可好。

（阴毒病源歌语释）阴毒病是触诊阴囊部肿硬冷如冰的症状，在严重时，听到喉部有吭声。治法：火针两肾尖之浮肿处，扎皮下针，待脓血流尽，醋调黄柏散涂之，五日内就可痊愈。

• 按语

黄柏散与病源歌互相对照，歌内缺少黄柏、茴香、大黄三种药。为把这三种药补入歌内，取得方歌一致，拟歌为：若有微热外涂药，黄柏赤芍与防风，归茴芷蔹川大黄，八味醋调有特功。

【原文】

黄帝问岐伯曰："四、肝毒者何?"岐伯答曰："肝毒者，因为肝脏受其风热，外传于眼目，出化为疮也。白矾散治之。"

白矾 硇砂 黄丹 轻粉（各等分），右四味为细末，药水洗净，便差。

肝毒病源歌第四

肝毒伤热脏如烧，泪注成疮毛又焦。
浆水洗来疮口净，硇砂轻粉白矾调。
更用黄丹研细末，贴之三上自然消。

语释　黄帝问岐伯说："四、肝毒病，如何诊疗?"岐伯回答说："肝毒病的原因，是肝脏风热外传于眼，流出泪水含有毒素侵于眼下皮破成疮。可用白矾散治疗。"今将处方药理简述于后。1. 白矾（火煅枯）疮毒外搽有脱腐生肌的功效。2. 硇砂为脱腐去朽药。3. 黄丹（即铅丹）外科疮伤用之有消炎止痛生肌长肉之效。4. 轻粉（即水银粉，又名汞粉、腻粉）能通肠杀菌外用治疮毒。以上四味共研细面，先以消毒药水洗净患处，搽之便好。

（肝毒病源歌语释）肝毒是肝脏受热外传于眼，泪为肝之液，由于肝热，泪出如烧，因而眼下皮肉被泪珠烧烂而成疮。久患影响到全身毛焦。治以浆水洗净疮脓，外搽白矾散，连续换搽三次，自然毒消而愈。

【原文】

黄帝问岐伯曰："五、阳毒者何?"岐伯答曰："阳毒为阳明主其病，脓血不止，水湿不干，化破皮肉，变为骨痡之疮。每日清水洗，用吹鼻散治之。"麝香 乳香 黄柏 白及（各等份），右四味为细末，入麝香少许，鼻内吹之，五日可差。

脓毒病源歌第五

脓毒皆因肺不干，皮肤化破成骨痡。
麝香少许并黄柏，乳香白芨用心看。
捣研为末吹于鼻，不过五日便痊安。

语释 黄帝问岐伯说："五、阳毒病如何诊疗?"岐伯回答说："阳毒病，是前肢阳明大肠经受病。是肺移热于大肠，外传皮肉之间，浸淫而成毒疮，久患不愈，则由肺传肾，变为骨质发炎之痡疮。早期治疗，每日洗净患处用吹鼻散治疗。"今将处方药理简述于后。1. 麝香有通窍除风止痛解毒等功用，在这里有销蚀脓水的功用。2. 乳香有活血止痛，防毒攻心保护心脏之功。3. 黄柏可治一切阴火类的病。4. 白芨在这里可治臃肿恶疮败疽等毒。以上四味，除麝香少许外，其余三味是各等分，共研极细面，装瓶候用，临用于两鼻内吹入少许，每日上、下午各一次，连吹5天可愈。

（脓毒病源歌语释）脓毒病的原因是肺受湿热，外传皮肤化脓成疮，甚至变为骨痡，治以麝香吹鼻散，在两鼻内吹之，连吹五日可好。

【原文】

黄帝问岐伯曰："六、心毒者何?"岐伯答曰："少阴主其病，因为暑月热时，不灌啖凉药，失放六脉之血，壅聚其血，滞毒在心，口内故生疮。用新汲水洗净涎沫，更用绢袋盛药，用蜜水和膏子，口内含化之，蛾青散治之。”蛾青 黄柏 白矾 诃子（各等分），右为细末，同和作膏子，口内含化，三五日差。

心毒病源歌第六

心毒暑月口生疮，不曾放血又频啌。
青黛黄柏并诃子，更使白矾蜜作浆。
调膏盛于绢袋子，口中含化得安康。

语释　黄帝问岐伯说：“六、心毒病如何诊疗？”岐伯回答说：“心毒病是前肢少阴经受病，由于马在夏季暑热天气，既不灌清凉药，又不放六脉血，以致血热凝滞，注毒于心上，攻舌烂而成疮。先用新鲜水洗净口舌涎沫，再以纱布缝一小袋将蛾青散研面和蜂蜜水为膏装入袋中，口噙化之即效。”今将处方药理简述于后。1. 蛾青（即好青黛，是蓝靛汁，染布缸中靛泡花之沉淀，正名青黛）为清热解毒药。2. 黄柏，前面阴毒内已有说明。3. 白矾，生用口噙咽津，可治口舌咽喉等急性炎症，有燥湿解毒之功。4. 诃子，在这里用于口噙药，可化痰涎，为清热剂。以上 4 种各等分，共研细面，和蜂蜜调为膏装袋口噙化，3～5 日即愈。

（心毒病源歌语释）心毒病，多发生于暑热季节，口舌生疮，由于平时已经发现不断咳嗽，亦不放血以泻火而成此病。治以蛾青散和蜂蜜为膏，装入丝绵袋，口噙化而愈。

【原文】

黄帝问岐伯曰：“七、筋毒者何？”岐伯答曰：“筋毒者，因为久行伤筋，斫注其毒气，传在四蹄，足破为疮，名曰躁蹄。前脚发时，元是肺毒注破；后脚发时，血气筋毒也。乳香散治之。”

乳香 乌鱼骨 白矾 龙骨（各等分），右为细末，醋调浆水洗净，干贴之，三五日差。

筋毒病源歌第七

筋毒行急注破蹄，先伤后蹄又伤骑。
乳香龙骨乌鱼骨，白矾一处便合宜。
共同研成浆水洗，掺于疮上复生肌。

语释 黄帝问岐伯说：“七、筋毒病如何诊疗？”岐伯回答说：“筋毒病，是由于走伤过度损伤筋脂而得。致使火毒流注到四蹄腕部。蹄子肿胀破而成疮，称为躁蹄。两前蹄肿烂生疮，属肺毒流注为害；两后蹄腕躁烂者，属血气筋毒为害。可用乳香散治疗。”今将处方药理简述于后。1. 乳香，主要有活血止痛之功用。2. 乌鱼骨（即乌贼鱼骨，正名海螵蛸）外用治疮毒臭烂。3. 白矾，解毒去湿，在这里可用火煅枯为宜。4. 龙骨，生肌敛疮口，火煅用。以上四种，各等份，共研细面，另用醋调，浆水洗净患处，将药面干搽3～5天就可治愈。

（筋毒病源歌语释）筋毒病是行走太急，忽然站立不牵行，以致淤血流注于蹄，破裂而成疮。多是后蹄先患，仍然乘骑不治疗，最后传到前蹄。治以乳香散，先用浆水洗净后搽药，就可恢复健康。

【原文】

黄帝问于岐伯曰：“八、肾毒者何？”岐伯答曰：“肾毒因为肾脏之风热，伤其胎甲，血脉流传不匀，毒气注于蹄中；又久立湿地，乃生痈肿，用刀削开蹄甲，出尽毒气脓水，用绢绵揩干，用药后三日可差；若不削开，蹄上皮破，须出蹄头血；更不差，火烙之，掌胎膏治之”。

紫矿 麻黄 沥青 黄蜡 头发灰（各等分），右为细末，和膏子，将烙铁烧红搽之。

肾毒病源歌第八

肾毒皆因病脏风，注于蹄甲气难通。
湿地立时蹄注破，削开脓出是良工。
未较先将烙铁点，沥青黄蜡发灰中。
麻黄紫矿同消撒，焊于蹄上速成功。

语释　黄帝问岐伯说：“八、肾毒病如何诊疗?”岐伯回答说：“肾毒病是肾脏有风热，伤了蹄胎骨和蹄甲，这是由于血液流行失常，化生火毒流注蹄中。又加久立湿地而生痈肿。治法：用铲刀削开蹄甲，流尽毒水，用绵丝揩擦干净，搽一般常用的脱腐生肌散，三天就可痊愈。若不削开蹄甲，逼的蹄头肿烂，须放蹄头血泻火毒，如仍不好转，就得烧烙铁点烙，溶涂掌胎膏治疗。”今将处方药理简述于后。1. 紫矿（据本草纲目卷三十九虫部记载紫矿即紫铆，铆是古写矿，与矿同，此物色紫，黏性如胶，状如矿石，破开色红，是由蚂蚁在沿海地区的“渴廪树”上之藤皮中所造成，咸平无毒，补阳去阴，痒湿疮疥等病，用之最宜，与血竭功用略同）。2. 沥青（即松香黄蜡制成）外用排脓生肌治疮瘘。也有单称为松香之别名。3. 黄蜡收敛疮口特效。4. 头发灰（即人发烧灰存性，又称血余炭）可活血止痛。以上四味各等分，共研合溶成膏，用时以烙铁烧热溶滴疮口为妙。

（肾毒病源歌语释）肾毒病是肾脏风热流注于蹄甲，妨碍气血流行。再站立湿地，将毒气注于蹄部而成疮漏。铲开蹄甲流尽脓水是为良好的治法。如毒重不能很快好转时，可用烙铁熔点掌胎膏（处方如上述），如同焊药，很快就好。

【原文】

黄帝问岐伯曰："九、血毒者何?"岐伯答曰："血毒者，因为肾脏血毒，血脉怯弱，风气盛，注在于蹄，血脉不能克化为脏水，蹄甲焦枯，硬不出血。取尽死胎，用火烙养其差。"

血毒病源歌第九

血毒因病注于蹄，不能消化脉浮迟。

蹄骨枯焦风气盛，养于半月恰于宜。

语释 黄帝问岐伯说："九、血毒病如何诊疗"岐伯回答说："血毒病是毒在肾脏，由于营养缺乏，外感风邪，致使血液流注于蹄，妨碍肾水的濡润，使蹄甲焦枯坚硬，血行障碍而成疼痛。治法：用铲刀削除枯死蹄甲，再以烙铁烧烙，休养一个时期，可愈。

（血毒病源歌语释）血毒病的原因是血中火毒流注于蹄，以致血行迟缓，外感风邪而成蹄胎骨枯焦之病。经过铲削火烙的治疗，休养半个月左右，每天配合适当的运动，就可恢复。

【原文】

黄帝问岐伯曰："十、脾毒者何?"岐伯答曰："脾毒者，肉属脾脏，外应于唇，风热盛，传于唇肿，乃名脾毒风也。以白针刺破，醋调药末敷上；若肿不消，火针刺破，出黄水即安。秦艽散治之。”秦艽 盐豉 黄柏 炒盐（各等分），右为末，先以白针刺破，醋调涂，三两上即差。

脾毒病源歌第十

脾毒热气口色黄，唇肿高时不似常。

秦艽盐豉同黄柏，炒盐等分细为良。

涂之三上须安可，岐伯留下有名方。

语释　黄帝问岐伯说：“十、脾毒病如何诊疗?”岐伯回答说：“脾毒病的原因是，肌肉属脾，外应于唇，由于脾脏风热太盛，外传唇肿，就叫脾毒风病。治法：用白针扎破唇肿处，醋调秦艽散涂之，若肿不消，再用火针扎流黄水，即安。”今将处方药理简述于后。1. 秦艽，苦能燥湿，辛能散风，去肠胃之热，益肝胆之气，养血荣筋，善治湿，胜风杈等病。2. 盐豉，发汗解毒药。3. 黄柏，治阴火之毒气。4. 炒盐，凉血散火。以上 4 种各等分，共研细面，先以白针扎破唇肿处，后用醋调涂，如此 2～3 次即愈。

（脾毒病源歌语释）脾毒病的原因是热气凝结而成。症状有口色黄唇高肿。治法：秦艽散连涂三次可好。这就是岐伯留下的良方。

【原文】

黄帝问岐伯曰：“吾闻肠受谷气者，不转注五脏，发起疮肿?”岐伯答曰：“上焦出气，以温分肉而养骨节，通腠理也。中焦出气，温注谷而登荣卫经络；下焦出气，微凉为和，和则通经络。阴阳已张，因息乃行，行有经纪，周有道理，与天合同，不得休止。切而审之，从虚去实，泻则不足，疾则气留，补虚泻实，则气血已调，形神乃持。”“余已知血气和平不淤，未知壅毒之患所从生，成败死生之期其有远近，何以知之?”岐伯曰：“马有六龙祖之尊贵，经脉流行不止，与天同度，与地合纪，故天宿失度，日月薄蚀，地经失纪，水道流溢，草木不成，五谷不植；马经脉不通，壅肿成疮，血脉犹然故也。夫血脉荣卫，周身流而不息，上应星宿，下应经络，寒邪客经络之中，则涩涩而不通，血不得复，故肿也。寒气化为热，热气盛则肉腐为脓；不泻尽则疮，筋骨肉不得相亲；经脉败，则漏薰于五脏，五脏有伤，故曰疮肿也。”

语释 黄帝问岐伯说：“我听说胃肠中所接受的五谷精华之气，不能转送于五脏时，就要发生疮肿?”岐伯回答说：“上焦蒸发出来的精气，是温暖肌表，营养全身骨节，通达腠理；中焦蒸发出来的精气，它分解水谷，将水谷精华，化生成荣气和卫气，使之流行于经络中；下焦蒸发出来的精气，性温微凉，才是正常，正常则能疏通经络，使阴阳平衡，气血畅行。至于气血流行周身，是有一定的循环规律，它和天地的运行规律，有些类似，都是周而复始，循环不已。在诊疗时，切脉要分别虚实，治以泻有余补不足，则气血调和形神乃安。”黄帝又问说：“我已经知道气血和平，就不会发生气凝血滞病。但不知壅毒的厉害，因何而来，以及病的轻重和生死如何识别?”岐伯说：“马有六脉（六龙即六脉，就是六经六气之脉，在胸脯两旁，左应心肝肾，右应肺脾命）。我们兽医先辈，非常重视经脉的流行情况，经脉在畜体全身，流行不息与天地的运行规律相同，当天体运行失去常度时，则有日蚀月蚀的情况发生，地面河流淤塞不能畅通，则发生水溢的侵害，使草木五谷淹没成灾，马体经脉不能疏通，则发生肿胀变为疮疡，因为血脉流行，也和上述情况是同样的道理，因此荣卫气血，在周身运行，川流不息。外与畜体周围的自然界气候环境互相适应，内与本身的脏腑经络相联系。或外感寒邪入于经络中，则经络很快就要发生滞塞不能宣通，血也就不能畅行无阻，这时就要发生肿胀。如果得不到及时合理的治疗，寒气久郁于经络则化为热，热到一定的程度，则把肌肉烧烂变为脓水，脓水出不尽，就越烂越大而成疮疡，使该处的筋骨、肌肉不能互相亲近，经脉紊乱就会引起毒气的内陷，侵害五脏，五脏受到侵害就有性命的危险，这就是疮肿病由轻到重由生到死的情况。”

【原文】

黄帝问岐伯曰：“痈疽疮肿有几？何以别之”岐伯答曰：“外辨不破，乃一十八般痏。发于上者速，发于下者缓；溢血者，名曰血痏。不治则化为脓，针下莫针上；若针上，则为肉者，疮孔出血者，活其血。治肿者，泻已成脓者，未成脓者无令泻，三日后方孔；冷不发，顽硬者，血候，即五日破也。”

语释 黄帝问岐伯说：“痈毒疮肿共有几种？各种不同症状如何鉴别？”岐伯回答说：“痈毒疮肿，外表无破伤的有一十八种，称为痏症。发于上部者，属阳性，病势来的快；发于下部者，属阴性，病势来的慢；有血外溢者，就叫血痏。治不及时，则将肌肉腐烂化为脓液。这时需要动手术开疮口以引脓外出，首先注意的一点，不论任何部位，必须从下面开口，若从上面开口，就有排不尽的脓液继续腐烂好肉的不良后果。如疮孔出血特多，内服活血消淤药。在肿长时，要识别其是否已经化脓成熟，已成熟者，可开口排脓；未成熟者，不要轻易开口排脓，否则反而延长病期，最好内服促进化脓药，三日之后待其成熟再行开口，触诊患部冰凉，顽固坚硬的，可内服顺气活血药，等五日化脓成熟再开口。

• 按语

原文所说（十八般疳）究竟不知古人的原意是指什么样的疳，共有 18 种之多。成为后人待解之谜。

【原文】

黄帝问岐伯："夫疔疮者，有几?"岐伯答曰："疔疮者，有五般。有浮痂，疮在皮者，是黑疔；疮在清肉者，是筋疔；疮在死皮者，是水疔；有赤水者，是血浸疔；疮有脓血发肿者，是气疔疮。此是五般疔疮也。"

语释

黄帝问岐伯说："疔疮有几种?"岐伯回答说："疔疮有五种：一、疮烂在皮部，且有浮痂者，叫黑疔；二、疮烂在白肉层（肥肉）叫筋疔；三、疮有死硬皮者，叫水疔；四、疮有血水者，叫血疔；五、疮有脓血高肿者，叫气疔。这就是五种疔疮的不同症状。"

• 按语

按疔的意义，是疮形多圆，痛如钉刺，在马骡多见于腰背肩髆等部位。其原因不论鞍伤或垫髆伤引起，总之多为负担重量压迫过度或鞍具不适当，以致局部充血肿胀而发生。病名虽分五种，但其病因和部位大致不离上述范围。

【原文】

黄帝问岐伯曰："黑疔疮，何以别之?"岐伯答曰：

“黑疔疮以药涂之，不得用刀子割，有风毒，肿起于心，以生姜膏治之。”

生姜 巴豆 胡桃仁（各等分），右三味，细研为末，涂疮上即安。

黑疔疮病源歌第一

黑疔涂药用生姜，巴豆胡桃烂锉将。
便用小油调敷肿，疮痂落尽最为良。

语释　黄帝问岐伯说：“黑疔疮如何诊疗?”岐伯回答说：“黑疔疮的治法，最好用药膏外涂于患处，不可用刀割。因为这是心脏火毒，又外感风邪而发生。疼痛十分厉害，所以用生姜膏治疗，较为妥善。”今将药理处方简述于后。1. 生姜为宣通壅滞，发表风邪之药。2. 巴豆辛热有大毒，开窍宣壅，属以毒攻毒之法，去油用。3. 胡桃仁味甘性热，外涂可解疮毒。以上 3 种各等分，研细末，涂患处即效。

（黑疔病源歌语释）黑疔的治法，是用生姜膏（处方如上述），以香油调涂于肿处，可消肿脱痂而愈。

【原文】

黄帝问岐伯：“筋疔者何?”岐伯答曰：“筋疔疮者，热盛使其有汗，毒气侵之，活肉变为筋疔疮也，以续断散治之。”

续断 蚕屎 干姜（烧灰）皂角（烧灰），右为细末，干贴之，后用醋打面糊调，涂定，三日看之。

筋疔病源歌第二

筋疔有汗热来侵，活肉青时皮底深。
干贴续断并蚕屎，川姜皂角要推寻。

面糊布上将涂定，三日已后必安宁。

语释 黄帝问岐伯说："筋疔疮如何诊疗?"岐伯回答说："筋疔疮的原因是劳动出汗，后以致热毒凝结，侵蚀好肉变为筋疔疮。可用续断散治疗。"今将处方药理简述于后。1. 续断，外用可治跌打损伤和痈毒疮肿，有活血化瘀止痛生肌之功。2. 蚕屎，正名晚蚕沙，主治风湿特效。3. 干姜宣通经络，去寒邪而解表。4. 皂角，软坚化硬，通窍散肿。以上四种，共研细面，干撒于疮部，然后用醋打面糊，外涂疮口，隔三日看一次。

（筋疔病源歌语释）筋疔病因是劳动出汗后热毒凝结而成。看到皮肉有青色时为肌肉已烂到深部。治法：干撒续断散（处方如上述），外涂醋打面糊摊布盖疮口，3天之后必定敛口生肌。

【原文】

黄帝问岐伯："水疔疮者何?"岐伯答曰："为远行饮水，聚在疮中，积成水疔疮也，草乌头散治之。"

草乌头 穿山甲 蛀虫 硇砂 龙骨 葶苈子（各等分），右为细末，干贴疮上，立差。

水疔病源歌第三

水疔饮水聚疮中，龙骨硇砂最得功。
穿山甲共葶苈子，乌头更使气脉通。
捣罗将来为细末，上其此药绝其踪。

语释 黄帝问岐伯说："水疔疮如何诊疗?"岐伯回答说："水疔疮的原因是远行将回，虚火未降，急饮空水，站立不牵行，以致水积而成此病。用草乌头散治疗。"现将处方药理简述于后。1. 草乌头，大能燥湿利水药。

2. 穿山甲，通经络消肿止痛。3. 虻虫，破淤血。4. 硇砂，脱腐朽。5. 葶苈子，泻水气。6. 龙骨，敛疮口。以上六种，各等分，共研细面，干搽患处，很快可愈。

（水疔病源歌语释）水疔疮是饮水太过，停留不散积聚而成。治以草乌头散（处方如上述）研末干搽特效。

【原文】

黄帝问岐伯："血浸疔疮者何？"岐伯答曰："血浸疔疮者，因为血气毒而浸于活肉，损其好肉，名曰血浸疔。以乌金膏治之。"

巴豆（去油）乌金石① 红娘子 力青② 血竭（各等分），右为细末，干搽于疮上，差。

血浸疔病源歌第四

血疔恶肉急要医，血浸发时头又低。

力青血竭红娘子，乌金巴豆又生肌。

杵罗为末共同用，圣人留下后人知。

注解

①乌金石：即石墨，《医学集成》，金疮出血，急以石炭（石墨）末敷之。疮深不易速合者，加滑石。乌金又指墨和铁，赵普方："醋磨浓墨，痈肿发背四周，中以猪胆汁涂之，干又上，一夜即消。"证明墨治水疔，石墨治血浸疔，原刊作"乌石"据本草补。

②力青：又名沥青，系由松香和黄蜡熬成，并非现在石油工业所生产的沥青。

语释　黄帝问岐伯说："血浸疔疮如何诊疗？"岐伯回答说："血浸疔疮是血分毒气侵蚀好肉而为害。用乌金膏治疗。"今将处方药理简述于后。1. 巴豆，去油叫巴豆霜，性热有毒，外用可消疔肿。2. 乌金石，即石墨，有解毒化淤血之功。3. 红娘子，破淤通经特效。4. 力青，即沥青，有排毒生肌之功效。5. 血竭，止血敛疮口之药。以上5种，共研细面，干搽即效。

（血浸疔病源歌语释）血浸疔的烂肉，急须要去净，此病在发展时有头低症状。可用乌金膏治疗。（处方如上述），这就是前人留下后人要知道的良方。

【原文】

黄帝问岐伯："气疔疮者何?"岐伯答曰："气疔疮者，因为贼风吹着，皮肉死，气血不通，变成恶疮形状，草料不吃，用药饵治之，草乌头散治之"。

草乌头（去尖） 杏仁 巴豆（去油） 斑蝥 葶苈子 律角虫（各等分），右为末，用温浆水洗过，干贴三二日，换再贴。

气疔病源歌第五

气疔风盛冷来侵，变成恶疮已日深。
乌头去尖葶苈子，斑蝥杏仁要停均。
律角虫生为细末，将来涂贴莫教深。
不经旬日生痂子，却见原毛喜不禁。

语释 黄帝问岐伯说："气疔疮如何诊疗?"岐伯回答说："气疔疮的原因是局部受风邪，以致皮肉死硬，阻碍气血不通，转变为恶性的疮肿。严重时不肯吃草，这是疼痛难忍的反应，内服散风活血药，外用草乌头散治疗。"今将处方药理简述于后。1. 草乌头，在这里以毒攻毒，治顽固性的恶疮。2. 杏仁，连皮尖生用，在外科用以杀虫止痒。或内服须去皮尖。3. 巴豆去油，名巴豆霜，亦为以毒攻毒之药。4. 斑蝥，破血瘀，通经络特效。5. 葶苈子，泻水下气。6. 律角虫，不知何物，存缺待补。以上 6 种各等分，共研细末，用温浆水洗净疮脓，将药干撒于疮上，如此隔三两天，继续换药，以好为度。

（气疔病源歌语释）气疔是因冷风侵入皮肉，以致腐烂而成恶疮。可用草乌头散治疗（处方如上述）不到 10 天就可脱痂复原。

【原文】

黄帝又问岐伯曰："诸般毒者何以知之?" 岐伯答曰："夫疔疮者，恶者分治之，未发之，非肥渴，为古发之异或疮发自洗，似若小节，或侈大患，皆是微微，宜善采之。欲知是非轻重，按其此处是良马，□贵后四肢，此是得节失，审定后即为一。第一便烙，第二用其中百个效九分。微小者，用药涂之，不得便烙，有火毒，易化为漏疮。补泻全在药。药者在内医五脏热毒，所发于外有诸般疮肿，皮肤外即冷，□已不用其热药，温凉为法，开其口，泄热而生也。"

语释　黄帝又问岐伯说："各种毒疮如何可以看出?" 岐伯回答说："疔疮这种病，属于恶性的要赶快治疗，在未到严重之前的原因，不是由于膘肥体壮，久渴失饮所引导的火毒而发生，就是过去已经患过此病而复患。此外，还有一种原因，可能是某种疮毒蔓延浸淫，初如小结节，最后逐渐发展成为恶性的疮伤。总之此病的危害性不大，尽在医师，采用有效良方。要知道这病的轻重。根据临症实验，多是发现于膘肥的好马，其后遗症多为四肢关节部有浮肿和痛感等病，经确诊后，最好的疗法，就是局部火烙法，配合内服药，疗效可达百分之九十。在轻微时，先用药外涂患处，不见好转，就用火烙法。因有火毒，治不及时，最易变为漏蹄疮。至于补正气以促进泻毒气的自愈力，主要全凭内服药。因内服药，可泻五脏热毒，外用可治局部疮肿，触诊皮肤表层虽然冰凉，但亦不必用热药，须用温凉药。使疮肿化脓开口排出，就可退出火毒，这样，则患部自然恢复痊愈。

• 按语

本节内容，根据文字的理解错漏很多，今本人揣情测理的摸索探讨，略加语释。

四、取槽结法

【原文】

凡马取槽结，须要及时，六脉分别无病，合行开取。取日且忌大风大雨，风是祸害，雨是绝命，更要天气晴明，及避血忌日。医兽如辨认槽结，软即是风结，候熟，只用白针豁破，出了脓，即消，好效。摸着滑打人手者，是槽结。如取槽结时，摸着硬者是筋膜也，涩者是肉也，软者是血筒也。若取槽结，早辰空草取，先须要好笼头缰索，高牢桩柱。用刀子割开大皮口子，次后左面立地，用刀子打开右面膈膜口子，从上细意取下；右面立地，用刀子打开左面口子，从上细意取下；两面搜寻槽结都尽，次用油半盏，炒盐二盏，盐油都入在疮口内。养马人不得乱用水洗疮口。三日内兽医绝早用水洗疮口，将手于疮口内左右搜寻，积聚脓血物去尽。自当日，养马人每日五七度净洗疮口，隔一日用美水草治肺及消黄药灌啖，限半月好谷。若是板着舌胎，即舌胎肿硬，用白针簇之，便用止痛药灌；若板着涎窝，即口内有清白涎不止，即用止痛治肺药灌啖；若板着或刀子割着涎血，乃用干粪或纸塞疮口治之。大忌损着蛾眉，即咽喉肿痛，咽水草不得，如是肿气两日不消，须用开喉。如槽结取尽及六脉分别无病，开取十足好效。如因有槽结，热上鼻湿，及有槽结失取，因而生肺毒疮，虽不鼻湿，及草料不减，此二病，十中可医五六。或有槽结失取，兼脏腑攻注鼻湿之病，十中可医三。

歌曰

槽结元从胎里来，脏中饮血隔不开。
胃气时时随母出，心胸蕴毒结难挨。
后代医工细意取，莫犯涎血及血胎。
涎胎犯着犹可疗，犯着蛾眉惹祸灾。

语释　凡是通过手术取槽结的马，手术要及时。另外作术前检查，在胸脯两侧切诊六脉（左侧心肝肾脉，右侧肺脾命脉）无疾病，方可施行手术。开取之日切忌刮大风下大雨，因风是病邪之首，雨有伤害生命的危险。临开之前，术者更要详细复查：如槽结是软肿，这是由于风热而成，不可妄行开取，待其熟透，只有白针扎破，放出脓，就可消肿好转而愈。若触诊滑硬如球，且有一定重量，才是真正的槽结，在开取时，用手细摸，如有硬的，是为筋，滞涩的是肉，软的是血管，动手术时，最好在清早，使患畜空草半饱，要作好保定工作，使患部露出，剪毛消毒，根据槽结的大小，术者在患部用刀切开表皮，后站在患畜左侧，用刀剥开右面隔膜，从上细心取下；然后站在患畜右侧，用刀剥开左面隔膜，从上细心取下，待两面的槽结全部取尽后，用食油、炒盐（适量）注入创口内，作为消毒。术后精心护理。

歌释：

槽结原因是胎毒，父精母血双结合。
胞中饮血渐长大，母子同气连呼吸。
胎成产出谁母腹，总的根源是肾毒。
气血流行通心肺，攻注槽道为结核。
开取槽结要记确，涎窝舌胎莫伤着。
涎胎总是还不大，损着蛾眉了不得。

• 按语

古代动手术的条件，不同于现代，所以强调天气清亮，现代有了手术室和病畜住院的厩舍设备，就可以不受这个限制。若无此种设备时，仍应注意这项要求。至于马粪的止血，油盐的消毒是古代的朴素方法。最好采用现代的止血法、消毒法。对于软肿的风结，在已化脓尚未成熟时，建议可内服促进化脓药，疗效更快。附方于后。此外，对预防槽结的发生，可预服知柏汤，以解其毒。轻者可以不生，重者亦可减轻病情，使病好得快，不至为害，附方于后，以作参考。1. 软坚化脓散：治一切疮肿，未成脓时即消散，已成脓时即熟透。炮甲珠（30 克），皂刺片水煎去渣（30 克），连翘（24 克），桔梗（30 克），金银花（24 克），蒲公英（30 克），制乳香（24 克），制没药（24 克），生香附（18 克），木香（12 克），防风（ 15 克），赤芍（18 克），南红花（12 克），甘草（15 克），共研细末，鸡清 5 个，麻油 120 毫升为引，同调灌之，一剂至两剂，临时酌情而行。如肿胀咽药困难时，可以不研末，熬水去渣用鼻腔投药器灌之。但要每剂药熬灌两次才行。2. 知柏汤：治一切阴火病，包括预防槽结病。明知母（白酒炒）（60～120 克），川黄柏（白酒炒）（60～120 克），木香（9～15 克）共研末，调水灌之，两副至五副酌情而行。忌喂黑豆，否则解药。

五、放血法

【原文】

秦穆公问伯乐曰："马于春首针刺出血者何也？"伯乐答曰："人受气于癸，癸阴水也，水主肾，肾主精，故精气多而血气少；马受气于丙，丙阳火也，火主心，心主血，故血气多而精气少。故必针刺出血者，不使血气太盛而为疾病也。然出血必于春首者何也？盖春木也，夏火也，木生火者也。马即为火畜，火又受气于亥，生于寅，旺于午，伏于戌，必于春首针刺者，春火生时，于是针刺分其血气，不致太盛。故虽火畜，至夏火旺时，血气调均，不至淫过而生诸病也"。穆公曰："善。"

语释　秦穆公问伯乐说："马在初春要放血，其理由是什么？"伯乐回答说："人和马的生理不同，人是受气于癸，癸是（十天干）的第十数，用以代表阴水，水为五行之一，在五脏是属肾。所以说（水主肾）肾主藏精气，所以人是精气多而血气少。马受气于丙，丙是（十天干）的第三数，用以代表阳火，火为五行之一，在五脏是属心。所以说：（火主心）心是主生血气。所以马是血气多而精气少。放血的理由，就是为了不使血气太过而生病。而放血的日期，为什么要在初春呢？因为春天是草木萌芽的季节，夏天是气候炎热的季节，春木能生夏火，马属火畜。按（十二地支）化气的规律是：巳亥化风，子午化热，寅申化火，丑未化湿，卯酉化燥，辰戌化寒。因此，马又受气于亥，因东风生木，木生火，故火之孕育始于亥位，而生于寅位，以寅为相火之位，故火始生于寅。午为君火之位，午为暑热最盛之时，故火旺午位。戌为寒水之位，戌主寒化，水能克火，故火至戌位潜伏。所以要在初春放大血，即趁春季风木始旺时。用针刺以泻其血气，使马在夏天不致因火热过盛而生各种热病。”穆公说：“你说的很好。”

【原文】

血在周身经络中，惟有大血管流通。马为年少膘分大，血盛逢春变热风。精神如惊多恍惚，皮毛揩擦似生虫。须将大血金针刺，索系项后卷其鬃。郁得血筒皮下胀，度量深浅用神针。欲得顺毛流下稳，不须猛出若愁容。血筒有似带中水，切忌针伤第二重。

语释　血液在全身的经络中循环，独有大血管为流通全身。马在壮年瘦肥的时候，血气最为旺盛。每到春季容易产生的内热生风的疾病。其症状：表现精神如受惊有恍惚不安静的动态，皮毛经常揩擦，痒如虫行，这都是血热的根源。最好的方法是放大血。扎法：将头抬高，先用细绳捆紧脖颈上 1/3 处，逼使颈静脉血管（即大血）弩张，再按照膘情的肥瘦和皮毛的厚薄长短，把针刺的深度固定，然后瞄准血管的中线，速刺出血。切忌扎透血管的里面，以免引起血向内流的意外事故。

【原文】

凡放马血，先看虚实肥瘦，定出血多少。若马膘大肥实，即出血宜稍多；若马膘小瘦怯，即出血宜少。放血穴十有一，须是心虑精专，洞晓穴道，乃能用针的速，浅深分数不差。放时方要天气晴明，不是血忌及马本命日，且令早晨空草，牢与列维口蹄。若放眼脉血，即用走索子于半项中郁起眼脉血筒。若放鹘脉血，则用走索子于项后卷起鬃，郁起鹘脉血筒。余穴不用走索子。用针之法，大马先针左，骒马先针右，须用指按定，血筒要实；若针了血出，更不须用指按定。十一穴中泻胸堂、尾本穴出血，须截筒用针放于穴，并顺筒用针放。此论春首放血之法耳。大抵放血不宜太多，寻常除春首外，无病惜血如金，有病弃血如泥。今列穴名十二，除夜眼穴不针外，并所治病证，用针浅深分数，出血止血法于后。

语释　凡扎放马血，先要看到马体的肥瘦，气血的虚实，决定出血量的多少。如膘肥的就稍微多放些，瘦弱的就少放些。十二经络中宜于放血的主要穴位有十一个，在未扎之前，医生必须细心考虑，熟悉各穴的部位，才能准确掌握针刺的深浅与合理的操作方法。放血时，要在晴天，时间最好在早饭后，等马下槽肚空为宜。预先把马的嘴和四蹄，保定牢固，防止踢咬伤人。若扎眼脉血，将缰绳绕过两前肢，游离端再系于笼头上，使头低下血管努张。若扎鹘脉血，保定方法与扎大血同，并卷起鬃毛，将头抬高，以便扎针，逼起鹘脉血的静脉血管弩张，其余各血，就不用绳捆了。大多数的马放血不可太多，一般情况，除春季放血外，无病不放血，爱惜血像金子那样珍贵；有病时放血，弃血如弃泥。除夜眼穴禁止放血外，对主治疾病，针度的浅深，出血太多时，具体的止血法分别说明于后。

【原文】上六脉穴

一、眼脉穴：在眼后四指。是穴用走索子于项中郁起眼脉血筒，入针二分，用针轻滴为妙手，重即令有肿气。疗肝脏热，眼中泪出病。去了索子，血定，未得饮喂。隔日用洗肝散灌之。

二、鹘脉穴：在颊骨下四指。是穴用走索子及卷起鬃，郁起血筒，左手捏穴，右手用针，入针三分，用心择探行针。疗五脏积热、壅毒、揩擦疥痨病。去了索子，血定，用面粘纸花子贴之，未得饮喂。隔日用凉膈治肺药，或使五参散灌之。

三、胸堂穴：在胸前臆骨两面。是穴用两指骑定血筒，入针三分。疗心经热，胸中一切痛病。要血住，即用手捏穴即止。且立，未得牵行。

四、带脉穴：在肘后四指两面。是穴入针二分。疗黑汗及肠黄病。要血住，用干粪盖针眼，用肚带勒之即止。隔日用凉膈散美水草治肺药灌之。

五、肾堂穴：在外肾两边。是穴，左面蹲腰立，入针二分，放右面血；右面蹲腰立，放左面血。疗肾脏风邪把胯病。要血住，用手捏之即止。隔日用止痛入腰胯药灌之。

六、尾本穴：在尾底去根四指。是穴须得手重，入针三分，更把尾窍拽动，方得血出流利。疗腰间滞气、气把腰病。要血住，须用干粪贴针眼及用纸数重衬，以索子扎之，候一二时即止。用止痛行气药，空草灌之，及用药放腰上。

语释

一、眼脉穴扎法同五，放血法。部位在两眼外角后面约 4.5 厘米处的面横静脉血管上，左右各一穴，拔针后，以血流轻滴为深浅适宜。若针度过深，则出血快，针孔容易高肿。主治肝热流泪病。扎法同前。

二、鹘脉穴的部位，在颊面下 6～10 厘米之间的颈静脉血管上，左右各一穴，扎法同前。主治五脏积热壅滞成毒，及疥癣痒擦病。

三、胸堂穴的部位，在胸前臆骨两旁的臂头静脉血管上，左右各一穴，扎此血以两指分离式的按定血管，入针皮破血出为宜。主治心经热，及胸中一切痛病。要止血，以两指掐紧穴孔即止。这时应使患畜站立。不要牵行。

四、带脉穴的部位，在肘头后面 6～10 厘米处，即胸侧胸外静脉血管上，左右各一穴。入针以血出为宜。主治黑汗病及肠黄病。要止血，用干净的干马粪按于穴孔，再将肚带勒紧，立止。

五、肾堂穴的部位，在公畜的外肾两边，即两后肢内侧隐大静脉血管上，左右各一穴。扎针的姿势，医生在患畜的左面蹲腰而立，扎右腿的血，入针以皮破血出为宜，再向患畜的右面蹲腰而立，放左腿的血。主治肾脏风邪把胯病。要止血，用手掐住血孔，即止。

六、尾本穴的部位，在尾下离尾根约 6 厘米的正中处尾静脉上，仅一穴。扎此穴要手重些。入针出血为宜，扎后随着手持尾巴拖拉摆动几下，才可出血快。主治腰部气滞病。要止血，须用干净的干马粪按于血孔。再用纸数层裹缠尾根，以细绳捆紧，很快即止。

【原文】下六脉穴

一、同筋穴：在胸堂下，腿里四指。是穴左面蹲腰立，入针二分，放右面血；右面蹲腰立，放左面血。疗闪折着、乘重骨肿痛病。要血住，用手捏之即止。用止痛治肺药灌之，及用药敷熁。

二、夜眼穴：在夜眼下四指。两面各一穴，其穴是禁穴，不行针刺。如有肿痛，用止痛治肺药灌，及使药敷熁。

三、膝脉穴：在膝下四指两面。是穴左面蹲腰立，左手摸右面穴，筋前骨后是穴，入针二分。疗闪折着、夹膝骨肿痛。要血住，用手捏之即止。右边蹲腰立，放左面血。用止痛治肺药灌之，及用药敷熁。

四、曲池穴：在后脚雁翅掠草骨下曲处。是穴，左边蹲腰立，入针三分，放右面血；右面蹲腰立，放左面血。疗雁翅、鹅鼻、蒺藜骨肿痛病。要血住，用手捏之即止。用美水草治肺药灌之，及用药敷熁。

五、缠腕穴：在前脚攒筋骨上，后脚鹿节骨上，筋前骨后。是穴，左边蹲腰立，用左手握穴，右手入针二分，放右面血；右边蹲腰立，放左面血。疗板筋太硬及失节、腰痛病。要血住，用手捏之即止。用美水草药灌，及用药敷熁。

六、蹄头穴：在前脚川字上，后脚八字上，离盏口半指。是穴，蹲腰立，入针二分。疗攒筋、鹿节骨肿痛及蹄胎肿痛病。要血止，用手捏之，或用索之系定即止。用美水草治肺药灌之，及用止痛膏药涂搽蹄胎。

语释

一、同筋穴的部位，在胸堂穴下，前肢内侧约 10 厘米正中静脉血管上，此穴入针出血，扎针的姿势，在患畜的左侧蹲腰而立放右腿的血，在右侧蹲腰而立，放左腿的血。主治乘重骨闪伤肿痛。要止血，用手掐住血孔即止。

二、夜眼穴的部位，在夜眼的静脉血管上（即前肢乘重骨内侧），左右肢各一穴。此穴禁止针刺。（因此血紧靠动脉血管，稍微偏些，易扎伤动脉，有流血不止的危险，所以古人称为禁血）。

三、膝脉穴的部位，在前肢掌骨内后侧下约 6 厘米处静脉血管上（即掌内侧静脉），此穴左右肢各一穴，扎针的姿势，如扎右肢，在患畜的左肢处，蹲腰而立，以左手摸右肢的穴，在筋之后是穴。入针出血为宜，主治膝部闪伤瘀血流注痛病。要止血，用手掐住血孔即止。如扎左肢在右肢处，蹲腰而立，以右手摸左肢的穴放血。

四、曲池穴的部位，在后肢跗骨内侧，跗穿静脉上。扎此穴的姿势，站在患畜的左边蹲腰而立，入针出血为宜，放右肢的血；在右边蹲腰而立，放左肢的血。主治雁翅骨、鹅鼻骨、蒺藜骨肿痛病，要止血，用手掐住血孔即止。

五、缠腕穴的部位，球节部，掌内、外侧，静脉血管上面，四肢各一穴。扎此穴的姿势，如扎右肢在患畜的左侧，蹲腰而立，左手按穴，右手扎针出血为宜；放左肢的血，在患畜的右侧，蹲腰而立，放左肢的血。主治板筋粗大直硬和闪失腕关节肿痛病。要止血，用手掐住即止。

六、蹄头穴的部位，在蹄的有毛与无毛相交处的蹄静脉上，分正中与左前方右前方三处，排列为川字形，左右前蹄各三穴，都在静脉血管上，以每蹄一穴计数，又在两后蹄的有毛与无毛相交处的蹄静脉上，分左前方右前方二处，排列为八字形，左右后蹄各二穴。扎此四蹄穴的姿势，都蹲腰而立，入针出血为宜，主治前肢攒筋骨，后肢鹿节骨肿痛以及蹄胎骨肿痛病。

司牧安骥集　卷四

三十六起卧病源图歌

（本卷大意）

本歌内容专载马骡起卧病，病名共有 36 种，每种病都有绘图示意于前，编列七字歌诀说明于后，并加小字注解，其中歌句不一，每病最多 10 句最少 4 句，亦有 6 句 8 句的，但 8 句者较多。所绘图样，多为标准的外貌症状，歌文虽少，言简意深，主要介绍各种起卧病的症状及治法，小字注解，则是重点写出各病原因及症状的分析，可为研究起卧病的参考资料。

小字原注的开头语，每病都有皇帝师皇问答的形式，看来是当时作者借古人之名而立的问答式。语释，应不分大小字依次解释，为便于分析，先释大字歌文，后释小字注文，比较系统，因此，歌文称歌释。

三十六起卧图歌①

肝　经　部

第一　水掠肝起卧病源歌

【原文】

马因吃水损其肝，两眼如痴似泪漫；（黄帝问师皇曰："水掠肝者何?"答曰："水掠肝者，因久渴而不饮水，饮而复太过，水盛也。厥阴主其病。"又云："肝者其色青，受气于亥，旺于卯，病于巳，死于午，墓在酉②。"又曰："水掠而伤魂，水木而伤于眼，眼中泪出也。"经曰："肝死也，其味酸，其性太也。"）行动之时如醉狗，此时病状救无缘。后代之人习此理，君还不信试医看。

歌释　水掠肝的原因是饮水过量损伤肝脏而得。症状：两眼迷，泪流淋漓，若到肝不藏魂时，则有行走如酒醉，东倒西歪样，这时难以挽救。后代医生要知道此病有性命之危，如果你还不相信，一经试验，就可看到结果如何。

语释　黄帝问师皇说："水掠肝病怎样诊断?"师皇回答说："水掠肝的病因是渴极得不到水喝，忽然喝水过量，以致水盛火衰，内伤厥阴肝脏而为病。"又说："肝藏魂是肝的正常功能，水伤肝则肝不藏魂，出现行如酒醉的外象。肝有病外应于眼，饮大量水，冷气伤肝，出现眼泪淋漓的外象。内经说：肝到死绝期，出现目不转睛的绝象最明显。"

补注

①三十六起卧病源图歌顺序，按重编校正《元亨疗马牛驼经全集》排列，个别文字要参考该书。

②五行在四季中的盛衰状态，是以旺、相、休、囚、死的规律反映的。用这一规律反映自然界事物发展变化的趋势。配合五脏反映生理、病理变化的过程。这里的地支是指时序的，如寅卯为春季，申酉为秋季，亥子为冬季。参考《内经》脏气法时论篇便易理解此类文意。类同的不再作注。

心　经　部

第二　心痛起卧病源歌

【原文】

心痛起卧有殊功，口内如花脉带洪；（黄帝问师皇曰："心痛者何？"答曰："心痛者，乘饥而走太急，因而吃水太急，伤心。冷热不和，水克火，心病也，少阴主其病。"又云："心者火也，心痛而汗出也；口中赤者心，白者肺，黄者脾，五脏相传，口如花也。"）或即胸前多有汗，大黄、紫菀、麦门冬，生姜、甘草并鸡子，羌活、茯苓、肉苁蓉。九味将来同共使，便是王良妙药功。

歌释 心痛起卧病有特效的方剂可以治好。症状：口色有赤白黄3种颜色，赤色痛在心，白色痛在肺，黄色痛在脾，疼痛相传五脏，因此，口色中兼见各种颜色而成花样。切诊双凫心脉洪大，若到严重时，胸前多有出汗现象。治法：内服清心解热药，就可止痛。处方：大黄、紫菀、麦冬、甘草（泻心肺之火热）、茯苓（补心虚而利水）、肉苁蓉（滋肾水以降火）、羌活（解表和里）以上7种，共合研末，生姜（和胃缓痛）、鸡清（清心平热）为引，同调灌之，这就是王良先师留传下的有效方剂。

语释 黄帝问马师皇说："心痛病怎样诊疗？"马师皇回答说："心痛的病因是，当肚饿时在劳动中行走太快，未经休息立即饮水，喝水又急，以致冷气伤心，冷热相凝而成痛，此为水克火之心脏病。是少阴心经受病。"又说："心属火，心痛而有出汗之象。看口色有赤、白、黄相兼之色，色赤属心，白属肺，黄属脾，是五脏相传的外应，所以口色如花样。"

第三　心黄起卧病源歌

【原文】

第三心黄不转睛，咬身用力痛无声；（黄帝问师皇曰："心黄者何?"答曰："心黄者，五脏积热，注于心肺，久而不治，乃变为黄，少阴主其病。"又云："心者火也，其色赤，受气于亥，生于寅，旺于午，病于申，死于酉，墓在子。"又云："心伤即神伤，神伤心作黄也。"又云："火返刑母，乃木火上传于目，故不转睛也。咬身者，心痛。做声，心黄痛急甚也。"）麻黄、大豆并鸡子，水煎连灌便惺惺。又方郁金黄连散，速将此药下猪清。

歌释　心黄的症状：眼睛不转动，用劲咬己身，一般情况，痛亦不吭声。治法：内服麻黄（开毛窍发散风热）、黑大豆（滋肾水以泻心火）、鸡子清（清心热）。配法：先将麻黄、大豆共合水煎去渣候凉，再入鸡清灌之，就可清醒有好转。又方：内服郁金（凉心活血）、川黄连（泻心肝火）、猪脂油（凉血利肠）亦可收效。

语释 黄帝问马师皇说："心黄病怎样诊疗?"马师皇回答说："心黄的病因，不仅心热而是五脏皆热，这种热毒流注于心肺，经久不治变化而成。致使少阴心经受病。"又说："心藏神，是心的正常功能，心有病则心不藏神，神受伤害便成心黄。"又说："心属火，肝属木，木生火，肝为心之母，肝有病外传于眼，目不转睛，乃心火传肝之象。此为子病犯母。咀咬己身是心痛，严重时候中多有吭声。"

第四 脑黄起卧病源歌

【原文】

马患医家辨脑黄，口中沫出又冲墙；(黄帝问师皇曰："脑黄者何?"答曰："脑黄者，积热伤于心肺，久注脑中生黄也。少阴主其病。"又云："肺热而口中沫出，心热而癫狂，狂而闷冲墙。"又云："乃热极也。")汗出打尾啖凉药，脑开二孔与淋浆。(又云："汗出伤心，热极打尾，心闷燥也，用水淋之。")每朝新水频淋脑，灌药仍须性要凉；若于六脉针流血，便是神农真药方。

歌释　马得了起卧病，医生要识别脑黄病，其特征是口吐白色黏沫，向前冲墙抵壁，此外还有出汗，摔尾的症状。治法：内服清凉解热剂。再于脑部用井花凉水淋浇，淋时以布蒙头。每天连续淋浇，还须扎放大血或胸堂血，以泻心肺热毒。这就是神农氏留下的有效良方。

语释　黄帝问马师皇说："脑黄病怎样诊疗？"马师皇回答说："脑黄的原因是，热毒积于心肺，上攻于脑，经久不治流注而成。是少阴心经受病。又说：口吐白黏沫，是肺热，向前冲抵墙，是心热。又说：脑黄是热极的一种急性病。又说：汗为心之液，心热则出汗，汗出则伤心液，故有烦躁不宁之象。摔打尾巴，亦热极而有疼痛之象。用冷水淋头，以阴制阳法。"

• 按语

歌中便是神农真药方一句，是假托古人之名。

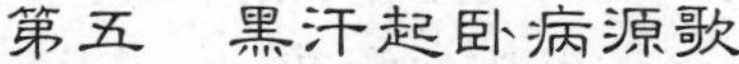

第五　黑汗起卧病源歌

【原文】

第五医家用妙方，浑身肉颤汗如浆；（黄帝问师皇曰："黑汗者何?"答曰："黑汗者，因久热伤心肺，又为春秋不抽六脉血，又不能四时灌啖，血脉壅滞也。"又云："因乘千里，热困伤心，乃少阴君火主病。颤者热，热极上心，心痛而汗出，乃心为神主，生火，火生血，又伤血。"）先去尾尖十字劈，后须汗出用一方。（又云："出血者，泻心经热，尾连肠，肠连心，心连肾。"）裙衣蒙脑淋新水，袜汁冲喉人粪抢；（水伤脑，脑是诸阳之会，臭反伤气。）眼鼻三江宜少许，是须明记返魂香。

歌释 第五种起卧病是黑汗（热射病），此病属急性，医生要用救急方去治疗，症状：浑身肉跳，汗出淋漓。治法：先于尾尖穴用小型利刀十字劈开放血以泻热救急。若出汗不止，可在下列三方之中采用一方。1. 用人的衣服蒙头，以井花凉水淋浇，可清热解毒。2. 用人的袜汗汁和人粪共合调灌，以促进血液循环。3. 用三棱针扎放眼脉血，三江大脉血，以排血泻热。

语释 黄帝问马师皇说："黑汗病怎样诊疗?"马师皇回答说："黑汗的病因是，热毒久藏，伤于心肺。或膘肥体壮，春季不放六脉血（如大血或胸堂血）又在夏季不灌清凉剂，以致血液淤滞不通而为病。"又说："或因乘骑远行千里，以致热极伤心，乃少阴君火受病。肌肉颤动，是热极攻心，心痛则汗出，汗为心之液。心属火，正常的火可生血，若火太过可伤血。"又说："尾尖放血，可泻心经热，乃取其尾连肠，肠连心，心连肾之意。用井水淋头以及灌袜汗汁人粪，都须少量，适当运用，若太过，水可伤脑阳，臭可伤肺气。”

• **按语**

歌中“袜汗冲喉人粪抢”一句，不科学和不卫生，此病放血解热就可治好。

第六 邪病起卧病源歌

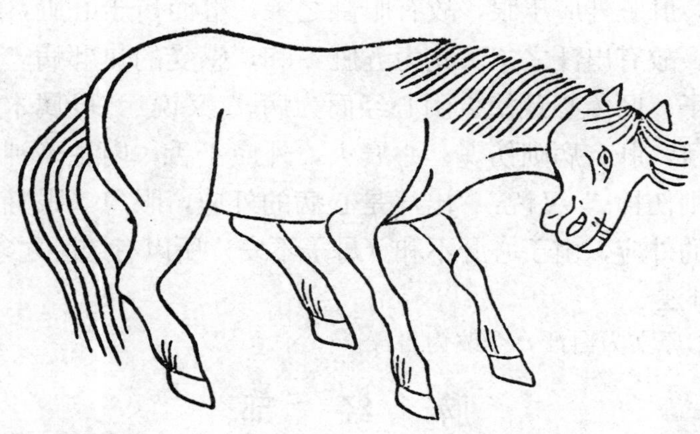

【原文】

忽逢邪病用心看，自汗[补注①]流时两眼翻；（黄帝问师皇曰：“邪病者何?”答曰：“邪病者，饥渴饮喂失时，而五脏受其邪气。初得时，气先攻肝脏，次又传眼，眼急又传心脏，遍身汗出，五脏不和，受其邪气，少阴主其病。”又云：“肝者木也，外主其目，伤魂也；心者火也，外主其舌，内主其神。”又曰：“汗也，汗出心伤；肝受气而眼急；汗出心伤，困也，故病起卧也。”）麝香、瓜蒂吹鼻内，上唇出血当时安。

歌释 忽然遇到一种热邪病，要细心诊断。症状：两眼翻起（圆睁直视）汗出如流。治法：麝香、甜瓜蒂（苦丁香）共研细面，每用少量，吹入两鼻内，使喷嚏通窍；

再扎放上唇之内唇腧血，外唇腧血，很快就可血液流通，汗止而安，眼视正常。

语释 黄帝问马师皇说：“热邪病怎样诊疗?”马师皇回答说：“热邪的原因是，使役过度，不能按时休息，饮喂失时，脾胃受到饥渴，以致五脏六腑得不到正常的营养。这时内脏抵抗力虚弱，因而感受一种热邪，由于役伤肝虚而先攻肝脏，肝脏外应于眼，故有眼翻之象；继而传于心脏，汗为心液，故有出汗之象。此为五脏不和，感受的热邪病。为母病及子，肝传心致使少阴心经而为病。”又说：“肝属木，外应于目，肝有病则伤魂；心属火，外应于舌，内主藏神，心有病则伤神。”又说：“出汗是心病的外应，眼急（眼翻）是肝病的外应，由于心肝不和（母子不安）所以有起卧之象。”

补注

①原文为白汗，今改为自汗。

脾　经　部

第七　脾气起卧病源歌

【原文】

第七脾家起卧难，摆头打尾上唇蹇；（黄帝问师皇曰："脾气痛者何?"答曰："脾气痛者，因困而饮水太过，寒气伤脾，乃起卧也，太阴主病。"又云："脾土其色黄，受气于巳，生于子，病于寅，死于卯，墓在辰。"又云："上唇蹇者脾痛也，唇通脾；摆尾者，胃痛也。心者火也，火生土，见水相刑，水火不和也，冷热不解，故有此病、起卧也。"）颤卧有时立即倒，垂腰无力似风瘫。（又云："肉者属脾，脾痛肉痛，肉痛而颤倒者，脾性急也；垂腰，胃病无力也，不食水草，弱者似风瘫也。"）先针胁上兼针鼻，气药生姜灌便安。

歌释 第七种起卧是脾气痛，这病痛感非常紧急，看到十分难受。症状：摇头摆尾，上唇向外上方翻起，肌肉震颤起卧不安，有时立刻卧倒，行走时垂腰无力，好像风瘫病。治法：火针脾腧穴，扎放外唇腧血，内服顺气健脾和胃药，生姜为引灌之便安。

语释 黄帝问马师皇说："脾气痛怎样诊疗?"马师皇回答说："脾气痛的原因是，过劳疲倦，喝水太过，以致寒气伤于脾胃而作痛。是太阴脾经受病。"又说：上唇向外翻，表示脾痛，唇为脾之外应，摆尾表示胃痛。心属火，火生土（心生脾）心为脾母。脾与胃相表里，脾为里属阴，胃为表属阳，胃火来源于心火，由于饮水多则阴气盛而伤胃阳，因此形成水克火的寒热凝滞而作痛。"又说："肉为五体之一，肉属脾，脾通肉，故脾痛有肉颤之象。此病急性，垂腰无力，表示胃痛，故有水草不进似风瘫之象。"

肺经部

第八　肺痛起卧病源歌

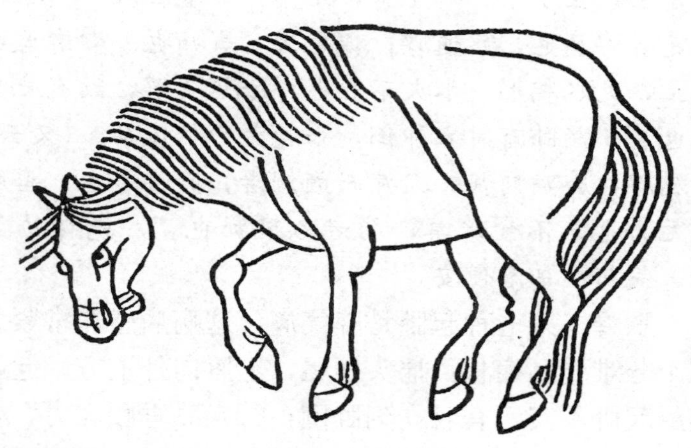

【原文】

肺痛起卧喘微微，口内如绵要辨之；（黄帝问师皇曰："肺痛者何?"答曰："肺痛者，因太饱上走太急也，伤于五脏肺气也，太阴主其病。"又云："气属阳，脏属阴，其肺白。受气于寅，生于未，旺于酉，病于巳，死于午，墓在卯。肺伤者白也；赤者心也，五色传变，如花色也。"）或即胸前多有汗，此时用药不宜迟。（又曰："肺是五脏华盖，下连心肺病于阳，以阴而克阳也，故有此三般。"又曰："汗出伤心故也。"）砂糖、乳汁并鸡子，消黄治肺共扶持；啖之三上无痊差，必定抛亡岂复疑。

歌释　肺痛起卧病的症状：呼吸短弱，口色发白，舌软如绵，严重时，胸前多出汗，这时内服药物治疗，用白糖，人乳，鸡子清为引，配入清肺消黄药内，共合灌之，以救危急，如服三剂不见好转，必有性命之危，这是无疑问的。

语释　黄帝问马师皇说："肺痛病怎样诊疗?"马师皇回答说："肺痛的病因是，吃得太饱，走得太快，以致饱伤五脏及肺气，太阴肺经受病。"又说："气为阳，脏为阴，伤肺者，口色现白；伤心者，口色现赤。若心肺俱伤，则口色赤白相兼，如花瓣之色。"又说："肺的部位在各脏之上，如华盖，其下直接连心。此病乃心血瘀热伤肺气所致，为阴血伤阳气。故有呼吸短弱，口色发白，舌软如绵的这三种症状。"又说："出汗为心脏衰弱的表现。"

第九　罗膈损起卧病源歌

【原文】

损着罗膈切须知，出气频多起卧迟；（黄帝问师皇曰："损着罗膈者何?"答曰："损罗膈者，饱上走急，鼻气壅，而伤罗膈也。太阴主其病。"又云："气属阳，脏属阴，罗隔属心。心为火，肺为金。"又曰："气壅而气拒，二脏不和，乃伤于气，故胸中痛。"）酥蜜半升并白芷，更添没药用当归；甘草、麒麟、骨碎补，三服必定去乘骑。香白芷、麒麟竭、没药、骨碎补、当归、甘草各等分为末，用酥蜜各半升，灌之，差也。

歌释 罗膈损的一切症状必须知道，主要症状是出气多入气少，起卧迟缓，不敢用劲。治疗方法：内服酥油、骨碎补（滋补肾水）、蜂蜜（润肺利肠）、当归、白芷（和血止痛）、没药、麒麟竭（血竭）（散瘀消肿）、甘草（调和脾胃）以上 8 种研末共合同调灌之，照方连服三剂，隔一天灌一剂，就可治好。

语释 黄帝问马师皇说："罗膈损怎样诊疗?"马师皇回答说："罗膈损的原因是饱肚劳动行走太急，以致鼻道壅滞呼吸不畅，肺内气体过多而压迫罗膈受到损害。太阴肺经受病。"又说："气为阳，脏为阴，膈接近心的部位。心为火，肺为金（火克金）。"又说："气壅而血阻，气属肺，血属心，气血不和即心肺二脏不和，损伤肺气，故胸膈凝痛。"

• 按语

原文小注："气壅而气阻"按文意应是"气壅而血阻"，故改。

第十 罗膈伤起卧病源歌

【原文】

马患难医罗膈伤，精神渐减越寻常；（黄帝问师皇曰："罗膈伤者何？"答曰："罗膈伤者，因饱食走急，气不及出，冲损罗膈也。太阴主其病。"又云："心伤，肝肺伤，魂神魄伤而精神短慢也。"又曰："外主心肺，魂伤于里。经云：罗膈不可犯也。"）膈损更兼肉又颤，鼻内时流血水浆，眼目昏昏兼腹胀，血奔心时喘息忙；（又曰："眼目漫漫者，肝伤也。喘而伤肺，气不通上下则腹胀，血奔心时罗膈损也。"）为报医工休治疗，大都此病必难让。

歌释 马得了难以治好的一种病，就中罗膈伤。症状：精神一时不如一时的减退下去，和正常大不相同。是神气丧失的现象。由于罗膈受到损伤，疼痛异常，以致浑身肌肉亦有跳动，还有鼻流血水，双目昏暗，肚腹膨胀等症状。若到血归心时，则呼吸促迫，此为心绝的临死期。上述一系列症状，都明显的告知医生，此病难以治好。

语释 黄帝问马师皇说："罗膈伤怎样诊疗?"马师皇回答说："罗膈伤的原因是，饱肚上坡走得快，气不及出而又入，逼损罗膈。太阴肺经受病。"又说："正常生理是心藏神，肝藏魂，肺藏魄。若心肝肺俱伤，则失去神魂魄的功能，故精神沉郁。"又说："剖检只能看到心肝肺的形态而神魂魄则看不到，此属内伤。内经说：罗膈不可侵犯，犯之多死。"又说："眼目昏暗是肝脏受伤，鼻气喘粗是肺脏受伤。肺气不能上下通行则腹胀；血攻心时则呼吸促迫，为罗膈伤的临死期的心绝之象。"

第十一 蹙着五攒痛起卧病源歌

【原文】

蹙着当时四蹄攒，为缘血脉不通连；（黄帝问师皇曰："蹷着血脉者何?"答曰："蹷着血脉者，因久热而伤饱走太急；又春秋不抽六脉，更不依四时灌啖，蹷着血脉，积聚太多，血壅滞而不和也。少阴主其病。"又云："血热上攻之，血冷下注之，气也；血热上攻于脑，故血冷注于四蹄，攒蹷也。"）五日七朝不医疗，腰曲头低行步难。（又云："心，血海也；血者热伤于心，心伤于神；头低伤气，气伤肺，肺经也。"）火急方中看药饵，抽其六脉自然安。

歌释 蹷着五攒痛，这个病名，是指腰和四肢共五部。因行走太急，忽至忽拴，失于牵散，使气血凝滞而成紧缩不舒畅的样子。初期症状，仅四肢紧缩，步度短小，由于血液循环的流行受到障碍。若治不及时，延迟到五日至七日，即可发展为腰曲头低，四肢不能开步的严重现象，在这时候，要有急如失火的看法，赶快内服顺气活血的药物，再扎放六脉血（如胸堂血、肾堂血、四蹄头血）自然就可平安。

语释 黄帝问马师皇说："蹷着五攒痛是血液循环病，怎样诊疗?"马师皇回答说："蹷着五攒痛的血液循环病，其原因是久经伤火，饱肚劳动走的太急，又因膘肥，春不放血，亦不按四季分别灌药，以致气血凝滞而成此病。少阴心经受病。"又说："血热则热气上攻；血冷则冷气下注，故血热上攻脑，血冷下注蹄，而成为蹷着五攒痛的症状。"又说："心为血海，血热则伤心，伤心则伤神，头低即伤气，伤气即伤肺，此属内伤心肺气血而为病。"

肾经部

第十二　肾黄起卧病源歌

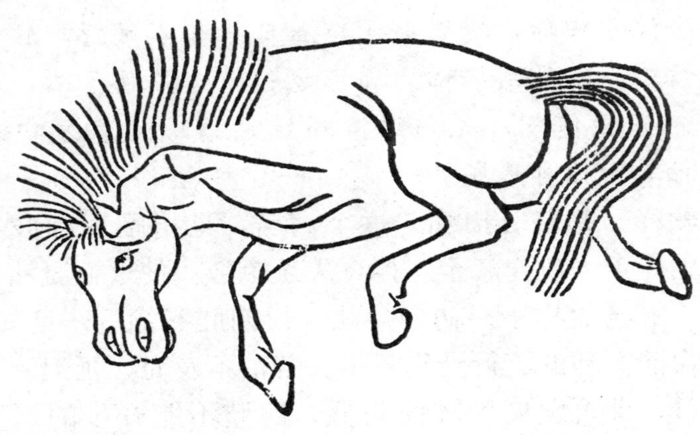

【原文】

十二医家看肾黄，搐肷时时喘便忙；（黄帝问师皇曰："肾黄者何?"答曰："肾黄者，受热而走太急，伤着内肾，变为黄也，少阴经主其病。"又曰："喘者，困极而伤肺也；肾是水，心是火，火极炎也；搐肷者，肾痛也；火生黄，肾旺亦生也。"）踏地舒腰立即倒，八窌腿上两傍相；（又云："倒者，肾痛也；踏地者，胞痛也；两傍者，针其穴也。）更抽尾下微微血，朴硝、油、水、蜜冲肠；（尾连肠，肠连心，一脏一根苗也。）只用解毒消黄散，便是师皇伯乐强。

歌释　第十二种起卧，医生要看肾黄病。症状：两肷抽搐，连续不停，呼吸促喘，小便频数，后蹄频踏，有时展腰，立即卧倒。治法：在八窌穴扎白针以泻肾毒。再扎放尾本血，最后将朴硝、麻油、蜂蜜等利肠药灌之，或内服解毒消黄散亦可，这就是马师皇伯乐留下的良方。

语释　黄帝问马师皇说："肾黄怎样诊疗?"马师皇回答说："肾黄的原因是，久经伤火而又劳动行急，以致热毒传肾，变生黄病。少阴肾经受病。"又说："喘，是劳动过度，伤肺气。肾属水，心属火，此属水亏火旺之症。肷部抽搐，肾痛之象，火能生黄，肾火太旺，亦能生黄。"又说："卧倒而不站立是肾脏痛，后蹄频频踏地是膀胱痛，扎八窌穴治之。"至于尾连肠，肠连心，一脏一根苗，意指放尾本血，既可泻肾与膀胱火，又可泻心火而不至于传肾。

第十三　肾痛起卧病源歌

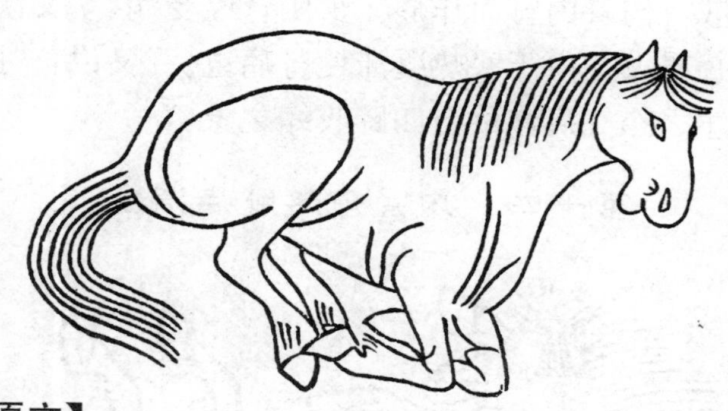

【原文】

肾痛起卧慢微微，簇簇攒攒起卧迟；（黄帝问师皇曰："肾痛者何?"答曰："肾痛者，因饥困而走太急；又饮水太过，伤着内肾，冷气注其阴而起卧也，少阴主其病。"又曰："肾者水，其色黑，受气于巳，生于酉，旺于申，病于午，死于丑，墓在辰。"又云："肾是水，心属火，冷热不和，攻之肾痛也。"又曰："冷气痛而冷下四蹄攒也。"）口鼻尾尖须出血。肾棚针熁更何疑。茱萸、厚朴、当归药，温酒相和要灌之；损着肾棚难治疗，应须不损寿堪期。

歌释 肾痛起卧病的症状：从外貌看，是轻微缓慢不很紧急，在起立和卧地的时候，表现腰腿紧缩，行动迟缓不敢用劲的姿态。治法：扎放通关血、气海血、尾尖血可活血止痛；火针肾棚穴，加艾团灸，以温暖肾经，内服吴茱萸（暖肝肾，散寒邪）、厚朴（平胃泻湿）、当归（养心补血）以上3种，共研末，白酒（通经散寒）为引，同调灌之。若肾棚受到损伤，则难治疗，否则可以好转。延长寿命。

语释 黄帝问马师皇说："肾痛病，怎样诊疗?"马师皇回答说："肾痛的原因是，劳动过重，饥渴太甚，行走太快，以致亏损肾气；回来又在草后饮水过量，因之冷气流注不散，伤着内肾而作痛。少阴肾经受病。"又说："肾属水，心属火，由于寒热凝滞使肾痛也。"又说："此病是冷气下注之冷气痛，故有四蹄收缩之象。"

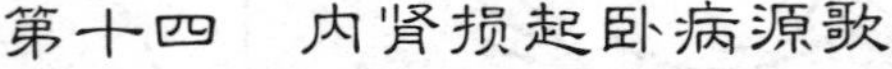

第十四　内肾损起卧病源歌

【原文】

马患难医是肾灾，脊梁着地四蹄抬；（黄帝问师皇曰："内肾损着者何?"答曰："内肾损者，乘饱而走，困极伤着内肾及心，二脏不和，少阴主其病。"又云："脊梁着地者，内肾损而痛也；四蹄抬者，筋痛也。"）后脚梢空如此病，方中无一免轮回。（又云："内肾上有十二条筋，通在遍身，两条通脑，两条通眼，两条通耳，两条通鼻，两条通前脚，两条通后脚。肾痛筋痛，筋痛而后脚梢空也。"又曰："肾为命门，绝者死也。"）盲医不会由自强，良医看了不堪才。

歌释　马得了最难治的一种起卧病，就是内肾损。症状：脊梁着地，四蹄朝空，不能起立，特别是两后蹄向后空踏，像这样的病多属十死无一生，盲目大胆的医生，可能认为病虽严重，还想把他治好，显出自己的高强技术，有经验的医生，一见这病，就会指出这是不可治的病。

语释　黄帝问马师皇说："内肾损怎样诊疗?"马师皇回答说："内肾损的原因是，饱肚使役走得快，精力衰极损肾脏，这时心肾不交，水火未济，致使心肾二脏不和。少阴肾经受病。"又说："脊梁着地，是内肾痛；四蹄抬，是腰部筋痛。"又说："肾为命门，即性命之根本，根本损伤，不能生存。"

第十五　蜱虫咬脬起卧病源歌

【原文】

咬脬起卧最幽玄，不在五脏及章篇；草料喂时依旧吃。

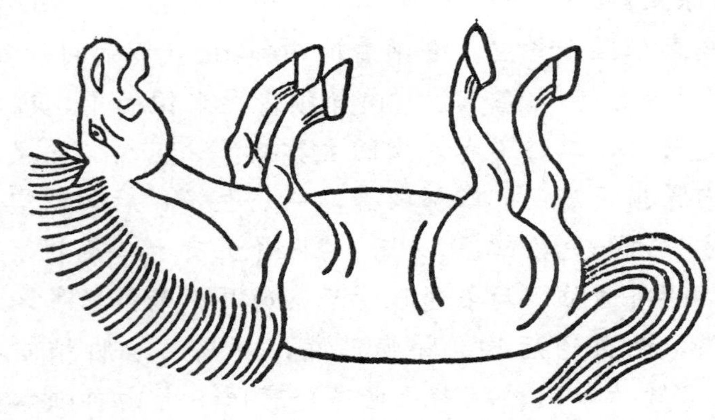

牵下棚来滚躿眠。（黄帝问师皇曰："咬脟者何？"答曰："咬脟者，马身上有虫，被主人系马在不净之处，其马卧，有蜱虫走奔胸腹，或袖口上咬，其马闷闷而横身，而起卧也。古时人有此，故注名之。"）有劳医人袖上觅，摘却之时必见安；后代之人习此理，免教良马受针酸。

歌释 蜱虫（小虫）咬脟（脟是阴茎）是马骡不能自行处理的一种难以忍受的疾病。不属内科病，而是外寄生虫病。患畜吃喝正常，仅因蜱虫咀咬痛痒难忍，每在下槽出圈时，立即卧滚不已或肚腹朝天，或侧卧看后，类似起卧的姿态。希望医生在其袖口上（阴茎包皮）找寻病害，就会发现。确诊之后，将蜱虫取净，立刻收效。学习兽医的后代，要懂得这个常识，不要粗暴地错诊为肚痛起卧，而轻易地施行针灸，以免忍受不应有的痛苦。

语释 黄帝问马师皇说："蜱虫咬阴茎，如何诊疗？"马师皇回答说："蜱虫咬阴茎的原因是，公马在天热季节草地放牧时，蜱虫由胸腹窜爬到阴茎上，被包皮卷入而为害。致马闷闷不安，将身横卧。上古时代亦往往出现此病。”

第十六　胞转起卧病源歌

【原文】

胞转蹲腰踏地跑，时时骤卧尾弯稍；（黄帝问师皇曰：“胞转者何?”答曰：“胞转者，因久渴而不饮，饮水太过，水盛伤于小肠，因而反复，乃胞转也。太阴主其病。”又云：“肠干伤，阳不和也。”又曰：“蹲腰者，小肠中痛；踏地者，胞转痛，拳腰腹痛，急甚而痛，乃骤卧也。”）水草不食更频卧，要知病状是尿劳。（又云：“水草不食者，劳急痛也，肾胞痛而心闷，乃卧；痛甚者，频起卧也。”）涂手用油于谷道，正后牵行三五遭，左右入手须拨正，小便通下见医高。

歌释　胞转病的症状：痛时蹲腰，像卧不卧，后蹄踏地似小跑，连续卧滚尾梢弯，不愿吃喝又肯卧地，根据病状是劳伤而得故称尿劳。治以人工放尿法：先剪齐指甲，用麻油涂于手上，插入患畜肛门，至手腕为度，把五指约束，慢慢向下，左右轻按几下膀胱口，解除膀胱麻痹或痉挛，可立刻尿出看到疗效，最后将患畜牵行三五遭，就行。

语释 黄帝问马师皇说："胞转病，怎样诊疗？"马师皇回答说："胞转的原因是，渴极不饮，饮水过量，以致阴寒伤于小肠，清气不升，浊气不降，引起膀胱不能排尿之病。太阳膀胱经受病。"又说：由于久渴不得饮，使肠干伤，阳气不和，亦为致病因素之一。又说：蹲腰，是小肠痛的症状，后蹄踏也，是胞转的特征。蹲腰弯如拳是肚痛，痛甚即卧滚。又说：此病水草不吃，是劳动急行，努伤膀胱痛，若痛严重时则有连续起卧的症状。"

胃 肠 部

第十七 热痛起卧病源歌

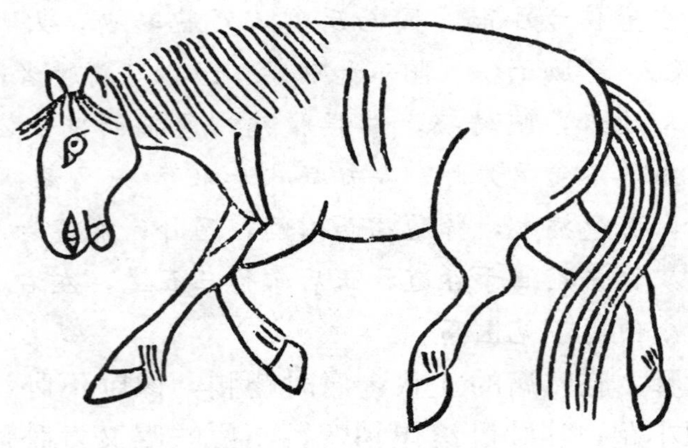

【原文】

良马虽然千里程，忽萦热病不惺惺；（黄帝问师皇曰："热病者何?"答曰："热病痛者，良马千里路程，久热而注其骨髓，兼春秋不放六脉之血，不依四时灌啖，积热伤于脏腑，并魂魄也，所以精神不遂，为不惺惺也。为是少阴主其病，起卧也。）口中似火多频卧，眼内如砂不转睛。（不转睛者，肝受其热，眼中涩也。口中似火者，心火上传故也。又云：心急闷而热多卧之也。）朴硝、甘草各一两，浆水相和要半升，鸡子共同灌下口，更须针鼻四蹄轻。

歌释　健康马，虽然能远行千里路程，但在热天忽然中了暑热，就会出现精神昏迷不清醒，口色鲜红而高热，多卧少站，眼睛赤红，目睛不转等症状。治法：内服朴硝、甘草，共研末，地浆水、鸡子清为引，共合调灌。再扎放气海血（过梁血）、四蹄血，就可止痛而愈。

语释　黄帝问马师皇说："热痛病，怎样诊疗?"马师皇回答说："热痛的原因是，暑热季节，远行千里，中了暑热，热气流注骨髓所致。或膘马春天既不放血，又未预服清凉剂，以致热毒传于肝肺，伤害神魂魄的功能，所以精神昏迷不清醒，主要是少阴心经受病而成起卧。至于目不转睛，是肝经受热外传于眼，眼中肝液（泪）缺乏的滞涩之象。口中高热如火，是心火外应于舌。又说：此病是由于心热烦闷，故有多卧少站的症状。"

第十八　草噎起卧病源歌

【原文】

马患草噎病堪医，口中沫出又迟迟；（黄帝问师皇曰："草噎者何?"答曰："草噎者，急困其表而气猛，牵着未定，乘饥困而吃草太急，成气而噎也。太阴主其病。"又云："饮出相射，冷热不和，逆气而为之也。经曰：肺热而口中沫出也，乃因阴阳不和而使气噎也。"）更把游缰系后脚，急行十步莫猜疑。（又诀曰："通气之意，先随之也。"）皂荚、瓜蒂、芸薹子，切须吹鼻不宜迟。又方便下顺气散，草噎时时圣手奇。

歌释　马得了草噎病（食道梗塞）是可以治好的。症状：正在吃草时，忽然口吐白沫，呈现不能咽下的样子。治法：把患畜笼头的缰绳，拴在他的后脚上，鞭打快走十几步，就可解除这个症状。再把皂角、甜瓜蒂（苦丁香）、芸薹子（油菜籽）共研细面，吹入鼻内，可使发喷通窍，协助通噎，在噎通之后，内服顺气药物，以防继发患部肿胀病。

语释　黄帝问马师皇说："草噎病怎样诊疗?"马师皇回答说："草噎的原因是，在劳动中，急行快走伤肺气，回来时呼吸未定，乘饥急吃而成气噎。太阴肺经受病。"又说："由于食道津液缺乏，不能润滑咽草，使气逆而成阻滞不通之象。内经说，肺热而口中有黏沫，乃阴阳不和之气噎病。"又说："此病以通气为先，气通则血行，血行则津液润滑而噎自通。"

第十九　水噎起卧病源歌

【原文】

水噎起卧少人知，缩项蹲腰汗沥蹄；（黄帝问师皇曰："水噎者何?"答曰："水噎者，为骑来气未定，乘饥困而吃水太急，冷气两相并，伤于心肺而水噎也。太阴主其病。水上不能散，下不能入，水噎也。缩项抬头者，心胸痛也。"又曰："汗出心伤，名水汗，阴阳不和也。"）口中清水涓涓滴，医工见者乱猜疑，（口中清水者，心水溢而不纳，水出者也。又曰：水胜其火也。）火急方中看药饵，胸前棒扦不宜迟；又方更用五香散，三江出血病须移。

歌释 水噎起卧病，在门诊上是很少见到的，因为他是发生于喝水时，突然而得的。症状：脖颈和腰部，都有紧缩不敢伸展的姿势，甚至汗流四蹄，口吐清水连续不停。医生看到，如果不加详诊和细问畜主了解情况，就易发生疑问。确诊之后，应有急如失火的动作，施行抢救。治法：马上用木棍在患畜胸前向后轻轻的顺推，以舒滞气。处方：五香散、丁香、木香、茴香、乳香、沉香共研末，调适量水，温灌之。扎放三江血，就可治好。

语释 黄帝问马师皇说："水噎病怎样诊疗?"马师皇回答说："水噎的原因是，乘骑将回，呼吸未定，虚火未降，乘饥渴而喝水太急，以致冷热之气，互相凝结，伤于心肺而成此病。太阴肺经受病。此病是水上不能出，下不能入，而为水噎。缩项抬头，是气凝于心胸之间而作痛。"又说："出汗是心经受伤，因为噎气而出汗，水属阴，气属阳，为阴阳不和。"口流清水，是水噎于心胸之间，不能入而返出。又说：此为水胜火（阴胜阳）之病。

第二十　水谷并起卧病源歌

【原文】

二十须看水谷并，汗出头低起卧轻；（黄帝问师皇曰："水谷并者何?"答曰："水谷并者，因饥渴饮饲失时，吃水太急，又饱走太过，水谷并也。太阳主其病。"又云："汗出心伤也，气不通下，而气入脑中，头低也；起卧轻

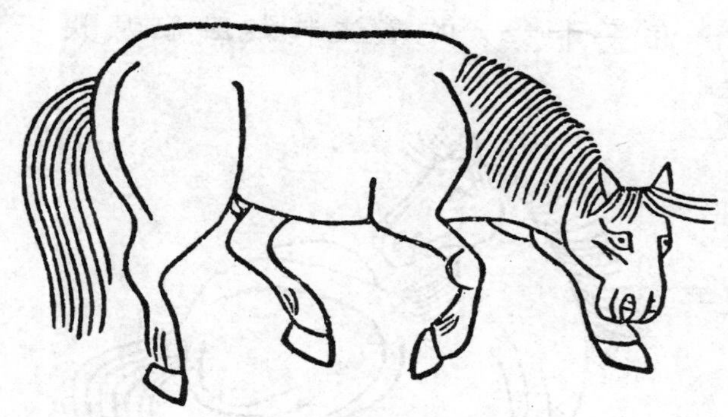

者，二脏不和，痛极难卧也。”）左右频频看腹肋，用药如前灌一行。（左右观其腹，为腹中痛也。大肠属金，小肠属火，冷热相冲，故令水谷并结也。）又方：还将麻子汤为药，疾遂消除似虎狞。

歌释　第二十种起卧病，本病为水谷病（胃扩张），这个病目，是根据病因定的。症状：浑身出汗，头低不抬，轻起轻卧，连续回头看左右两腹肋。治法：按原排次序第五小肠结的处方灌一付就行。又一种方法，再将麻子仁研碎熬汤灌之，很快止痛而安，恢复其健康时，如同老虎静卧的悍威姿态。

语释　黄帝问马师皇说：“水谷并怎样诊疗？”马师皇回答说：“水谷并的原因是，饥渴不能按时饮喂，所以到吃草料和喝水时，必然要快，又因饱后走的太急，引起水谷凝而不转。太阳小肠经受病。”又说：“出汗为心受伤，由于气不通下而上入脑，故有头低之象（实际上是头痛）。轻起轻卧为大小肠痛，不敢猛起猛卧。”左右看腹为腹中痛，大肠与肺相表里故属金，小肠与心相表里故属火，由于冷热相凝气血不和而成此病。

第二十一　吃着生料起卧病源歌

【原文】

谷豆全生喂骏驹，胀因生硬不舒苏；（黄帝问师皇曰："谷豆胀者何？"答曰："料豆胀者，马因失喂，元气虚而五脏受邪气，又走太过，令马腹中不能回转，冷热不和，故腹胀起卧也。阳明主其病。"又云："因为失饮，而腹中热也；冷气不和，而水伤谷，不消者也，故此为病也。"）滑石、腻粉并通草，灰汁、生油、一合酥，六味将来同共使，当时驰骡向长途。

歌释　多量的生硬豆料，喂了健康的马骡，很快就可发生胃胀病。其原因是由于豆料生硬，以致胃不舒畅而为害。症状：肚腹胀痛、起卧不安，行走拘束。治法：内服滑石、腻粉、通草、灰汁、食油、酥油。以上 6 种，共合调灌，当时胃内滑利而安，照常使役而无妨碍。

语释　黄帝问马师皇说："谷豆胀怎样诊疗？"马师皇回答说："谷豆胀的原因是，饥饿过时，困伤脾胃，这时元气虚弱，喂入生硬谷料，未经消化，急行快走，以致生料不能腐熟而成胃胀病。阳明胃腑受病。”又说：“又因喂后失饮，使马受渴而生虚热，再喂以生料，饮水又多，以致胃内冷热不和，亦可发生这病。”

第二十二　大肚结起卧病源歌

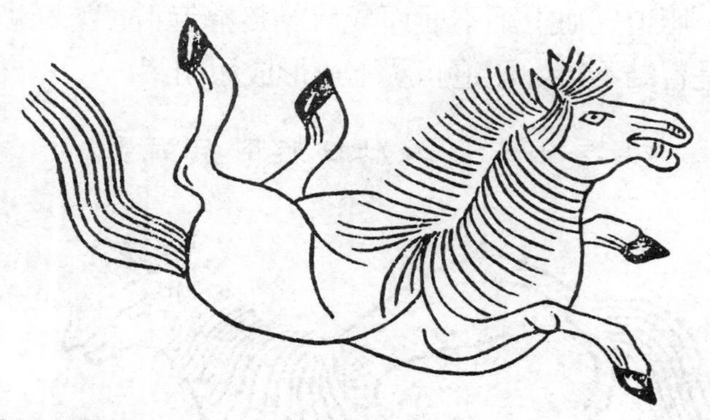

【原文】

马患须看大肚结，喘急肚高时时歇。（黄帝问师皇曰：“大肚结者何?”答曰：“大肚结者，因久热伤肝，传在胃中，冷热不和，故结也。阳明主其病。”又云：“脾不磨而草不消，更远行不饮，盛浓而结也。”又曰：“喘者气上不通下，气相并而肚结起卧也。”）小便打尾且奈何?（诀曰：小便多虚，一脏不行，二脏不通，多结也。）蜣螂、通草、猪油热，蝼蛄、鼠粪共相和，五味将来冲断结。

歌释　马得了起卧病，必须看出大肚结（胃结）。症状：气粗鼻咋，肚腹膨胀，起卧不安，连续卧地，由于胃结太重，逼迫膀胱，所以排尿困难，表现小便虚尿，摔打尾巴。治法：内服蜣螂（推粪虫）、通草、猪脂油（熬热）、蝼蛄、鼠粪，以上5种，共合调灌，就可冲开胃结而安。

语释 黄帝问马师皇说："大肚结怎样诊疗?"马师皇回答说："大肚结的原因是，久寒传脾，脾传于肾，脾胃受邪，冷热不和，以致食物停胃不传而成结。阳明胃腑受病。"又说："又因脾胃已患慢性消化不良，又劳动远行，渴不得饮，以致胃内缺少水分而成结。"又说："气粗鼻咋是由于胃内停留食物，压迫气血上下不通而成胃结疼痛起卧。"又说："小便多虚是胃结不行，压迫膀胱不通形成尿闭。"

第二十三 大肚伤起卧病源歌

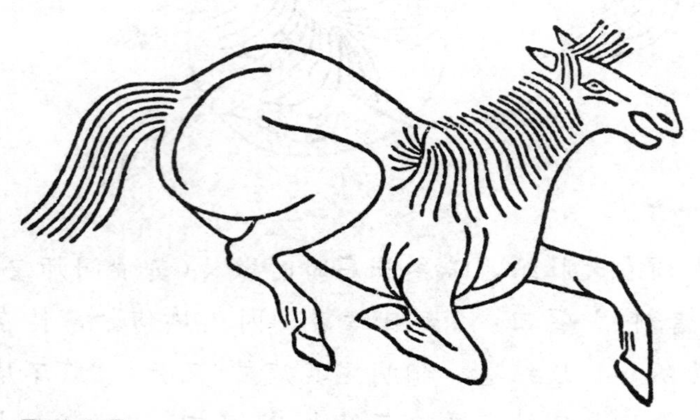

【原文】

马患须看大肚伤，卧时不起汗淋浪；（黄帝问师皇曰："大肚伤者何?"答曰："大肚伤者，因太饱而走太过，伤其大肚；又马水谷不能回转，痛而不起卧也。阳明主其病。"又曰："汗出心伤，痛急也。"）喘粗鼻咋兼肉颤，鼻内时流粪气浆。（鼻气喘而伤肺，鼻咋而气壅也。又云：血奔心而子奔母，土火也，心痛颤也。）哽气之时胃必损，便有灵方病也妨；（胃属土，土生金，气传于子，故肺气痛，哽气也。）为报医人休治疗，此时大会见无常。

歌释　马得起卧病，必须看出大肚伤（胃破裂）。症状：卧地不起，浑身出汗流漓不止，气粗鼻咋，肌肉发抖，鼻流草渣。最典型的一种特征，就是鼻腔与喉头之间出现硬气（吭气）必是胃破裂，任何良方活不了，为此告知医生不必治疗，此时性命难保，终归死亡。

语释　黄帝问马师皇说："大肚伤怎样诊疗？"马师皇回答说："大肚伤的原因是，吃得太饱，走得太快，将胃逼伤所致，或纯因饮喂水草过量不能行转，因痛甚卧地将胃跌破，阳明胃腑受病。"又说："出汗是心受病，表现剧烈的疼痛。"鼻喘是伤肺气，鼻咋是肺气不通。又说：在血攻心时鼻喘鼻咋更为显著，胃属土，心属火，火生土，此为子病累母，心痛而有肌肉发抖，亦为母子关系，胃属土，肺属金，土生金，由于肺气不能通行，所以有肺气痛，出现哽气（吭声）此为母病及子。

第二十四　冷痛起卧病源歌

【原文】

冷痛频频颤卧忧，四蹄长展或难收；（黄帝问曰："冷痛者何?"师皇答曰："冷痛者，因久渴而饮，又冷水太多，冷伤于胃，四蹄重，发起卧也。阳明经主其病。"又云："四蹄蜷者，冷气伤肾，冷下攻之，四蹄重也。"又曰："胃连脾，脾生肉，肉寒而颤，故发起卧也。"）往往雷鸣声在腹，时时蜷脚更回头。（脾者土也，病先传肺，肺传胃，胃中冷热不和而作声，腹中痛甚而回头起卧也。）药用细辛并陈皮，用水三升煎沸休。又方：皂角、艾、葱、盐水灌，火熨、汤淋病自瘳。

歌释 冷痛起卧病的症状：肌肉抖动，连续卧地，四蹄伸缩沉重迟缓，肠鸣如雷，时时四脚收缩，回头看腹。治法：内服细辛（温经散寒）、陈皮（理气和胃）以上两种，酌情定量，共研末，用水煎熬，注意搅动，候温灌入，就可止痛。又方：皂角、艾叶、葱白、食盐，用水同调煎水去渣候温灌之。或用砖块烤热，熨患畜腹部，或用布蘸热水烫浴腹部，都可治好。

语释 黄帝问马师皇说："冷痛怎样诊疗?"马师皇回答说："冷痛的原因是，久渴饮水，又饮冷水太多，以致冷伤脾胃，冷气注于四肢而作痛。阳明胃腑受病。"又说："四蹄收缩为冷气伤于脾胃之象，脾属四肢，由于冷气攻下，故四蹄沉重。"又说："胃与脾相表里，脾主肌肉，故脾胃寒，则肌肉抖动。"脾属土，肺属金（土生金）脾为肺母，脾胃有病，先传于肺，为母病及子；反之，若肺有病，亦可传于脾胃，为子病累母。由于胃中冷热相凝，故有肠鸣声，回头看腹，表示肠胃有痛感。

· **按语**

原注：有“冷气伤肾”一句，此病与肾无关，恐是排印之误，因而改为“冷气伤胃”较为合理。

第二十五　冷水伤起卧病源歌

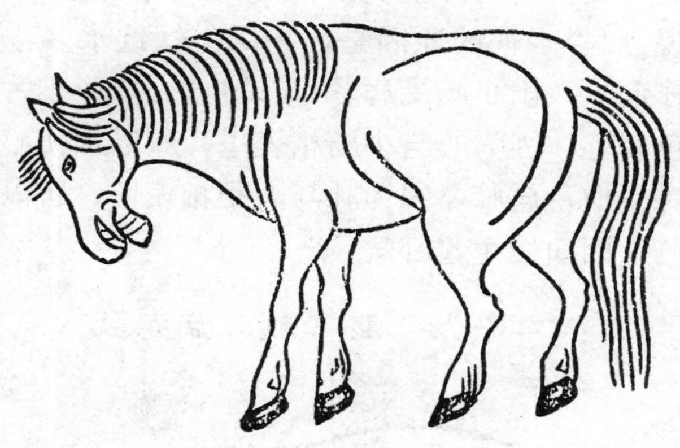

【原文】

马因吃水伤肠胃，玄妙方中看卧蚕；舌下赤时伤肠胃，卧蚕白者别观占。（黄帝问师皇曰：“冷水伤者何？”答曰：“冷水伤者，久渴而不饮，饮水太过，水盛伤于大小肠，冷也。太阳主其病。”又云：“小肠属心，通于舌，舌下赤者，伤心；舌下如白者，伤肺，肺伤冷，大肠乃不和，故发起卧也。”）芎穷、白芷、当归药，细辛、陈皮共相兼，好酒同调灌入口，便是神医用手拈。又方豆蔻并肉桂，生姜酒下圣经言。

歌释　冷水伤是马骡饮冷水太过，冷伤肠胃而作痛。在诊断上最好的一种方法，要看舌根底下，如赤色为水伤小肠，卧蚕白色为水伤大肠，要分别清楚。治疗处方：芎穷（川芎）、白芷、当归（和血止痛）、细辛（散寒行水）、陈皮（理气燥湿）、白酒（温经散寒）以上五种，共研末，白酒为引，同调灌之，很快就好。又方：肉豆蔻、肉桂、生姜共研末，白酒同调灌之，亦可治好，都是经验良方。

语释 黄帝问马师皇说："冷水伤，怎样诊疗?"马师皇回答说："冷水伤的原因是，久渴失饮饮水多，水伤大小肠而作痛。太阳小肠受病。"又说："心外应于舌，舌根底下赤色属心，因为心与小肠相表里，所以水伤心即伤小肠，若卧蚕白色属肺，因为肺与大肠相表里，所以水伤肺即伤大肠，因而发生起卧病。"

第二十六　肠黄起卧病源歌

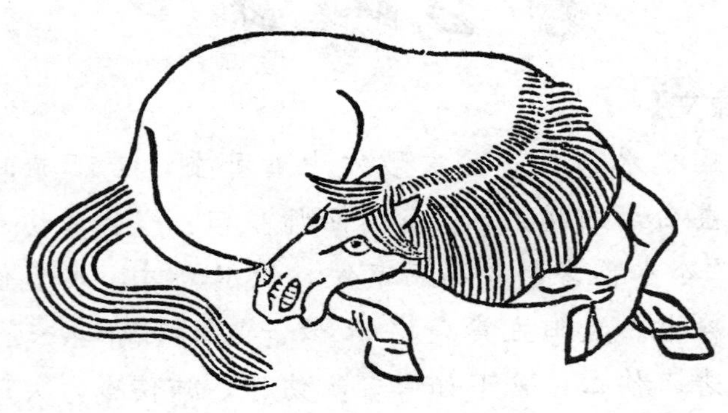

【原文】

廿六肠黄喘气粗，回头望腹脉徐徐；（黄帝问师皇曰："肠黄者何?"答曰："肠黄者积热伤其肺，肺受热，传入大肠，乃变为黄，阳明主其病。"又曰："上气不通，下气到肺经，乃出气粗也。"又云："其脉徐徐者，形证衰也；阳盛阴衰，伤气也。"又曰："回头者，肠中痛而起卧也。”）欲得病瘳带脉血，大黄、栀子、朴硝居。（又云：“脾连胃，胃连脾，带脉属脾，乃是太阴之经络也。”）又方：黄连、黄柏同为散，蜜共猪脂灌即除。

歌释　第二十六种起卧病是肠黄。症状：呼吸气粗，起卧不安，回头看腹，脉象沉涩。治法：扎放带脉血，内服药物：大黄、栀子、朴硝（清肠泻火）共研末，同调灌之。又方：黄连（治阳火）、黄柏（治阴火）共研末，蜂蜜、猪脂为引，灌之即好。

语释　黄帝问马师皇说：“肠黄病，怎样诊疗?”马师皇回答说：“肠黄的原因是，肺经积热传于大肠发生黄肿而作痛。阳明大肠受病。”又说：“清气不升，浊气不降，浊气上攻于肺则呼吸气粗。”又说：“脉象沉涩是机体衰弱，为邪盛正衰之象。”又说：“回头看腹，表示肠中有痛感。”又说：“肠连胃，胃连脾，带脉属太阴脾之经络。扎放带脉血，直接可泻脾胃火，间接可泻大小肠火。”

第二十七　气痛起卧病源歌

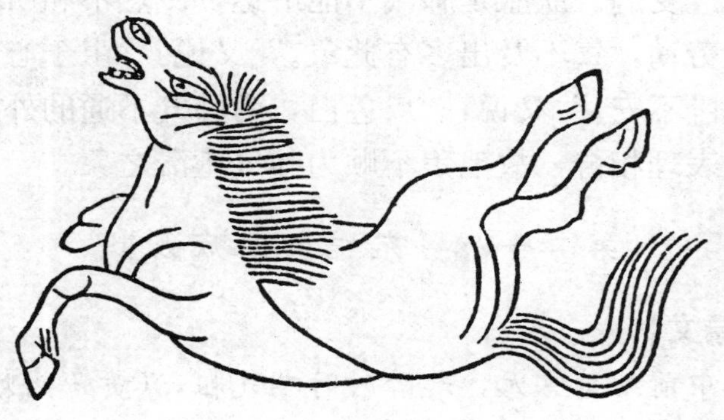

【原文】

马患气痛不调和，腹胀时时骒卧多；（黄帝问师皇曰："气痛者何?"答曰："气痛者，因太饥而乘困吃草太急，又饱而走太过，气伤肺也。太阴主其病。腹胀者，气不通下也，冷热不和，伤饱而攻之，兼走气不出。"又云："心闷而起卧多也。"）口白更干毛逆燥，肺家壅滞不奈何。（又云："白者肺之苗，毛者肺之气也。"）白术、曲末、当归散，酒煎连灌更无痾，每上灌时生姜蜜，三服必定见消磨。

歌释 马得了气痛是肺气不顺。症状：肚肤胀痛，连续卧地滚转不安，口色白、舌津干，毛焦不顺。治法：内服当归散，处方：当归、白术、神曲共研末，白酒、生姜、蜂蜜为引，同调灌之，每日一剂或隔日一剂，连服三剂，即可痊愈。

语释 黄帝问马师皇说："气痛病，怎样诊疗?"马师皇回答说："气痛的原因是，劳动过度，饥渴太甚，未经休息，上槽吃草太急，以致食物压迫肺气不能宣通而作痛。或饱肚劳动行走太快，以致努伤肺气亦可发生痛病。太阴肺经受病。肤胀是肺气不能下达，冷热不和所致。由于饱肚劳动，气不及出多有此象。"又说："由于心经烦闷亦有起卧不安。"又说："口色白，为肺气不通的外应，肺与皮毛表理相合，故毛焦不顺为肺气壅滞之象。"

第二十八　前结起卧病源歌

【原文】

病中前结莫言无，起卧时时喘气粗，（黄帝问师皇曰：

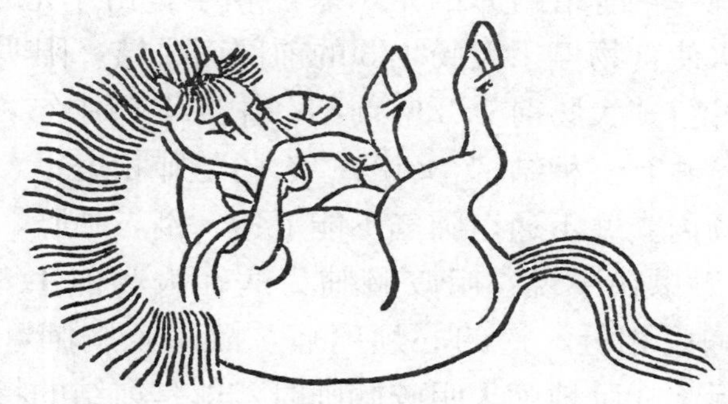

“前结者何?”答曰：“前结者，冷热相击，因饮失时，结在大肠四尺，前结也，是阳明经受其病。”又云：“大肠一丈二尺，前四尺，中四尺，后四尺，名三般结也。”又云：“大肠与肺为表里，主其气海，缘马粪塞定，气下不通，倒入肺，令喘息也。”）咬臆频频人不识，切须用药免教殂，（诀曰：咬臆者，病在前四尺，属心肺，闷绝而咬臆，为人不晓，其马仰天着嘴咬其胸中，痛之甚也。）滑石、腻粉并通草，灰汁、生油、一合酥，苦酒都将和合了，灌下之时病自苏。

歌释　起卧病里边，对前结病不能说没有。症状：起卧不停，呼吸气粗，在痛甚时，卧地朝天，前肢抱胸，咀咬胸脯，以示痛苦，兽医看到这些症状，就可及时服药治疗，以免死亡。处方：滑石（利窍行水）、腻粉（即轻粉，治便秘）、通草（退热导滞）、灰汁（即草灰汁，化结导滞）、生麻油（润肠通结）、酥油（即牛羊奶汁之精华，补肾润肠）、苦酒（即陈醋，清胃宿食）以上 7 种，共合调灌，很快就可通结而安。

语释　黄帝问马师皇说：“前结病，怎样诊疗?”马师皇回答说："前结的原因是，寒热相争，由于饱后失饮，肠中缺水使食物停于大肠 1/3 的前部而成结。阳明大肠受病。"又说："大肠前 1/3 叫前结，中 1/3 叫中结，后 1/3 叫后结。共有三种结。"又说："大肠与肺相表里，肺为气海，因肠内粪塞不通，肺气不能下达，倒入肺脏，故有呼吸气粗。"歌诀中说：咀咬胸脯为病在大肠前 1/3，此处与心肺胸膈相近，逼的心烦闷痛，故咀咬胸脯，以示痛苦，实际上在卧地朝天咀咬胸脯时，即是前结的特征。

• **按语**

古人指大肠与小肠的部位，和现代对照有所不同。参考 1963 年北京人民卫生出版社刊行，陈璧琉、郑卓人合编《灵枢经白话解》，古人是以十二指肠、空肠为小肠；回肠、盲肠、大小结肠、直肠为大肠。现代则以十二指肠、空肠、回肠为小肠；盲肠、大小结肠、直肠为大肠。因此，古人说前结是在大肠，则指回肠结，而现代则认为回肠结是在小肠。

第二十九　中结起卧病源歌

【原文】

病中中结要言论，滚骒时时起卧频；（黄帝问师皇曰："中结者何?"答曰："中结者，冷热相交，因饮失时，冷热不和而中结也；结在大肠四尺中，名中结也，阳明主其病。"又云："既饱后失水，多成中结；又喂不依时，阳盛阴衰，故结之也。"又曰："冷热不和故也。"）要将双脚跑胸臆，看腹回头意欲伸。（诀曰：令马气下不通，其气倒入胸中，气痛而跑胸也。）续随、腻粉、并通草，郁李、瞿麦共调匀，以酒相和药一处，学取从前妙手人。

歌释　起卧里边的中结病摘要的说一说。症状：连续起卧打滚最多，前肢抱胸嘴贴胸脯，有时回头看腹微微伸头。治法：内服续随（千金子）、腻粉、通草、郁李仁、瞿麦。以上五种，共研末，苦酒为引，同调灌之，就可通利而安。先人留下的应手妙方，后人应当接受采用为是。

语释　黄帝问马师皇说："中结病，怎样诊疗?"马师皇回答说："中结的原因是，冷热相争，因饮水失时，以致冷热不和而成结。结在大肠中1/3，就叫中结。阳明大肠受病。"又说："既饱后失水多成结，又饥饿过时，水亏火旺都可成结。"又说："由于外界气候突变，肺气不能正常下降，亦可成结。"歌诀中说：肺气不能下达，逆气倒入胸中而作痛，故有前肢抱胸的症状。

• 按语

原文中双脚跑胸臆，其中（跑）疑为（抱）之误，前肢抱胸符合实际。

第三十　后结起卧病源歌

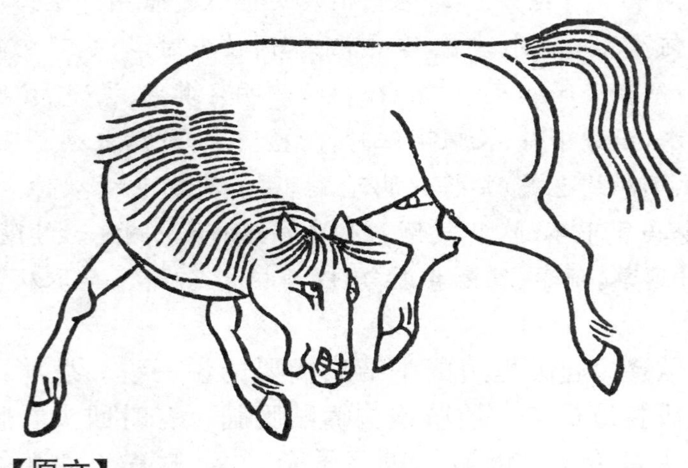

【原文】

后结起卧切须知，回头觑腹粪又迟；（黄帝问师皇曰："后结病者何?"答曰："后结者，乘困而吃草太急而成结，又在大肠四尺后，名为后结也，皆为冷热不和而胀结也。"又云："阳明主其病。"又云："令马回头觑腹中也。因热而失饮，故大肠结也。"又云："饥困而吃草，结在大肠四尺后也。"）韭汁、生油于谷道，手取急须用药医，灌了牵行三二里，恰似从前不患时。滑石牵牛朴硝右为末，用猪脂油一处灌。

歌释　后结起卧病必须知道，症状：痛时回头斜看腹，粪便不通起卧不安。治法：先用韭菜汁配合生麻油送入谷道（直肠）润滑肠道，次以手入肠掏取结粪，还须马上灌药，使肠道通利。处方列后，服后拉蹓三二里，就可恢复正常。处方：滑石、牵牛（生二丑）、朴硝，以上 3 种，各等量，先将牵牛研末，后入滑石、朴硝，猪脂油为引，同调灌之。

语释　黄帝问马师皇说：“后结病，怎样诊疗？”马师皇回答说：“后结的原因是，劳动过度未息，上槽吃草太快而成结，粪结的部位在大肠后 1/3，故名后结，都是由于气候冷热不和而发生。”又说：“阳明大肠受病。”又说：“痛时回头看腹，为天热不饮水，肠燥不润而成结。”又说：“饥饿过时吃草快，亦易形成此病。”

第三十一　板肠粪不转病源歌

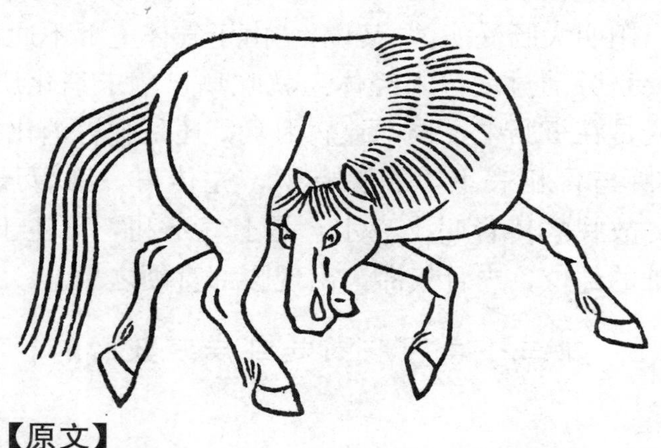

【原文】

板肠不转非难治，起卧时时肷腹高（黄帝问师皇曰：“板肠不转者何？”答曰：“板肠不转者，乘困而吃草太过多，更久渴，饮而不息又走，饱上走急，冷热不和，阳明主其病。”又云：“气上下不通而肠结，乘困而吃草，草成结也。结在腹，肠中结，冷热不和，胃中是也。”）五朝七日未痊差，气道从而奔后腰。（脾有病，先传胃，胃传入肾，肾者水肾也；上气不和，注于腰间，气上下相攻也。）草灰、鼠粪、猪油热，续随、腻粉合为膏，五味将来同共使，直饶铜铁也须消。

歌释 板肠不转病不难治疗。症状：起卧不安，肷腹高胀，若延至五日或七日不能通，则滞气下注于肾，出现腰部直硬，就严重了。治法：内服草灰汁、鼠粪、猪脂油、续随子、腻粉，共合调水灌之。就是粪结硬如铜铁，亦可克化而通利。

语释 黄帝问马师皇说："板肠不转，怎样诊疗？"马师皇回答说："板肠不转的原因是，劳动过度，吃草太多，或渴极饮水连饮不停，饱后快走，或气候突变，冷热不和而成结。阳明大肠受病。"又说："由于气体上下不通而成结，主要是劳动过度，未经休息就吃草，草未消化所致。所以结粪是在板肠中，根本致病因素，还是脾胃消化机能失常。"脾与胃相表里，故脾有病，先传胃，脾胃属土，肾属水，故脾病传肾叫土克水，是上气不和，下注于肾，腰是肾脏的部位，内肾气滞，出现腰部直硬之象。

第三十二　肠断起卧病源歌

【原文】

马患肠断不堪医，浑身肉颤攒四蹄；抛粪之时须起卧，（黄帝问师皇曰："肠断者何?"答曰："肠断者，因太饱而走太急也，鼻气不及出，损其肠也，乃阳明主其病。肉者脾之候也，脾痛肉痛，肉痛颤也。"又云："攒四蹄者，气上下通，气攻入四蹄重也。"又云："伤肠断也。"经云："大肠连肺，又主气，致下气不通，故粪痛也。"）良医见后也心疑；（良医者，善治马之人也，知其马难治也。）饶君妙手能治疗，任教名士亦何施。

歌释　马得了肠断病不能治疗。症状：浑身肌肉振颤，四蹄收缩，卧地不起，在排粪时因有痛感起卧滚转，有经验的医生，一见这些症状，就怀疑肠断，虽然你有高妙技术能够治疗，也难以治好。名医也无好的措施。

语释　黄帝问马师皇说："肠断病，怎样诊疗?"马师皇回答说："肠断的原因是，吃得太饱走得太快，鼻气来不及通畅，以致逼损肠断。阳明大肠受病。肉为五体之一，脾主肌肉，肌肉振颤为脾痛。"又说："四蹄收缩为气通上下，气下注则四蹄沉重而收缩。"又说："这是肠断的主要原因。"《内经》说："大肠与肺相表里，经气相连。肠断之后，则肺气不能通下，所以排粪时就有痛感而起卧。"

第三十三　肠入阴起卧病源歌

【原文】

马患难医肠入阴，回头看腹示医人；（黄帝问师皇曰："肠入阴者何?"答曰："肠入阴者，因饥困而走太急，更

因渴而不饮，饮水太过，冷气注于阴间，冷气盛入，肠入阴也。太阳主其病。”又曰：“回头者，肠中痛也，急痛而牵小肠亦痛颤也。”）肾囊一冷一边硬，如此疑其有鬼神；（又曰：“一边硬者属心火攻之，冷者属肾水伤也；似鬼神者，相刑衰也。”又曰：“水火木三刑相反，故发寒热，攻其心肝不定。”）后代欲除根本者，良医妙术所当亲。

歌释 马得难治的一种病就是肠入阴（阴囊赫尔尼亚）。症状：回头看腹似告医生，触诊肾囊（阴囊）一边冷一边硬，如此情况则认为是肠入阴的特征症状。因此告诉后代医生，要根治此病，必须是良医动手术可以治愈。

语释 黄帝问马师皇说：“肠入阴，怎样诊疗？”马师皇回答说：“肠入阴的原因是，在劳动中饥饿太甚行走太快，又因渴极喝水又多，以致冷气太盛，注于阴囊之间不能消散而成此病。太阳小肠受病。”又说：“回头看为肠内有痛感，由于激烈的疼痛牵连到小肠亦痛，故有抽搐之象。”又说：“阴囊一边硬为心火攻之，一边冷为肾水伤心，这种症状应是肠入阴的特征。”又说：“木生火，水克火，木水火三者生克相反，所以阴囊有一寒一热之象，为肾水克心火，心肝火弱的外应。”

第三十四　小肠结起卧病源歌

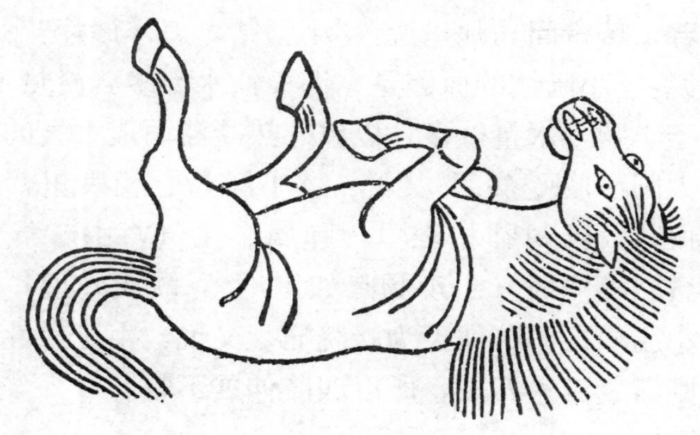

【原文】

马病须看向小肠，不通水脏越寻常；（黄帝问师皇曰：“小肠结者何?”答曰：“小肠结者，乘困而吃水太多，兼冷热不和，传于小肠中，水盛而成逆气，相交结也，乃太阳主其病。”又云：“小肠属火，大肠属金，二脏不和，大痛而雷鸣不寻常。”）每度颤来多仰卧，不收四足镇舒张。（诀曰：肉颤者，小肠痛；四蹄直上者，肾胞痛。又曰：急气痛之，而气入四肢，不能收也。）续随、腻粉并通草，姹女、生油、滑石方，灌了牵行三二里，自然痛可得安宁。

歌释　马患起卧病必须看出小肠结，由于小肠结塞不通则清气不升浊气不降，其水脏（肾与膀胱）亦就不通，因此，膀胱充满尿液，有小便不通，异于正常姿态，每在痛时呈现肌肉振颤，卧地朝天，四肢伸展。治法：内服续随子、腻粉、通草、姹女（水银）、生麻油、滑石利水通肠，以上 6 种，共合调灌，牵行三二里，自然而愈。

语释 黄帝问马师皇说："小肠结，怎样诊疗？"马师皇回答说："小肠结的原因是，渴极饮水太多，冷热不和，冷气传于小肠，水量过多，以致寒热凝滞而成水气的一种结症，太阳小肠受病。"又说："小肠与心相表里，心属火，主血，大肠与肺相表里，肺属金主气，由于气血不和，在激烈疼痛时，出现肠鸣如雷声。"歌诀中说：肌肉振颤为小肠痛；四蹄朝天为膀胱痛。又说：由于急性的气滞痛，则滞气流入四肢，所以四肢伸展不收。

第三十五　肉鳖起卧病源歌

【原文】

肉鳖起卧汗微微，忽觉心狂左右窥；（黄帝问师皇曰："肉鳖者何?"答曰："肉鳖者因太肥而走太过，脂肉损而汗出也。少阴主其病。"又云："汗出伤心，闷而迷。"又曰："心生血，血生肉，肥也。"）肉动浑身颤飒飒，无令医者乱猜疑。（脾痛，肉亦痛颤也。）但用针刀向后觅，肾堂尾本两般名；（心生血，血生肉，肉生脂，脂生髓，髓生血，放血泻热也。）右方郁金并栀子，消黄治肺共扶持。

歌释　肉鳖起卧病的症状是，浑身微汗，忽然出现心热疯狂，猛回头来，左右窥视（斜目偷看）浑身肌肉抖擞不停，医生看到这些症状，不必乱猜怀疑，要知道这是心热肉痛的肉鳖病。治法：扎放尾本血、肾堂血，再服重用郁金、栀子的清肺消黄散，同调灌之，就可平热止痛恢复健康。

语释　黄帝问马师皇说："肉鳖病，怎样诊疗?"马师皇回答说："肉鳖的原因是，膘太肥胖行走太快损伤肌肉，肉痛出汗的一种病。少阴心经受病。"又说："出汗为热伤心，有心烦不安之象。"又说："心能生血，血旺则生肉，肉多则膘肥，可为致病因素的前提。"脾主肌肉，所以肌肉抖擞为脾亦痛，心属火，脾属土，火生土，心为脾母，此属母病及子，至于心、血、肌、肉、髓有循环相生之义，即心生血，血生肉，肉生脂，脂生髓，髓生血是也，因此，对肉鳖病，适当放血，可泻热毒。

第三十六　肉断起卧病源歌

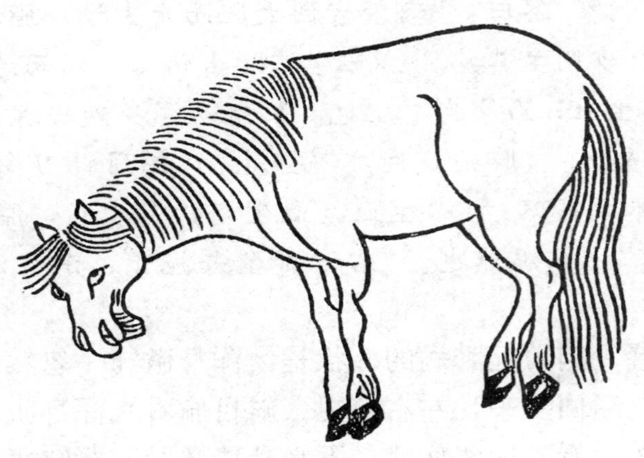

【原文】

肉断起卧走不安，四蹄不举重如山；（黄帝问师皇曰："肉断者何?"答曰："肉断者，因太肥而乘，跑走太急，蹙着心肺及五脏，并脂肉损也。太阴主其病。"又曰："令气不通上，气下乃入于蹄，故四蹄重如山。"又云："热上攻之心肺，冷乃下注，亦四蹄重。令马饱上走，不惜其力，故肉断也。"又曰："冷热不和，五脏不安，为肥也。"）但抽尾本胸堂血，须至平和不再看。（又曰："尾连肠，肠连心，泻心之血，解肺之热。"）更用消黄止痛散，便是周时八骏骁。

歌释　肉断的原因是，由于膘肥马乘饱奔走太急而得。症状：牵行观察，可看出四肢沉重不敢抬腿，为肌肉疼痛的一种病。治法：扎放尾本血、胸堂血，以活血通经，可使肢体活动，这样一般可愈，否则再内服清热止痛散，就可恢复健康，如同古代周穆王的八骏马一样。

语释　黄帝问马师皇说："肉断病，怎样诊疗?"马师皇回答说："肉断的原因是膘肥过饱后奔走太快，热气逼损内脏心肺及体表肌肉的一种病。太阴肺经受病。"又说："由于肺气不能宣通则下注于蹄，所以四蹄举步特别沉重。"又说："由于热气上攻心肺，冷气下注于四肢，亦可形成四蹄沉重之象。总之，使马饱肚走快，不惜其力而成此病。"又说："此病为冷热不和，五脏不安之肥伤病。"又说："尾与肠边，肠又与心连，尾肠心，有直接与间接的关系，因此，扎放尾本血、胸堂血泻心热就等于解肺热，此为泻心火减少克肺金之意。"

增广监本补阙注解安骥集　卷五

古唐洞羊贯　诚重校

（本卷大意）

根据篇首序言，八十一问的来源是玉皇大帝派仙童送给马师皇的。这是神话不足为信。从序文可知是公元 1192 年金章宗时的一位兽医所作。为使人相信，故假托黄帝与马师皇的问答而开始叙述，内容大部属于内科疾病的范畴。

【原文】　黄帝八十一问并序

盖闻天地之间，人伦之内，有地土六畜者可以树艺五谷，是民之生涯也。又曰：务兹稼穑[①]者，全赖耕牛之力；平戎定寇者，莫非战马之功，此之谓也。既养其六畜，须伺察其饥渴、疲困、疾患，若其有疾患者，须凭针药治疗也。昔者，黄帝在位，帝基永祚，自破蚩尤[②]已后，四海咸服，黎庶康宁，薄税敛，而深耕易耨[③]也。兹者，是德化之治也，以感动天地神明者矣。后主八月十五日夜，风清月朗，露泣烟轻，有医兽六人者，乃是圣贤聚会之际也。传杯赏月之次，递相议论，惟有八十一问。数内有马师皇者，避席而起，焚香仰祝上苍。玉帝遥知，即云有马师皇，处世救万民六畜，遂差天丁使者，于白玉莲花柜内，取出八十一问。玉帝又遣一仙童，赍[④]此书直至下方，令付与师皇。仙童奉敕得书，直至下方，化作一凡人，谒见师皇，道话次，将八十一问付与。师皇见此书，踊跃大喜，拜谢次，仙人失其所在，此书乃世之宝也。既得此真方药饵，遂依方修合，疗其六畜之患，无不神效也。看口色而察其病源，听喘息而知其休废；内晓五脏六腑，外观四季五行；解阴阳知其生死，识运气断其吉凶；炮炙按法，针烙从穴，乃究根源，深穷造化之理也。今有后学之流，不识文墨，不晓经书，妄为穿凿，施针用药，谩设用功，一生而九死，所误反多。今将秘本烛下再三批阅，仔细详之，撮其枢要者矣。旹明昌壬子岁丁未月上旬日序。⑤

注解

①稼穑：jià sè，种之叫稼，收之叫穑。

②蚩尤：蚩，chī。蚩尤是人名，神话中东方九黎族首领，被黄帝在涿鹿战败。

③耨：nòu，锄草的意思。

④赉：lài，赐给的意思。

⑤旹：shí，古写时字。明昌壬子岁丁未月上旬序，明昌，是我国南宋时代金章宗的年号，章宗在位 18 年，壬子年即其第三年，也就是 1192 年，丁未月是该年的阴历六月上旬。这篇序文是无名氏所作。

语释 远在上古时代，人们就逐渐开垦土地，牧养六畜（马、牛、羊、鸡、犬、豕）。那时就可以播种五谷，这是人民的食物来源。再说人民要播种五谷，全靠牛力来耕种，国家对于镇守边疆，平灭匪寇的战役运输，亦离不开马的功力，这就是说，人们离不开家畜，既然要喂养六畜，就必须经常了解他的生活情况（如饥渴的饮喂，劳役与休息，疾病的有无），若发现疾病，就得扎针吃药来治疗。

古代黄帝在位时，为了求得他的帝基巩固，自与蚩尤作战胜利之后，四方各部服从教化，国泰民安，人民对国家的赋税负担很轻，都深耕田勤锄草，得以增产增收，安居乐业，这是有道的政治，因此深得民心。后来在黄帝某年的八月十五日晚上，轻风微拂，月色明朗，露湿烟轻，有兽医六人，聚会在一处，饮酒赏月，互相议论医疗心得，其中惟有八十一问不明，当时有兽医马师皇离开座位站起来，烧香祈祷。这时玉皇大帝在遥遥的天上知道后，就说有马师皇在人间要救六畜疾患，遂令他的使者天丁，在白玉制成的莲花柜内，取出八十一问，又派一个仙童，教他持此书直到地上，交与马师皇，仙童得令持书直下来到人间，变成一个普通人，见到师皇，说明来意，将八十一问交与马师皇。马师皇接到此书，高兴得很，连忙拜谢，但忽然不见来人的形影。此书真是世上的无价宝，自从得到这本真实的方药书，就按方配药，治疗六畜的疾病，可谓百治百效。

这书内容有诊断与治疗等方法，如看口色、听呼吸可知五脏六腑的各种疾病。再配合外界的季节气候，按照阴阳五行，识别其轻重生死。至于吃药有生熟炮制之法，针灸要取穴行针，必须研究根源，懂得生理与病理的基本常识，才可以掌握六畜的诊疗规程。现在后学之人，既不识字又不学习，遇到畜病，不是扎针就是吃药。偶然治好一病，就夸功论赏，岂不知死的多，活的少，多所误诊。现在把这本八十一问，反复学习，详细思考，就可领会其精髓，以达到实用。时明昌壬子岁丁未月上旬日序。

【原文】

黄帝问于师皇曰：有八十一问，所断何也？师皇答曰：

一问，肝冷者何也？歌曰：

肝冷冷泪恰如珠，出气不闻木脏虚。
皆因汗出生此患，冷物伤之与上居。
毛焦更兼水草慢，被风吹拍项连扶。
传送唬身炉火熁，鼻头针破血流苏。

语释　黄帝问于师皇说："马有八十一个病的问题，怎样就可有明确的诊断与合理的治疗呢？"师皇回答说：第一个问题是肝冷病，分析于后。

病因：是在劳役伤肝出汗后，这时正是肝虚的时候，休息在迎风或寒凉的地方，或喂冰冻麸草及其他过凉的草料，以致外感风寒内伤阴冷，而患此病。

症状：两眼不断流冷泪，呼吸微弱听不见，走路连续低头行，毛焦草细喝水迟。

治法：接近炉火将身烤，谨防火大烧皮毛，扎放内外唇腧血，不用吃药就可好。

【原文】

二问，心冷者，心脏冷，逆鼻似水者何也？歌曰：

心冷头低吐清水，口似冻凌急须治。
立后肉颤攒四蹄，卧后憎寒不肯起。
便用孙阳暖心散，此药世间应无比。

语释　第二个问题是心冷病，为什么有鼻冷流清水的症状呢？分析于后。

症状：头低鼻冷吐清水，嘴冷如冰急性病，站立肉跳四蹄聚，卧地怕冷不愿动。

治法：内服孙阳留下的暖心散，特效（但这里无处方的记载）。

【原文】

三问，肺冷者，鼻传水涕，不食水草，用药治之。歌曰：

肺冷鼻中水涕出，毛焦肉颤攒蹄立。

口鼻白色似冬凌，时壅憎寒膈上逆。

先灌温药用火针，妙药神功人不识。

语释 第三个问题是肺冷病，分析于后。

症状：鼻流水涕，鼻黏膜口舌苍白色，毛焦肉跳，四蹄缩立，时时怕冷，膈逆虚呕，不肯吃喝。

治法：内服温肺药，外扎火针（脾腧穴）特效。

补注

可选用《元亨疗马集》的半夏散（制半夏26克，升麻13克，防风26克，枯矾31克，引用荞面125克，蜂蜜75克，生姜16克，泉水一碗）。

【原文】

四问，肾冷者何也？歌曰：

肾冷把腰更拖肝，后脚虚肿四蹄攒。

外传肾棚浸两胯，卧后筋挛脚怎卷。

火针八道海水穴，暖脏温之四体安。

语释 第四个问题是肾冷病，分析于后。

症状：腰胯直硬如杆，行走四蹄收缩，卧地后腿难弯，后腿浮肿。

治法：火针海水穴八道。（即上窌、次窌、中窌、下窌，两侧总称八窌穴），内服暖肾药就可治好。

补注

如选用《元亨疗马集》的金铃散（肉桂 13 克，没药 20 克，当归 20 克，槟榔片 20 克，茴香 31 克，防风 10 克，荆芥 10 克，苁蓉 16 克，木通 16 克，川楝子 16 克，荜澄茄 20 克，肉豆蔻 10 克，引用炒盐 13 克、烧酒 100 克、葱白 3 支，童便一盅）。

【原文】

五问，脾冷者何也？缘吃着冷物，传于胃，毛焦草慢，用药可治之。歌曰：

频频唧泻脏不调，脾冷胃气毒来潮。
大小肠中如雷吼，吃却草料不能消。
变化毒气频唧泻，日焦日瘦又毛焦。

语释　第五个问题是脾冷病，分析于后。

病因：由于吃入多量的冻冰草料或凉性青草，以致冷伤脾胃减弱了消化的功能而成脾冷之病。

症状：肠鸣如雷，连连水泻，毛焦肉瘦，少吃少喝。

治法：内服暖脾胃药，可好。

【原文】

六问，肝伤热者，眼赤、眵泪、翳膜生，用药治之。歌曰：

肝热眼赤涩难张，翳膜遮时满目疮。
时时疼痛应难忍，朝朝开闪怕人伤。
先点后灌洗肝散，两目分明似太阳。

语释　第六个问题是肝热病，分析于后。

症状：眼睛赤红，闭涩难睁，严重时流浓泪，翳膜（云皮）遮睛。满眼肿烂，不断表现疼痛难忍的痛苦状态，时时半开半闭，怕人接触其眼睛。

治法：外点眼药，内灌洗肝散（参看本集卷八治肝部）可将云皮退清，恢复光明。

【原文】

七问，心热者何也？歌曰：

心热舌赤似火团，生疮满口吐黏涎。

嗠时注闷水草慢，疮痛难咽被涎缠。

要效除非黑散子，更将油蜜炼白矾。

语释　第七个问题是心热病，分析于后。

症状：开始舌色赤红，舌温高，严重时舌生疮烂，口流黏涎，咳嗽不通，少吃慢喝，疮痛难咽，草涎成团留存口腔。

补注

治法：黑药子散：大黄 500 克，郁金、黄连、玄参、黄芩、苦参、白矾、山栀、黄药子、葶苈、马牙硝、白芥子、大麻子各 100 克，皂角 10 个。

上为末，都入水罐内，用泥固济了，放于日下晒干，候干。马粪火烧一日一夜，放冷取出，捣罗为末。如马发热，用药 25 克，消黄散 25 克，一处水调匀，草后灌之。

本方出自《痊骥通玄论》。

【原文】

八问，肺热生疮，壅毒外传喉骨，鼻中脓出，嗠声喘息粗者，何以治之？歌曰：

肺热频嗠喘息忙，鼻中脓血要消详。

喉骨大时食槽肿，毛焦瘦弱病难当。

语释　第八个问题是肺热生疮病，分析于后。

症状：由于肺热则气热，随呼吸外传于喉壅肿腐烂，化脓成疮，这时双鼻流脓，咳嗽不止，呼吸粗大。若到喉骨特大，食槽肿胀，毛干瘦弱时，则为肺已腐烂，此时难愈。所以无治法。

【原文】

九问，肾热者何在？答曰：肾热者，甲脊生疮，背毛又退落，可用药治之。歌曰：

肾热毒气传腰背，甲脊生疮毛又退。
皮肉脓血疮一片，腥臭薰人实可畏。
使用师皇解毒散，假饶万病也须溃。

语释　第九个问题是肾热病，分析于后。

症状：前至鬃甲，后至腰背，初起背部脱毛，继而肌肉腐烂化脓成疮，重时浸淫连片有腥臭气，接近薰人，实在可怕。

治法：内服师皇留的解毒散，虽然严重，亦可治好，但这里无处说明。存缺待查。

补注

可试用黄柏散。

【原文】

十问，脾热者，外传唇口生疮，治之。歌曰：

脾热生疮外在唇，皆因毛退落纷纷。
喘息更便黑处卧，目眩唇焦损精神。
要效油蜜消黄散，不过三上即安身。

语释　第十个问题是脾热病，分析于后。

病因：多在脱毛季节，吸咬毛根，使不洁物质，附于唇上而成疮。

症状：嘴唇焦烂，精神不振，眼睛痴迷，呼吸粗热，喜卧阴暗地方。

治法：内服消黄散，麻油，蜂蜜为引，用不了三剂就可好。

【原文】

十一问，肝伤水者，冷气伤，眼目不开，毛焦肉颤，可治之。歌曰：

肝家伤水口鼻青，出气往来冷如冰。
毛焦瘦弱眼不开，冷气攻于膈上凝。
上冲脏时和胃口，寻思内发外分明。
此者便是肝伤水，认取根源莫乱呈。

语释 第十一个问题是肝伤水病，分析于后。

病因：由于饮冷水太多，以致冷气上攻，损伤肝脏的病。

症状：鼻黏膜和唇舌发青色，鼻出冷气，眼闭不睁，毛焦肉跳。

·按语

原文中（可治之）一句。但实际没有写明治法。揣测其因，轻者可行抢救，重者多难治愈。

【原文】

十二问，心伤水者，脏冷逆鼻似冬凌，两膊肉肋颤，可治之。歌曰：

心家伤水口鼻冷，攒蹄肉颤两膊噤。
胸前肉动又毛焦，憎寒噤森爱日影。
此者本是心伤水，莫得胡猜损于丙。

语释 第十二个问题是心伤水病，分析于后。

病因：由于饮冷水太多，以致冷气伤心，阴盛阳衰而发病。

症状：口鼻冰冷，毛焦不润，行走四蹄收缩，两肩膊和胸前肋旁肌肉发抖。喜见阳光怕寒冷。

·按语

此病亦是有（可治之）一句，而无治法的记载。尽在医生酌情处理，对症治疗。

【原文】

十三问，肺伤水者，外传鼻中，清水频滴，毛焦肉颤，可治。歌曰：

肺家伤水鼻中滴，毛焦肉颤频沥沥。
口鼻白色似冬凌，下唇哆呵垂头立。
本因冷气注于胸，也是脏内冷相激。

注解

①哆：duō，颤动。

②呵，呵欠，表示气短的样子。张口呼吸状。

语释　第十三个问题是肺伤水病，分析于后。

病因：由于饮冷水太多而急，以致冷气伤肺的病。

症状：口鼻白色，鼻头冷，鼻孔流水，毛焦头低，肌肉不断发抖，唇下垂，打呵欠。

·按语

本病治法亦需医生自行处理。

【原文】

十四问，肾伤水者，冷气吼声，垂头耳肉颤，可治之。歌曰：

肾家伤水两耳垂，浑身肉颤又头低。
口鼻碜涩出气冷，卧后盘身便屈迟。
此者本因肾伤水，识其形状是明医。

语释 第十四个问题是肾伤水病，分析于后。

病因：由于饮冷水太多，以致冷气伤肾的病。

症状：头低耳搭，浑身肉跳，鼻塞不通，出气冰冷，肠鸣如雷，卧地弓腰怕冷之象。

·按语

本病治法，亦在医生酌情处理，内服暖肾利水药或外扎火针百会穴、肾腧穴等。

【原文】

十五问，脾伤水者，冷气传于胃口，肉颤憎寒，不食水草者，可用药治之。歌曰：

脾家伤水更憎寒，肉颤浑身似一团。
出气之时口鼻冷，四蹄撮聚把身攒。
病体数翻依经本，随方用药辨根源。
此者本是脾伤水，细意搜寻辨一翻。

语释 第十五个问题是脾伤水病，分析于后。

病因：由于饮冷水太多，以致冷伤脾胃的病。

症状：有特殊怕冷之象，口鼻凉，出气冷，浑身抖擞，站立时四蹄收缩，聚成一团，行走不敢开步大走，不吃不喝。

·按语

本病治法，可内服健脾暖胃利水药，外扎火针脾腧穴。

【原文】

十六问，孽畜内障眼有几翻？内障者有一十六翻，五脏所生，可以治之。歌曰：

内障从来十六翻，一点由如水上盘。
阳里着时应日月，阴中看后左边缓。

阴中一夕云中去，朗月分明觑远天。

不是术人夸好手，东西南北尽谈传。

语释 第十六个问题是内障眼病，内障眼，内通五脏六腑，外应五轮八廓，八廓的正面为生理，反面为病理，合起来就是十六翻。可以治好。分析于后：内障眼的原因是由 16 种凑合而成。这病的主要一点是由于肾水不足所致。眼能视物，必须心火（心神）下交于肾水，水得火热，才能化气上通脑贯瞳发出光明。这就叫心肾相交，水火既济的道理。肾水适中、充足，才能涵养肝木，木得舒畅，才能生火，使心神健旺。这时诊得左边的心肝肾脉，才能和缓，接近正常。治此病内服滋阴降火之药，使水火平衡之后，在很短的一夜之间，就可把内障的云翳消散而愈，云退眼亮视物无阻。这不是医生自夸，而是得到四方群众的好评。

·按语

从这篇谜语来判断，可知内障眼是阴火为害，治以知母、黄柏等药为法。

【原文】

十七问，孽畜频频唧泄者，胃口冷热相冲，毒气作声，频频唧泄也。歌曰：

频频唧泄脏不调，脾冷胃气毒迎朝。

大小肠中如雷吼，吃却草料不能消。

变化毒气频泻荡，日焦日瘦又毛焦。

要效桂心豆蔻散，直饶笃病见功劳。

语释 第十七个问题是频频唧泄病，分解于后。

病因：吃入寒凉过度的草料，或饮水太多，以致脾胃不和减弱消化力，牵连到小肠亦就清浊不分而成此病。

症状：肠鸣如雷，水泻不止，粪中带料，少吃少喝，欣吊毛焦日渐瘦弱。

治法：内服桂心、豆蔻为主要药物，以阳制阴，重病也能治。

【原文】

十八问，六畜胀疫者，五脏壅毒，积热逆气奔肠，五翻胀疫治之可也。歌曰：

五翻胀疫病传将，亦觉声唤早频咥。

初得心肺生热毒，外传鼻内满口疮。

眼赤肝壅多有泪，频颤脏腑气通肠。

亦觉调治先解毒，莫随脓泄血□□。

语释 第十八问题是六畜胀疫病（古代指马、牛、羊、鸡、犬、豕为六畜）。胀疫（流行瘟疫），现代称为传染病，今将其病因、症状及治法简述于后。此病是一种热毒传入五脏及肠胃中的传染病。分有心肝脾肺肾五种不同的症型，如热毒传心则有发声嘶叫，口舌疮烂，这叫心胀疫；传肺则多咳嗽及鼻生疮烂，这叫肺胀疫；传肝则眼睛发红流热泪，这叫肝胀疫；若浑身皮肉连续乱七八糟跳者，为脏传腑的痛感反应。即热毒由某脏传入胃肠间，这时急服清热解毒药，尚可好转，若治不及时，则有毒攻内脏危及生命的结果。

• **按语**

原文歌中末尾（□□）二字是属缺文，表示空隙，今按文意揣测，可补“肉伤”二字，供读者参考。

【原文】

十九问，六畜粪头紧硬者，壅毒肠中，宿草不消化，可用药治之。歌曰：

五脏壅毒肠中难，热盛积聚生此患。
大小肠中不消化，日夜抛粪如铁弹。
毛焦瘦弱又蹠踵，慢草羸尪精神慢。
要效脂硝取脏中，败毒粪硬病消散。

语释　第十九个问题是粪便紧硬病，分解于后。

病因：吃入不易消化的粗硬草料，久停肠胃或五脏有热毒使肠道干燥，都可发生本病。

症状：粪如铁弹，毛焦肉瘦，行走迟钝，精神不振，少吃少喝。

治法：内服猪脂油，朴硝为主要药物，可使粪润肠利而愈。

【原文】

二十问，孽畜生驹，恶物在腹中，频频尿血水及小肠恶物，何以治之？歌曰：

落胎恶物在子肠，腹胀在腰小便忙。
痛冲胸膈时时闷，日深不取命须亡。
要效早用败毒散，地龙腻粉最为良。
当归没药堪可治，麒麟甘草骨碎将。

语释　第二十个问题是产后淤血胀病，分解于后。

病因：由于怀胎母畜肾气不固，在胎月未满之前，因负重弩伤或扭转闪伤使胎儿受伤而落胎，所以恶物（淤血）停留子宫（子肠）而成此病。亦有因肾气虚，产后胎衣停留不下，以及子宫受伤，亦生此病。迟治多有性命的危险。

症状：淤血上攻，有胸满心闷之痛。子宫淤血胀满，则有腰腹疼痛，小便虚尿，阴门流血及恶物等。

治法：内服逐淤败毒散，处方于后。地龙，腻粉，当归，没药，麒麟竭（血竭），甘草，骨碎补以上 7 种，共研末灌之，分量酌情而定。

• **按语**

原文中“尿血水”应当作“阴门流血水”讲。“小肠恶物”可改为“子肠恶物”，同时歌中第一句已说明“落胎恶物在子肠”，就可证明。

【原文】

二十一问，心肺黄者，病内生壅毒，腹中疼痛，两眼胡觑，实似醉狗，何以治之？歌曰：

心肺黄病集热医，眼前花发见东西。
立地之时如醉狗，卧辊成上聚四蹄。
腹中疼痛如雷吼，每度疼时汗似泥。
连灌三服败毒散，三焦闭却为医迟。

注解

①辊：gǔn，滚动的意思。

语释　第二十一个问题是心肺黄病，分解于后。

病因:体内积热成毒,使心肺发黄,腹中疼痛而为病。

症状：两眼模糊，神情不安，东倒西歪，站立不稳，行如醉狗，卧地打滚，四蹄团聚在一处，有时肠鸣声响如雷，有阵发性疼痛，疼时出黏汗，若到三焦闭塞，毒不得解，则是因为治疗不及时的原因。

治法：内服三剂败毒散，但须早期治疗，才可生效。

【原文】

二十二问，慢肠黄病者，宿草第四盘中聚成病，内主疼痛，不消化，粪头紧硬，忽起忽卧，用药治之。歌曰：

起卧要识慢肠黄，宿草困水大小肠。
三朝两日频辊颤，粪抛随水硬光光。
一阵痛时和腰脊，一回疼后却争张。
急灌过药令交荡，莫教腹胀见身亡。

语释　第二十二个问题是慢肠黄病。分解于后。

病因：由于吃入不易克化的粗硬草料，停留在大肠的第四个弯曲处，积聚不通，又饮困水停于肠中，以致冷热相凝而作痛。

症状：便粪坚硬带有水，阵痛阵停，忽起忽卧，痛时回头看腰脊，停时张身作舒畅，如此连续两三日。

治法：急灌润肠泻下剂，滑利可愈。若到后期肚胀，则有死亡的危险。

【原文】

二十三问，慢肺黄病者，宿草不消，是困水纳其二脏，生其此患也。歌曰：

起卧须知慢肺黄，左右周回觑肷堂。
立地镇腰拖后脚，卧辊四蹄向上跄。
展腰亚身不噍磨，粪抛脂墁硬光光。
亦觉便用脂和药，日多生胀见无常。

语释　第二十三个问题是慢肺黄病，分解于后。

病因：是吃入的草料没有消化。停宿在肠中，又饮困水而成此病。

症状：左右旋转，回头看肷，站立时蹲腰伸腿，有时卧滚，四蹄朝空乱动，不吃不喝，粪球光硬，有油脂光亮（如鸡清丝）。

治法：早期内服润滑剂，可愈。若到肚胀时，则难治，终归死亡。

• 按语

此病与上述二十二问的慢肠黄病略同，原文中看不到肺黄的症状，不知因何而有慢肺黄之名，似有疑问，待考。

【原文】

二十四问，肝晕病者，肝家壅积，聚毒气上冲膈前，迷闷疼痛，两眼不见，遍身有汗，不住胡走，急起卧，以药治之。歌曰：

肝晕起卧见精神，壅毒两眼不见人。
逢墙入坑胡更撞，桩上系定不须存。
遍身毛焦沥沥汗，肝热冲心灌胃门。
新水淋头凉药解，当时七魄见三魂。

语释 第二十四个问题是肝晕病，分解于后。

病因：是热毒壅聚，毒气伤肝，上冲横膈，使病畜肝魂迷乱胸中闷痛。

症状：双目失明，看不见物，逢墙乱碰，遇坑而入，精神狂暴，站立不稳。若见浑身毛焦出汗，为热毒攻心的严重期，这时多急起急卧。

治法：外用冷水淋头，内服清凉剂以解热，很快就可魂魄安定得到好转。

【原文】

二十五问，锁腰风者，汗拍着腰胯，四肢恰如筋断，搭眼睛，遍身肉颤，治之。歌曰：

医人要识锁腰风，腰哆难行醉狗同。
难立倒坐拖后脚，摄腰鸣处痛形容。

发时肉颤头项硬，翻睛眼露白人瞳。

盲医不识须胡道，却言磨疠鬼神风。

语释 第二十五个问题是锁腰风病，分解于后。

病因：劳动出汗之后，立于迎风处，以致腰部外感风邪而为病。

症状：腰部直硬，四肢不遂，行走困难如筋断之不连接样，好像喝醉的样子，东倒西跌，站立向后倒退，行走拖着后腿，触按腰部遇到痛处即鸣声拒按。病到发展期，浑身肌肉无定处的乱跳动，头颈呈现不灵活的姿势，抬头一看，其黑眼睛向上翻，露出了白眼睛（这是风抽筋搐的原因）。

·按语

本病原文中，只提到“治之”二字。未说明治法。尽在医生酌情处理。如扎火针腰部七穴（百会穴，肾棚穴，肾腧穴，肾角穴），内服补肾温经和血发汗药，可作试治。

【原文】

二十六问，四柱风者，客风透入四肢，虚肿无力，难起难卧，用药治之。歌曰：

前脚拒定后脚坐，欲起不起又却卧。

唤得医人看病源，诸家求神言是祸。

医人不识四柱风，烧钱奏马免灾祸。

各依败毒能针治，下药克日须安可。

语释 第二十六个问题是四柱风病，分解于后。

病因：是贼风（客风）透入四肢而得此病。

症状：四肢强直如柱，皮肉虚肿，行动无力，难起难卧，前后不能迎随之势。

治法：扎针吃药可治好。有些迷信神鬼作怪的医生，烧纸钱，纸马以表祭祈祷，根本不解决问题。

• 按语

本病可扎放胸堂血，肾堂血，四蹄头血，内服表风舒筋药，进行治疗。

【原文】

二十七问，瘫痪风者，贼风透入四肢，内攻脏腑，四脚无力，恰如筋断，起卧无因，此病难疗，何以治之？歌曰：

孽畜病脚瘫痪风，邪风败气锁腰中。
脾传胃逆朝百会，肾闭筋骨四肢攻。
蹄脚无力如筋断，卧地难行救无功。
似此形状不下药，日深必定命归空。

语释 第二十七个问题是瘫痪风病，分解于后。

病因：是贼风乘虚透入四肢，由于肾气虚弱逐渐传入腰部肾脏，最后注入筋骨而成瘫痪病。

症状：初期腰腿软弱无力，行走困难如同筋断不能连接之象。后期卧地不起，这时更难治疗。

治法：此属疑难病，应早行治疗，内服补肾壮髓强筋健骨除风活血之药，尚可好转。若到卧地不能起立时，希望不大。

【原文】

二十八问，脐风者，贼风透于脐，内传五脏六腑，外传满身僵硬，眼目吊翻，牙关咬定，用药治之。歌曰：

脐风锁口片时间，初时先是闭牙关。
浑身僵硬两耳直，双睛吊起更频翻。
三日传来鬃毛咋，五朝必定吐痰涎。

亦下火针须用药，莫教传定命运愆。

语释　第二十八个问题是脐风病（新生驹破伤风），分解于后。

病因：此病多是初生幼驹嘴啃而得，贼风由脐而入，很快就可内传脏腑，外中皮肉筋骨形成强直症。

症状：初时牙关稍紧，很快就可锁口不开，浑身强直，两耳直立，双睛吊起，连续上翻，3 日内鬃毛咋起。5 日外口吐痰涎。

治法：外扎火针大小风门伏兔穴，百会穴。内服追风药可行抢救，迟治多无效果。

【原文】

二十九问，肝气痛者，上冲肝脏，腹中疼痛，外传眼赤，时壅注闷，张口吭喘也。歌曰：

肝家气痛起卧懒，壅毒注闷张口喘。

两眼赤色把头秤，开眼觑人如闪电。

腹中积聚逆气朝，内生外传来往返。

本是脏中同共得，要效早用七星散。

语释　第二十九个问题是肝气痛病，分解于后。

病因：是热毒壅注于肝膈之间，使腹内有痛感不安之象，重者又可外传于眼而为病。

症状：起卧迟笨，头平前伸，两睛赤红，多闭少睁，有时张口喘而带咳嗽，精神郁滞不灵活。

【原文】

三十问，心气痛者，积聚壅毒注闷，内生疼痛，外传有余汗，喘喠急也。歌曰：

心家气痛起卧忽，口内如花舌上红。

起卧胸前微微汗，喘息注闷逆气冲。

使用王良止痛散，偏能败毒心中松。

语释 第三十个问题是心气痛病，分解于后。

病因：由于热毒壅注于心经而有疼痛之象。

症状：舌色赤红，口腔各部有黄、白、青色掺杂如花样，起卧紧急，胸前微汗，咳嗽喘急。

治法：内服王良先师留下的止痛散，就能解毒，使心胸畅快。按：方用《元亨疗马集》王良止痛散：大黄 25 克，紫菀 25 克，寸冬（去心）25 克，羌活 28 克，甘草 13 克，茯苓 23 克，肉苁蓉 23 克，生姜 5 片，鸡子清 5 个，蜂蜜 125 克。

【原文】

三十一问，肺气痛者，饱上行急，因草不消，内生疼痛，貌闷喘粗，遍身汗出，用药治之。歌曰：

肺家气痛似刀犁，起卧肉颤汗微微。

口鼻白色喘息粗，左右摇头颤肚皮。

急用妙药针本穴，当时轻快病痊宜。

语释 第三十一个问题是肺气痛病，分解于后。

病因：饱肚劳动走得太快，或因饥饿过时吃上困草，引起消化不良，以致滞气凝结不通而成此病。

症状：痛如刀割，起卧很急，左右摇头，呼吸喘粗，口鼻多白，浑身肉跳出微汗，肚肷发颤精神慢。

治法：内服顺气消食药，外扎肺腧穴，很快止痛而安。

【原文】

三十二问，肾气痛者，宿水草不消化，小肠疼痛起卧也。歌曰：

肾家气痛又传腰，皆因宿水不能消。

小肠疼痛中难忍，腰疼起卧受无瘳。

绕背毒气如雷吼，卧后拳脚怎舒腰。

交笃转时前跑地，止痛散下有功劳。

语释　第三十二个问题是肾气痛病，分解于后。

病因：吃入的水草没有消化，变生毒气从小肠传入肾经而作痛。

症状：腰部凝痛，起卧难忍，卧地蹲腰缩腿，肠鸣如雷，有时小肠痛，表现前蹄刨地。

治法：内服顺气和血止痛散，很快就好。

【原文】

三十三问，脾气痛者，冷伤脾胃，内生疼痛，逆气冲心也。歌曰：

脾家气痛起卧忙，腹中疼痛似刀伤。

气者冷防脾胃逆，舒腰不动甚难当。

要效桂心豆蔻散，减痛除灾免祸殃。

语释　第三十三个问题是脾气痛病，分解于后。

病因：是冷气伤于脾胃，逆气冲心而作痛。

症状：急起急卧，伸腰不动，痛如刀伤。

治法：内服桂心，豆蔻散，可以除寒止痛而安。

【原文】

三十四问，大小肠冷痛者，肠中雷鸣，内生疼痛，逆气相冲，治之可也。歌曰：

大小肠中冷气逆，皆因厥逆病相乘。

起卧痛时频輥顫，肠中作声似雷鸣。

使用止痛槟榔散，何愁此病不安宁。

语释 第三十四个问题是大小肠冷痛病（痉挛疝），分解于后。

病因：冷气凝于大小肠中不能通行而为病。

症状：肠鸣如雷，连续打滚，浑身肉跳，连痛不停。

治法：内服槟榔散，就可通气止痛而安。

【原文】

三十五问，脏腑冷者，口中吐痰水，即渐瘦弱，可治之。歌曰：

久患诸脏冷来侵，口中痰水舌底沉。

发时肉颤浑身动，瘦弱羸尪病转深。

桂心附子良姜散，此病灸冷要推寻。

语释 第三十五个问题是脏腑冷病，分解于后。

病因：是久患冷气痛，逐渐入脏腑而为害。

症状：口吐稀痰涎，从舌根下流出更多，为肾冷的特征，有时浑身肉跳，瘦弱牲口更属严重。

治法：内服桂心、附子、良姜等大热性药，外用火针配合艾灸百会、肾腧穴，可逐渐好转，恢复健康。

【原文】

三十六问，眼中冷泪，四肢困者，冷传于脾，四肢无力，眼中冷泪，用药治之。歌曰：

肝冷传脾泪连连，头垂偏爱日阳前。

卧后弯头嘴扎地，行时无力四肢瘫。

要效洗肝温脾散，此般药效值千钱。

语释 第三十六个问题是肝冷传脾病，分解于后。

病因：此属肝脾两脏并发之冷伤病。

症状：眼流冷泪（汗冷）头低，少精神，喜见阳光（阴盛），行走四肢无力（脾冷），卧地弯头嘴啃地（阳虚）。

治法：内服温肝暖脾药，特效。

【原文】

三十七问，肷颤者，脾肾冷，冷伤胃病，用药治之。歌曰：

肷颤脾肾冷来侵，起卧肠中痛转深。

因为晓水浸里面，又为此病痛难任。

厚朴官桂缩砂散，酒下之时喜不禁。

语释　第三十七个问题是脾肾冷病，分解于后。

病因：是饮冷水太多，冷伤胃而传入脾肾并发之病。

症状：肷部肉跳，起卧不安。

治法：内服厚朴、官桂、砂仁等温热药，再入白酒为引，特效。

【原文】

三十八问，小肠秘涩，毛焦皮黄，时时疼痛，用药治之。歌曰：

小便尿涩小肠伤，沥沥便时金色黄。

疼痛尪羸频频卧，遍身皮毛没精光。

芍药桂皮二附子，一时灌下便安康。

语释　第三十八个问题是小肠秘涩病，分解于后。

病因：由于小肠受伤，引起小便尿涩病。

症状：小便淋沥不通利，尿色如黄金色，有时疼痛难忍连续卧地，经久不愈，逐渐瘦弱，毛干死光。

治法：内服赤芍、官桂、黑附子、白附子等药可好。

• 按语

原文“皮黄”意义不符，应是“尿黄”较为适当。

【原文】

三十九问，脾风者，急水伤脾，胡走作声，后脚踢前膊，可用药治之。歌曰：

畜患脾风不住走，频频作声惊人吼。
系定绕桩来往转，后脚往前踢膊口。
火针脾胃用药医，当时立效人皆喜。

语释 第三十九个问题是脾风病，分解于后。

病因：是饮水太急，冷气伤脾之病。

症状：因痛而站立不安，不停的走动，拴桩柱也游走不定，痛时不断地嘶叫惊人，有时后脚踢前膊。

治法：内服温脾利水药，火针脾腧穴，立效。

【原文】

四十问，心风黄者，血注冲心，哮吼不住，作声胡走，可治。歌曰：

心肺黄病走来频，哮吼高声惊四邻。
眼睁三角逢人撞，见者都道不曾闻。
名医使烙天门穴①，当时立效似还魂。

注解

①天门穴：即风门穴，因其位在天顶骨，故名。

语释 第四十个问题是心风黄病，分解于后。

病因：是热毒流注血液冲入心脏，心受热邪的扰乱，使神昏不安而成此病。

症状：站立不稳乱跳奔，眼睁三角见人碰，高声嘶叫惊四邻，群众都说罕见病。

治法：火烙天门穴，立效而安。

【原文】

四十一问，日夜作声，不住呼唤者，为肝胆内有黄，呼为宝，养富也。歌曰：

肝胆有黄吟哦声，百翻声气可人听。

脏腑之中有贵物，养牲必定家道荣。

医人不识胡乱道，休立病状乱施呈。

语释　第四十一个问题是肝胆黄，这黄在牛叫牛黄，当发生此黄时，日夜不停的嘶叫，不可按病去治。待死后解剖肝胆，可得此贵重物品。

【原文】

四十二问，五脏伤热者，膈上壅毒，生口疮，吐涎沫，毛焦慢草也，用药治之。歌曰：

伤热毛焦五脏传，口舌俱赤吐黏涎。

哙声注闷水草慢，痛疮难咽被涎缠。

要效除非黑药子，要将油蜜炼白矾。

语释　第四十二个问题是口疮病，分解于后。

病因：五脏热毒积聚胸膈，上攻口舌而生疮烂之病。

症状：口舌赤红生疮烂，口流黏涎缠草难咽，少吃少喝，毛焦咳嗽。

治法：内服黑药子为主要药，有良效，再加麻油，蜂蜜，枯矾为引更好。

【原文】

四十三问，饶汗出，五脏积热多饶汗，口中燥闷，用药治之。歌曰：

五脏积热多饶汗，六腑相传燥热乱。

脏腑不和主闷多，所以汗出生此患。

不治毛焦水草微，日深成病为灾难。

对证凉药解毒散，自然安乐身轻健。

语释 第四十三个问题是饶汗出病。分解于后。

病因：所谓饶汗出即出汗特多的意思。由于五脏积热，外传六腑，使脏腑燥热闷乱阴阳不和而生此病。

症状：出汗特多，少吃喝，毛焦口舌干燥。

治法：早期内服清热解毒药，可以治好。若久患不愈，亦可变为暴发性的虚脱病而死。

【原文】

四十四问，肺邪牵者，客风透入，外传膊痛者，用药治之。歌曰：

项曲头降搐到弯，偏风成病是根元。

风抽筋急转外面，恁时呼作肺邪牵。

此患肺风锁三叶，外传头上病如然。

用药表时通脏腑，要效针烙项两边。

语释 第四十四个问题是肺邪牵病，分解于后。

病因：由于贼风（客风）透入肺脏的三叶间，风抽筋急，外传于头颈肩膊各部，形成一种偏风病。

症状：由于抽搐，成为弯头歪脖，或向左或向右的偏风样，甚至肩膊亦偏歪，看到非常难受。

治法：内服表风舒肺药，外扎九委穴，可效。

【原文】

四十五问，肺把膊，饱上冲肺头，疼痛、慢草、难行，可治之。歌曰：

肺把膊时饱上得，肺头疼痛向前速。

急行伤重肺把膊，四蹄攒时紧去撮。

毛焦慢草又频啌，满身皮肉如绳束。

用药火针膊两相，毒气消散是良畜。

语释 第四十五个问题是肺把膊病，分解于后。

病因：是饱肚负重快走，以致努伤肺气而成此病。

症状：四肢拘束，不敢开步，满身皮肉紧缩不润，毛焦草慢，咳嗽连声。

治法：火针两膊尖穴等，内服顺气止痛药，可愈。

【原文】

四十六问，肝肺黄者，二脏热盛，疼痛喘息，有汗，可治之。歌曰：

肝肺黄病眼睛昏，起卧多饶辨有因。

逢人便撞难拦护，系在桩上转来频。

鼻咋喘时粗气出，微微须有汗浑身。

此患三朝通治疗，日深传受命难存。

语释 第四十六个问题是肝肺黄病。分解于后。

病因：是肝肺二脏的火热旺盛而成此并发病。

症状：眼睛昏暗，视物不清，见人就碰，站立不稳（以上是肝黄症状）。鼻咋喘粗，起卧不安，浑身微汗（以上是肺黄症状）。

治法：三日内尚可治愈，经治无效延长时日者难活。

【原文】

四十七问，口鼻粪出者，饱上冲着罗膈，脾胃上逆相冲，呼为水草翻，日浅通医。歌曰：

口鼻吐粪水草翻，冲着罗膈脾胃间。

眼合耳垂不吃草，日焦日瘦不能安。

或胀或消吐出粪，五脏毒时逆气转。

日浅通医容可治，日深须是病难痊。

语释 第四十七个问题是水草翻病，分解于后。

病因：是饱肚努伤，以致逆气上冲于脾胃罗膈之间而成此病。

症状：口鼻吐出粪水，两肷忽胀忽消，眼闭头低，不吃草，逐渐体瘦毛焦。

治法：早治可愈，迟治难活。

【原文】

四十八问，频喳声哽者，因饱上行急，前脚难移，可治之。歌曰：

日夜闻喳水草慢，更添哽气频声唤。

饱上行急五攒痛，前脚难移卧时颤。

要效甲膊火针治，消黄治膈医斯患。

语释 第四十八个问题五攒痛病，分解于后。

病因：是饱肚行走太急，努伤肺气不顺而成此病。

症状：前脚行走困难，卧时肉跳，多卧少站，日夜咳嗽，出气吭声，少吃少喝。

治法：火针鬐甲穴、膊尖穴，内服清肺理气宽胸止痛有药可好。

【原文】

四十九问，慢草瘦弱者，因伤重冲着五攒，内生疼痛，毛焦，宜治之可也。歌曰：

朝朝水草似餐泥，日日皮肤瘦又羸。

骨瘦如柴行路弱，四肢无力项筋垂。

日久喳声闻哽气，肋肢肺贴病难医。

语释　第四十九个问题是慢草瘦弱病，分解于后。

病因：是劳伤负重损着腰腿，以致气血亏耗而成此病。

症状：食欲不振，吃草料像吃泥沙那样不愿吃，逐渐消瘦，露骨如柴，头低耳搭，走路无力，日久则咳嗽气短，出气啌声。到皮贴肋骨时，由肺亦贴肋骨，这时接近死亡。

·按语

此属劳伤肺气之慢性病，早期内服大补气血之药物，尚可望生，若到后期希望不大。

【原文】

五十问，伤重咳喘者，着热伤重冲心肺，注闷疼痛，外传喉骨，鼻中脓出，又慢草，可以治之。歌曰：

热伤心肺又频啌，鼻中脓出喘忙忙。

毛焦瘦弱水草慢，恰如鬼状项郎当。

立时行步风吹倒，卧后合眼少精光。

医人用药急针治，日深肺胀命须亡。

语释　第五十个问题是伤重啌喘病，分解于后。

病因：是劳伤负重，热气冲逆心肺之间，注闷作痛而为病。

症状：初期喉骨肿，双鼻流脓，咳嗽气喘，少吃少喝，毛焦肉瘦。站立和走路风吹欲倒，卧地眼闭少精神。

治法：早行针药合治，可愈。时间长了，肺胀变质，则难活。

【原文】

五十一问，伤重冲心肺者，难以调治，壅毒，不食水草。歌曰：

伤重行急损心肺，鼻内脓流时卧地。
双眼赫赤不见物，浑身肉颤应如醉。
五攒疼痛草难食，荣卫之间气须闭。
此般行状药休医，假饶妙手应难治。

语释 第五十一个问题是伤重损心肺病，分解于后。

病因：是劳动太重，以致气血闭塞损着心肺而成此病。

症状：双鼻流脓，时刻卧地，两眼赤红，看不见物，浑身肉跳，行如酒醉，腰腿紧缩，不吃不喝，此病无治法。

【原文】

五十二问，伤重泻脓血，冲着脏腑，壅毒，慢草瘦弱，可治。歌曰：

饱上伤重更着热，朝朝闻喹泻脓血。
慢草瘦弱渐尫羸，骨瘦如柴无力怯。
起卧之时不肯休，此患为因皆是热。
奉劝主人办药资，胡下药时神夭折。

语释 第五十二个问题是伤重泻脓血病，分解于后。

病因：是饱肚负重，热伤肺脏，遗热于肠而成此病。

症状：粪带脓血，不肯多吃，又兼咳嗽，逐渐瘦弱。严重时骨瘦如柴，行动无力。起卧不停。

治法：必须慎重诊断，按热证用药，稍有寒热反错，最易致死。

【原文】

五十三问，肠中唧泻脓血，壅毒，疼痛，气脉不顺，可治之。歌曰：

伤热肠中脓血冲，脏腑壅毒胃气攻。

脐下痛时如刀割，一回疼后奔心中。

日渐瘦来筋骨露，耳慢头垂脊似弓。

识病先下败毒散，然后调治气须通。

语释　第五十三个问题是肠泻脓血病，分解于后。

病因：是热气伤肠，久则化毒壅注肠中而为病。

症状：肠泻脓血，起卧紧急，阵痛阵停，痛时连续回头顾肷，表示腹中痛的厉害，求救的愿望。停痛时精神沉郁，如治不好，就逐渐变为瘦形露骨，腰曲头低，耳垂无力。最后可能死亡。

治法：早期内服顺气解毒药，可以治好。

【原文】

五十四问，唧泻者，困水肠中，宿草不消，逆气相攻，频唧水，宜治之。歌曰：

困水唧泻不安宁，传来胃气若雷鸣。

日深渐瘦柴相似，脊梁剑刃甚伶仃。

动脚欲倒行无力，卧时难起弱仪形。

只宜针治八窌穴，补其脏腑得安宁。

语释　第五十四个问题是唧泻病，分解于后。

病因：是饮困水，以致胃火衰弱，使草料不能消化，冷气相攻而成此病。

症状：肠鸣如雷，水泻不止，日久骨瘦如柴，脊梁如同剑刃，行走欲倒，行动无力，卧地难起。

治法：火针八窌穴，内服温补药，可以治好。

【原文】

五十五问，冷水伤于五脏，胃气不和，腹中雷鸣，频频唧水，何以治之？歌曰：

冷水朝朝似流津，肠中雷震吼声频。

脾肾冷来胃气逆，大小肠中渐渐疼。

两肷搐时水草慢，尪羸瘦弱没精神。

要效针燔治脏腑，肾棚针了及云门。

语释 第五十五个问题是唧水病，分解于后。

病因：是饮水太多，伤于五脏，以致脾胃不和，使小肠不能分清浊，将水直入大肠而成此病。

症状：肠鸣如雷连声吼，每日便粪如水流，两肷抽搐少吃喝，精神疲倦特别瘦。

治法：火针肾棚穴，云门穴。

• 按语

本病与上述第五十四问基本相同，不知为何分成两病，有待研究。

【原文】

五十六问，败水逆行，五脏不纳透外脐，可治之。歌曰：

困水荒外奔脐来，败水逆运满腹怀。

荣卫闭塞血脉滞，头垂肉颤脚难抬。

医人若还识此患，先调脾胃药安排。

更用解毒针本穴，莫教性命掩尘埃。

语释 第五十六个问题是败水停脐病，分解于后。

病因：由于荣卫闭塞，气血凝滞，不能运行于五脏供给需要，渗透到胃肠外之脐腹部，而成此败水停脐病。

症状：脐腹部经常饱满，有流水声，头低肉颤，行走困难。

治法：内服暖胃健脾药，外于云门穴放宿水可愈。若不治疗，亦可危害生命。

【原文】

五十七问，宿水荒外，宿水不纳者，逆气攻心，内生疼痛，传于荒外也，可治之。歌曰：

宿水荒外彻肚漫，腹中冷痛似刀剜。
痛卧肉颤生腹胀，痛连腰脊急拳挛。
识者用药败余水，不会却道脾胃寒。
三日已前通治疗，五朝已后命须拚。

注解

①拚：pàn，舍弃不顾。

语释　第五十七个问题是宿水停肚病，分解于后。

病因：是饮水不能运化，以致冷气攻心急。起急卧的疼痛病。

症状：宿营水停于肚内，不断急起急卧，肉颤又肚胀，脊腰如弓弯。

治法：内服大量利尿药，若仅灌暖胃药，则疗效不高。三日内可治，五日后难愈。

【原文】

五十八问，败水侵于横肠，脏腑疼痛，用药治之。歌曰：

败水荒外绕横肠，脏腑疼痛似刀伤。
或肿或消又却下，朝朝慢草莫精光。
传来肉颤添哽气，两肋气刺似心狂。
名医去毒除宿水，不知胡灌命须亡。

语释　第五十八个问题是败水侵肠病。分解于后。

病因：是饮水不能消化停于横肠而作痛。

症状：宿水停横肠，肚痛如刀伤，痛时肉颤，呼吸吭声，回头看肋，好像心狂病，每天少吃没精神。

治法：内服逐水利湿药，可愈。

【原文】

五十九问，食槽血结者，心脏热壅，外传食槽，切治之。歌曰：

血结食槽食里生，毒传撮聚长来成。
上下根苗传脏腑，食槽里面结成精。
肿破彻连喉骨大，鼻中脓出自然清。
开喉用药能医治，后学之流莫乱呈。

语释 第五十九个问题是食槽血结病，分解于后。

病因：是食物中的毒气凝于血液，流入心脏外传食槽而成此病。

症状：食槽部（颚凹）肿大充血有结块，严重时牵连到喉头部也有肿胀，但根原是从内脏而发。两鼻流脓，毒清即不流。

治法：先内服追脓消肿药，待结块熟透时，切开排出脓，按外科处理，很快可愈。

【原文】

六十问，草结者，肺中壅毒，外传食槽，有脓血，治之。歌曰：

草结原从胎内来，肠中有结结成坯。
食槽生时筋肉聚，恰似胡桃累累排。
发时脏腑频喧喘，急唤医人取结开。
手奔之时犹小可，犯着蛾眉惹祸灾。

语释　第六十个问题是食槽草结病，分解于后。

病因：是在母腹中（怀胎时），毒结肠中，生后上传于肺，外注食槽而患。是母体中的草料毒，传流到幼驹的一种胎毒。

症状：食槽有结，性质如筋肉，好像一粒一粒的胡桃。发展时肿胀化脓，妨碍呼吸，不断咳嗽气喘。

治法：急需切开患部，取出槽结。但须细心操作，勿伤血管神经。

• 按语

草结应为槽结，类似现代兽医学所称的马腺疫。

【原文】

六十一问，食槽壅毒，气结，喉骨高者，用药治之。歌曰：

食槽草结有二般，就中气结脂膜缠。
夹喉食槽喉骨肿，紧硬忙医医岂寒。
鼻中脓出频喔喘，往来出气欲奔肝。
名医开喉能取结，盲医不会乱胡言。

语释　第六十一个问题是食槽气结病，分解于后。

病因：与上述食槽草结相同。

症状：在食槽与喉骨之间，有一种脂膜性的结核。严重时双鼻流脓，咳嗽喘粗，甚至牵连喉肿，出气困难。逼的眼睛睁大。

治法：动手术取出槽结，就可解危。再内服解毒药可愈。

【原文】

六十二问，毛焦者，五脏积热，血脉壅乃毛焦也，可治之。歌曰：

三焦不和伤他热，五脏壅毒气脉结。

荣卫闭塞来往闷，不医多日生疮疖。

要效油蜜消黄散，身上毛光精神悦。

语释 第六十二个问题是毛焦病，分解于后。

病因：是五脏积热，三焦不和，气血流行不舒畅，以致毛不得润泽而成此病。

症状：全身被毛干燥不润泽，精神不活泼，日久变生疮疖。

治法：内服清热消黄散，麻油、蜂蜜为引，有效。服后皮毛光润，精神活泼。

【原文】

六十三问，口中涎水，为冷热相攻，结于罗膈上，蛔虫落架，心头痰水也。歌曰：

口中白沫吐黏涎，落架蛔虫呼肺痰。

冷热相攻朝膈上，频频咳逆更心烦。

要效白矾荞面蜜，立效除要黑神丹。

语释 第六十三个问题是肺疾病，分解于后。

病因：是在劳动身热的时候，饮困水使冷热相凝于膈间而成此病。

症状：口吐白沫连连水，如蛔虫落架之象，有咳逆心烦之势。

治法：内服白矾、荞面、蜂蜜，可收良效。黑神丹的组方待考。

【原文】

六十四问，一种脾寒者，肉颤疼痛，两眼横照，频频点头，切须以药治之。歌曰：

一种脾寒又传肝，点头肉颤耳双牵。

遍身疼痛如锥刺，筋骨酸疼似刀剜。

发汗要效温脾散，四肢轻快便康安。

语释　第六十四个问题是脾寒传肝病，分解于后。

病因：是外感寒凉，内伤阴冷，以致脾寒传肝之并发病。

症状：点头肉颤，双耳下垂，两眼斜看有时乱动不安，浑身痛如锥刺，有时躺卧不动，如筋骨酸痛之苦。

治法：内服发汗温脾散，表里兼治就可四肢轻快恢复健康。

【原文】

六十五问，二种脾寒者，噤森，肉颤，肠疼，口色白，可治之。歌曰：

二种脾寒冷透心，咬牙噤森颤吟吟。

小肠疼痛频频卧，口色白黄似淡金。

风药解毒先出汗，本穴应须用火针。

语释　第六十五个问题是脾寒传心病，分解于后。

病因：是劳伤心脾已虚，又外感风寒的并发病。

症状：口色浅黄，咬牙切齿，浑身抖擞，由于心脾寒兼有小肠痛的卷尾症状。

治法：火针脾腧穴，内服发汗表风暖心温脾药，可愈。

【原文】

六十六问，三种脾寒肉颤者，鼻中水出，大肠疼痛，腹中雷鸣，多下气也。歌曰：

三种脾寒又传肺，毛焦肉颤兼鼻涕。

大肠疼痛辊颤多，腹内雷鸣多下气。

火针本穴气自通，先须治胃方中记。

语释　第六十六个问题是脾寒传肺病，分解于后。

病因：为水伤脾、肺的并发病。

症状：两鼻流水有清涕，肠鸣如雷肯放屁，毛焦肉颤卧滚连，痛在大肠尾揭起。

治法：火针脾腧穴，内服健脾暖胃利水药，很快气通而安。

【原文】

六十七问，四种脾寒，肉颤舒腰，脊疼，两肋痛，频起卧也。歌曰：

四种脾寒又传肾，攒身颤栗多心噤。

舒腰挽脊卧频频，痛刺肷肋如刀刃。

下针本穴便须痊，妙药三服气脉顺。

语释　第六十七个问题是脾寒传肾病，分解于后。

病因：为寒伤脾肾的并发病。

症状：浑身紧缩，表现颤惊心噤之势，舒腰挽脊，表示肷肋痛如刀割。

治法：火针脾腧穴、肾腧穴，内服暖肾温脾药，连服三剂即愈。

【原文】

六十八问，五种脾寒，肉颤，雷鸣，起卧疼痛，慢草，可治之。歌曰：

五种脾寒传胃口，肉颤雷鸣腹内吼。

病时辊颤没精神，卧后弯头恰似狗。

气药暖胃治肠中，火针立效方中有。

语释 第六十八个问题是脾寒传胃病，分解于后。

病因：为脾胃俱寒的并发病。

症状：浑身肉颤，肠鸣如雷，回头看后，形如狗卧，起卧疼痛，精神不振。

治法：内服顺气暖脾胃药，火针脾腧穴，立效。

【原文】

六十九问，六种脾寒，肉颤噤森，槽头引嘴，貌闷疼痛，腹中作胀。歌曰：

六种脾寒传五脏，肉颤噤森频频胀。

腹中疼痛貌闷多，更兼逆气攻膈上。

膈下毒气又来冲，直是妙手也须丧。

语释 第六十九个问题是脾寒传五脏病，分解于后。

病因：此是特别严重的五脏寒病，多有性命之危。

症状：浑身不断肉跳，肚胀不消，嘴唇抽搐（槽头引嘴），胸膈呕逆不停，肚疼起卧，精神极度沉郁。

• **按语**

原文无治法，可尽量设法挽救，争取其不死。

【原文】

七十问，七种脾寒，遍身肉颤，逆气攻心，可以治之。歌曰：

七种脾寒传六腑，肉颤浑身来往走。

逆气疼痛抱心来，眼黑倒地陌然吼。

唇口青黑似冬凌，片时身死为灰土。

语释 第七十个问题是脾寒传六腑病，分解于后。

病因：是脏腑俱寒的致命病。

症状：浑身肉跳无定处，逆气上攻痛连心，忽然倒地惨叫声，唇口青黑冷如冰。

• **按语**

此病前段说，可以治之。后段说是死症无治法，看来早期抢救尚可望生。

【原文】

七十一问，八种脾寒，三焦壅滞，血脉不通，憎寒频卧，宜用药治之。歌曰：

八种脾寒传胃间，三焦逆气体艰难。

冷气侵时频卧地，疼于五脏又憎寒。

要效火针十二道，表淤寒气便身安。

语释　第七十一个问题是脾寒传三焦病，分解于后。

病因：是脾寒传三焦的并发病。

症状：由于冷气侵入三焦，血脉不通，表现怕冷多卧，行走迟笨。

治法：内服表寒药，外扎火针脾腧穴，有效（因此穴可通行十二经络）。

【原文】

七十二问，九种脾寒者，肉颤毛焦，肠中吼声，亚身频尿，用药治之可也。歌曰：

九种脾寒大小肠，腹中冷气吼声狂。

肉颤毛焦寒噤森，亚身频尿淡金黄。

火针五攒须得快，温和六腑便安康。

语释　第七十二个问题是脾寒传二肠病，分解于后。

病因：是脾寒传入大小肠的并发病。

症状：肠鸣如雷，毛焦肉颤冷森森，向下弯腰，尿次多，尿色淡黄。

治法：内服暖脾温肠药，外扎火针脾腧穴，可使腰腿舒畅，恢复健康。

【原文】

七十三问，十种脾寒，肉颤拳挛，吐水多，可治之。歌曰：

十种之病号脾寒，发时肉颤怎拳挛。
腹内不和下气吼，口中痰水冷连连。
更用火针针四道，是须长灌木香丸。

语释　第七十三个问题是脾寒病，分解于后。

病因：根据原文多属冷水伤。

症状：浑身肉跳，四蹄拳挛，肠鸣如雷，口吐痰水，流连不止。

治法：内服木香丸（无处方记载），火针脾腧穴。扎放四蹄头血，可好。

【原文】

七十四问，猝然泻唧，困水宿草，肠中不纳，冷热相攻，内生疼痛，时时泻也。歌曰：

急水急草热上来，肠中泻水卒然灾。
成病肠中如雷吼，下来疼痛若刀开。
腹内不和寒热甚，频频逆气又随来。
火针百会和温药，万病消除最妙哉。

语释　第七十四个问题是急性泄泻病，分解于后。

病因：是劳动将回，虚火未降时又饥又渴，这时急饮急喂，以致消化失常的病。

症状：肠鸣如雷，水草不消，随肠直下，慢性肚疼，急性拉稀，时水时粪，阵痛阵停。

治法：内服健脾和胃温肠利水药，火针百会穴，很快而愈。

【原文】

七十五问，冷热不定，又传脾胃，疼痛起卧，腹作雷鸣，用药治之可也。歌曰：

气痛起卧旋舒腰，左右回观踣[①]地跑。

腹中疼痛如雷吼，倒觑时时后脚跷[②]。

当归芍药能止痛，木香酒下治相调。

细辛橘皮香白芷，此般好药有功劳。

注解

①踣：bó，僵仆。

②跷：qiāo，举足。

语释 第七十五个问题是冷热气痛病，分解于后。

病因：是特冷特热之气凝结而成。如在劳动身热时，忽饮大量冷水，最易发生本病。

症状：是一种气体性的凝痛，痛时忽然回头看腹，或向左看，或向右看，前蹄刨地，后蹄提起，一阵一阵的伸腰和肠鸣。

治法：内服当归、白芍、木香、细辛、橘皮、白芷，共研末，白酒为引灌之可愈。

【原文】

七十六问，冷伤内肾，腰胯无力，难起卧，可治之。歌曰：

畜患肾冷气把腰，肾家冷病不能消。

卧后起难无气力，行时磨脚更拖腰。

百会八窌须针烙，温腰暖肾切能调。

先放交当掐[①]脊骨，不过半月病除消。

注解

①掐：qiā，以手揉按。

语释　第七十六个问题是冷伤内肾病。分解于后。

病因：是腰部外感寒气，伤于内肾的病。

症状：卧地和起立，腰胯不敢用劲，走路拖腰磨脚，腰胯部皮紧肉硬，温度较凉。

治法：内服温腰暖肾药，外放交当血，火针百会穴、八窌穴，轻扎火针，重加炙烙，再揉按腰脊骨，不过半月就可治好。

【原文】

七十七问，瘦弱者，饮着毒气，水砂入肺中，可治也。歌曰：

毒气砂石入肺肠，不能消化腹中藏。

草迟无力身沉重，即渐尪羸病莫当。

朝朝合眼头垂定，少却精神未可当。

针烙且须先治疗，日深必定命无常。

语释　第七十七个问题是砂石停肠病，分解于后。

病因：由于久饮混有砂石的水，肠内清浊不分，这样就把砂石除粪渣排出一部分外，所剩较重的逐渐停留于肠内，不能消化。久之伤害气血的流行而成瘦弱病。此病多见于接近砂石地区的牲口。

治法：内服补气血润滑肠道药。外扎火针脾腧穴。

• 按语

此病到瘦弱气亏、卧地不能自起时，多有死亡。解剖肠内，宿有黑色极臭的砂石污浊物。山河地区，久饮砂石水的老瘦牲口，多有此病。可服药预防，在每年春秋两季，预服补气清肠缓泻剂，使其排出极臭的稀粪，为验，此后就会逐渐增膘复壮。

【原文】

七十八问，传肢肺病者，因骑急汗出，困中上槽，误食臭草、砂土、鸡粪，脏腑不消不化，可治之。歌曰：

畜患传肢困喂忙，臭草毒气脏中伤。
初得外传和脚痛，不知早至外还相。
四脚传来头项硬，喉骨高大鼻脓浆。
慢草难卧行无力，要效针医神效方。

语释 第七十八个问题是传肢肺病，分解于后。

病因：是乘骑奔走太急，饥困出汗，急回急吃，又吃入腐臭草和砂土、鸡粪等不洁食物。不能克化，以致毒入肺脏传流四肢而为病。

症状：初期发现四肢疼痛，没有经验过的医生，不易看到这病的来源，若到毒气流传到严重时，则头项紧硬，喉骨高大，双鼻流脓，少吃无力，多站少卧。

治法：仅有针灸疗法的名词，而未指明何针何穴，难用。

• 按语

此病与劳伤肺壅有所接近，虽属原因不同，但症状类似，特此提出，供诊疗参考。

【原文】

七十九问，项吝把腰者，内伤五脏，困中汗出，贼风拍着，项强，起卧，脚粗。歌曰：

项吝把腰头低难，汗出拍着皮肤间。

皆因行急伤五脏，渐渐尪羸似刀剜。

筋骨硬时难卧地，后脚粗时痛无偏。

早遇良医必须差，不识之人却胡传。

语释　第七十九个问题是项吝把腰病，分解于后。

病因：是劳动走得太快，很早就困乏出汗，伤害于五脏里边的精华，这时气血虚弱，而又休息于迎风处，外感贼风于皮肤肌肉之间而成此病。

症状：脖颈直硬，低头困难，这是项吝期，若到把腰期，则腰部筋骨紧硬，起立和卧地都困难。最后治不好时，逐渐转变为如刀剜肉的皮包骨样，但后腿浮肿。

治法：早遇良医就可治好。不懂的人越治越重。

【原文】

八十问，胎驹有患者，母卧旋四蹄，弩哆[①]，尿涩者，因伤辊，可用药治之。歌曰：

胎驹有患最难医，母卧弩哆旋四蹄。

子痛母疼不敢辊，频频尿涩下迟迟。

安药子肠无恶物[②]，犯时水道血衣垂。

敢取二般知端的，已日连夜辨高低。

注解

①弩哆：即母畜阴唇时时向外翻的症状。

②安药子肠无恶物：安药即安胎药，子肠即子宫，恶物又名恶露。

语释　第八十个问题是胎驹患病，分解于后。

病因：母畜怀胎后，卧地打滚，用力太猛或地势不平，以致压伤或闪伤胎驹而患此病。

症状：母畜卧地时，四蹄转圈，不敢打滚，因子痛母亦痛。这时阴门虚胀，小便虚尿滴淋不多，有时阴唇外翻，起卧不安。治法及判断：内服安胎药之后，如果见效，即阴门正常，且无污浊的水液流出，起卧安定。若不见效，即胎驹不安，势欲小产，阴门有血，胞衣外垂，这时赶快准备人工接产，防止难产的意外事故。

【原文】

八十一问，驹子奶结者，肠中壅毒，热结，定气，腹胀，疼痛难忍，可用药治之。歌曰：

驹子奶结也难医，腹胀起卧是灾危。
滑石油蜜同腻粉，灌时子细用心机。
玄妙鼠药笔管中，温水同将谷道吹。
取之随行三二里，通关气道病方移。

语释 第八十一个问题是驹子奶结病，分解于后。

病因：幼驹肠中热毒壅塞，以致气血不通而成奶结病。

症状：起卧紧急，肚腹胀满，大便不通，疼痛难忍。

治法：内服腻粉、滑石、麻油、蜂蜜等通肠药，再用鼠粪研面，和温水，以毛笔管插入谷道（直肠）灌肠，帮助通下。然后拉蹓三二里的时间，待放屁拉粪才算结通病愈。

重刻增广监本补阙注解安骥集　卷六

（本卷大意）

本卷包括三部分内容，即《新添马七十二恶汗病源歌》《治一十六般蹄头痛》《杂论十八大病》。其中以《新添马七十二恶汗病源歌》为主要部分，且为其他兽医古籍未列的极其珍贵的内外科诊疗资料。《治一十六般蹄头痛》专论四蹄病的诊疗，《杂论十八大病》简明扼要地概括说明了临床上十八种大病的病因和症状的关系。

一、新添马七十二恶汗病源歌

【原文】 浑身汗出病源歌第一

浑身汗出数般呼，内有金木水火土。

五行运气人不会，阴阳汗出有等殊。

汗出如油人道死，汗出如浆命难苏。

马有七十二翻汗，断得生死用功夫。

语释　马浑身出汗，其病名、病因、症状、治法等有许多种，代表着体内五脏金木水火土的病变，都可由阴阳五行和五运六气进行推理，如果兽医不懂得这些基础理论，如何对马骡各种出汗病做出正确诊断呢？出汗油腻或如浆水状，都属心伤的绝象。马有 72 种出汗病，要想判断其生和死，轻和重，必须预先刻苦用功去钻研学习。

【原文】歇汗风病源歌第二

风喉耳下大如球，出气吼声汗自流。
风喉颏下食槽肿，开喉连下蜜脂油。
更用大黄朴硝散，滑石大戟共牵牛。
都用将来蜜里下，医人会得不须忧。

语释 歇汗风的病因是在劳动后，身热汗出未干时外感风邪，以致风火相搏而为病。其症状：初为喉部肿胀延及腮腺肿大如球。若到出气困难并有呼噜声、汗出流连、下颌食槽亦肿大时，则更加严重，应尽快灌入清喉消肿药如大黄朴硝散进行治疗，即将大黄、朴硝、滑石、大戟、牵牛共研末，蜂蜜、猪脂油为引，同调灌之可愈。

• 按语

本病虽名歇汗风，但其症状与造父八十一难经第七十难之歇汗风以及《元亨疗马集》的揭鞍风都不相同，应加以区别。

【原文】束喉汗出病源歌第三

急须病马气束喉，颊腮两畔汗如油。
喉咽合时难出气，良医见了急开喉。
大喉[1]开时须停分，三停里面要旋周。
三停取时无错处，会得始皇[2]不外求。

注解

①大喉：是指喉腧穴。本症因咽喉已肿胀闭塞，呼吸有陷入窒息的危险，故用开喉术。即在喉腧穴的部位，施行手术。

②始皇：即马师皇。因历年排版，将“师”排为“始”之误。

语释 束喉病，是一种急性的里喉病，看到颊腮两旁汗出如油时，多有咽喉肿合出气困难之象。有经验的良医，看到这些症状就会立刻施行开喉术以救急。在颊骨之下，气颡之中，离喉门穴四指的中心处，就是喉腧穴。先用利刀割开表皮的如铜钱大的圆口，然后用钩将皮钩起再用刀割开白膜。所谓“三停里面要旋周”是指勿伤非颡肌肉，回避食道和大血管，不使受到损伤，手术完善无偏差，才可转危为安，起死回生。如果自己学会古人这种疗法，就可以不外出求人治疗。

·按语

开喉术可参考现代之气管切开术。

【原文】 脑痛汗出病源歌第四

脑痛汗出热如汤，得病冲篱更撞墙。
通天烙透如钱大，新水面上急浇凉。
浑身水淋如打颤，砂糖油蜜下三黄。
拌和料中须忌粟，便是先贤伯乐方。

语释　脑部出汗热如汤，是脑痛病。患病后不管前面是竹篱围栏还是墙壁，都直行冲撞。治法：在通天穴烧烙如钱大小，再以冷水先浇头后淋全身，如果病畜打颤，表示此病可治。内服黄连、黄芩、黄柏为主要药，配入砂糖、香油、蜂蜜为引，同调灌之。忌喂小米等热性料，这就是先师伯乐留下的良方。

【原文】 脑懈汗出病[①]源歌第五

脑懈伤病汗如浆，得病时时脑钲胀[②]。
汗出猖狂如醉狗，开天烙透检名方。
便将消黄蜜油下，开天穴内水淋忙。
更放定魂喉脉血，此是师皇立效方。

注解

①脑懈汗出病：按其症状及疗法为脑充血。懈作懈怠讲。脑

懈是地方名词，即神昏痴迷状。

②钲胀：脑充血时，血上冲，脑胀头晕，耳目痴迷。

语释 脑懈是脑髓受到损伤的一种病，在发作时，头脑胀闷不清醒，严重时，头部出汗如酒醉样的猖狂。治法：先于通天穴烧烙，再以冷水淋头，内服消黄药，配入香油、蜂蜜为引；外放喉脉血（即鹘脉血，又名大血），可使魂魄安定。这就是马师皇留下的立效方。

【原文】 热痃[1]汗出病源歌第六

汗出浑身耳先紧，四脚强硬腹内忍。
热痃行时如风病，医家辨认细消详。
频灌凉药油调下，新水须得用井泉。
六脉抽时立便效，消黄蜜下自然休。

注解

①痃：xuán，是指积聚之毒悬于腹中者，痰火相凝而成，近脐左右，各有一条肿胀物，大小不等，就叫痃。

语释 热痃病的症状是浑身出汗，身先直立，行走时四肢强硬如中风样，特征症状是腹脐部忍痛。医生要详细观察，进行腹部触诊，方可确诊。治法：内服清凉药，配入香油、蜂蜜为引，和以井花凉水同调灌之，外放肾堂血、带脉血，可取良效。

【原文】 项吝汗出病源歌第七

项吝当因汗自流，邪风吹拍是根苗。
三翻吝病都一体，消黄莫忘蜜和油。
更针风门并百会，三委火烙一无忧。

语释 项吝是脖颈强硬病。原因是劳动出汗后，迎风而站，贼风乘虚而入。治法：三种吝病都是一样的（参考本集卷二，七十二大病中第五十七项脊吝、第五十八肺吝、第五十九风吝病）。内服消黄解热药，配入香油、蜂蜜为引，再火针风门穴、百会穴，火烙三委穴（即九委穴）一次可愈。

【原文】热抽汗出病源歌第八

热抽骑来汗自流，道头里面便须收。

收上道头阴抽起，都因热在气心头。

凉药解于心脏热，下元莨菪[①]配牵牛。

饱用消黄蜜里下，饥来葱酒下乌头。

注解

①莨菪：音 làng dàng，即莨菪子，又名天仙子。

语释　热抽病，是因乘骑走急，出汗过多，内热积聚，致使心脏虚弱而得此病。症状：即阴茎抽缩不出袖口。治法：宜用凉药以解心脏之热，但要分别饥伤饱伤之不同原因。饱伤内服消黄散加莨菪子、牵牛子，蜂蜜为引。饥伤内服乌头、莨菪子、牵牛、葱白，烧酒为引。可好。

【原文】脑昏眼黑汗出病源歌第九

脑昏眼黑汗如浆，得病寻时检药方。

眼黑脑昏如似醉，睛明扎透便为强。

扎透之时淋新水，从前用度必无伤。

语释　脑昏病是两眼看不清楚，行走如醉和头部出汗如浆。治法：在大眼角内的睛明穴，用细针扎透最为有效，再以井花凉水淋头，以解其热。经验证明，是无妨害的。

【原文】风瘙汗出病源歌第十

风瘙走来汗未休，贼风吹拍顶当头。

汗出当头风更拍，医人切须用功求。

药用麻黄定风草，防风附子配乌头。

六脉抽时立便效，消黄蜜下自然休。

语释 风痿病，是劳动出汗未干，迎风处而站，贼风乘虚而入。其症状是萎靡不振，肢体不灵，医生必须详细诊断，才能了解一切病情。治法：内服麻黄、定风草（天麻）、防风、附子、乌头，再配入黄连、黄芩、黄柏等药，蜂蜜为引，同调灌之。外放胸堂血、四蹄头血，很快见效。

【原文】 单抽汗出病源歌第十一

单抽汗病似如油，烈女抽左连肠头。

左厢烈女为津液，右为命门两翻求。

肷后火针深三寸，防风附子配乌头。

茛菪牵牛和枸杞，葱煎入药酒灌油。

语释 单抽，是单抽肾病，此病腰部出汗如油，“烈女”即指肾脏。左肾抽，左边腰部出汗，还牵连到肠头（阴茎），也抽回不出。阴茎主筋系，肝主筋，肝肾乃母子关系（水生木），左肾属水，右肾为命门属火。治法：可在肷癖穴（左右肷各三穴，每穴各入针 5 厘米）左抽扎左，右抽扎右。内服防风、附子、乌头、茛菪子、牵牛、枸杞共研末，葱白、烧酒、麻油为引，同调灌之即效。

【原文】 双抽汗出病源歌第十二

双抽肾病最难当，毛焦无力汗如浆。

左抽肾堂连里面，肾家腿上两傍相。

火针如前深三寸，疮中头大入硫黄。

须下七伤依前用，灌时只得入干姜。

语释 双抽肾是最难治的一种病。症状：浑身毛焦，腰胯无力，腰部出汗如浆，这就是双抽肾、肾把腰胯病。治法：扎放两肾堂血，火针肷癖穴。若穴孔化脓成疮，红肿高大时，搽入硫黄面，内服补肾七伤散，加入干姜为引，可效。

【原文】冷抽汗出病源歌第十三

大肠泻场不曾休，上焦积热汗如流。
下元冷时饶必水，医家切要细搜求。
饥来只用茱萸散，金毛狗脊用乌头。
醋煮面丸如鸡子，干时酒下即时收。

语释　冷抽病，是上焦热下焦寒的一种病。其症状是：泄泻不止，出汗如流，尿色清淡。医生要详细诊断，这个病多是由困饮水过多的结果。治法：内服吴茱萸散加入金毛狗脊、乌头共研面，用醋调面糊为丸，如鸡子大，阴干，白酒冲下，服后很快收效。

【原文】气抽汗出病源歌第十四

汗出交檐喂不休，气抽两肷不抬头。
抽病五翻慢水草，苍术芍药配牵牛。
官桂桂心青皮子，陈皮厚朴共瓜蒌。
交当六脉都与放，葱油酒下永长休。

语释　气抽病是劳动出汗后，在檐下吃草以致外感寒凉，寒热气滞而得。症状：两肷抽起，头低耳耷，不肯吃喝。抽病共有五种，如第八热抽，第十一单抽，第十二双抽，第十三冷抽，第十四气抽（即本病）是也。治法：内服苍术、白芍、牵牛、官桂、桂心、青皮、陈皮、厚朴、瓜蒌共研末，葱白、麻油、烧酒为引。外放交当血、四蹄头血可愈。

【原文】肺牵汗出病源歌第十五

浑身汗出肺家牵，食槽下面硬如砖。
把定风牵行不得，火针肺攀即为先。
更放胸堂血一道，七伤麻附用葱煎。

语释 肺牵病，是在浑身出汗后，外感风邪而得。症状：食槽下面肿硬如砖，行走迟滞如中风把住前肢不能走。治法：火针肺攀穴，扎放胸堂血，内服七伤散（处方参考《元亨疗马集》卷六使用歌方内之大七伤散），再加麻油、附子、葱白煎汤，同调灌之即效。

【原文】肺把汗出病源歌第十六

肺把汗出流不休，行时站住不抬头。
把定转来双脚立，乘骑勒紧莫来由。
下盐按时频更好，同筋针断不劳忧。
止痛灌时生姜下，便是医家学到头。

语释 肺把病是出汗不止，不抬头，站住不敢开步，亦不能左右转弯。原因是在乘骑中，肚带勒得太紧，以致气血凝滞而得此病。治法：一面在喂养方面，按时定量喂食盐，以补出汗之虚；一面内服止痛药，配入生姜为引，再扎放同筋血，就可治好。

【原文】肺痛行难汗出病源歌第十七

拳脚汗出肺家伤，肺痛行时细寻详。
其胸行时饶汗出，精神短慢便为伤。
止痛当归白药散，芍药贝母共消黄。
更用火针针其膊，葱煎麻附啖为强。

语释 肺痛病，是四肢收缩不伸，拳屈在一起，行走时胸前多汗，较多精神不振。治法：内服活血止痛药，如当归、白药子、赤芍药、贝母、麻黄、附子、葱白等药即是。再火针膊尖穴、膊栏穴、抢风穴可好。

【原文】蛤蟆汗出病源歌第十八

蛤蟆汗出似冬瓜，吐涎绿水似槐花。
蛤蟆眼赤行步跳，跳时火烙是医家。
火烙太阳并百会，烙时不得水淋他。
蛤蟆见水重相旺，蛇皮捣碎灌相和。

语释　蛤蟆瘟是两腮肿胀，如蛤蟆鼓气，如冬瓜垂下，口吐绿液如槐花色，眼睛赤红，行步多跳。治法：火烙太阳穴、百会穴，烙时忌水淋，因为这病属阴性，水淋反而加重，内服蛇皮研细末可效。

【原文】荨麻汗出病源歌第十九

荨麻汗出遍身流，自把身躯口自伤。
浑身麻时都咬破，连头和项搽猪油。
擦破眼眼为与药，入河不住洗淋浆。
更须急抽喉脉血，喉脉摆罢放胸堂。

语释　荨麻病，是浑身疙瘩连片，麻痒浮肿，由于汗出受风而得此病。病畜浑身发痒，瘙痒难忍，因此不断以口啃咬，啃得皮破血流。治法：用猪脂油溶化涂搽患处；有河流的地方，再入河洗澡，以除污浊；扎放喉脉血、胸堂血，就可治好。

【原文】遍身生肉鳖汗出病源歌第二十

汗出浑身肉鳖球，发来擦破血常流。
血流黄浆血似油，血似黄浆粉腻油。
汗出鳖时抽大血，医人切记在心头。
凉药一匙蜜四两，不过三服病常休。

语释　肉鳖病，是全身皮肉无定处的肿胀，形如鳖之扁硬椭圆样。病因：出汗受风而发生，病发后浑身发痒，揩擦皮破流血，带有黄水或粉渣，黏如油。治法：放大血，灌凉药，蜂蜜四两为引，最多三剂就可消散而愈。

【原文】肺花疮疥汗出病源歌第二十一

肺花疮疥汗出多，心家燥病热来过。
疮疥肺风皮肤热，胸堂放血洗淋河。
更用八味白药子，白矾二两细捣罗。
麻子煮熟入蜜啖，便是从前圣手摩。

语释　肺花疮疥，是疮形如花，痒擦如疥，分散于全身无定处的皮肤上，肺与皮毛内外相合，所以称为“肺花疮疥”。由于汗出多，使心脏燥热外感风邪而成此病。初患皮肤发烧，逐渐燥痒成疮。治法：放胸堂血，经常洗净患处；内服8种清热解毒药，如白药子、白矾、麻子、蜂蜜等药，就可治好。

【原文】虚肿疙瘩汗出病源歌第二十二

虚肿疙瘩大如球，肿气通身汗自流。
虚肿元来热上得，医人须记在心头。
疙瘩上面碎针破，疮口立便润脂油。
更用消黄凉药灌，从来有病便须休。

语释　虚肿疙瘩病，是上焦有热出汗受风而得。症状：浑身无定处的虚肿如球形。治法：在肿处扎放后，涂搽润脂油，内服消黄解毒药，就可消肿而愈。

【原文】胸黄肿气汗出病源歌第二十三

胸黄肿气上胸堂，当胸流出汗如浆。
针破血水如油色，搐头[①]不消脚猖狂。

眼慢头低行如醉，医人一见便慌忙。

先经论定叫他死，便是龙马也无常[②]。

注解

①搁头：即肌肉肿大里面已化脓，但没有熟透，在未出脓之前的地方语。

②无常：即不能再活下去，很快就要呜呼哀哉的说法。

语释　胸黄的浮肿位于胸堂血的上面，患部有浆液性的渗出物，针破时流出血水如油色。肿头不消，站立不定，眼痴头低，行走如醉。医生一见这种情况，心中就着急，因为先师的经验已经证明这是死症，就是体质再好的马，也不能治愈。

【原文】 疔黄汗出病源歌第二十四

疔黄汗出肿郎当[①]，行步垂头狂似獐。

眼肿行时不见物，四脚移来又似僵。

气粗卧时唬[②]不起，气热如火又似汤。

触肷喘时须见死，追风八骏也须亡。

注解

①郎当：土语，形容无精打采，精神萎靡。

②唬：喊叫。人指挥马的口语。

语释　疔黄病，在肩膊及脊梁背肋等部位。肿形如疔，破多黄水，表现汗出，精神不振，行走低头或如獐鹿（小鹿），易惊不安样，眼肿失明，四肢僵硬不灵。如果出气粗而烧，卧地不起，肷煽兼鼻喘时，再好的追风八骏马，也只有一死。此属疔黄入内脏绝象。

【原文】 火黄汗出病源歌第二十五

火黄汗出败舌干，腹中五脏似汤煎。

汗出火黄汤煎热，火家见水得除痊。

更用消黄蔚金散，苦参甘草配车前。

药物一匙蜜四两，方知用药有功夫。

语释 火黄是伤火病，由于劳动出汗过多，舌头干枯而烧热，为五脏大伤火热之偏患。治以解热降火可疗。内服消黄郁金散，如苦参、甘草、车前子，蜂蜜四两为引，服后病愈，才知道药效是良好的。

【原文】 蹩着罗膈汗出病源歌第二十六

蹩着罗膈医治难，胸堂汗出四蹄攒。

四蹄攒时难移步，为缘脉血不通连。

五日三朝不治疗，移攒四脚似风瘫。

砂糖油蜜消黄散，胸堂血出自除痊。

语释 蹩着罗膈病，治疗有困难，症状有胸堂部出汗（痛的反应）；行走时，四蹄收缩不敢开步大走，为血脉流行不舒畅之象。开始发病的三五日内，得不到及时合理的治疗，就可能变为如风入筋骨的瘫痪状态（即较弱无力）。早期内服消黄散，砂糖、麻油、蜂蜜为引，扎放胸堂血，是可以治好的。

【原文】 肉断汗出病源歌第二十七

肉断当因走不安，汗出浑身似涌泉。

本因行急伤于肺，饱时不得急骑煎①。

饱后骑急多肠断，盲医不识这根源。

急笼②胸堂油蜜啖，行时獐步脚移难。

注解

①骑煎：系土语，意即熬煎转为迫害之意。在此作加鞭催马急行讲。

②急笼：系土语，意即赶快或迅速。在此作急笼胸堂血讲。

语释　肉断病，是肌肉痛病，原因是饱后骑急，行走太快伤了肺气，以致气血运行不通，阻滞于肌肉之间而作痛。症状：浑身出汗不已，行走如獐鹿样，运步困难。治法：急放胸堂血，内服理气活血的止痛药，配麻油、蜂蜜为引。护理方面，病好以后，千万不可再让其饱后急行或快走。如果再饱肚急行，多有肠断的危险。没有经验的医生，根本不懂得这些道理。

【原文】牵肺疮口痛汗出病源歌第二十八

肺疮癣来口咽涎，疮中血水就中先。

汗出痢疮如疥癣，槿皮[①]生姜配绿矾。

麝香黄丹黄柏散，白芨白敛用焦栀。

猪脂油调搽一上，疮皮退下一漫滩[②]。

注解

①槿皮：即土槿皮，为治癣要药。《中华药典》中有土槿皮酊，专治顽癣。土槿皮刺激性大，不宜多用，硫黄性缓，用之更较安全。

②一漫滩：即一大片。

语释　牵肺疮口痛病，为劳动出汗后外感风湿而得。由于皮肤瘙痒如生疥癣，常用嘴咬嚼疮痂毒水，因此，延及口腔肿烂流涎。治法：外搽药物如土槿皮、生姜、绿矾、麝香、黄丹、黄柏、白芨、白蔹、栀子（炒焦），以上 9 种除麝香、黄丹另加入不研外，其余共合焙干研成细面，猪脂油调搽于患处，疮痂很快就会脱落。

【原文】急喘汗出病源歌第二十九

急喘汗出脊如弓，此病难医不异功。

汗出急喘难调治，前来死病亦和同。

喘时口中白沫出，医工千方一场空。

师皇论理叫他死，主人大哭手捶胸。

语释 急性气喘是肺脏呼吸困难的致命病，此病不容易治好。若到汗出不止、脊弯如弓、口吐白沫的时候，已属肺绝之象。纵然千方百计的抢救，亦是以死亡告终。此病在师皇论里，属于不治之症，医术再高亦难以治好。

【原文】 汗热风汗出病源歌第三十

汗流吐沫脊如弓，五脏肠中不易通。

肚胀拳腰油汗出，四蹄强硬走西东。

医人见得如此病，经书检尽死胡同。

医着此病无不死，直饶八骏是飞龙。

语释 汗热风病的症状是，口吐白沫，脊弯如弓，肚腹胀满，四蹄强硬，东倒西歪，汗出如油。此病属气血不能流动，脏腑败绝之象。古兽医书中根本无此治法，就是如同飞龙善走的八骏马，也是死命一条。

【原文】 脑头[①]脓出汗病源歌第三十一

脑头汗出鼻如脓，脓黄共血似花红。

腥臭黄脓微水出，黄脓滴下似脂油。

虽然吃得些些草，下梢[②]不免命归空。

经书注定教他死，主人年命不亨通。

注解

①“脑头”病，即脑颡病，现代称为额窦炎。

②下梢：系北方土语，作结果讲。

语释 脑头脓病的症状，鼻流黄红色的腥臭的脓血且兼有稀水，若到脓出如脂油和全身出汗的时候，虽然能吃少量草，但由于马经书中没有此病的治法，其结果也不免一死。畜主只好在经济上承受大的损失了。

【原文】 心腧[1]汗出病源歌第三十二

心腧热燥汗自流，出气如同似锯抽。

心腧肺喘更肺败，胸堂大血最为筹[2]。

更用消黄凉药灌，入河淋洗自然休。

注解

①心腧：腧是腧府，心腧是心经之府。

②筹：系方言，有好、先、头个等意思。在此是指最好先放胸堂大血。

语释　心腧穴的部位在心前端，此处出汗如流，则为心肺热燥之表现。若见气促喘粗如同拉据声，则是肺气败绝的反映。如见上述症状，扎放大血或胸堂血最为有效，同时再内服消黄清凉之剂。有河流的地方，可以引畜入河洗澡（在暑热季节为解热一法），此病自然可愈。

【原文】 肺腧[1]汗出病源歌第三十三

汗出浑身喘不休，医人切要细搜求。

肺喘气粗并把膊，胸堂大血急须抽。

更用八味白药子，砂糖白蜜配生油。

更下白矾粥里啖，灌时不得忘瓜蒌。

注解

①肺腧：即肺府，本症是肺热症。

语释　肺热气喘，浑身出汗，行走时两膊把紧不敢开步。治法：急放胸堂血、大血。内服 6 种药物，如白药子、砂糖、白蜜、生油、白矾、瓜蒌等，配入米粥内喂之即效。

【原文】 肺破[1]汗出病源歌第三十四

肺破汗出浑似油，喘粗鼻咋不抬头。
识其此病终难疗，夏间不死到初秋。
先经论理叫他死，医人千方不回周。

注解

①肺破：《元亨疗马集》七十二症罗膈伤中说："喘粗气促者，是肺咋也。鼻中出血者，肺破也。"说明肺咋者不可治。"肺破"鼻中血出轻微者，尚可治。

语释 肺破的症状是汗出如油，出气粗，鼻孔咋，头低不抬。要知道这是一种不治之病，纵然夏天不死，秋初也难逃一死。祖师的经验证明这是一种绝症，即使进行千方百计的抢救，也是无济于事。

【原文】肝烂失魂汗出病源歌第三十五

肝烂失魂汗如浆，行如醉狗便冲墙。
肝烂肺损难医治，肠断肚破更死方。
教他主人难理会，师人说与定心慌。
经书检尽终无效，主人见道哭忙忙。

语释 肝烂失魂病是肝烂丧失其机能的病。症状：出汗如浆，行如酒醉，东倒西歪或向前冲墙抵壁。凡属肝烂、肺损、肠断、肚子破（胃破裂）的这类病都是死症。畜主不懂病情，但经医生说明后必定要心慌着急，想尽办法都无效，这时畜主只有大哭一场而已。

【原文】心破肉颤汗出病源歌第三十六

汗出心破血如浆，眼目惺惺似醉獐。
颊齿咬牙涎沫出，明知此病也难当。
手按鼻中无换气，方知此病没商量。
骏马命尽叫它去，定知三日见阎王。

语释　心破的症状：肉跳、汗出，出血如浆水，两眼朦胧不清醒，行如酒醉小鹿样，两腮颊咬牙切齿，口吐涎沫。这就说本病难治。如果以手放在鼻孔处，感觉不到呼吸，才知这病危险没法治疗。就是最好的八骏马，也只有让它死去，最多 3 天必亡。

【原文】 内肾伤汗出病源歌第三十七

内肾伤病汗流洋①，耳又搭垂眼没光。
鼻冷卧时捳②不起，草料如常吃水浆。
伤损肾棚难治疗，名医好手救无方。
此马得时缘日月③，下梢不免去无常。

注解

①汗流洋：意指汗出不止，遍体湿濡之意。

②捳：yú，意为共同抬东西。在此表示抬不起卧下的马。

③日月：代表阳和阴，在这里指肾阳与肾阴受邪。

语释　内肾伤，俗称腰子伤。症状：汗出不止，两耳双垂，眼睛无光，鼻头冰凉，卧地不起，吃喝照常。此病若伤损肾棚，就难以治好了，再好的名医也无计可施。得这种病的主要原因是“日”和“月”两方面受到损伤，日为阳，在此代表肾阳（命门火），月为阴，在此代表肾阴（肾水），即肾的真阳和真阴受到损伤而产生的一种致命病，故其最终难免一死。

【原文】 脾胀汗出病源歌第三十八

汗出脾家胀不消，五脏六腑不和调。
口黄鼻冷微肷搐，相知此病大难逃。
唇又郎当精神慢，垂头着地不能高。
主人见马如此患，医家用意没功劳。

语释 脾胀病的原因：是由于五脏六腑不和而引起的。症状：口色发黄，鼻头冰冷，肷微抽搐，嘴唇松懈无力，精神不振，低头不抬。这病一见出汗时，就危险了，医生再用心抢救，也是劳而无功。

【原文】 头肿①眼肿汗出病源歌第三十九

肿脑汗出眼如桃，微步行来后脚稍。
上焦只用消黄散，下元葱酒灌牵牛。
上焦太阳多出血，下元出血放肾堂。
为报医人寻方论，会尽师皇八骏高。

注解

①头肿：头部俗称脑袋。肿脑，即头肿。

语释 头部肿胀而出汗，牵连两眼肿胀如桃，行走迟缓，步幅较小，后脚呈稍息姿势（即一脚立，另一脚以蹄尖虚踏于地），此属上热下寒病。治法：消上焦部的肿胀，宜灌消黄散，扎放太阳血；下焦部的寒湿宜用葱酒、生二丑同调灌之，并扎肾堂血。为此告知医生必须辨证施治，才可尽到保护良马的职责。

【原文】 遍连蹄汗出病源歌第四十

四十论尽汗功劳，感谢师皇仔细教。
先辈古人今何在，累生相遇有功劳。
遍身七十二翻汗，一一认得遍为高。
师皇留下先经义，教人后面识根苗。

语释 遍连蹄是马得了出汗病，浑身出汗流到四蹄的症状，属于七十二汗的第四十汗。说起治出汗病的方法，应该感谢师皇的仔细教导。先辈古人虽然不能相见，但是他们的功劳的确很大。对于 72 种出汗病，每个都论述得很全面，而且高妙，师皇留下的宝贵经验，使后世人能认识这些疾病的发病根因。

• **按语**

本病内容非常空洞，不实用，病名又与内容不符，好像后人所补，“遍连蹄”是何症不明。

【原文】 斗喉[①]汗出病源歌第四十一

马患槽结搦斗喉，出气如同似锯抽。

气塞周身饶汗出，食槽里面似瓜蒌。

为报医人抽大血，大血放罢更开喉[②]。

一日只灌消黄散，啖时不得忘脂油。

注解

①斗喉：又名喉蛾即咽喉炎。

②开喉：在此并不一定指割开喉腧穴，而是指用解热消喉药，使呼吸通畅喉部开阔。

语释 斗喉，即咽喉肿胀病。马得了这种病不但喉头肿大，而且食槽里面亦肿如瓜蒌，因此称为槽结搦斗喉。这时气逆不通，出气困难，声如抽锯，全身出汗如流。为此告知医生要先放大血，再灌清喉消肿药，如消黄散，加入猪脂油为引，可使喉部通利呼吸舒畅而愈。

【原文】 心热汗出病源歌第四十二

汗出浑身数翻黄，心家有病热来伤。

足汗热时凉药补，郁金鸡子共商量。

甘草只用荷车散，大黄栀子配蒲黄。

七味将来蜜里下，大血抽罢放胸堂。

语释 对于浑身出汗，虽然几种黄病会出现此症状，但都为心热所致。因汗为心液，所以汗出为心热。治以清凉剂为补救的良方。内服郁金、甘草、薄荷、车前子、大黄、栀子、生蒲黄，以上7种共研末，鸡清蜂蜜为引，再放大血、胸堂血可好。

【原文】耳上汗出病源歌第四十三

耳前汗出肾家黄，肾家有病检名方。

汗出如油人道丧，师皇检尽却无方。

语释 耳部出汗，为肾黄的典型症状。对这种肾脏病，要查行之有效的名医验方及早治疗。若到汗出如油腻，肾气已绝时，一看就知有死亡的危险，即使将师皇留下来的医马书籍都检查完，亦找不到治法。

【原文】肷上汗出病源歌第四十四

上焦热时饶汗出，太阳簇[①]罢放交当。

肷上汗出是腰黄，肷黄连尻[②]尾相傍。

尾汗彻梢人道丧，偏体如油命必亡。

喘息急灌消黄散，带脉出血是名方。

更向尾旁烙八窌，乃是师皇治疗方。

注解

①簇：cù，当刺字讲。

②尻：kāo，屁股。

语释 肷上汗出病是因上焦热盛而引起的。治疗时应先放太阳穴后放交当穴。若肷的上部出汗多，则是腰黄的外应，肷黄的临床表现是从肷后到屁股和尾部都出汗，若尾汗出到梢，且全身汗出如油，则为死亡之象。应在呼吸粗大时，急灌消黄散，扎放带脉血，再火烙八窌穴，这就是师皇的治疗方法。

【原文】阴肾[①]汗出病源歌第四十五

阴肾汗出是心黄，心黄肾上汗如浆。

心连小肠饶眵泪，更兼肷汗腹胀狂。

急灌消黄洗肝散，入河淋洗更无伤。

大血两伤须要出，医人不在放胸堂。

注解

①阴肾：即外肾，现名睾丸或阴囊。

语释　阴肾汗出是心黄的严重期，心黄病外肾出汗的原因是由于心与小肠相表里造成的，因心脏热甚，会致热传小肠，小肠热甚，又会传于肾及膀胱。所以有阴肾出汗，以及肷部出汗和肚腹臌胀，狂乱不安，眼肿流脓泪等症状。治疗应该急灌消黄洗肝散（就是安心神定肝魂的药物，如黄连、龙胆草之类）。如在接近河流的地方，可将患畜入河洗澡，亦为清热的一法，再扎放大血更妙。如医生不在家，学徒不会放大血时，扎放胸堂血亦好。

【原文】臆上汗出病源歌第四十六

臆前汗出肺家黄，肺家黄病喘忙忙。

汗出臆前如油臭，医人切要细搜方。

药用三黄并二硝，砂糖白蜜共生姜。

一日两服淋一上，胸堂放血甚为强。

语释　臆前汗出，即胸前汗出，是肺黄的症状。肺黄病到严重期，出气粗大，喘息不停，若汗出如油腻且有臭气时，更为严重，医生要想尽一切办法详细找寻抢救的良方。内服三黄（黄连、黄芩、黄柏）、二硝（二丑、朴硝），加入砂糖、白蜜、生姜为引，同调灌之，每日灌两次。再用凉水将全身淋洗一次，扎放胸堂血，则更为有效。

【原文】膊前汗出病源歌第四十七

膊前汗出次心黄，汗出连项膐胸堂。

汗出如油腻似血，医人一见便慌忙。

皮肉焦黄须见死，头垂眼慢死难当。

医人见时休下药，经书检尽莫名方。

语释　膊前汗出是次心黄的外表症状。初期只见膊前汗出，继而脖颈和胸堂部亦出汗。若汗出如油腻并有红色时，则为病情严重，医生一见就慌忙着急。如果出现皮肉呈焦黄色，头低眼痴，则属死亡之象，这时不必再用药治疗，即使把马经书籍查完，亦找不到良方。

【原文】浑身汗出病源歌第四十八

浑身汗出似如浆，诸家黄病有评张。

五脏热时凉药灌，六腑大血放胸堂。

一灌消黄淋一上，表里俱凉急检方。

晓夜计较寻方论，恰似从前许文郎。

语释　浑身汗出如浆水，这是许多黄病到严重时出现的症状，此属热毒内传脏腑的反应。治法：外放大血与胸堂血，内灌消黄散，再用冷水淋洗全身，为表里兼施的治疗方法。这时医生应该夜以继日地观察其疾病的发展情况，并且尽量设法抢救，只有这样才像老前辈的许文郎（善于刻苦钻研）。

• 按语

许文郎的故事，来历不明，揣测其情，好像兽医前辈中的一位名医，引此以告知后来的兽医继承者，每逢病情严重时，要有坐诊守治的精神，暂存此说有待后查。

【原文】自汗出沥蹄病源歌第四十九

自汗沥蹄不是黄，本因败水急于肠。

水淹便是根源本，口中吐水泪汪汪。

药用七伤瓜蒂散，五香酒下是名方。

皂角烧时骑数重，急行打棒命延长。

语释　饮水后，忽然出汗流蹄，这不是黄病，而是误饮浊水，以致水停于胃肠不能消散而患。症状：口中吐水，两眼泪汪汪。治法：用“七伤病”中治水伤病的瓜蒂散（瓜蒂即甜瓜蒂，又名苦丁香。皂角、细辛、白胡椒、半夏、香白芷）共研细面，吹入两鼻内（此为催吐一法），再内服五香散（处方参考本集卷四，三十六起卧水噎病便知），为治本病的良方。至于瓜蒂散内皂角，可用火煅过，分量要比其他药重一些。另外还要用棍打患畜使其急行快走，可使水噎通利而安。

【原文】虚汗出遍身病源歌第五十

虚汗骑来亦是黄，每年少啖失于凉。

春秋不摆三江血，何劳脏腑却要滑。

草料八分添水草，怎无白汗更流浆。

语释　虚汗，是骑走过度而得，属黄病的一种。原因是由于每年少灌四季药，特别是火热过甚时，不灌清凉剂和春秋两季不扎放三江血。再加劳役过度，以致脏腑虚弱气血亏损。此外还有饲养问题，每天的草料不够吃就添些青草代替，这种料轻役重，供不应求的饲养管理怎能不出虚汗呢？

【原文】黑汗出如油病源歌第五十一

黑汗浑身遍体流，喊来莫记在心头[①]。

识其此病终难疗，早晨得病日西休。

主人心中难割舍，须令壁上挂笼头。

医人休寻方共论，从他一命尽休休。

注解

①喊来莫记在心头：其原意是谈起此病不要忘记这是心脏病。“莫记”应该是“莫忘”。

语释 黑汗病，是全身汗流不止。说起这病的危险性，不要忘记汗为心液，汗出心伤，到心脏衰极时就难以治好，一般多是当天就死（约在12小时左右）。畜主虽然不忍其死，但结果是笼头挂墙，所以医生到这时候就不必再找方治疗了，病畜肯定要死。

【原文】 血汗出浑身病源歌第五十二

血汗浑身腻似油，一年冬夏及春秋。
少啖热来黄病起，胸堂大血不曾抽。
得病便作难治疗，主人捶胸哭不休。
医人见道休生恼，师皇论里用心求。

语释 血汗，是出汗如血成淡红色，又黏腻如油，原因是在一年四季里，五脏有火不灌清凉之剂，又不放大血或胸堂血。得了此病就难以治好，畜主急的拍胸大哭，但作为医生应劝其不要焦急，可在师皇论里尽量找寻些抢救的方法。

【原文】 胸前肺痛汗出病源歌第五十三

胸堂汗出肺家伤，口白鼻冷喘忙忙。
性慢耳垂不吃草，黄连白蜜配砂糖。
知母贝母当归散，木香白芷共生姜。
灌之三服无难痊，必然大命有低昂。

语释 肺痛有胸前出汗、口色白、鼻头凉、呼吸粗、没精神、耳下垂、不吃草等症状。治法：内服当归、知母、贝母、黄连、木香、白芷等药，加入白蜜、砂糖，生姜为引。若连服三剂不见好转，就有死亡的危险。

【原文】 脑上汗出病源歌第五十四

脑黄头汗要须知，脑黄热病本漫机。
口中吐沫微微汗，通天烙透水淋之。
生下十朝不得喂，半月以里休乘骑。
凉药一服淋一上，三江大脉放为良。
医人是须寻方论，便是从前圣手依。

语释 脑上汗出是脑黄病，原因是久伏性的热毒所致。若口吐白沫，脑部微汗时，就火烙通天穴，凉水淋头，10日内不得喂精料，半月停止使役，让它休养。内服清凉剂，外用冷水淋头，再扎放三江大脉血，可以治好。医生遇到这种病，可用先师留下的好办法来治疗。

【原文】 伤饱急行汗出病源歌第五十五

伤饱急行汗如浆，头低耳慢胀如框。
七伤葱油滑气散，猪脂白蜜共三黄。
春灌二服麻子汁，药末三钱便为强。
灌了牵行三二里，自然病可得如常。

语释 饱肚急行汗出病，表现为汗出如浆，头低耳耷，头胀如框等症状。内服七伤的滑气散（木通、滑石、青皮、细辛、茴香、苍术、牵牛、陈皮、续随子、甘遂、当归），再加入黄连、黄芩、黄柏各三钱，葱白、香油、猪脂油、白蜜为引。春季照方灌两付，再加麻油，灌后拉蹓三二里，就可见效。

【原文】 水掠肝病汗出病源歌第五十六

汗出浑身水伤时，水伤肝病有差异。
水掠肝伤饶吐沫，欲步羊行脚到迟。

鼻中水粪微微出，主人千万不骑乘。

跨马乘骑如桂倒[1]，主人怎不哭悲啼。

注解

①桂倒：典故出自吴刚伐丹桂的故事。在此用其喻说“马已患水掠肝再乘骑，即速其死”。

语释 水掠肝病的浑身出汗，是由于饮水伤肝造成的，这种病和其他病不同。症状：口吐涎沫，行走如羊步，短而迟缓，两鼻微微流出粪水。这时畜主千万不能再乘骑，如果乘骑就会立即倒地而死，畜主怎能不大哭一场呢？

【原文】 大肚伤汗出病源歌第五十七

汗出浑身大肚伤，医人一见便慌忙。

卧地任唬[1]不肯起，鼻中时时粪水浆。

主人休要贪心望，让他命尽见阎王。

医人休道无仙药，肚破肺黄无保方[2]。

注解

①任唬：意指任凭人怎样去吓唬它。

②肚破肺黄无保方：大肚伤现名胃破裂，胃破裂时多呼吸困难，逼得肺胀，此症无法救治，故云“肚破肺黄无保方”。

语释 大肚伤的浑身出汗，医生一见就着急了。症状：卧地不起，不管人怎样唬叫，亦不肯起立，两鼻孔时时流出粪水。这时畜主不要再指望它活过来了，让它很快死去，还少受些痛苦。同时也不用说医生没有起死回生的灵丹妙药，因为这种病不仅大肚破裂，而且气血不通，呼吸困难，逼得肺脏亦生黄了，所以说没有保命的灵药。

【原文】 心邪汗出怕惊病源歌第五十八

心邪汗出恰似浆，欲行心狂去撞墙。

魂魄不全生惊怕，先经论里捡名方。

茯苓定魂朱砂散，人参雄黄共牛黄。

带脉定魂多出血，麝香薰鼻即如常。

语释　心邪汗出病的症状，不仅出汗，还表现狂动乱行，冲墙抵壁，好像魂魄不全，惊恐不安。要在先师经典的论文里去找名方来治疗，内服定魂朱砂散（朱砂、茯苓、人参、雄黄、牛黄），扎放带脉血，多出些血，可以定魂魄，再以麝香少量烧烟熏鼻就会治愈。

【原文】 阴汗风吹着木肾病源歌第五十九

阴汗骑来被风吹，肾家如铁木躯将。

木肾肷躯如肿硬，火刺针破是名方。

止痛消黄盐醋搽，七伤灌啖酒为强。

灌用炒盐葱一把，酒煎冷下却如常。

语释　阴汗风吹是病因，木肾是病名。这病的原因，是劳动出汗站立于太阳照不到的阴凉地方，被风邪侵袭而得。症状：外肾（阴囊部）肿胀，冷如铁，硬如木，严重时两肷部也肿硬。治法：火针扎破肿胀处，用盐醋涂搽患处，可止痛消肿。内服七伤散（处方参考《元亨疗马集》卷六，使用歌方内之二十四味大七伤散），加入白酒、盐、葱白为引。同调灌之，即效。

【原文】 热汗①浑身汗出病源歌第六十

热汗浑身被风伤，遍身木硬似如僵。

浑身汗出粘鞍鞯②，五脏肠中一似汤。

肠中热着风吹急，凉药郁金共三黄。

苦参二硝荷车散，僵蚕白附共麻黄。

干蝎乌蛇都为末，浆水油下一片强。

注解

①热汗：指使役后汗出，非病后汗出。

②辔：驾驭牲口的嚼子和缰绳。

语释 马骡在劳动后，会浑身出汗，此时如立于迎风处，就会被风侵袭，使毛窍闭塞，遍身僵硬如木。特别是浑身出的汗液粘鞍屉和马辔的时候，五脏及肠中会热如滚汤，最易发生这种病。治法：内服清凉剂。处方：郁金、黄连、黄芩、黄柏、苦参、朴硝、二丑、薄荷、车前子、僵蚕、白附子、麻黄、干蝎、乌蛇，以上 14 种，除朴硝另入不研外，其余共合研末，加入浆水，麻油为引，同调灌之即好。

【原文】阴汗连肷汗出病源歌第六十一

阴上连肷汗如油，后连雁翅尾尻头。

都是心家并胃热，胸堂大血不曾抽。

上焦只用消黄散，下元莨菪共牵牛。

君臣药性知生死，端的众中无处求。

语释 从阴部（指公畜的阴囊，母畜的阴门）起，前至左右两肷，后至雁翅及屁股到尾部，出汗如油。原因是心脏和胃腑有热，没有抽放胸堂血或大血所形成的。治法：上焦有热，可用消黄散，下焦有寒，可用莨菪子（天仙子）、牵牛，但要把握药物的属性及配伍，这样才可避免死亡。这种治法，对于初学兽医的人来说是不容易掌握的。

【原文】眼眶汗出病源歌第六十二

眼眶汗出是肝劳，肝昏眼暗怎生逃。

眵泪目青不见物，洗肝黄连合为高。

日进二服草后下，太阳放血是功劳。

后代医人依此法，便是王良八骏高。

语释　眼眶即眼睛周围处，此处出汗是肝经受劳所致。肝劳必然肝经昏迷，视物不清。另外，如两眼角经常有脓屎热泪，睛体内生青翳，就看不见任何东西了。治法：内服清肝明目的洗肝散，外点黄连膏，内外合治，最好每天早晚各一次，吃草以后灌下。再扎放太阳血，有效。后学的兽医们照这些方法去做，就会像王良先师一样技术高明了。

【原文】项上耳后汗出病源歌第六十三

项上耳后汗出多，上焦热病细搜罗。

都是心家传热病，胸堂大血放为过。

血定急灌消黄散，灌了牵行淋洗河。

急灌二升麻子汁，临时莫忘蜜相和。

语释　从脖颈到两耳根后面，出汗特别多的原因主要是上焦有热所致。要详细的去找寻根由，都是心火上攻的表现。治法：扎放胸堂血、大血，则火自降。放血后，立即灌入消黄散，以解其热。有河流的地方，可将患畜引入河内洗澡一次，使气血流行爽快，没河流的地方，用清水淋洗亦可。灌药时切记配入麻油、蜂蜜各200克为引，以通利肠道，使火毒由大便排出。

【原文】浑身疙瘩汗出病源歌第六十四

汗出浑身疙瘩球，发来擦破似脂油。

擦破脂油腥烂臭，医人默记在心头。

识其此病休治疗，夏天不死在初秋。

先经论理知端的，叫它命尽死难收。

语释 在浑身出汗感受风邪时，身上出现无数圆如球形的碎疙瘩，痒擦不已，最后擦破皮肤，像猪脂油样腥臭难闻。医生要牢记在心，只要看到这样的症状，就不必治疗。假如在阴历五六月间发病，虽然麦季不死，延迟到七八月间也得死亡。因为这病，先师已经见过很多次了，结果都归于死亡。

【原文】 肚底水汗出病源歌第六十五

水汗出来肚底流，医人切要细搜求。
肚底汗流荣卫热，燥热发在五攒头。
便是肝黄本框死，交当带脉急须抽。
下药须用消黄散，医人端的不劳忧。

语释 肚底出汗如水流的症状，医生要细心诊断，这病的原因是劳役过度消耗肾水，使水亏火旺，燥热之气薰发于腰及四肢部。这是肾水不能涵养肝木，而使肝脏发生黄肿的初期。治法：急需扎放交当血、带脉血，内服滋水降火的消黄散，这样医生就不必为此忧虑了。

• **按语**

所谓滋水降火的消黄散，即以知母、黄柏为主要的对症药，再加胡黄连、龙胆草、柴胡、黄芩、栀子等药。这是我的体会，供参考。

【原文】 耳根汗出病源歌第六十六

耳根汗出彻耳稍，医人切脉用功劳。
便是肾家根元本，僵蚕附子一处熬。
蜈蚣麻黄定风草，乌蛇干蝎配朴硝。
捣罗将来油酒下，医人细意认根苗。

语释 遇到从耳根到耳尖出汗的症状时，医生要配合切脉的诊断法，用功细诊，因为肾开窍于两耳，肾是先天之本。如肾经脉迟，即是肾经受风病，急需内服僵蚕、附子、蜈蚣、麻黄、定风草、乌蛇、干蝎、朴硝，以上8种共研末，过罗筛下，入麻油、白酒为引同调灌之。总之，医生对这病要细心找其根本原因，辨证论治。

【原文】 汗出四蹄病源歌第六十七

四蹄汗出肺之伤，为报医人莫谩忙。
肺主四肢兼把膊，医工立便放胸堂。
消黄知母白药子，贝母肺药要消黄。
牙硝大黄郁金散，将来白蜜下砂糖。

语释　四蹄出汗是肺经受伤，告知医生不要着急忙乱，要知道本病是肺把胸膊痛。因疼痛前肢不能负重而不断换蹄，形似蹄痛。可放胸堂血，内服消黄散，如知母、白药子、贝母、马牙硝、大黄、郁金等药共研末，白蜜、砂糖为引，同调灌之，即愈。

【原文】 肺燥汗出病源歌第六十八

肺燥汗出要消详，膊头两畔共胸堂。
肺燥汗出如珠露，砂糖白蜜共消黄。
百合瓜蒌蛤蚧散，桔梗芍药配生姜。
捣罗将来都为末，又来同下用牛黄。

语释　肺燥出汗病要详细诊断，出汗的部位是在两肩膊头至胸堂处，汗如露水珠子。内服砂糖、白蜜为引的消黄散，加百合、瓜蒌、蛤蚧、桔梗、白芍、生姜，共研末，过罗筛下，同调灌之。如病好又犯，灌第二次药时，可照原方加牛黄，即效。

【原文】 肝黄汗出病源歌第六十九

汗出浑身是肝黄，肝黄得病目无光。
口中青色多眵泪，肝家本旺见青阳。
五叶生魂通于眼，木家不奈火烧将。
药用洗肝消黄散，二硝蜜下灌三黄。

语释 肝黄的症状，浑身出汗，两眼失明，口色青，眼角多脓屎热泪流出。口色青是肝的本脏色，因肝阳过旺，肝阴不足所致。肝有五叶，内可藏魂，外通于眼能视物。在患肝黄病的时候，肝木燥旺而生火，上冲于眼。药物治疗，内服洗肝消黄散，其主要药物有二丑、芒硝、蜂蜜、黄连、黄芩、黄柏，灌之即效。

【原文】心燥汗出病源歌第七十

心燥汗出口生疮，心家燥病入于肠。
热入于肠饶汗出，口肿只被火烧将。
火家见水为相克，水火相逢要辨详。
灌时蜜下消黄散，入河淋洗即为强。

语释 口肿生疮的原因，是心火燥旺传于小肠，以致周身发汗，使水少火旺，因此上攻口舌而生疮。治以水克火为法。内服消黄散，蜂蜜为引，外用河水或清水淋洗全身毛孔的污垢，这样精神爽快，疗效迅速。

【原文】脾腧汗出病源歌第七十一

汗出脾腧口色黄，蹇唇直上笑忙忙。
汗出脾黄多吃土，青皮陈皮共生姜。
槟榔肉桂并豆蔻，桂心二硝配三黄。
都用将来白蜜下，并灌三服自安康。

语释 马的左右两肋，从后向前倒数第三、四肋之间，是脾腧穴的部位。此处出汗和口色黄，上唇向外连续翻卷如人笑的样子，又有爱吃土的嗜好，这些都是脾黄病的症状。内服青皮、陈皮、生姜、槟榔、肉桂、肉豆蔻、桂心、朴硝、二丑、黄连、黄芩、黄柏，共研末，白蜜为引，连灌三剂，就可治好。

【原文】心燥肾腧汗出病源歌第七十二

汗出心燥肾家腧，医人切要用功夫。
针罢肾堂穴一道，当归芍药用茱萸。
桂心厚朴并肉桂，青皮陈皮共苍术。
捣罗将来葱酒下，灌之三服体重苏。

语释　腰间百会穴的左右两旁各四指处，是肾腧穴的部位，此处出汗，是心火燥旺所致，医生要用功细心诊断，才可看出。治法：扎放肾堂血，内服当归、白芍、山茱萸、桂心、厚朴、肉桂、青皮、陈皮、苍术等药，共研末，过罗筛下，入葱白、白酒为引，连灌三剂，病体就可恢复健康。

二、治一十六般蹄头痛

【原文】干漏痛第一

蹄生干漏本因风，血脉衰时不变脓。
若被败泥填塞满，行时觉痛步移慵。
利刀割开多眼窍，药攻火烙焊[1]蹄中。
免教筋骨时多病，依法行时自有功。

注解

①焊：hàn，是金属类的焊药。在这里形容将药溶化蹄中而后凝固，如同焊药的意思。

语释 蹄生干漏的根本原因，是蹄部被风吹，使其血脉衰弱，降低血流速度，因此不化脓而成干漏。初期不太痛，仅蹄甲干枯不润。如果污泥填塞漏孔内，才有走路觉痛、懒得移步之现象。治法：可用铲刀削净蹄甲枯死部分，当看到许多碎小孔时，先用烙铁烧烙，再加黄蜡、香油溶于患处，使其凝固如焊药，有脱腐生肌的功效。这个方法宜早施用，不要拖延时日，免得筋骨受到损伤。只要照方办理，自有功效。

【原文】 湿漏痛第二

痛极无过湿漏时，只因毒气注于蹄。
不经旬日成脓后，遂致跷蹄从步迟。
此病常人多不识，切须详审使良医。
削开除却蹄中毒，立效奔走疾如飞。

语释 痛觉非常敏感，走路不敢踏地，这是蹄甲发生湿漏的表现，原因是火毒流注蹄中所致。此病发展过程，最多不超过10天，就可化脓成漏，表现走步迟缓和轻踏，甚至在站立时提起蹄子。这病没有经见过的人，不容易认识。必须找有经验的好医生详细审查才可确诊。治法：可用钉掌的铲刀削开蹄甲，挖去蹄中腐臭的脓漏，立刻就可见效，行走照常。

【原文】 蹄胎痛第三

蹄胎疼痛不寻常，只因出血被针伤。
世人不辨蹄中痛，到处求医更检方。
此病若还全不疗，前程中途实难医。
但依药法勤勤理，除却根源命自长。

语释 蹄胎疼痛，非常难忍，遇到硬地更加明显。原因是扎放蹄头血，针刺太深，出血过多而得。畜主若不知道这种痛是蹄胎骨受伤，很可能另找医生按其他病吃药治疗。这病若不能很快治好或置之不理，拖延病期，就很难治好。但只要按照针伤，用外科的处理方法，洗换药勤就可治好。

【原文】 擘掌①痛第四

血注蹄头擘掌酸，一回牵动似刀剜。

直须掌内淋浆泥，用药涂疮莫小看。

若见盲医休着看，恐将心肺乱猜传。

更宜仔细分明验，此法无过贴便安。

注解

①擘：bò，意为大拇指。

语释　行走不平整的道路，蹄腕部被曲折闪伤，血液淤滞于蹄头，而使趾尖酸痛。遇到转弯的地方，痛感更严重。治法：必须把蹄心的污泥洗净，涂润滑剂于寸腕部及蹄心（润滑剂，参考本集卷七第二十二治蹄病之“皂刺煎”便知），促使血液流行，就可逐渐好转而愈。不要轻视这个方法，遇到半通不达的医生，不要让他乱看，恐怕他当作心肺病去治。总之要细心确诊，用这个方法，过不了几天，就可平安无事。

【原文】 护手痛第五

热生六腑掌中干，入罉惊狂不自安。

不是骏驹心性劣，却因骑动满蹄酸。

利刀割的浮皮破，药润能乘千里鞍。

从此便同驯善马，世人不信但骑看。

语释　护手痛这个病名其中的“手”字，可按“掌”

字理解，为“护掌痛”比较恰当，即是维护蹄掌的意义。发生这病的原因，是六腑中的火毒流注到蹄掌形成干燥性的蹄掌痛。一旦带上马缰要乘骑的时候，就惊惶不安，不听指挥。这不是牲口的性情顽劣，而是因为乘骑走动，蹄掌酸痛难忍所致。治法：可用钉掌铲刀削去蹄甲的表层（死硬部分），外涂润滑剂就可消除疼痛，这时乘骑千里也无妨碍，性情亦温顺了。如果不信，乘骑试验便知。

【原文】 生旋痛第六

良骑蹄中多生旋，骤行爱蹶[1]痛难任。

行时正值途中暑，为过山溪入水深。

冷热不匀生旋裂，药填火烙焊蹄心。

不经旬日生新甲，削见依元喜自生。

注解

①蹶：jué，跛行直硬跳走的姿势。

语释 这个病名，即蹄甲周围生旋状裂纹。这病多生于长途乘骑马的蹄甲中。行走快时，因蹄疼痛难忍，病肢即现颠蹶。原因：是在暑热天气走路多，蹄特热时，经过河流入水深渡，以致冷热相凝发生这种旋裂病。治法：先用烙铁烧烙，后涂润滑膏于患处。不过 10 天就可除旧生新，恢复原形。

【原文】 穿漏痛第七

马患穿漏大忌空，内无毒血亦无脓。

痛多即渐伤筋厥，瞋目[1]无声卧厩中。

但用灵膏涂数上，别生新甲见其功。

更将黄药频频搭，退下元初旧一重。

注解

①瞋：chēn，睁大眼睛。

语释　马若得了蹄甲穿漏病，最怕穿成空壳，里边既无毒血，又无脓汁，发展下去，逐渐损伤筋分。疼痛严重时，触诊小腿冰凉，常表现出静卧厩中睁目不闭的痛苦状态。治法：要用最好的生肌药膏，连续涂上就可生出新甲，再把清热解毒药多搽几次，可脱去腐烂的疮痕而愈。

【原文】 蹄薄痛第八

本是生驹形不全，四蹄轻薄痛无偏。
只因胎气生时怯，走骤惟忧踏硬田。
驰骋若从沙碛过，算来骑也不如牵。
不须过削长教长，任使他人苦不圆。

语释　蹄甲要厚薄适中，过薄，踏地则压得痛。原因是幼驹生出时发育不全，四蹄都较轻薄，这是由于母马受胎时先天不足所致。所以走路最怕踏硬地，若过沙滩和碛石的道路，骑上还不如牵上走的快。这种蹄甲，不可过分的铲削，可让它长得长一些，轻微的铲削一下即可。宁可使蹄甲不圆，也不能多削。但是，过长反而成为畸形不圆的残废蹄甲，亦是痛苦，必须适当处理。

【原文】 水蹄痛第九

良骥无耐水蹄痛，踏湿沾泥软似绵。
硬地骤时连腕肿，沙石行处似刀剜。
但将人发为灰末，黄蜡松脂一处煎。
净洗四蹄涂此药，任教骑压过山川。

语释　最健康的马，若得了水蹄病，也是痛的难以忍受。原因是久踏湿泥，蹄甲被浸渍的松软如绵，走到硬地连蹄腕亦要肿胀；走砂石地好像刀剜一样痛苦。治法：把人发烧灰研末，配入黄蜡、松香共合一处，熬制成膏。洗净蹄部，连续涂之，就可治好。好了以后再要骑走，登山渡水，亦无妨碍。

【原文】裂蹄痛第十

畜有天然性格高，不比群类共同槽。
几回跳掷因伤甲，数度咆哮痛自遭。
迸损四蹄如此状，宜涂止痛润蹄膏。
若还连掌兼蹄痛，针烙临时用药消。

语释　裂蹄痛，是蹄甲分裂而作痛。这病多由于个别马骡有独槽的怪癖，不愿和生疏的群马同槽生活。偶然遇到马厩狭窄同槽合喂，它就跳跃不止，引起蹄甲损伤，有的 4 个蹄震裂。治法：涂以止痛润蹄膏。若牵连蹄掌，可扎放蹄头血，或用烧烙法烙后涂消肿药膏，治之可好。

【原文】蹄隐痛第十一

马因过水践途泥，沙石因而隐在蹄。
自后入深人不见，却于诸处觅良医。
但将尖物轻挑出，挑出之时用药弥。
从此不疼须记着，再经沙石请防之。

语释　蹄隐痛是蹄心内暗藏着坚硬细小的东西，刺伤蹄痛，不敢踏步。原因是马在过河渡水，蹄踩泥途时，砂石暗刺入蹄中，越藏越深，使人找不到痕迹，故当作其他病到处乱求医。治法：只要把蹄心暗藏的砂石轻手挑出，涂以生肌止痛药即可治好。此后虽然不痛，但畜主必须牢记这一教训，再要遇到砂石途径，注意预防，随时检查蹄心有无砂石等障碍物。

【原文】蹄口痛第十二

骏骥时时掌内疼，只因多立少人乘。
乍伤筋脉行长路，血注蹄中出未能。
擘掌两边针一刺，更将黄药敷三层。
肿毒自消能健步，峻岭高山自在行。

语释　蹄口痛是蹄甲下面的后叉处肿胀作痛，外表看来健康无病，但仔细观察，却见掌内疼。原因是多息少骑，运动不足，偶行长远的路途，筋骨未经锻炼，以致血液流注蹄中，不能畅行而成胀痛。治法：可扎放蹄门血，再涂清热消肿药，如此两三次，肿胀自然消失，恢复正常。登山过岭，也无妨碍。

【原文】蹄疼痛第十三

四蹄风盛注成瘢，踏雪登高血污残。
连腕肿时无奈痛，此蹄疼处去何难。
先针出血后涂药，不过旬朝安更安。
退尽白痂重净洗，纵行千里自然安。

语释　马在严寒的冰雪天登高山，踏深雪，四蹄都被冻伤，连腕肿胀疼痛，血流淤滞而成瘢。治疗这病，并不困难。治法：先扎放肿处的淤血，后涂药膏，不过10天，就可好。待脱尽白痂时，多刷洗几次，完全健康之后才能使役。

【原文】掌烂痛第十四

掌烂疼时亦可忧，凝血蹄中不放流。
虽是一般轻可病，常人怎会辨因由。
本因踏硬连胎损，烙铁医之疾便瘳。
今后分明须记取，免于药内乱搜求。

语释 蹄掌腐烂病，是异常疼痛的病，应早行治疗。原因是败血不能流通凝于蹄部而得。虽是一般的轻微病，没有经验的医生亦不容易确诊。要知道这病的主要根源，是久踏硬地蹄掌和蹄胎都受到了损伤。治法：火烙于患处，这病就可好转，不必再寻方灌用。

【原文】 子骨疼痛第十五

子骨连蹄痛彻心，愚人不晓怎生寻。
只因险径曾经失，骨缝开时败血侵。
微烧烙铁轻轻熨，蹄门出血莫令深。
仍将妙药依方使，痛去如拈值万金。

语释 子骨痛，牵连到蹄亦痛，像人一样痛的心烦不安。不懂的人就不知道发病原因，主要是道路窄小，以致跳跃闪失，使骨缝裂开，遂使败血流注不行而为害。治法：用小火微烧烙铁于患处轻轻热熨，再轻手浅放蹄门血，外涂止痛活血的特效药膏，很快就可痛去如手拈，可谓价值万金的妙术。

【原文】 掌蹄痛第十六

马因行远大难加，更被人骑过浪沙。
蹶着掌蹄连骨痛，十朝半月尚须麻。
其中毒血虽然出，药裹无疼定不差。
却使依元筋骨健，播扬医术满城夸。

语释 掌蹄痛的原因是长途远行，经过特别难走的道路，这时已经精疲力乏，又要负担人骑，强渡深河踏沙泥。因此，使掌蹄连骨痛。此病痊愈缓慢，十天半月以内，走路仍麻痹不灵。治法：先扎放肿处淤血，后用消毒止痛药膏涂裹于患处，就可停止疼痛，恢复健康。这时畜主到处宣传，城乡群众都听到某医生善治蹄病、医术高明的赞誉。

三、杂论（十八大病）

【原文】（一）心肺壅极，攻成抽肾。

语释　“心肺壅极”是病因，“抽肾”是病名。心肺壅极，多由于平时草料充足，使役轻松，因而膘肥体重，偶遇特殊使役，过度劳伤则发生肥伤饥伤走伤，遂气壅血滞，成为“心肺壅极”，以致畜体之肾水不能制心火，火反克水，而成“抽肾”之病。

【原文】（二）百脉闭塞，欲作心黄。

语释　脉，是指血管，百脉，则指全身的血管。血管闭塞，则心热，就要发生心黄病。这病是由热极而来，热盛气强，则生黄肿，这就是发生心黄病的一种原因，治以凉心活血为法。

【原文】（三）血淤不通，多成黑汗。

语释　“血淤不通”是病因，“黑汗”是病名。初期多是先从头颈背部出汗，这时放胸堂血或大血，很快就汗止而安。若到后期，腰部及四肢全身出汗就有了危险。黑为五色之一，与五行联系属水，与五脏联系属肾，汗即水从热化，汗极则肾水伤，肾水枯则无水化气，这时就要气脱血停而成心绝的急性致命病。

【原文】（四）风捉四肢，入脊为痀[1]。

注解

①痀：jū，曲背。

语释 风捉四肢，为风传经络。若脊背如弓，弯曲拘促，则为风邪侵入筋骨，这时病情严重，如得不到及时合理的治疗，多有预后不良的结果。

【原文】（五）胞转不正，肠必入阴。

语释 胞，俗名尿胞，正名膀胱。胞转不正，即是膀胱痉挛，致使尿液不通的病。病因是阴寒气体进入小肠，以致小肠不能发挥其升清降浊的作用，遂使胞转不正而为病。

【原文】（六）咳逆喘急，变成疮溃。

语释 咳嗽是浊气上逆，咳逆不已，则生喘急。日久不愈，可使肺脏化脓腐烂。如肺壅、肺败病的严重期，多有咳逆喘急的症状。所谓咳逆喘急，是肺脏化脓的预兆，肺变质溃烂，是咳逆喘急的后果。此病死亡性特大。

【原文】（七）伤料过度，变成肠黄。

语释 “伤料过度”是病因，“肠黄”是病名。由于喂料太多，日久引起脾胃消化不良，料毒侵害胃肠而生肠黄。

【原文】（八）盛饥喂急，多作后结。

语释 盛饥，是饥困太过，这时上槽，宜喂草叶。若喂草节或精料，牲口吃得多，咽得快，嚼得不够碎，积于胃肠不易消化，就形成“后结”。

【原文】（九）饱后失水，遂成前结。

语释 吃饱以后，应当饮水而不饮，就叫失水。饱后失水，致使进入胃肠的食物得不到水液的润泽，则干燥迟滞不能运转而成“前结”。

• **按语**

按照古代兽医书籍的记载，前结是在大肠前三分之一处。据临证实验在小肠的回肠末段，多有此结。又据《内经》说：“回肠，即大肠也”的记载。可见古代的所谓“回肠”是大肠的一部分，现代回肠则为小肠的一部分。虽有大小肠之不同，但回肠确易生结，故前结即现代医学所说的回肠结。

【原文】（十）曾吃硝石，多患水肾。

语释　有异食癖的马骡，久啃含硝性的土质和久饮碱性水，在母畜多数易患水肾黄病。若是公畜，则多患木肾黄病。

【原文】（十一）频频错喉，水谷自并。

语释　频频，是经常的意思；错喉是急吃急喝，以致呃逆上气的表现。如劳动过度，饥困太甚，这时若不注意少添勤喂和少饮缓饮的饮喂法，就不免发生水谷充胃的急性大肚结。

【原文】（十二）跑地觑腹，肠中必痛。

语释　跑地，指前蹄（左或右）刨地；觑腹，是回头斜看肷腹部。这两种症状只能说肠中有痛感，而不能肯定是什么病。如冷痛、肠黄、肠结等，都属肠痛病。应结合其他症状，认清何病，分别施治。

【原文】（十三）热盛喘粗，肝肺气塞。

语释　热气盛，出气即粗，甚则鼻中鸣声，就叫气喘病。这病多是由于负重劳伤，促使肝肺气热，滞塞不通而为病。

【原文】（十四）伤肥肉重，变作腰腿。

语释　膘肥体重的牲口，使役过劳，易患腰腿风病。

【原文】（十五）胸膈热毒，颡中发疮。

语释　胸膈之中，是心肺所在地，这里的热毒，是从心肺发出，热毒严重上攻咽喉，初肿后烂成为三喉症。

【原文】（十六）久湿饮浊，膀胱积水。

语释 久湿是久卧湿地（如对圈内不勤除粪，不勤垫土和久息潮湿地）；饮浊，是久饮不洁水（如饮水缸不加盖，不勤刷洗和饮污池污沟之浊水），都可发生膀胱积水病。

【原文】（十七）脏冷气虚，肠鸣如雷。

语释 脏冷，指脾冷，脾为五脏之母，主至阴之脏气虚，指脾气虚，脾为后天之本。脾气上升为正常，一经寒邪侵犯后，则脾阳虚而下降，这时多有肠鸣如雷的症状。

【原文】（十八）久伏积热，脑黄迸起。

语释 热毒经久潜伏于心肺，一旦发作上攻于脑，就是“脑黄”。

重刊增补安骥集药方　卷七

（本卷大意）

本卷内容是专述治马（包括骡驴）内外各科疾病的方剂学，每一方剂下注明主治疾病，该药方的用法用量和药物的炮制方法。全卷共分二十五部，共计载145方。语释对每方都按君、臣、佐、使分别作了解说。所谓君、臣、佐、使，就是根据药物在方剂中对主病主证起着主要作用的称为君药；协助君药加强疗效的称为臣药；协助君药治疗证候中某些次要症状或对君药有制约作用的称为佐药；能引导各药直达病所并能对各药起调和作用的称为使药。总而言之，君、臣、佐、使的实质，即是对临证写处方时，组成用药的配伍时确定主要和次要的一个标准和范围。原方中各药的分量，多为各等份，每次的用量，多是一两或一两半、或二两不等。这是属于古代的参考资料，和现代的临证实践结合，互相对照则有所出入。为了把古方适合于现代的应用，除将原方、校注依次载列外，今特本着实用精神，在方解之后，根据原方重新将各种药物按照现代马骡的中等用量，分别定量。至于每剂的用量，亦有变更。每剂的用法，原方多是同煎两三沸或三五沸，候温，草后灌之。这种方法很好。因药经煎沸，吸收快，疗效高，饱后吃药，多无反应，特别是灌凉药，在空肚灌入，容易引起肚痛。所以对这两点，仍保持原有精神，继承这个优点。同时又在处方之后，列有用法及用量，便于当前实用，供兽医同行临证参考，特在这里说明。

治骡马通用

（一）治肺各病[①]

【原方】［桂香散］治马头低垂，不得举起。

大黄　柴胡　甘草　木香　干姜　细辛　肉桂各一两

右药[②]七味为末，先针带脉出血，后用青州[③]枣子十个去核，糯米三合，生姜一两，煮成粥，和药末二两，数啖即差。

注解

①肺吝：心噤叫吝。项吝即项肌紧缩，肺吝即肺气不舒，肺噤。

②右药：古书竖排，印前药意。

③青州：古地名，在山东省。

方解

肺吝病即是肺噤病。根据本方的药理对照，可知病因是由于外感寒邪内伤阴冷而得，以致肺气与皮肤毛窍不能表里舒通畅达，而成肺噤，形成头低不抬之状。治以散寒顺气解表和里为法。今将本方药理作用简述于后：方中肉桂辛热去寒为君，木香辛温顺气为臣，故名桂香散。细辛、生姜驱表寒，能使肺与皮毛表里舒畅；干姜暖胃温脾，协助脾土生肺金；柴胡平肝解郁，制止肝木克脾土为佐；大黄苦寒能引寒下行，为从治之法；甘草、大枣、糯米调和脾胃，使邪散不伤正气为使。只要各药的分量，配合适宜，可驱寒邪有路可退，自然表里无阻而肺吝痊愈。

处方

大黄 15 克　柴胡 12 克　甘草 12 克　木香 12 克　干姜 10 克　细辛 6 克　肉桂 12 克

用法及用量

以上七种，共研末，入大枣肉 30 克、糯米 120 克、生姜 15

克为引，煮成稀粥，候温，饱后灌之。隔日复诊，酌情再灌。

·按语

此方服后在数小时内，可能体温比原来要增高。这是肉桂之热引火归元的反应。经过数小时后，体温自然下降，接近正常，特此说明，不必惊疑。至于枣肉，不可固定青州枣，只要是大枣肉就行。如无，小枣加量亦可。此方疗效究竟如何，仅是古人的经验，可供实验。

（二）治慢肺病

【原方】1.［乌药散］治马走骤胸痛、鼻湿、前探、五七声吼，全不食水草。

天台乌药　桑白皮　牡丹皮　茴香　赤芍药　秦艽去芦头　藁本

右药七味，各等分为末，每服一两半，春夏浆水一升，秋冬齑汁，同煎三五沸，放温，草后灌之。

方解

乌药散治马由于奔走太快，跑后站立不拉蹓，以致淤血凝于膈内，滞气停在胸中，致使胸疼膊痛，双鼻流涕，两前肢站立不时向前轮流探出，有时喉中咳嗽五至七声，不肯吃喝，这病属慢性肺经病。药用天台乌药（天台是山名，在浙江省天台县北，此处出产乌药，较他地良，所以称为天台乌药，简称台乌药），宽胸顺气，可治胸膊痛，而为君药；桑皮泻肺行水，止嗽清痰，丹皮滋阴退热，可治清鼻涕，而为臣药；秦艽养血润筋补虚劳，赤芍泻火通经散淤血，以治前探为佐；小茴理气开胃进饮食，藁本散风邪、和脾胃为使；浆水（即酸浆，《本草纲目》记载浆酢也。熬米粥浸泡冷水中约五六日，即酸酢酸味，生白色如浆。若尝有苦味者，有毒不堪用）性凉，清热毒，解烦渴，宜于春夏用之。韭汁（即韭水，《本草纲目》为黄牙韭菜水）补阳散淤，宜于秋冬用之。此方有顺气活血之效，气血通则痛感若失。

处方

天台乌药 30 克　桑白皮 25 克　牡丹皮 25 克　茴香 15 克　赤芍 20 克　秦艽 25 克去芦头　藁本 12 克

用法及用量

以上 7 种，共研末，春夏浆水，秋冬韭汁为引。同煎三五沸，候温，饱后灌之。

【原方】 2. ［柴胡散］治马慢肺病、喹喘。

柴胡　紫苑　知母　贝母　百合　桑白皮　胡黄连

右件七味，各等分为末，每用药末一两半，蜜二两，韭汁二大盏，同煎三两沸，放温，草后灌之。

方解

柴胡散治马咳嗽气喘的慢性肺病。根据本方药理作用，说明这种咳嗽气喘，多是由于负担过重，畜体力不胜任，以致努伤心肝肺三脏，造成肝郁心热肺燥。所以用柴胡平肝解郁，以纠其木反克金之偏害而为君；胡黄连去心热，以制其火克金之烦躁不安而为臣；知母、贝母、紫菀、百合、桑白皮清肺润燥，止咳定喘为佐；蜂蜜润肺利肠，韭汁化淤为使为引。这个方法，可使肺无正克反克之偏害，同时加以保肺生津之药，而咳喘自安。

处方

柴胡 30 克　紫菀 25 克　知母 25 克　贝母 25 克　百合 30 克　桑白皮 18 克　胡黄连 15 克

用法及用量

以上 7 种，共研末，入蜂蜜、韭汁各 120 克为引，同煎二三沸，候温，饱后灌之。

【原方】 3. ［麦蘖散］治马把前把后、慢病、喹喘。

麦蘖　知母　贝母　当归　芍药　瓜蒌根　紫苏　香白芷　枇杷叶去毛　桑白皮　桔梗　甘草　茯苓　山茵陈　黄药子　白药子　杏仁去皮尖　马兜铃　山药　秦艽

右件二十味，各等分为末，每用药末一两半、蜜一两、生姜一分、韭汁一升，同煎三两沸，放温，草后灌之。

方解

麦蘖（即麦芽）散，治马把前把后并慢性的咳嗽气喘病。根据本方药理作用，说明此病是由于肺气郁滞形成把前把后和咳嗽气喘，因久患不愈又加草谷不化，水草少吃，因此重用麦芽消食化谷、健胃进食而为君；秦艽、山药、茯苓、甘草补虚扶弱辅正祛邪而为臣；知母、贝母、桔梗、桑皮、杏仁、枇杷叶、瓜蒌根（天花粉）、马兜铃、黄药子、白药子清肺止咳喘，而美水草为佐；当归、赤芍和血止痛，紫苏、白芷、茵陈通窍解表，治把前把后为使；蜂蜜润肺燥、生姜和胃、韭汁散淤为引。此方可使气血舒畅，服后痛感消失，诸症自愈。

处方

麦芽30克　知母15克　贝母15克　赤芍12克　当归25克　瓜蒌根18克　紫苏12克　香白芷12克　枇杷叶15克去毛　桑白皮15克　桔梗18克　甘草12克　茯苓18克　茵陈18克　黄药子15克　白药子15克　杏仁30克去皮尖　马兜铃12克　山药25克　秦艽15克

用法及用量

以上20种，共研末。入蜂蜜120克，生姜15克切碎，韭汁120毫升，同煎两三沸，候温，草后灌之。一剂轻，二剂宁，隔日灌之即好。

【原方】 4.［麻黄散］治马慢病、把前把后、腰硬肷细，常呼项脊吝病。

麻黄去节　麦蘖　百部　紫菀　百合　紫苏子　干地黄　山药　枇杷叶去毛　柴胡　茴香　杏仁去皮尖

右药一十二味，各等分为末。每用药一两半，荞面三合煮粥，瓜蒌一颗用瓤，草后啖之，隔日再啖。

方解

麻黄散治马慢性的把前把后、腰部皮紧肉硬、膁腹细小的症状，就是经常所称的项脊吝病（脖颈至腰脊强直症）。根据方义对照，此病是由于肺热、外感风邪所致。所以用麻黄发汗通窍、驱风寒而为君；麦芽、山药、柴胡、茴香健胃消食、补正虚而为臣；百部、紫菀、百合、紫苏子、干生地、瓜蒌瓤、枇杷叶、杏仁润肺清热为佐为使，荞面克宿食、以清胃疏表而为引导。此方可使肺与皮毛表里通畅，对全身紧缩各症，也可自然和缓松懈，行动正常。

处方

麻黄 15 克去节　麦芽 30 克　百部 18 克　紫菀 25 克　百合 25 克　紫苏子 15 克　干地黄 30 克　山药 25 克　枇杷叶 15 克去毛　柴胡 15 克　茴香 12 克　杏仁 30 克去皮尖

用法及用量

以上 12 种，共研末。入荞面 120 克，同煎候温，草后灌之。隔日再灌即效。

【原方】 5.［金荞麦散］治马啌喘及慢病、把前把后、草慢。

金荞麦　马兜铃　知母　贝母　天门冬　麦门冬　汉防己　当归　白药子　款冬花　山药　芍药　桔梗　枇杷叶去毛　杏仁去皮尖

右件一十五味，各等分为末，每用药末一两，白矾少许，蜜一两，水二大盏，同煎三两沸，放温，草后灌之。

方解

金荞麦散治马慢性的咳嗽气喘，把前把后，不肯吃草病。药用金荞麦（考据《本草纲目》卷十九草部是［羊蹄］之子，味苦性涩而平，治赤白杂痢）。在这里有清热活血之功，善治努伤肺病，因以为君；由于久病多虚，用当归、白芍、山药和血补虚而为臣；久咳不止，肺脏烦躁用知母、贝母、款冬花、天冬、麦冬、马兜铃、桔梗、枇杷叶、杏仁、防已、白药子清肺润燥、止咳定喘为佐为使；白矾、蜂蜜泻火利肠为引。总之，此方的作用是补虚活血，宣通滞气，使四肢灵活；清热解毒，肺得润泽，而咳喘自安。

处方

金荞麦 18 克　马兜铃 12 克　知母 18 克　贝母 25 克　天冬 30 克　麦冬 30 克　汉防已 18 克　当归 25 克　白药子 12 克　款冬花 25 克　山药 25 克　白芍 15 克　桔梗 15 克　枇杷叶 12 克去毛　杏仁 30 克去皮尖

用法及用量

以上 15 种，共研末。入白矾 15 克、蜂蜜 120 克，同煎两三沸，候温，饱后灌之即效。

（三）治肺病

【原方】1. ［葶苈散］治喘。

玄参　葶苈子　升麻　牛蒡子　马兜铃　黄芪　知母　贝母

右件八味，各等分为细末，每用药一两，浆水三盏，草后灌之。

方解

葶苈散治马实喘病。葶苈子味苦性寒，大泻肺火、行水消肿而为君；玄参（元参）补肾水，泻无根浮游之火，以滋水降火而为臣；知母、贝母、马兜铃、牛蒡子清肺泻火，以定喘为佐；黄芪、升麻补脾升阳、增强食欲为使；浆水清热为引。根据方义，肺水肿是劳伤脾肾两虚，为本病的主要原因。治病以治因为法，故以补脾肾治本，泻肺火治标，标本兼顾，而喘自愈。

处方

葶苈子 25 克　玄参 30 克　升麻 12 克　牛蒡子 25 克　马兜

铃 12 克　黄芪 30 克　知母　25 克　贝母 25 克

用法及用量

以上八种，共研为末，入浆水三杯，同调，饱后灌之。

【原方】 2. ［秦艽散］治喘。

秦艽　甘草　知母　贝母　黄明胶炙　苦葶苈　牛蒡子　黄芪　川升麻　马兜铃　玄参　桔梗

右药一十二味，各等分为末，每用药末二两，糯米一盏，同和，草后啖之。

方解

秦艽散治马虚气喘型病。药用秦艽、黄明胶（牛皮胶）补肺劳、定虚喘而为君；黄芪、升麻、玄参补脾益肾而为臣；知母、贝母、葶苈子、马兜铃清肺定喘为佐；桔梗载药上升，甘草调和各药为使；糯米补虚为引。喘有虚实，必须分清，虚则补之，实则泻之，此其定规。本方以补肺、脾、肾三脏母子相关之虚为主，以泻肺之虚热为次，使补泻协调，无偏盛偏衰之患。本固枝荣，而喘自宁。

处方

秦艽 30 克　甘草 10 克　知母 25 克　贝母 25 克　黄明胶 18 克　葶苈子 8 克　牛蒡子 18 克　黄芪 30 克　升麻 25 克　马兜铃 12 克　玄参 30 克　桔梗 30 克

用法及用量

以上 12 种，共研末。入糯米 120 克为引，同调，饱后灌之。

【原方】 3. ［瓜蒌根］治马肺气。

瓜蒌根　马兜铃　黄药子　山茵陈　杏仁　白矾　黄连各一两　陈皮半两

右药八味为细末，每用药一两，浆水煎，草后灌之。

方解

瓜蒌根散治马肺气不顺病。根据药理作用，可知肺燥则气不顺。瓜蒌根（天花粉）生津润燥清肺气而为君；马兜铃、杏仁、白矾清热降逆，以润肺燥而为臣；黄药子、茵陈泻脾脏湿热，可培土生金；黄连泻心火，制止火克金燥之害而为佐药；陈皮随从各药之性，分理肺气；浆水表热而为使药。总之，肺为气海，主持全身之气，气顺则平，不顺则病。要知力由气生，气由水化，水少则燥而气不顺，劳动没劲。本方以滋水生津为固本法，清热泻火为治标法，标本兼顾，避免顾此失彼的不良后果，可谓保肺生津之良方。适宜于早期治疗，效果很好。

处方

瓜蒌根 25 克　马兜铃 12 克　黄药子 12 克　茵陈 15 克　杏仁 30 克　白矾 9 克　黄连 12 克　陈皮 15 克。

用法及用量

以上八种，共研末，和浆水半斤同熬，饱后灌之。

【原方】 4. ［白药子散］治马肺病。

白药子　知母　贝母　秦艽　芍药　甘草　没药　百合　当归　牛蒡子　桑白皮　瓜蒌根　香白芷　马兜铃　款冬花　仙灵脾

以上一十六味，各等份为末，每用药二匙，韭汁二盏，同煎一两沸，候冷，入油一两，草后灌之。

方解

白药子散，根据本方药理作用，治马患劳伤肺热病。方用白药子特清肺热而为君；知母、贝母、瓜蒌根、桑白皮、马兜铃、牛蒡子协助清肺而为臣；秦艽、百合补肺虚，当归、白芍补血虚，仙灵脾（淫羊藿）专补命门火，以发动三焦之水道流通，能营养全身而为佐；没药、韭汁散淤止痛；白芷解表，使肺与皮毛表里通畅；款冬花温肺去寒，以牵制多种清热药之寒凉过度；香油润肠道引火下行，甘草调药和中，使邪散而不伤正气故为使。所谓劳伤之热，多属虚热。这种病既不可单纯治热，又不宜独补其虚，最好清补并用，即是清热为治标法，补虚为治本法，亦可说是辅正祛邪法。佐以解表、散瘀、润肠、和中等药，使表里无阻，而肺病自愈。

处方

白药子 12 克　知母 25 克　贝母 25 克　秦艽 25 克　甘草 10 克　没药 25 克　百合 25 克　当归 30 克　白芍 15 克　牛蒡子 15 克　桑皮 12 克　瓜蒌根 15 克　白芷 12 克　马兜铃 10 克款冬花 12 克　仙灵脾 15 克

用法及用量

以上 16 种，共研末，入韭汁 250 克，同熬一两沸，候凉。再入香油一两调匀，饱后灌之。

【原方】5. ［山栀子散］治马诸疾①。

山栀子　知母　贝母　郁金　黄连　黄柏以上各一两　瓜蒌一个　杏仁一升

右八味为末，每服一两，用熟水麻腐②一大盏，隔宿露过，和药，草后啖之。

注解

①山栀子散治马诸疾：根据字义是治马的一切疾病，不够妥当。应按照方内各种药物的性能及其配合的作用来分析，可治马患心、肺、肾三焦的一切热疾。

②熟水麻腐一大盏，隔宿露过：麻腐即麻子汁，一大盏是一大杯，即是麻子汁一大杯，用开水冲成稀水，放在夜晚的露天中，经过一宿，次日应用。

方解

山栀子散，根据方义，能治马患心、肺、肾三焦的一切热病。以山栀子泻心、肺三焦火而为君；知母、贝母、瓜蒌、杏仁润肺泻火而为臣；郁金、黄连泻心火凉心血，制止火克金为佐；黄柏滋水降火为使；用开水冲麻子汁，隔宿露过清凉解热为引。本方适宜于肥壮马的心、肺热极并黄肿病，有清热泻火、消黄解毒之功用。

处方

山栀子 25 克　知母 18 克　贝母 8 克　郁金 12 克　黄连 10 克　瓜蒌 30 克　杏仁 30 克　黄柏 15 克

用法及用量

以上 8 种，共研末。用滚开水冲麻子汁，隔宿露过，和药调匀，饱后灌之。

【原方】6.［夜明砂散］治马肺生毒疮。

山栀子四两　知母　白药子　贝母　瓜蒌根以上各半两　夜明砂二两

右六味为末，每服二钱，浆水 1 升，童子小便半盏同煎，入蜜一两，鸡子二个，白矾半两，调匀，草后灌之。

方解

夜明砂散，治马肺生毒疮病。方中用夜明砂（蝙蝠屎）泻热毒、散淤血而为君；山栀子泻心、肺三焦火而为臣；知母、贝母、白药子、瓜蒌根润肺泻火、止渴生津为佐；浆水、男童尿、蜂蜜、鸡清、白矾泻火利肠为使。查毒疮的来源，是无火不成毒，无毒不化脓，无脓不成疮，无疮不会烂。本方有解毒、散淤、润肺生津、泻火利肠之功，可谓根治毒疮的良方。但只适宜于肥壮马的初期和中期。

处方

山栀子 60～120 克　知母 30 克　贝母 30 克　白药子 15 克　瓜蒌根 30 克　夜明砂 30～60 克

用法及用量

以上六种，共研末。入浆水 120 毫升，男童尿 120 毫升、蜂蜜 120 毫升，鸡清 3 个，白矾 15 克，同调，饱后灌之。

【原方】7.［红药子散］① 治马肺劳。

木通　牛蒡子　滑石　款冬花　白药子　红药子　井

泉石　海桐皮　葳蕤

右件九味，各等份为末，每服一匙，荞麦三匙，盐一匙，调匀灌之。隔日喂饱再啖。

注解

①红药子：据《本草纲目》记载即黄药子。

方解

红药子散，治马肺劳病。方用红药子（黄药子）清心脾之热毒为君；白药子、井泉石、牛蒡子解心肺诸热为臣；葳蕤补脾润心肺辅正祛邪、冬花温肺止咳为佐；木通、滑石引火毒由小便排出，海桐皮可通经络，引药达病所为使；荞面、食盐帮助消化为引。按肺劳病多属虚热，故在热盛期重用清热邪药治标，轻投补正气药治本，佐以温肺利尿、通经健胃等药，使病敌无机可乘、有路可退，而肺病逐渐向好转的趋势发展，最后达到痊愈。

处方

木通 15 克　牛蒡子 30 克　滑石 30 克　款冬花 12 克　白药子 15 克　红药子 15 克　井泉石 12 克　海桐皮 30 克　葳蕤 30 克

用法及用量

以上 9 种，共研末，入荞面 60 克，食盐 15 克同调，饱后灌之，隔一天灌一剂。复诊时，酌情而行。

【原方】8. ［白及散］治马蹙损肺膜、喠喘、口鼻中出脓血，不食水草。

白芨　山茵陈　山栀子　甘草　川黄连　防风以上各四两　阿胶二两　杏仁半升

右件八味为末，每用二两，浆水一升，同煎至五分，放温，喂饱灌之。

方解

白芨散，治马蹙损肺膜，呈现咳嗽气喘，口鼻流出脓血，不肯吃喝病。药用白芨补肺为君；阿胶清肺养肺、滋肾益气、和血补阴为臣；茵陈、栀子、甘草、黄连、防风、杏仁润肺泻火为佐为使；浆水解热为引。按肺破宜补，只宜于口鼻出血之症，但破因是蹩伤，又有口鼻出脓之症，可见为有热毒存在，故以清热治因，治因防止化脓。这叫对症疗法，尽在医生临症加减才可适用。配合补肺为法，自然咳喘安定而愈。

处方

白芨 30 克　阿胶 30 克　杏仁 30 克　茵陈 15 克　栀子 15 克　川黄连 10 克　防风 10 克　甘草 10 克

用法及用量

以上 8 种，共研末。入浆水 250 毫升为引，同熬候温，饱后灌之。

【原方】 9.［黄芪散］治马卒热、草慢、尿血、肺涩病。

黄芪　乌药　芍药　山菌陈　地黄　马兜铃　知母　枇杷叶去毛

右八味，分等份为末，每服二两，浆水或韭汁半升，煎三五沸放冷啖之，喂饱路行灌亦得。

方解

黄芪散，治马急性热病。症状：吃草迟慢，小便尿血，肺气不舒，呼吸粗大。药用黄芪补气泻火为君；乌药顺气解郁为臣；白芍、茵陈、生地、马兜铃、知母、枇杷叶泻心、肺、脾、肾之火为佐为使；浆水或韭汁解热散瘀为引。热病宜清凉，过热反伤气，气虚则热邪内侵，灼伤津液，出现尿血及肺气不顺之症。故以补气顺气法为主，清凉解热法为次，主次分清，就可扶危济急，消灭病敌。

黄芪 30 克　乌药 18 克　白芍 15 克　山茵陈 15 克　生地 30 克　马兜铃 15 克　知母 24 克　枇杷叶 15 克

用法及用量

以上 8 种共研末，和浆水 250 克或韭汁 250 克同煎三五沸，候冷，饱肚灌之。若在行途中突患此病，灌药走路亦无妨碍。

【原方】 10. ［紫菀散］治马鼻湿、毛焦、啌喘、草慢病。

紫菀　川芎　知母　贝母　甘草　干山药　马兜铃杏仁　赤芍　滑石　玄参　香白芷　木通　白药子　白芍药

右十五味，各等份为末，每用药一两半，砂糖一两，水半升，同煎三二沸，放温，草后灌之。

方解

紫菀散，治马鼻流浓涕，毛干不润，咳嗽喘气吃草缓慢。方用紫菀润肺泻火为君；知母、贝母、马兜铃、杏仁、黄药子、白药子、白芍药协助润肺泻火为臣；玄参补肾水以制火，山药补脾肺而益心肾之虚为佐；白芷、川芎、赤芍和血解表，滑石、木通引火毒由小便排出为使；砂糖解热润燥为引。此病为劳伤肺之虚热所致，故用补泻并行法，佐以解表利尿法，引热外出，则诸症可愈。

处方

紫菀 50 克　川芎 15 克　知母 24 克　贝母 24 克　甘草 9 克山药 24 克　马兜铃 9 克　杏仁 24 克　赤芍 12 克　滑石 24 克　玄参 50 克　白芷 12 克　木通 12 克　白药子 12 克　白芍 15 克

用法及用量

以上 15 种，共研末。砂糖 120 克，同煎三两沸，候温，饱后灌之。

【原方】 11. ［五子散］治马鼻湿、肺毒疮、前后脚虚肿、草慢。

牛蒡子　牵牛子　大麻子以上三味炒令黄色　郁金　甜瓜子　红花子　秦艽　瓜蒌根

右味八件，各等分为末，每用药一两半，砂糖一两，水半升，同煎三二沸，放温，草后灌之。

方解

五子散，是按方中有五子而立名，治马双鼻流脓。由于肺积热毒，致生疮烂之症，继发四肢虚肿，及吃草迟慢等症。方中以牛蒡子（鼠粘子，大力子，恶实子）泻热解毒为君；红花子破血化淤为臣；郁金凉心活血，制止火克金，瓜蒌根降火润燥、生肌排脓为佐；牵牛子（二丑）逐水消痰治虚肿，大麻子润燥滑肠泻肺火，甜瓜子清肺润肠和脾胃，秦艽治劳伤风寒湿邪诸药为使；砂糖泻火为引。按毒由热生，疮是血淤为其根因。故以泻热解毒为主，破血化淤为次，佐以清心保肺，无被克之害，使以消肿利肠、和脾去湿等药驱邪外出，此为毒尽自愈法。

处方

牛蒡子 60 克炒黄　红花子 15 克　郁金 25 克　瓜蒌根 25 克　牵牛子 30 克炒黄　大麻子 30 克炒黄　甜瓜子 30 克　秦艽 30 克。

用法及用量

以上 8 种，共研末，砂糖 120 克为引，同煎三二沸，候温，饱后灌之。

【原方】12. ［贝母散］治马鼻湿、啌喘、偷瘦、草慢。

贝母　知母　杏仁去皮尖　款冬花　秦艽　甘草　枇杷叶去毛　马兜铃

右八味，各等分为末，每用药一两半，淡韭汁半升，同煎三二沸，放温，草后灌之。

方解

贝母散，治马鼻流稠涕，咳嗽气喘，偷瘦（肌肉在很短的几天内，表现特瘦）及吃草迟慢病。药用贝母润肺去痰、止咳定喘为君；知母上清肺火、下润肾燥，杏仁、枇杷叶、马兜铃清肺泻火为臣；款冬花温肺止咳，并牵制其他凉肺药恐过量伤肺为佐；秦艽、甘草解表和胃为使；韭汁化瘀为引。根据方义，此属一般性的热伤肺病，故用清肺解热之药就可治好。

处方

贝母 30 克　知母 30 克　杏仁 30 克　枇杷叶 15 克　马兜铃 12 克　款冬花 12 克　秦艽 15 克　甘草 10 克

用法及用量

以上 8 种，共研末，韭汁 250 毫升为引，同煎二三沸，候温，饱后灌之。

【原方】13.［马兜铃散］治马上热、喤喘、鼻湿、肷大、及新马不着膘，偷瘦、草慢。

款冬花　杏红去皮尖　知母　贝母　大黄　甘草　紫菀　葶苈子　山栀子　马兜铃　黄芩　诃子

右一十二味，各等分为末，每用药末一两，用青蒿、蜜水调，草后啖之。

方解

马兜铃散，治马上焦有热，咳嗽气喘，双鼻流涕，两肷胀大病，以及由外地买来的新马，肺脏有热，少吃慢喝，特瘦不肥病。药用马兜铃清肺热、降气逆而为君；知母、贝母、紫菀、黄芩、栀子、杏仁泻肺火为臣；葶苈子泻热定喘，款冬花温肺止咳为佐；大黄、诃子、甘草清肠胃之火为使；青蒿治虚热，蜂蜜润肠燥为引。本方的特点是，一面清肺热可止鼻涕，一面清肠热，使肠道通利、浊气下降，而咳嗽自止，肷胀自消。此为肺与大肠相表里的治下清上法，适宜于实热之里证。

处方

马兜铃 18 克　知母 25 克　贝母 25 克　紫菀 25 克　黄芩 15 克　栀子 18 克　葶苈子 25 克　款冬花 12 克　杏仁 30 克　大黄 30 克　诃子 25 克　甘草 15 克

用法及用量

以上 12 种共研末。青蒿 15 克（研末），蜂蜜 120 克为引，同调，草后灌之。

【原方】14.［贯众散］治马肺毒疮、或患肺瘙、揩擦、毛头受尘①。

贯众 白药子 枇杷叶 陈皮 青皮 马兜铃 紫苏子 何首乌 瓜蒌根 桑白皮 葶苈 牵牛子 款冬花 紫菀 白蒺藜 杏仁去皮尖

右一十六味，各等分为末，每用药一两，水一大盏，蜜一两，同煎三二沸，放温，草后灌之。

注解

①毛头受尘：即以手揣毛时，其土则由毛根到毛尖，此为肺气不足，无振动毛根之力，以致土积毛根，属皮劳。

方解

贯众散，治马肺毒疮（在这里指皮肤破烂浸淫成疮）或患肺风毛瘙，浑身痒擦，毛根粘土（为无力振毛而毛根积污）之症。药用贯众泻热解毒、杀虫止痒为君；枇杷叶、白药子、马兜铃、苏子、瓜蒌根、桑白皮、葶苈子、紫菀、杏仁、款冬花清肺润燥为臣；蒺藜、何首乌补肝肾之损耗为佐；青皮、陈皮和脾舒肝，牵牛子利尿除湿为使；蜂蜜润肺利肠为引。此病虽属皮肤病，但根因是饥渴劳伤、肾水亏损之虚热证。故从泻热补水立法，配合和解除湿之药，则痒擦自止，皮毛光润，毒疮自愈，可谓外科内治法。

处方

贯众 30 克 枇杷叶 15 克 白药子 12 克 马兜铃 10 克 苏子 15 克 瓜蒌根 15 克 桑白皮 12 克 葶苈子 15 克 紫菀 15 克 杏仁 25 克 款冬花 12 克 蒺藜 30 克 何首乌 30 克 青皮 15 克 陈皮 15 克 生二丑 18 克

用法及用量

以上 16 种，共研末。蜂蜜 120 克为引，同煎三二沸，候温，饱后灌之。

【原方】15.［连翘散］治马项脊吝[①]、低头不得、把前把后、慢病。

连翘　知母　贝母　杏仁去皮尖　紫苏　香白芷　桔梗　瓜蒌根　山药　当归　甜瓜子　马兜铃

右一十二味，各等份为末，每用药一两半，生姜一分，蜜二两，水一升，煎二三沸，放温，草后啖之。

注解

①项脊吝：据《元亨疗马集》七十症第三十症。说："项吝病者，风吝也，一名低头难也……令兽伸头直项，脊吝如椽，头迥不转，首吝难低，此谓外感之症也，连翘散治之。"即是此方。

方解

连翘散，治马脖颈强直不能低头，四肢行走迟滞不灵的慢性病。药用连翘舒通经络，宣导气血之凝结而为君；知母、贝母、杏仁、桔梗、瓜蒌根、甜瓜子、马兜铃清肺润燥为臣；山药、当归补虚活血，辅正除邪为佐；紫苏、白芷开毛窍、驱风火从表而出为使。本方为辅正驱邪、解表清里法，不仅适宜于本病，凡与本病之因相同者，亦可采用，尽在医生熟练巧变。

处方

连翘 30 克　知母 25 克　贝母 25 克　杏仁 25 克　桔梗 18 克　瓜蒌根 18 克　甜瓜子 15 克　马兜铃 12 克　山药 30 克　当归 30 克　紫苏 12 克　白芷 15 克

用法及用量

以上 12 种，共研末。生姜 15 克切碎，蜂蜜 120 克为引。同煎二三沸，候温，饱后灌之。

【原方】16.［螺青散］治马脑颡、鼻湿、喉骨胀而紧硬，及一切热病。

螺儿青　川芎　知母　贝母　龙脑薄荷　川郁金　牛

蒡子炒各二两

右七味为末，每灌药一两半，蜜二两，韭汁一升，煎三五沸，放温，草后灌之。

方解

螺青散，治马脑颡（即现代所称的额窦炎）、鼻湿（在这里指从额窦处流出之脓汁），还有喉骨肿胀、触诊喉部皮紧肉硬病以及一切热性病。药用螺青，能清凉解毒为君；郁金凉心血，川芎活血消肿为臣；知母、贝母、牛蒡子清肺解毒为佐；龙脑薄荷（一名鸡苏，水苏）解表散风热为使。本方大有清热解毒之功，在温热地区的肥壮马可用。若寒冷地区或瘦弱马，用须考虑，否则会引起肚疼或不吃的反应。

处方

螺青 15 克　川芎 25 克　郁金 25 克　知母 30 克　贝母 30 克　牛蒡子 30 克　薄荷 15 克。

用法及用量

以上 7 种共研末。蜂蜜 120 克，韭汁 250 毫升为引。同煎三五沸，候温，饱后灌之。

【原方】 17.［雪花散］① 治马发热，喉骨胀、鼻湿、草慢，或鼻内有疮、肺颡病。得膘八分，吃四分草料者，用之效。

朴硝四两　黄丹一分　寒水石一斤火内烧过

右三味为末，每服药末二两，用猪脂四两同和，草后啖之。灌了，草如常时，隔日再啖。

注解

①雪花散：据《元亨疗马集》经验良方，治咽喉方内亦有雪花散，药味与此完全相同，惟有黄丹的分量不同，不是一分而是一两。在治病范围内是“治马心肺热极、槽结、肺颡种”无“得膘八分，吃四分草料”等字。按此症的特征是咽喉肿胀，水草难

咽，喳嗽连声，膘肥体壮者易治，特此说明。

方解

雪花散，治马因心肺热毒而发生的喉骨胀病。症状：喉头肿胀，鼻流脓涕，吃草迟慢，或者鼻内亦有疮烂和气管发炎，呼吸困难。此方适用马体有八成膘，每天能吃四成草料者，服之才可生效。若膘瘦吃少者，不可轻易使用。所谓雪花散的意义，是说明药的作用如冬季雪花之寒凉。方中以朴硝清除肠胃实热为君；黄丹（即铅丹）止痛生肌为臣；寒水石（凝水石）清凉解毒为佐；猪脂油滑肠润燥、引火下行为使。总之，本方有清三焦肠胃实热之功。本病在发展期用之最宜，可谓上病下治法。但要知道这3种药都属矿物类，虽性寒无毒，但在实用时必须考虑适量，特别是对寒冷地区更应注意。

处方

朴硝60～120克　黄丹10～15克　寒水石30～60克火煅

用法及用量

以上3种，共合为末，猪脂油120克为引，同调，饱后灌之。隔一天复诊时，如饮食照常，再灌第二付。

【原方】18.［啖马猪肚方，又名换马膏］

黄连　大黄　黄药子　黄柏　黄芩　栀子　青皮　芍药　黄芪　甘草　知母　陈皮

右一十二味，各等分为末，用猪肚[①]一个，药末二两，瓜蒌两个，盐豉二十个，小便浸，砂糖四两相和，盛猪肚中煮熟，研细，草饱啖之，晚须熁之。

注解

①猪肚：即猪胃。

方解

猪肚方，根据方义能治马消渴饮水病。症状：多喝少吃，逐渐瘦弱。猪肚能补胃虚，止渴止泻，可将瘦弱之马变成茁壮姿态，所以又名换马膏而为君；药用黄连泻心火，黄芩泻肺火，白芍泻肝火，黄药子泻脾火，知母泻肾火，黄柏泻膀胱火，栀子泻三焦火，大黄泻肠胃火，用诸多的黄家兄弟清泻脏腑之火毒而为臣；黄芪补脾胃虚弱，甘草调药和中，使邪散不伤正气为佐；陈皮理气和胃，青皮舒肝解郁为使；瓜蒌宽胸顺气，盐豉、砂糖解毒而为引。本方是用异种同类的猪肚，以胃补胃，培养后天之本，此乃脏器疗法。再配合理气和中清火的药品，用于劳伤过度，内脏有实热者，可收良效。若是饥渴困伤而下部虚寒者，慎用。

处方

猪肚子 1 个　黄连 6 克　黄芩 9 克　白芍 12 克　黄药子 12 克　知母 15 克　黄柏 15 克　栀子 12 克　大黄 18 克　黄芪 30 克　甘草 10 克　青皮 9 克　陈皮 9 克　瓜蒌 60 克　盐豉 30 克　砂糖 120 克为引

用法及用量

以上 12 种药品，共研末。用猪肚把药末、连药引装入，两端捆紧。用水煮熟后取出切碎，饱后灌之。

护理

对待这种瘦马，如到夜晚气候冰冷时，要有火炉的防寒设备配合调济，才有好转。

【原方】19.［金钗草散］治马头不得抬起。

白芷　柴胡　芍药各一两　当归各半两　金钗草①　肉桂　半夏各一分

右七味一处为末，先针脑后，血出了，每服二两，猪肉煮汤调，草后灌之。

注解

①金钗草：系石斛的别名。

方解

金钗草散，治马低头不能仰头病。根据各药之性能，可知为对症疗法。本病原因是劳伤肾虚，而在发展过程中，又因虚弱外感风邪。所以用金钗石斛，滋补脾肾之虚劳，益精强阴壮筋骨，以治本而为君药；肉桂补命门相火之不足，半夏除湿化痰、舒经活络而为臣；当归、赤芍活血以除风，柴胡、白芷解表除风而治标为佐为使；猪肉汤润滑以为引经最好。总之，头低不抬为肾亏之特征。此方之妙，重在补肾之虚，又以活血解表，使经络通畅，风邪自灭，肾气充足，不治头而头自抬。这就是“治病必求于本”的方法，配合针治法，疗效更高。

处方

金钗石斛 30 克　当归 30 克　白芷 15 克　柴胡 15　赤芍 15 克　肉桂 9 克　半夏 15 克

用法及用量

以上 7 种，共研末，和猪肉汤 250 毫升，候温，草后灌之。

（针法）在未灌药之前，先将脑后风门、伏兔穴各扎火针一次，以刺激经络的活动，便于头颈的运动。按原文是在脑后放血针，不知何穴。

【原方】20.［草龙胆散］治马鼻内出黄白脓，及肺毒注破，并发热多啌，揩擦，毛头干燥，鼻湿，并皆灌之。少服一二次，立效。

木通　贯众　草龙胆以上各一两　梧桐律半两　玄参一两

右五味一处为末，啖时用药一匙，猪胆一个，油二两，小便一盏，少喂后灌之。

方解

草龙胆散，治马鼻流黄白脓涕，以及肺毒流注皮肤破烂、体温高热、咳嗽、浑身痒擦、被毛焦燥、鼻不清利等病。在病程轻微时，内服一二剂，就可见效。方中草龙胆，就是龙胆草，可泻肝胆火，制止肝木反克肺金而为君；玄参补肾壮水，泻相火以降体温而为臣；贯众、梧桐律（即梧桐树上流出之胶汁凝结而成，又叫梧桐泪、胡桐律、胡桐泪、胡桐脂）泻热解毒、杀虫止痒为佐；木通引火毒由小便尿出为使；猪胆泻肝胆火，香油或麻油清肠胃火，男孩尿顺气活血而为引。根据本方药理作用，可治努伤肝肺肾的吊鼻咳嗽病。故以泻肝胆火为主，鼻脓咳嗽可止；滋水降火为次，而体温正常。佐以杀虫止痒、引毒由尿排出之药，皮肤痒擦可愈。这叫对症治因法，实用时随症加减为妙。

处方

龙胆草 30～60 克　玄参 30～60 克　贯众 25～45 克　梧桐泪 12～18 克　木通 18～30 克

用法及用量

以上 5 种，共研末。猪胆汁 1 个，香油或麻油 120 毫升，男童尿 120 毫升为引。同调，半饱后灌之。

【原方】 21. ［黄药子散］治马七伤，美水草治肺。

川大黄　黄药子　白药子　知母　瓜蒌根　贝母　当归　芍药　甘草

以上九味，各等分为末，每用药二匙，头浆水及韭汁调灌。如肺痛，入生姜、小便，草后灌之。

方解

黄药子散，治马七伤病（寒伤、热伤、饥伤、饱伤、肥伤、走伤、水伤）。方用黄药子清脾火，先治吃草而为君；白药子、知母、贝母清肺润燥，治肺热而为臣；瓜蒌根生津止渴，大黄清肠胃淤热而为佐；当归、赤芍活血化淤，甘草调药和中而为使。按本方药理作用，有清热活血之功效。适用于热伤、肥伤、走伤病。特别是由于热伤肺热不贪水草者，服此方可收到喝水、吃草香美的效果。

处方

黄药子 15 克　白药子 15 克　知母　25 克　贝母 25 克　瓜蒌根 18 克　大黄 18 克　当归 15 克　赤芍 12 克　甘草 10 克

用法及用量

以上9种，共研末。头次浆水、韭汁各120毫升为引。如有肺痛现象，再入生姜15克，男尿250毫升，饱后灌之。

【原方】 22.［香白芷散］治马肺热或身上生疮。

山栀子　香白芷　瓜蒌根　甘草　红芍药　川大黄　黄药子

以上七味，各等分为末，用药二两，浆水一大碗，同煎三五沸，放温灌之，更用鸡子一个及黑药子半两，如前，草后啖之，大效。

方解

香白芷散，治马肺脏有火、外传皮肤而生烂疮之症。药用香白芷解表除湿、治皮肤疮烂而为君；栀子泻三焦火以通水道，使津液流行、水火相济自无疮毒之患，瓜蒌根润肺生津以泻火而为臣；甘草、红芍药（赤芍药）破淤血、解热毒而为佐；大黄、黄药子凉脾清肠胃之实火，由大便排出而为使。此属一般性的热毒传皮病，故以轻微的解表除湿、清里泻火之药，使表里通畅，热毒自然消散，不治疮而疮自愈，亦属外科内治法。

处方

香白芷18克　栀子25克　瓜蒌根25克　甘草15克　红芍药15克　大黄25克　黄药子15克

用法及用量

以上7种，共研末，浆水120毫升，同煎三五沸，候温，再入鸡清3个，饱后灌之大效。

【原方】 23.［款冬花散］治马发热、鼻湿，草慢及草结。

款冬花　川郁金　黄药子　甜瓜子　香白芷　甘草　杏仁　瓜蒌根

以上八味，各等分为末，每啖用药一两半，稀饭一盏，白矾半两，飞过，瓜蒌一个切碎，一处同和，草后啖之。

方解

款冬花散，治马伤火、体温高、鼻流涕、吃草迟慢，以及食槽（颚凹）有结核。此核是草料结毒上攻所致，故名草结，又名槽结。药用款冬花润肺降逆、治劳伤虚热而为君；郁金凉心血、化食槽结核，黄药子凉脾解毒，美水草为臣；甜瓜子、杏仁、瓜蒌根润肺生津、止鼻涕为佐；白芷解表，甘草泻火，可使表里无阻，而诸症自愈为使；白矾、瓜蒌根宽胸泻火而为引。本病看来是属实热，应以清凉剂为主药，但本方是以款冬花之温性为君。揣其用意，因味辛性温，可使肺气下通于肾，有金水相生之义。故对寒、热、虚、实诸症都可施用，但有用量轻重之别。在本方可用轻量，一面治虚热，一面制止其他凉药恐有过分的反应，使寒热相济，自然生效。至于配稀饭（米粥），可防止凉药伤胃。

处方

款冬花 12 克　郁金 15 克　黄药子 12 克　甜瓜子 15 克　杏仁 25 克　瓜蒌根 18 克　白芷 12 克　甘草 10 克　瓜蒌 25 克切碎　白矾 6 克飞为引

用法及用量

以上 8 种，共研末，瓜蒌、飞矾为引。和米粥 60 毫升同调，饱后灌之。

【原方】24. ［黄明胶散］治马肺热、啌喘、草慢。

黄明胶火炒过　知母　贝母　瓜蒌根　甜葶苈　干山药　甘草　马兜铃　杏仁去皮尖

以上九味，各等分为末，用药一两，荞面二匙，草饱，水和灌之。无效，来日用茶清水灌之。

方解

黄明胶散，治马肺脏有火，咳嗽气喘，不肯吃草病。药用黄明胶（牛皮胶）补虚损、治劳伤虚喘为君；山药、甘草补肝、肾、脾胃之虚损为臣；知母、贝母、瓜蒌根、葶苈子、马兜铃、杏仁清肺润燥、泻热降逆、止咳定喘为佐为使。本方药理的重点是以补虚为主，可以治喘；泻热为次，可以止咳。补泻协调，咳喘自安。适用于劳伤虚喘的肺热病。

处方

黄明胶 25 克炒　山药 30 克　甘草 15 克　知母 18 克　贝母 18 克　瓜蒌根 12 克　葶苈子 12 克　马兜铃 10 克　杏仁 30 克

用法及用量

以上 9 种，共研末。荞面 60 克为引，同调，草后灌之。如无好转，第二日再用茶水调灌即效。

（四）治膈前痛

【原方】 1.［茵陈散］治马五攒痛①、头低前顾难、鼻湿、哽气、肷起。

山茵陈　陈皮　青皮　当归　白药子　桔梗　甘草　柴胡　没药一钱　杏仁三十个　紫菀　红花子

以上一十二味，除没药、杏仁外，余各一两，共研为末，用药一两半，温韭水半升，油四两同调，草后灌之。

注解

①五攒痛：据《元亨疗马集》七二症第二十六症说“五攒痛者，气血凝滋也……令兽胸疼胯痛，腰曲头低，把前把后，肷吊毛焦，此谓肺把五攒之病也。茵陈散治之。”与此方相同。按五攒痛，即腰和四肢拘束不仰之象，因其腰曲形成头低之势，好像头和四肢为五攒痛。究其根因，重点在腰，实际是肺气不舒所致，治以清热润肺、顺气活血之药，就可治好。

方解

茵陈散，治马五攒痛。症状：头向胸部低下，抬头向前看有困难，并有鼻流涕，呼吸粗，两肷吊起。药用茵陈清利湿热为君；陈皮、青皮、柴胡、甘草和脾舒肝、解郁散滞为臣；白药子、桔梗、杏仁、紫菀清肺润燥，开胸膈滞气为佐；当归、没药、红花子活血止痛、疏通经络为使。这里所说的五攒痛，是以头低肷吊的症状为特征。按照药理作用，可知本病原因是努伤肝肺、外感湿热、表里不通而成此病。故以清湿热为主，舒肝解郁为次，佐以顺气活血之药，使湿热清、气血通，而痛自宁。这亦是对症治因的一种方法。

处方

茵陈 30 克　青皮 25 克　陈皮 25 克　柴胡 30 克　甘草 15 克　白药子 15 克　桔梗 25 克　杏仁 25 克　紫菀 18 克　当归 25 克　没药 18 克　红花子 12 克

用法及用量

以上 12 种，共研末。韭菜水 120 毫升，香油 60 毫升为引。同调，草后灌之。

【原方】 2. ［芍药散］[1] 治马膈前肺痛、头低、抬头难、把腰、哽气、草料微细、恨料怕水。

荷叶[2]　当归　芍药　川羌活　白药子　甜瓜子以上各一两　血竭　没药各半两

右件药，春夏灌，入干山药，除去白药子一两为末。夏秋药末一两半，浆水一盏，蜜少许同煎，放温啖之，秋冬加没药，用小便灌之。不计时候，若看水草减退，隔日再灌。

注解

①芍药：有赤芍药、白芍药两种，简称赤白芍。其功能各有特长，泻肝火为相同。此外有补泻之不同，补脾宜用白芍药，散淤血宜用赤芍药。本方是治膈前肺痛，由于胸胁气凝血滞所致，故用赤芍药散淤行滞为宜。

②荷叶：即藕根上之莲叶。

方解

芍药散，治马膈前肺痛（胸胁气痛）。症状：头低，抬头困难，腰背紧硬，出气吭声，少吃慢喝。药用赤芍药泻肝火散淤血为君；当归、荷叶、血竭、没药止痛活血、散淤消肿为臣；白药子、甜瓜子清肺泻火为佐；羌活解表和里为使。所谓气痛，为血行淤滞所致；血淤，乃外感风热而成。故本方以活血散淤为主，泻热解表为次，可使气血通行，痛感解除之后，上述一系列的症状自然消失，妙在治因胜于治症。

处方

赤芍药 25 克　当归 30 克　荷叶 15 克　血竭 25 克　没药 18 克　白药子 12 克　甜瓜子 18 克　羌活 15 克

用法及用量

以上 8 种，共研末。男尿 250 克为引，同调，候温灌之。

【原方】 3. ［川红药散］治马胸腋伤痛、膈前重，草慢病。

川红药　当归　赤芍　郁金　白药子　干山药　瓜蒌根　没药　甘草　黄药子

右件一十味，各等分为末，每用药一两半，蜜一两，熟米饮汤二盏同调，放温，草后灌之。

方解

川红药散，治马走伤胸脯肘腋淤血流注痛，及膈前行走沉重不敢开步，吃草迟慢病。方用川红药活血化淤为君；当归、赤芍、没药和血止痛为臣；郁金、黄药子、白药子、瓜蒌根凉血解热、开胃进食为佐；山药、甘草补虚和脾为使。本方之特点有三：①活血以止痛；②解热以治吃；③补虚以强身。只要掌握好，就可收效。

处方

川红药 15 克　当归 30 克　赤芍药 18 克　没药 18 克　郁金

12 克　黄药子 12 克　白药子 12 克　瓜蒌根 15 克　山药 25 克甘草 15 克。

用法及用量

以上十种，共研末。蜂蜜 120 克配米汤 250 毫升同调，候温，草后灌之。

·按语

方中川红药，本草不见此名，按病名症状详细推敲，是川红花的地方名词。其作用，少量活血，多量破血。与此病情，比较适宜。川字代表四川的产地，其色红，因而名为川红药。

【原方】 4.［没药散］治马肺病、把前把后、啌喘、膈前痛、草慢病。

没药　当归　玄参　贝母　红花　甜瓜子　香白芷　白药子　秦艽去芦　自然铜火烧赤醋浸

右件一十味，各等分为末，每用一两半，韭水一盏，入药同煎三五沸，放温，入小便半盏灌之。

方解

没药散，治马肺经痛病。症状：把前把后，咳嗽气喘，胸胁有痛感，吃草迟慢。方用没药散淤消肿为君；当归、红花、自然铜活血止痛为臣；贝母、甜瓜子、白药子、玄参滋水润肺为佐；秦艽、白芷解表去风热为使。本方亦以活血散淤为主，清里解表为次，可使气血通畅，表里无阻，诸症自愈。与上述三方有相同之处，尽在医生灵活运用。

处方

没药 25 克　当归 30 克　红花 10 克　自然铜 15 克火烧赤醋浸　贝母 18 克　甜瓜子 12 克　白药子 12 克　玄参 30 克　秦艽 18 克　白芷 15 克

用法及用量

以上 10 种，共研末。韭菜水 120 毫升为引，同煎三五沸，候温，男尿半杯，同调灌之。

【原方】5.［当归散］治马膈前胸腋痛、前探、草慢病。

当归　乌药　石菖蒲　藁本　川芎　海桐皮　香白芷　香附子　芍药　玄胡索　藿香　白药子

右件一十二味，各等分为末，每用药一两煎之，葱汤一盏同调，放温，草后灌之。

方解

当归散，治马胸脯肘腋之间疼痛病。症状：前肢（左或右）向前探出，并吃草迟慢。药用当归和血通经为君；乌药、香附、藿香、菖蒲顺气解郁、通经散滞为臣；川芎、赤芍、玄胡索理血化淤为佐；藁本、海桐皮、白芷、白药子解表泻热为使。本病的特征是前肢向前探，为肘腋间有滞气凝结的痛感所致。故本方以和血顺气为主，解表泻热为次。

·按语

此病是肘气痛，再结合火针掩肘穴，疗效更快。

处方

当归30克　乌药30克　香附25克　藿香15克　菖蒲15克　川芎15克　赤芍12克　玄胡索15克　藁本12克　海桐皮18克　白芷12克　白药子12克

用法及用量

以上12种，共研末。葱白二枝为引，同调候温，草后灌之。

【原方】6.［荷叶散］治马膈前痛、抬头难，或哽气、把腰、草慢。

荷叶　乌药　当归　红芍药　羌活　白药子　甜瓜子　玄胡索以上各二两　没药　血竭二味各一两

右十味为末，每用药一两半，浆水或韭汁二盏，同煎三二沸，放温，入酒一盏，草后灌之。

方解

荷叶散，治马胸胁痛。症状：抬头困难，或出气吭声，把住腰背，拱弯如弓，吃草迟慢。药用荷叶升阳散淤为君；乌药顺气止痛为臣；当归、红芍药（赤芍药）、玄胡索、没药、血竭协助理气散淤通经为佐；白药子、甜瓜子润肺，羌活解表止痛为使。这亦是顺气理血以化淤的止痛法，与上方大同小异，供参考。

处方

荷叶 15 克　乌药 30 克　当归 25 克　红芍药 15 克　玄胡索 12 克　没药 12 克　血竭 15 克　白药子 12 克　甜瓜子 12 克　羌活 12 克

用法及用量

以上 10 种，共研末。浆水或韭汁 120 毫升，同煎三二沸，候温，入白酒 60 毫升，草后灌之。

【原方】 7. ［枇杷叶散］治马肺病伤苦、血脉壅闭，又治气滞毛干、探前探后、久医不愈。

枇杷叶　知母　干地黄　马兜铃　贝母　款冬花　瓜蒌根　紫菀　杏仁　干山药　紫苏子　秦艽　当归　红花子　自然铜　天门冬　芍药　没药　瞿麦　木通　麦门冬　黄明胶炙烧　地龙　甘草　黄连

右件二十五味，各等分捣末，每服用药一两，小便半升，草饱啖之，一日二三服，三日必愈。

方解

枇杷叶散，治马肺经受病，如走伤过度的痛苦，以致血液淤滞不通病。又治气滞毛干，两前肢向前探，两后肢向后探，四肢因有痛感不愿正常站立，久治不好病。药用枇杷叶泻肺降火为君；

当归、红花子、赤芍、没药、自然铜理血止痛为臣；知母、干地黄、马兜铃、贝母、款冬花、瓜蒌根、紫菀、杏仁、紫苏子、天冬、麦冬、地龙、黄连协助降火润燥而为佐；山药、秦艽、黄明胶、甘草补虚损辅正祛邪，瞿麦、木通引火毒由小便排出为使。此病主因是过劳耗肾水，水少则生热，热则伤津液，而血淤不通。故本方主要是泻火热、润肺燥而生津液，又补血破血，逐淤生新，有补有泻，补正之不足，泻邪之有余，使血液畅行，阴阳和平而痛自灭。

处方

枇杷叶 15 克　当归 25 克　红花子 9 克　赤芍 12 克　没药 15 克　自然铜 12 克　知母 18 克　干地黄 15 克　马兜铃 10 克　贝母 15 克　款冬花 10 克　瓜蒌根 12 克　紫菀 12 克　杏仁 15 克　苏子 10 克　天冬 12 克　麦冬 10 克　地龙 10 克　黄连 6 克　山药 20 克　秦艽 12 克　黄明胶 10 克　甘草 6 克　瞿麦 10 克　木通 10 克

用法及用量

以上 25 种，共研末。男尿为引，草后灌之。隔一日再行复诊，如有好转，酌情减量。不可固执定方定量。

【原方】 8. ［益智散］治马五劳七伤、骑损起卧、头垂向地、鼻冷。

槟榔　肉豆蔻　桂心　厚朴　当归　益智　芍药　木香　五味子　白芷　细辛　青橘皮　枳壳

右件一十三味，各等分为末，每服药二两，蜜二两，酒一升半，水半升，同煎五七沸，放温灌之，亦治伤水。

方解

益智散，治马五劳七伤病。如乘骑太过劳伤脾胃的肚痛起卧病。症状：头垂地，鼻头凉，时起时卧。药用益智仁升阳暖胃为君；肉豆蔻、桂心、当归、白芍、五味子强心补火以健脾胃（火生土）为臣；槟榔、厚朴、枳壳、木香、青皮调气解郁帮助消导为佐；细辛、白芷解表散寒为使。所说饮食伤胃，劳倦伤脾，这是属于病因范围，治病治因，方为上策。本方特点，既能强心益脾发动消化之源，又可推动停胃之宿食，以及表散寒邪，使表里宣通无阻而痛自止。可谓标本兼顾法，不但对本病疗效迅速，就是严重的伤水起卧，亦可收效。

处方

益智仁 15 克　肉豆蔻 12 克　桂心 12 克　当归 15 克　白芍 12 克　五味子 15 克　槟榔 18 克　厚朴 15 克　枳壳 18 克　木香 10 克　青皮 18 克　细辛 6 克　白芷 12 克

用法及用量

以上 13 种，共研末，白酒 60 毫升同煎五七沸，候温灌之即效。

【原方】 9.［木猪苓散］治马喘粗及喉不止。

款冬花　土马鬃　木猪苓　甜葶苈　山药　甜瓜子　桔梗　杏仁去皮尖　芍药　马兜铃　甘草　秦艽以上各一两　板蓝根二两　皂角三两

右件十四味为末，用药一两半，小便浸盐豉，入蛤粉，草后啖之。

方解

木猪苓散，治马呼吸喘粗和咳嗽不止病。方用木猪苓（土茯苓）清脾胃湿热、通经解毒为君；土马鬃（多生于背阴处的陈土墙顶上，雨潦季节最旺盛，色黑，长如马鬃，因以为名）清凉解热为臣；葶苈子、马兜铃、甜瓜子、桔梗、杏仁、白芍、板蓝根、款冬花泻热定喘为佐；山药、秦艽、甘草补虚和中，皂角通利关窍为使。根据方义，本病为劳伤湿热性之咳喘病。治以一面清热邪，一面补正虚，在正气充足的基础上，祛邪是有把握的，而且病愈之后，预后良好。否则，往往产生后遗症。

处方

木猪苓30克　土马鬃15克　葶苈子18克　马兜铃12克　甜瓜子12克　桔梗30克　杏仁30克　白芍15克　板蓝根15克　款冬花10克　山药25克　秦艽15克　甘草10克　皂角5克

用法及用量

以上14种，共研末，引用男童尿浸过的盐豆豉解表去烦，蛤粉煅过，同调，草后灌之即效。

【原方】 10.［石燕子散］治马干啌、恶喘。

石燕子雌雄一对[①]　紫菀一两　乳香一钱

右件三味药为末，入白面六两，荞面更好，水和作饼子，鏊上烙熟，复碾成末，柳枝熬汤，调药一半，草饱灌之，隔日再灌必安。

注解

①石燕子雌雄一对：查石燕系地层中的一种钟乳化石，其成分主要为碳酸钙。系二叠纪时期一种腕足动物的贝壳所变成的化石。

方解

石燕子散，治马干咳嗽及恶性气喘病。药用石燕子利湿清热定喘为君；紫菀泻火润燥止咳为臣；乳香止痛活血，引热毒外出有强心之功为佐；荞面解毒清肠胃宿食为使。本病咳喘属急性之实热证，故用清热润燥药，就可生效。但石燕子不能生用，必须火烧醋淬5～7次，以易研、灌到肠胃中能吸收消化为度，名为“煅石燕子”，才可适用。

处方

煅石燕子公母一对　紫菀30克　乳香15克

用法及用量

以上3种共研末，入荞面180克，分两次灌，一日一次。

【原方】 11. 百部散：治马肺痿[①]受寒，气啌不止。

枇杷叶四两去毛　百部三两　青橘皮二两　厚朴一两

右件四味各捣为末，分作三服，用糯米煮粥，葱白一根，切细，酒半盏，同和，饱讫[②]灌之，隔日啖一次，后三日再啖。

注解

①痿：wěi，痿弱不振。

②讫：qì，完结。

方解

百部散，治马肺气痿弱，外受寒邪，以致气管咳嗽不止病。药用百部温肺止咳为君；枇杷叶降气化痰为臣；青皮舒肝降逆为佐；厚朴行气燥湿，葱白表散风寒，白酒宣行药热为使。本方作用有除寒降逆之功，可使表里通畅之后清气上升，浊气下降，而咳自止。

处方

百部 25 克　枇杷叶 30 克去毛　青皮 18 克　厚朴 15 克

用法及用量

以上 4 种，共研末。用糯米 120 克煮粥（润肺和脾、化痰止咳）。入葱白 2 根切碎，白酒 30 毫升同调，草后灌之。隔一天灌一剂，三剂大效。

（五）治啌喘

【原方】 1.［款冬花散］治马非时啌喘、草慢病。

款冬花　郁金　黄药子　白芨　玄参　白僵蚕

右件六味，各等分捣罗为末，每用药末一两半，蜜一两，白汤同调，草后啖之。

方解

款冬花散，治马无定时的咳嗽气喘，吃草迟慢病。药用款冬花润肺止咳，除烦定喘，不论寒热虚实，都可施用，故为治咳喘之君药；郁金凉血解心热，防止火克金，黄药子泻脾火，解除母病及子顾虑，并能使喝水吃草增加香美之味而为臣；玄参补肾水以降火，白芨补肺虚，加强金生水之功能而为佐；僵蚕解表除风化痰，使肺与皮毛表里通畅，自然就可升清降浊无咳喘之患，蜂蜜润肺利肠，使在里之邪由大肠排出而为使。总之，本方亦属表里兼顾，扶正祛邪之一法。药味虽然不多，但有照顾到八证（寒、热、虚、实、表、里、邪、正）的意义，适用于劳伤性的新、久咳喘病。

处方

款冬花 15 克　郁金 12 克　黄药子 12 克　白芨 15 克　玄参 30 克　白僵蚕 15 克

用法及用量

以上 6 种，共研末。蜂蜜 120 克为引，同调，草后灌之。

【原方】 2. ［知母散］治马肺热啌喘。

知母　杏仁去皮尖　马兜铃　山栀子　甘草　秦艽　木通　贝母

右件八味，各等分捣罗为末，如马鼻内有脓，用荞面三合，韭汁和成，草后啖。如常服，啖时用韭汁两盏，煎至五七沸，放冷入油一二两，草后灌。滋润毛头，去热凉肺，如灌时，用药三匙。

方解

知母散，治马肺热咳嗽气喘病。方用知母上清肺热、下润肾燥而为君；贝母、杏仁、马兜铃、秦艽润肺泻热为臣；栀子、甘草泻三焦火以利水道，使水火既济为佐；木通引火下行，由小便排出为使。肺热则气管不利，发生咳喘。本方主要作用是清热降火，可使肺得润泽而咳喘自安。

处方

知母 25 克　贝母 20 克　杏仁 30 克　马兜铃 15 克　秦艽 15 克　栀子 20 克　甘草 10 克　木通 10 克

用法及用量

以上 8 种，共研末。如鼻内有涕，加荞面 60 克，韭汁 120 毫升同调，草后灌之。如无涕，只加韭汁，同煎五七沸，候凉，入香油 60 毫升，草后灌。服后有清肺火、润皮毛之效。

（六）治通心经

【原方】1.［镇心散］治马惊、悸、狂、前脚不宁、有少痛。

白茯苓二两　人参二两　桔梗一两　白芷一两

右件四味，各捣罗为末，每服一两，酒、小便同调，草后灌之。

方解

镇心散，治马惊悸发狂，前肢站立不安，乱行跳动，并有轻微肚痛的症状。药用白茯苓安心神定魂魄，上清肺火，下通膀胱（利尿）为君；人参补气，配茯苓可达下焦泻肾火以滋水为臣；桔梗入心、肺、胃三经，宣通气血、开胸膈滞气为佐；白芷解表引火外出为使。总之，心热则惊悸不安，发生狂乱。本方可使心肾相交，水火平衡，自无惊惶失措狂乱之象，故名“镇心散”。早期治疗，效果更好。

处方

白茯苓 30 克　人参 10 克　桔梗 60 克　白芷 15 克

用法及用量

以上 4 种，共研末。男童尿为引，同调灌之。

【原方】2.［菖蒲散］治马啌喘、多惊、咽喉不利及吐涎沫、鼻湿病。

远志　人参　茯苓　地骨皮　谷精草　艺蔽草　荆芥　薄荷　白矾　菖蒲

以上十味，各等分为末，每服一两，蜜一两，沸汤浸，放温，草后灌之。

方解

菖蒲散，治马咳嗽气喘，心多惊乱，咽喉不利，口吐涎沫，鼻流涕之症状。药用菖蒲宣通心窍，补心虚、定惊悸为君；远志、人参、茯苓三药并用，有强心利尿，引火下行，蒸水上升之效为臣；地骨皮、谷精草、白矾清热解毒为佐；荆芥、薄荷解表泻热为使。总之，上述一系列症状，都属心肺火毒而为害，只要安心润肺、降火清痰，自然正常。

处方

菖蒲 20 克　人参 10 克　茯苓 30 克　远志 15 克　地骨皮 30 克　谷精草 15 克　白矾 15 克　荆芥 15 克　薄荷 15 克

用法及用量

以上 9 种，共研末。蜂蜜 120 克为引，沸水同调浸透，候温，草后灌之。

• 按语

方中："乞葴草"为天名精全草的古名，又名疙皮草，癞蛤蟆草。

【原方】3.［百合散］治心经久积热，眼合朦胧，逢物便咬，忽即倒地，遍身发搐病。

胡黄连　川黄连　黄药子　扁竹　茯苓　天门冬　麦门冬　百合　旋覆花　甘草

右件一十味，各等分捣罗为末，每用药末一两半，水二盏，蜜二两，同煎三二沸，放冷，草后灌之。

方解

百合散，治马心经久积热毒病。症状：两眼闭合，昏迷不醒，如痴如睡，有时见物就咬，忽然卧地，浑身抽搐。药用百合润肺宁心、清热安神为君；川黄连、胡黄连泻心火、镇肝凉血为臣；天冬、麦冬清心润肺、补水生津，黄药子凉脾解毒为佐；扁竹（扁蓄）、茯苓强心利尿、引火下行，旋覆花（金沸草）下气消痰，甘草解毒泻心火为使。以上症状，都为痰迷心窍之象，今以清热降痰为法，早期治疗效果很好。

处方

百合 30 克　川黄连 15 克　胡黄连 15 克　天冬 30 克　麦冬 30 克　黄药子 20 克　扁竹 20 克　茯苓 25 克　旋覆花 15 克　甘草 15 克

用法及用量

以上 10 种，共研末。蜂蜜 120 克为引，同煎三二沸，候温，草后灌之。

【原方】 4. ［扁竹散］治马热发多饶狂惊及倒地。或揩擦，毛焦受尘病。

扁竹　瞿麦　木通　防风　薄荷　石膏　车前子　甘草　大黄　云蓝根①　荆芥　山栀子　黄芩　地骨皮　黄连

以上一十五味，各等分为末，每用药二两，蜜二两，水一升，同煎二三沸，放冷，草后灌之，或使鹅梨取汁啖之。

注解

①云蓝根：即板蓝根，二者异名同物，无区别。

方解

扁竹散，治马心经发热病。症状：多有惊狂倒地，或浑身痒擦，毛干易粘尘土。药用扁竹通淋利尿、引心火由尿而出为君；瞿麦、木通、车前子协助大量利尿药以泻心火为臣；石膏、甘草、大黄、云蓝根、栀子、黄芩、地骨皮、黄连清诸热毒为佐；防风、荆芥、薄荷解表散热为使。本方以利尿泻火并重为法，此为釜底抽薪法，可使热退而诸症自愈。

处方

扁竹 25 克　瞿麦 30 克　木通 30 克　车前子 30 克　石膏 30 克　甘草 20 克　大黄 25 克　云蓝根 20 克　栀子 20 克　黄芩 25 克　地骨皮 20 克　黄连 15 克　防风 15 克　荆芥 10 克　薄荷 20 克

用法及用量

以上15种，共研末。蜂蜜120克为引，同煎三二沸，候凉，草后灌之，或用鹅梨水灌之亦好。

【原方】5.［大黄散］治马心经伏热、见物或时惊倒、眼内如砂、前探草慢病。

大黄　麻黄　黄芩　甘草　防风　山栀子

右件六味，各等分捣罗为末，每用药一两半，蜜一两半，沸汤一盏同调，放温，草后啖之，隔日再灌。

方解

大黄散，治马心经伏热病。症状：见物多惊，有时惊倒在地，眼赤如朱砂色，前肢向前探出，吃草迟慢。药用大黄下肠胃燥热，由肠排出以泻心火为君；黄芩、栀子、甘草清心肺三焦火为臣为佐；麻黄、防风解表散热为使。本方为简便的表里双解法，适用于初期的表里三焦阳热病。

处方

大黄30克　黄芩15克　栀子25克　甘草15克　麻黄10克　防风20克

用法及用量

以上6种，共研末。蜂蜜120克为引，同调候温，草后灌之。

【原方】6.［人参散］治马心经伏热，非时惊狂倒地，口眼色黄、草慢病。

人参　茯苓　远志　防风　麦门冬　薄荷　甘草以上各一两　龙脑　牛黄各三分

以上九味，各捣罗为末，每用药一两半，浆水两盏，同煎三二沸，放冷，入蜜一两，草后灌之。

方解

人参散，治马心经伏热病。症状：不定时的惊狂倒地，口腔和眼泡都呈黄色，吃草迟慢。药用人参大补元气以强心泻火为君；牛黄清心安神为臣；茯苓、远志、麦冬、甘草强心利尿、补阴退热为佐；龙脑（冰片）、防风、薄荷解表退热为使。本方可扶正祛邪从表里两路自行退出，使心神安定而诸症自愈。可谓标本兼顾法。

处方

人参 15 克　牛黄 0.3 克　茯苓 30 克　远志 20 克　麦冬 30 克　甘草 15 克　龙脑 2 克另入　防风 25 克　薄荷 25 克

用法及用量

以上 9 种，除牛黄、龙脑另入外，共研末。浆水 120 毫升同煎二三沸，候凉，入蜂蜜 120 克同调，草后灌之。

【原方】 7. ［远志散］治马眼色朦胧，或时多惊、慢肺黄病、盖因久伏积热。

远志　地骨皮　茯苓　大青　川黄连　甘草　防风　吴蓝　山茵陈　人参

以上一十味，各等分为末，用药一两半，水一升，煎两三沸，放温，草后灌之。

方解

远志散，治马眼睛昏迷不清醒，有时多生惊乱不安的慢性肺黄病。原因是热毒长久性的潜伏于心肺所致。药用远志补肾壮水、强志益精，使心肾相交而为君；大青、川黄连、吴蓝（为蓝之一种，茎长如蒿开白花）、地骨皮、茵陈清热解毒为臣；人参、茯苓强心利尿、引火毒由小便排出为佐；防风、甘草解表和中为使。本方是以心肾交、水火平而热自退为主，清热解毒为次，佐以利尿解表，使邪无机可乘，有路可退。可谓辨证求因的治本法。

处方

远志 30 克　大青 15 克　川黄连 15 克　吴蓝 15 克　地骨皮 20 克　茵陈 25 克　人参 10 克　茯苓 25 克　防风 15 克　甘草 15 克

用法及用量

以上10种，共研末。煎二三沸，候温，草后灌之。

【原方】 8. ［胡黄连散］治马心经久积热及风痫发搐倒地。

胡黄连　川黄连　川大黄　黄药子　甘草　扁竹　滑石　人参　茯苓　木通

右件一十味，各等分为末，每服一两半，水一升，竹叶一把，同煎三五沸，放温，入生鸡子二个，蜜二两同调，应急灌之。

方解

胡黄连散，治马心经久积火热，以及疯痫病。在发作时有抽搐倒地的症状。药用胡黄连泻热镇惊为君；川黄连、黄药子、大黄、甘草清热解毒为臣；人参补气强心为佐；扁竹、滑石、茯苓、木通、竹叶引火下行由尿排出为使。此为强心利尿的退热法。

处方

胡黄连15克　川黄连15克　黄药子15克　大黄30克　甘草15克　人参15克　扁竹20克　滑石30克　茯苓25克　木通15克

用法及用量

以上10种，共研末。竹叶一撮为引，同煎三五沸，候温，入生鸡清5个，蜂蜜120克，调匀灌之。对这些急性病，应及时灌之，疗效可好。

【原方】 9. ［立效散］治马木舌在外。

款冬花　瞿麦　山栀子　地仙草以上各一两

右件四味，捣罗为末，涂在舌上，立瘥。

方解

立效散，就是说明此药立刻就可见效的意思。治马舌头肿硬如木、垂在口外之症。方用款冬花润肺泻虚热为君；瞿麦清心火可散淤消肿为臣；栀子泻三焦火以利水道为佐；地仙草（即地骨皮之古籍别名）滋阴退热为使。舌肿乃心肺火毒上攻所致。本方有清热解毒、散淤消肿之效，经过舌舐咽入胃内，虽由外治，实则标本两治法。

处方

款冬花 10 克　瞿麦 15 克　栀子 30 克　地仙草 30 克

用法及用量

以上 4 种，共研细面，连续涂在舌上，涂完就可见效。

【原方】10.［桔梗散］治马心经不调，阴阳不通，百脉沉重，遂令十步九蹶[①]，如睡如惊，目不顾物。

升麻　桔梗　郁金各一两　生地黄一两半细研　牛蒡子半斤细研

右件三味为末，与羊胆、蜜汤、地黄、牛蒡子调拌令匀，药二两半，如马疾依前说者，草后便啖此药，立效。

注解

①蹶：音 jué，跳跃行走。

方解

桔梗散，治马心经不和，阴阳（水火）不平衡，血脉流行迟滞，呈现走路十步九跳，眼闭不欲睁，有时如睡，有时如惊的症状。药用桔梗泻肺热以舒通肺气、促进血液循环而为君，升麻能升发胃中阳气，以宣通血脉的正常流行为臣；郁金、生地凉心解热毒为佐；牛蒡子泻热解毒为使。按血热则迟滞，如睡如惊，热退则心神安而明，本方有退热升阳、活血安神之功，可调济阴阳的平衡。

处方

桔梗 60 克　升麻 15 克　郁金 20 克　生地 30 克研碎　牛蒡子

30 克另研

用法及用量

以上 5 种，除另研外，共合研末，猪胆汁 1 个，蜂蜜 120 克，同调，草后灌之。

（七）治热病

【原方】 1. ［解毒膏］治马发热垂睛。

盐豉一升研　猪母粪　蜜以上各一两　鸡子三个新好者　盐一两

以上五味同和，草后啖之。不愈，隔日再啖。

方解

解毒膏治马热证。发现两眼泡垂闭不睁的症状，方用母猪粪解诸毒为君；食盐助消化、解毒为臣；盐豆豉解表除烦为佐；蜂蜜、鸡清利肠清心为使。药味不多，各得其用，总合起来，有解毒的功能，故名解毒膏。不仅适用于本病，即使其他热证，亦可随症应用。

处方

母猪粪 30 克　食盐 30 克　盐豆豉 60 克　蜂蜜 120 克　鸡清5个

用法及用量

以上 5 种，同和，草后灌之。如一次不能完全治好，隔日再灌。

【原方】 2. ［二母散］治马卒热。

知母　贝母　瓜蒌根以上各五两　山栀子一两

右件四味，各捣罗为末，每灌药末二两，生姜二两研细后，取自然汁同调，草后灌之。

方解

二母散，治马急性中暑病。药用知母、贝母（简称二母）清心润肺，维持血液正常的流行循环为君；天花粉生津止渴、去烦解热为佐；栀子凉心肾、泻三焦火为使。据卒热病，多发于暑热季节，所以又叫中暑病，此病多是气候炎热，缺水受渴所致。常有昏迷不醒，忽然晕倒，体温高，呼吸粗的症状。本方主要是促使心肺气血的正常循环流行，佐以心肾相交，则水火平衡而热自退。

处方

知母 60 克　贝母 60 克　天花粉 30 克　栀子 30 克

用法及用量

以上 4 种，共研末，鸡清 5 个为引，同调灌之。

（八）治渴

【原方】［人参止渴散］治马热发、贪水、草慢、或起卧不吃草，虚热吃水病。

人参　茯苓　川黄连　干葛　乌梅　甘草　石膏　芦根

右件八味，各等分为末，每用药末一两半，蜜一两，水两大盏，同煎三二沸，放冷，先用新汲水饮了后灌之。

方解

人参止渴散，治马热证。表现爱喝水，吃草迟慢，或起卧（肚痛）不吃草，引起虚火的贪水症。药用人参补气泻火、生津除烦渴而为君；黄连、石膏、天花粉降心胃火、止虚烦为臣；乌梅生津止渴，茯苓强心利尿为佐；干葛解表去热，甘草解毒和中为使。本方以补气泻火、生津止渴为主，解表利尿为次，可使热退而诸症自宁。

处方

人参 10 克　黄连 10 克　石膏 30 克　天花粉 15 克　乌梅 15 克　茯苓 25 克　干葛 20 克　甘草 15 克

用法及用量

以上 8 种，共研末，蜂蜜 120 克为引，同调灌之。

（九）治口疮

【原方】［牙硝散］疗马咽喉肿痛或口内生疮、草慢。

牛蒡子三两炒过　天门冬一两　五倍子一两炒过　盐豉　白矾　牙硝以上各三两

以上六味为末，每服一两半，蜜二两。如有口疮，小便浸盐豉一两，饱啖之。

方解

牙硝散，治马咽喉肿痛，或口内生疮，吃草迟慢之症。药用牙硝（即马牙硝）清除肠胃实热，制止火毒上攻而为君；五倍子降火散热为臣；牛蒡子、天门冬、盐豉、白矾清心肺五脏之热毒为佐为使。根据药理作用可知，本病是实热在里证，故以通泻为主，清热解毒为次，使毒从肠下而诸症可愈。此属釜底抽薪法。

处方

牙硝 60 克　五倍子 15 克炒　牛蒡子 60 克炒　天门冬 60 克　白矾 15 克　盐鼓 15 克

用法及用量

以上 6 种，除牙硝另入外，共研末。蜂蜜 120 克为引，同调，饱后灌之。

（十）治咽喉

【原方】1.［薄荷散］治马鼻湿、鼻内虫出、咽喉肿痛作声、咽水草稍难、草慢病。

龙脑薄荷　川芎　紫荷车　黄药子　白僵蚕　瓜蒌根　甘草　川黄连　川甜消　牛蒡子炒

右件一十味，各等分为末，每服一两半，新汲水半升，蜜一两，同调，草后灌之。

方解

薄荷散，治马鼻流涕，鼻内有虫窜出，咽喉肿痛，喉内有声，以致咽水草较难，吃草迟慢之症。药用龙脑薄荷（即水苏的别名，又叫鸡苏）清肺解热为君；紫荷车（考证《本草纲目》《中国药学大辞典》《兽医中草药大全》，有紫河车、草河车，而无紫荷车之药名。紫河车是妇女产后的胎盘。草河车又名七叶一枝花、重楼、蚤休等，是百合科植物。这里应是草河车）。治咽喉肿痛为臣；黄药子、瓜蒌根、川黄连、牛蒡子、甘草清热解毒为佐；川芎活血止痛，僵蚕去风热化痰涎、散结肿行经络，川甜消（即芒消之用萝卜同煮，炼去碱味者，又名英消）清肠胃之燥结为使。此亦清热解毒，釜底抽薪之一法，与上方大同小异。

处方

龙脑薄荷 15 克　蚤休 15 克　黄药子 15 克　天花粉 25 克　川黄连 15 克　牛蒡子 30 克　甘草 15 克　川芎 15 克　僵蚕 20 克　川甜消 60 克

用法及用量

以上 10 种，除甜消另入外，共研末。蜂蜜 120 克为引，同调，草后灌之。

【原方】2.［硼砂散］治马因心肺久积热不散、攻咽喉束塞及喉骨胀、呀呷①。

牙硝　螺儿青　黄药子　郁金　白僵蚕　蒲黄以上各一两　硼砂半两

以上七味，捣罗为末，每用药一两，蜜一两，新汲水二盏调，饱后灌之。

注解

①呀呷：音牙嘎，系专用于哮喘症发出的困难声。呀是形容张开口的样子，呷是表示吸气有声也。患畜因心肺热毒上攻咽喉，令咽喉束塞，喉骨胀时即发现呀呷的症状。

方解

硼砂散，治马因心肺二经久积热毒不散，上攻咽喉肿合不通，呼吸困难有声之症。药用硼砂清热解毒、治咽喉肿痛而为君；螺儿青、黄药子、郁金清凉泻火为臣；僵蚕解表散热为佐；生蒲黄行血散淤，牙硝清肠胃实热为使。此亦清解心肺二经的热毒，由表里两路驱出之一法。适用于初期和中期，疗效较高。

处方

硼砂 5 克　螺儿青 15 克　黄药子 15 克　郁金 25 克　僵蚕 30 克　生蒲黄　30 克另入　牙硝 60 克另入

用法及用量

以上 7 种，除蒲黄、牙硝另入外，共研末。蜂蜜 120 克同调灌之。

（十一）治眼

【原方】1.［决明散］治马谷晕及眼内有青白晕[①]，肝脏积热，眼肿泪出。

石决明　草决明　蕤仁[②]去油　川黄连　黄柏　甘草　秦皮　山栀子

以上八味，各等分为末，每服一两半，水半升，蜜三两，猪胆一枚同调，草后灌之。

注解

①晕：日旁气，即热气在外凝滞之象，如眼睛生云翳。

②蕤：ruí，蕤仁，又名蕤核、马茄子

方解

决明散，治马由于谷料热毒上攻于眼，以致睛生黄晕之症。或肝脏积热，外传于眼，以致睛生青白色的云翳，眼肿流泪病。药用石决明泻肝肺之风热，可明目退障，草决明泻肝明目而为君；蕤仁（即蕤核）治眼肿流泪为臣；黄连、黄柏、秦皮、栀子、甘草泻各脏火热为佐为使。眼是肝之外应，故治眼病以治肝为主。肝热则气凝而成云翳。本方以泻肝为主，清各脏火为次，可使热退而云翳自散。此亦治病求本的一种方法。

处方

石决明 25 克煅　草决明 20 克　蕤仁 15 克　川黄连 15 克　黄

柏20克　秦皮15克　栀子20克　甘草10克

用法及用量

以上8种，共研末。蜂蜜120克，猪胆汁1个，同调，饱后灌之。

【原方】 2.［秦皮散］治马眼内有青白晕。

秦皮　川黄连　青盐　乌鱼骨各一两　硼砂　白丁香　蕤仁去油　黄丹飞过　脑子以上各一两

以上九味，捣罗为细末，两眼用药一字[①]，灯心点之。

注解

①字：系古代用药的一种计量单位，等于现在的0.5～1克。

方解

秦皮散，治马眼内有青白色的云翳之症。药用秦皮除肝热退云翳为君；川黄连泻心火退云翳为臣；青盐平血热治目赤肿痛，乌鱼骨（海螵蛸）宣通血脉退云翳，硼砂能软坚化云翳，白丁香（公雀粪）退云翳，蕤仁退热，黄丹（铅丹）拔毒，脑子（考证《中国药学大辞典》，即冰片之古籍别名）通窍散火，以上7种合用有助退云之效为佐为使。本方为外用点眼退云法，属于局部疗法之一。

处方

秦皮　川黄连　青盐　乌鱼骨各3克　硼砂　白丁香　蕤仁去油　黄丹飞过另入　脑子各300毫克

用法及用量

以上9种，除黄丹另入和研外，共研极细面，装瓶候用，每日一次点之。

【原方】 3.［眼药青盐散］

白矾二钱　青盐弹子大二块

右将盐为末，铫[①]子内中心用盐盖矾用火飞之，熬定后取出，却入炭火烧，绝黑烟为度，研如粉，入龙脑点之。

注解

①铫：diào，烧器，如沙铫。

方解

眼药青盐散的成分，就是白矾、青盐两种配合而成。其性能是，白矾飞过有脱腐生肌的作用，青盐有平热退云之效。本方虽属简单，但在眼病初期，亦有一定的疗效。

处方

白矾 6 克　青盐 3 克

（制法及用法）以上两种，各研末，先将白矾末放在沙铫内的当中，以盐盖之，用火飞升，待熬到液体变为固体时，即可取出。再放入红炭火上，直接烧透，以无黑烟为度，然后研极细面如粉状，加入龙脑（冰片）再研极细面，装瓶候用，临时点之。

【原方】4.［点眼明睛散］

白矾一钱飞过　乌鱼骨二钱　芜荑仁七个

右件药一处研匀，频频点之。

方解

点眼明睛散的成分与药理作用，就是飞矾可以去腐生新，乌鱼骨能通血脉退云翳，芜荑仁（即芜荑之古籍别名，原名莁荑，本品乃□树之荑，荑就是实）有散风湿消虫积之效。总之，此方既能退翳，又可治眼胞溃烂病。

处方

白矾 3 克飞过　乌鱼骨 6 克　芜荑仁7个

（制法及用法）以上 3 种，共研极细面，装瓶候用，连续点之即效。

（十二）治中风

【原方】1.［天麻散］治马脾气虚弱偏风病

天麻　人参　茯苓　川芎　荆芥　何首乌　防风　蝉

蜕　甘草　薄荷

右件十味，各等分为末，每服一两半，蜜一两，米饮汤浸，饱灌之。

方解

天麻散，治马脾气虚弱的半身偏风病。如半身（左或右）不遂，口眼歪斜，前肢和后肢偏行等症状。药用天麻强筋疏痰，治诸风眩掉为君；人参、川芎补气活血为臣；茯苓、何首乌强心补肾为佐；荆芥、防风、薄荷、蝉蜕、甘草解表和中为使。本病原因是脾虚，症状为半身偏歪。治法则是通过整体调整内脏心、肝、肺、肾、脾之偏盛偏衰使于平衡，而诸症自愈。

处方

天麻 20 克　人参 15 克　川芎 15 克　茯苓 30 克　何首乌 30 克　荆芥 15 克　防风 15 克　薄荷 15 克　蝉蜕 15 克　甘草 10 克

用法及用量

以上 10 种共研末。蜂蜜 120 克，米汤水同调，饱后灌之。

【原方】 2.［天南星散］治马破伤风。

鳔一两用水喷湿火炙干用　蝎十五个　天南星一个

右件三味为末，用温酒一盏调药，喷在马耳内，揉出汗，汗出立效。

方解

天南星散，治马破伤中风病。方用天南星去风化痰为君；鳔活血散淤为臣；蝎（全蝎）去风为佐；白酒宣行药势为使。本方有化痰、活血、发汗、去风之效。

处方

天南星 15 克　鳔 15 克用水喷湿火炙干用　蝎 6 克

用法及用量

以上 3 种，共研细面，白酒调，纱布包后塞两耳内，以手揉其耳，出汗为度，最好全身出汗，好转更快。

【原方】3. ［七蝎散］治马中风。

天南星一个　干蝎七个全

右件药二味为末，分作三服，以温酒灌之。

方解

七蝎散，治马一切中风病。药用干全蝎、天南星统治诸风。此属单行偏方之类，适宜于轻微的风病。

处方

全蝎 60 克　天南星 30 克

用法及用量

以上两种共研末，白酒 60 毫升为引，同调灌之，酌情续灌。

【原方】4. ［蛜蝌散］治马急风、慢风。

天南星　半夏　天麻　蛜蝌①各一两　麻黄三钱

以上五味为末，每服二钱，以酒应急灌之。

注解

①蛜蝌：即全蝎的别名。

方解

蛜蝌散，治马急性中风与慢性中风病。药用蛜蝌（全蝎）治诸风眩掉为君；天南星治风痰，半夏治湿痰为臣；天麻、麻黄解表发汗为佐；白酒宣行药热为使。本方对风痰有解表发汗之效。风症出汗，就可生效。

处方

蛜蝌 60 克　天南星 30 克　制半夏 30 克　天麻 30 克　麻黄 15 克

用法及用量

以上 5 种，共研末，白酒 60 毫升为引，同调灌之。

（十三）治腰胯痛

【原方】1. ［七补散］治马七伤。

青橘皮　陈橘皮　苦楝子　茴香　益智　芍药　木通

滑石　官桂　红豆　乳香　没药　当归　自然铜

右件一十四味，各等分捣罗为末，非时起卧，用药五钱，葱酒同煎，放冷灌之。

方解

七补散，治马七伤病。如走伤性的腰胯痛，以及习惯性的（不定时）肚痛起卧病，都可用本方治之。药用当归、赤芍、乳香、没药、自然铜和血止痛为君；茴香（有大茴、小茴两种，但大茴力大，小茴力缓，都为暖肾暖胃药）、官桂去寒逐冷，苦楝子（金铃子）、滑石、木通通利水道为臣；益智仁、红豆（就是高良姜的种子红豆蔻，简称红豆）开胃进食以补肝肾之虚，强筋壮髓为佐；青皮、陈皮舒肝和脾、解郁散滞为使。本方可使阴阳和，水火平，气血通，而痛自止的整体疗法。本方方简意广，不可忽视，一经实验，自然得心应手。

处方

当归 30 克　赤芍药 15 克　乳香 20 克　没药 20 克　自然铜 15 克煅　茴香 15 克　官桂 15 克　苦楝子 20 克　滑石 25 克　木通 15 克　益智仁 15 克　红豆蔻 15 克　青皮 15 克　陈皮15 克

用法及用量

以上 14 种，共研末。葱白 2 根，白酒 60 毫升为引，同煎候温灌之。

【原方】2.［乌药散］治马外肾搐[①]，腰背紧硬，或肺病把前把后，草慢病。

天台乌药　芍药　当归　玄参　贝母　山茵陈　马兜铃　川升麻　香白芷　山药　秦艽　杏仁去尖

右件一十二味，各等分为末，每服一两半，盐二钱，热韭汁调，空草放温灌之。形如狗蹲，腰痛，牵拽不动，入童便灌之。

注解

①外肾搐：外肾是指公畜的睾丸，搐 chù，牵制的意思，是说动而有痛。外肾搐，即是外肾有牵动发生痉挛的痛感。

方解

乌药散，治马外肾部发生痉挛，腰背部分触诊皮紧肉硬的症状，或治肺气把前把后以及吃草迟慢病。药用天台乌药顺气导滞为君；当归、赤芍和血止痛，玄参、山药补肝肾之虚，加强辅正驱邪之力为臣；贝母、杏仁、马兜铃润肺利气为佐；茵陈、升麻、白芷、秦艽解表利湿为使。总之，本方的特点是不论肾气痛、肺气痛，都是以顺气活血补虚为主，佐以润肺解表之法。使肺与皮毛、表里宣通，则气血流行正常。

处方

天台乌药 30 克　当归 25 克　赤芍 20 克　玄参 30 克　山药 30 克　贝母 20 克　杏仁 25 克　马兜铃 10 克　茵陈 15 克　升麻 15 克　白芷 15 克　秦艽 20 克

用法及用量

以上 12 种，共研末。盐 15 克，韭汁 120 毫升为引。若形如狗蹲，腰痛不愿开步者，加男孩尿为引，同调灌之。

【原方】 3. ［麒麟竭散］治马腰胯痛，或肺病把膊把胯病，或阴肾肿木肾黄病。

麒麟竭　没药　茴香　巴戟　葫芦巴　川楝子　牵牛子　木通　白术　当归　破故纸　藁本

右件一十二味，各等分为末，每用药半两，好酒一大盏，同煎三二沸，放温灌之，隔日再灌之。

方解

麒麟竭散，治马腰胯痛，或肺气把膊、肾气把胯病，或阴肾肿硬如木的木肾黄病。药用麒麟竭（血竭）和血止痛为君；没药散淤消肿为臣；茴香、巴戟、葫芦巴、破故纸（补骨脂）补肾阳、除寒湿，当归、白术健脾胃助消化为佐；川楝子、牵牛子、木通利尿道，藁本解表邪为使。根据方意，可知上述诸痛不论肺气肾气，都属劳伤过度，亏损脾肾之气。故本方以和血止痛为治标，补脾肾之虚为治本，配合利尿可通肾气，解表可通肺气，可谓标本两治法。

处方

麒麟竭25克　没药25克　小茴香15克　巴戟20克　葫芦巴15克　破故纸15克　当归30克　白术15克　川楝子20克　牵牛子20克　木通15克　藁本15克

用法及用量

以上12种，共研末。白酒60毫升同煎二三沸，候温灌之。隔一天复诊时，再根据情况，适当加减药味和药量，切不可固执成方。

（十四）治脾病

【原方】［健脾散］治马好抵桩柱、有涎沫下者。

当归　菖蒲　白术　桂心　泽泻　枳壳　赤石脂　厚朴　甘草以上各一两

右件九味为末，每服一两半，用酒一盏，葱白三握同煎，放温灌之。

方解

健脾散，治马好抵桩柱（头低耳耷，精神倦怠），有涎沫下者（口流涎沫为脾胃虚寒）的症状。药用当归补血强心，促进全身新陈代谢机能（火生土）为君；菖蒲开心孔、利九窍，宣导气血为臣；白术补脾虚，厚朴泻宿食，桂心暖胃，赤石脂收涩止虚坠为佐；泽泻利尿道、引浊气下降，枳壳宽肠助消导，甘草调和各药为使。根据方义，此为劳伤心衰脾虚之病。故以强心益脾之药剂为主，配合利尿消导之法为次，这样使消化机能得以正常，疾病自然可愈。

处方

当归 30 克　菖蒲 20 克　白术 15 克　厚朴 20 克　桂心 15 克　赤石脂 20 克　枳壳 15 克　泽泻 15 克　甘草 10 克

用法及用量

以上 9 种，共研末。白酒 60 毫升，葱白 3 根，同煎候温，灌之即效。

（十五）治小肠

【原方】 1.［金铃散］治马口色青白，伤冷腰胯痛，或阴肿、肚黄病。

金铃子　没药　舶上茴香[①]　葫芦巴　杏仁去皮尖　乳香　陈橘皮　白芷　荆三棱　牵牛子　莪术　血竭　车前子　紫菀　玄胡索　破故纸　青橘皮　木通

右件一十八味，各等分为末，每用药末一两，葱白三握烧过，热酒二盏同调，空草灌之。

注解

①舶上茴香：系大茴香或八角茴香的别名。

方解

金铃子散，治马口色青白的寒伤腰胯痛，或患阴肾黄蔓延到肚黄病。药用金铃子引小肠膀胱湿热由小便排出，以消黄肿为君；舶上茴香、葫芦巴、破故纸暖肾去寒，治寒伤腰胯痛为臣；乳香、没药、血竭、三棱、莪术、玄胡索和血止痛为佐；杏仁、紫菀润肺顺气，白芷、青皮、陈皮解表和里，二丑、木通、车前子利尿为使。本病原因不论腰痛及黄肿，都是寒湿所致。本方重点是利水以消黄肿、去寒治腰胯痛。佐以顺气活血、和解止痛之法，使寒湿去、水道通、气血行、痛肿自宁，这就叫求本治因法。医能明此，就能随机应变，达到治病的目的。

处方

金铃子 30 克　舶上茴香 15 克　葫芦巴 15 克　破故纸 20 克

乳香 20 克 没药 20 克 血竭 15 克 三棱 15 克 莪术 15 克 延胡索 20 克 杏仁 15 克 紫菀 15 克 白芷 15 克 青皮 15 克 陈皮 15 克 二丑 25 克 木通 15 克 车前子 25 克

用法及用量

以上 18 种，共研末。葱白 3 根，白酒 60 毫升同调，空肚灌之。

【原方】 2. ［玄胡索散］治马伤冷气痛、或起卧，及胃气感寒、口色青白、草慢病。

玄胡索 当归 芍药 干山药 青橘皮 陈橘皮 茴香 木通 山栀子 白药子

右件一十味，各等分为末，每用药一两半，水二盏，生姜一分细搽，同煎三二沸，放温，空草灌之。

方解

玄胡索散，治马冷气痛的起卧病，或患胃寒口色青白的慢草病。药用玄胡索（又名延胡索、元胡索，简称玄胡、延胡、元胡）活血散淤、利气止痛为君；青皮、陈皮、茴香暖胃和解为臣；当归、白芍、山药健脾平肝为佐；木通、栀子、白药子泻肺气、利三焦之水道为使。根据方义，不仅治寒痛，还可治努伤性的起卧病。按一般冷痛，无栀子、白药子。此方适宜于料多的肥壮马。

处方

玄胡索 20 克 青皮 15 克 陈皮 15 克 茴香 15 克 当归 25 克 白芍 20 克 山药 25 克 木通 15 克 栀子 15 克 白药子 15 克

用法及用量

以上 10 种，共研末，生姜 15 克切碎，同煎三二沸，候温，空肚灌之。

【原方】 3. ［巴戟散］治马气把腰、低头难，或抽肾把胯、草慢病。

巴戟 葫芦巴 破故纸 舶上茴香 川楝子 滑石

海金沙　槐花以上各一两　盐炒过　木通　牵牛子以上各二两

右件一十一味为末，每服二两，热酒一升调下，空草灌之。

方解

巴戟散，治马肾气把腰的低头难病，或患抽肾把胯的慢草病。药用巴戟温补腰肾去风湿，治腰胯痛为君；葫芦巴、破故纸、茴香补命门火，治抽肾把胯为臣；川楝子、滑石、海金沙、槐花、食盐、木通、牵牛子利水道为佐为使。上述各种症状，主要是肾脏虚寒以致肾气不足所致。本方重点以温补肾阳，佐以通利水道之法，使肾气健旺而诸症自愈。可谓本固枝荣法。

处方

巴戟 25 克　葫芦巴 20 克　破故纸 15 克　茴香 15 克　川楝子 20 克　滑石 20 克另入　海金沙 15 克另入　槐花 15 克　木通 15 克　牵牛子 15 克　食盐 30 克　可用水和茴香、槐花同炒

用法及用量

以上 11 种，除另研另入外，共研末。白酒 60 毫升，调匀，空肚灌之。

【原方】 4. ［苦楝散］治马小肠气。

川苦楝　茴香　没药　当归　玄胡索　藁本　甘草以上各等分

右件七味，捣罗为末，每服半两，酒一盏同煎，并葱一握，煎三五沸，放冷，草前灌之。

方解

苦楝散，治马小肠气滞痛。药用川苦楝，通利小肠及膀胱之凝滞为君；茴香暖脾肾、和胃止痛为臣；当归、没药、玄胡索活血止痛为佐；藁本、甘草解表和里为使。按小肠痛多是由于劳伤脾肾，以致少吃慢喝，但这时仍然劳动不停，就会发生努伤性的气滞痛。本方用药即是对准这些原因而制定的，一面

通气活血，一面健胃和解，使气血流行，表里无阻其痛自止。

处方

苦楝子 25 克　茴香 15 克　当归 30 克　没药 20 克　玄胡索 20 克　藁本 15 克　甘草 10 克

用法及用量

以上 7 种，共研末。白酒 60 毫升，葱白 3 根，同煎三五沸，候温，空肚灌之。

【原方】5. 又方［茴香散］

穿心巴戟　山茵陈　川苦楝　茴香　当归　没药　葫芦巴　破故纸　自然铜火烧醋淬

右件九味，各等分为末，每服半两，酒一盏，葱一握，同煎三五沸，放冷，空草灌之。

方解

茴香散，亦治马患小肠气滞痛病。方用茴香上暖脾胃下暖肾，取其香能透气而为君；巴戟、葫芦巴、破故纸补肾命之火为臣；当归、没药、自然铜活血止痛为佐；苦楝、茵陈利尿泻湿热为使。本方概况，与上方对照大同小异，不必再行烦述。只要对症，都可收到良好效果。

处方

茴香 15 克　巴戟 20 克　葫芦巴 20 克　破故纸 15 克　当归 30 克　没药 25 克　自然铜 20 克煅　苦楝子 20 克　茵陈 15 克

用法及用量

以上 9 种，共研末。白酒 60 毫升，葱白 2 根，同煎三五沸，候温，空肚灌之。

【原方】6. ［滑石散］治马小便不通。

滑石一两研　朴硝二两研　木通一两

右件三味，各捣罗为末，同温水灌一两，如未通，再灌之。

方解

滑石散，治马小便不通病。药用滑石通利膀胱之尿液而为君；朴硝润燥软坚、泻肠胃实热而为臣；木通利窍通乳为佐为使。方简意深，适宜于实热性的小便不通。若肾气不足的小便不通，则不可用。

处方

滑石 30 克　朴硝 60 克　木通 30 克另研

用法及用量

以上 3 种，共合一处，温水调匀灌之。

【原方】7.［白芷散］治尿血。

没药　细辛　肉桂　自然铜　藁本以上各一分　当归　芍药　白芷以上各一两

右件八味，捣罗为末，每服一两，盐少许，童子小便同调灌之。

方解

白芷散，治马尿血病。药用白芷除风散湿热为君；当归、赤芍、没药、自然铜破血散淤止痛为臣；肉桂以热治热，引火归元，为从治之法而为佐；细辛行水润肾燥，藁本下行膀胱去湿为使。按湿热凝肾则尿血。本方有去湿清热、行水润燥之作用，适宜于严重性的尿血病，可使燥得其润而热自退，血尿自变为正常的尿液。

处方

白芷 15 克　当归 30 克　赤芍 20 克　没药 20 克　自然铜 15 克　肉桂 3 克　细辛 10 克　藁本 15 克

用法及用量

以上 8 种，共研末。食盐 10 克，男童尿为引，同调灌之。

【原方】8.［车前散］治马抽肾。是本病，初觉便灌之。

紫草茸　车前草　藁本　川楝子　葫芦巴　破故纸　木通各半两

右件七味，一处为末，每服二两，酒一盏、小便一盏同调，空草灌了便喂。

方解

车前散，治马抽肾病。但此散适宜于初期，疗效高。药用车前草（用叶不用根茎和花）凉血去热、行水利尿为君；紫草茸凉血解毒，治诸肿毒恶疮，在人又可发痘、催生，在这里取其解肾毒、治抽肾为臣；葫芦巴、破故纸补肾治本为佐；藁本、川楝子、木通子引导肾气通入膀胱，使肿消尿利为使。按心肺热极，则生抽肾之病。总观本方，凉血解毒以治标，滋补肾水以治本，标本兼顾，无偏盛偏衰之患，很快就可见效。

处方

车前草 30 克　紫草茸 15 克　葫芦巴 20 克　破故纸 20 克　藁本 15 克　川楝子 25 克　木通 15 克

用法及用量

以上 7 种，共研末。白酒 30 毫升，男童尿调匀，空肚灌之。短时间内即可喂草。

【原方】 9.［酒煎散］治马抽肾把胯。

右用天南星一个，大者，用湿纸数张裹之。上件药用慢火煨，令黄色为度。取出，令在地上出火毒，烂捣不罗，每漉①用酒半升，豆豉半两，灯心十茎，葱二茎只用葱白，一处煎之，一二沸，漉出去渣。先将豆豉、葱白、灯心啖之，另将汁用药二钱入上项汁内，煎一二沸，放如人体温灌之，只一服。

注解

①漉：用酒浸以提取其药的有效成分，然后榨取其汁。

方解

酒煎散，就是药和酒同煎而成的药酒，能治马患抽肾把胯病。药用天南星除风痰为君；白酒疏通经络为臣；豆豉、葱白、灯心草解表发汗为佐为使。根据方义，本方适宜于风湿性的抽肾把胯病，与上方治热极抽肾病，略有所不同。病因不同，治当有别。

处方

天南星30克　白酒120毫升　豆豉30克　葱白3根　灯心草3克

（制法及用法）先用麻纸数张以水浸湿，把天南星包住，放在微小的慢火内，煨烧到黄色为度。然后取出，放到土地上凉去热气，捣为末。熬法：用白酒、豆豉、葱白同煎一二沸，滤过去渣，先将渣灌之，后把天南星末30克，和入去渣的汁内，再熬一二沸，候温（以人手指试其温度，以能接受为准）灌之，只灌一次即效。

（十六）治气病

【原方】1.［化虫膏］治新马毛干膘小、时有瘦虫。

白牵牛生捣，取细末四两　生萝卜槌破不须碎，水煮软，去水，放冷，研如膏　青皮不去白，为末四两

右用猪脂肪二斤炼成油，入前三味药于油内搅拌均匀，用一盆器盛之。每日草后灌二两许，并不限骑压喂饲，只天阴不啖。

方解

化虫膏，能治从外地购回的新马，毛干不润，肌肉不肥，有时屙粪带出瘦虫（蛀虫）爬在肛门。药用白牵牛（白丑）逐缩水、消宿食、杀虫而为君；熟萝卜克食化滞补气健脾而为臣；青皮疏肝泻肺、破滞削坚为佐；猪脂油杀虫利肠为使。患虫病的牲口，外貌看到瘦弱时，肠胃之中因气血已衰，多有宿食停滞不化。故本方一面补虚，一面消导，配以润滑之剂，使虫随粪出，自然肥壮。

处方

生白丑120克研末　青皮120克研末　白萝卜600克切片煮熟，去水，捣如泥状　猪脂油600克

（制法及用法）先将猪脂油放在锅内，坐在火上溶化成液，另将前 3 种共合一处放入盆内，这时把猪油直趁热倒入，搅匀候冷即凝固如膏。每天吃草以后灌四分之一，每天一次，连续 4 天灌完。使役照常，并无妨害，只是阴雨天气暂可停灌。

【原方】 2. ［八平散］治马气把腰、抽肾把胯，口色青白，伤冷气痛，草慢，伤冷唧荡病。

茴香　牵牛子　当归　青皮　陈皮　细辛　苍术　厚朴

以上八味，各等分为末，每用药末一两半，生姜一分，葱白一枝，水一升，同煎三二沸灌之。临时看病下药。

方解

八平散，治马冷气把腰，抽肾把胯痛，口色青白，并慢草泄泻病。药用大茴暖脾胃温肾命，以调整先天与后天的互相关系而为君；当归补心血强心火，促进新陈代谢的机能而为臣；苍术、厚朴、青皮、陈皮健脾和胃、分理阴阳、升清降浊而为佐；牵牛子（二丑子）逐水去湿，细辛行水散寒而为使。根据症状和药理对照，本病是阴盛阳衰，属于冷气性的抽肾把胯病。所谓八平散，就是这 8 种药，可使阴阳平衡、恢复健康的意义，亦可说是八味平胃散。

处方

大茴香 25 克　当归 20 克　苍术 15 克　厚朴 15 克　陈皮 15 克　青皮 15 克　二丑 20 克　细辛 6 克

用法及用量

以上 8 种，共研末。生姜 15 克，葱白 3 根切碎，同煎二三沸，候温灌之。

【原方】 3. ［牵牛散］治马伤饱、气痛、草慢及因饱起卧病。

牵牛子　续随子　瞿麦　郁李仁　甘草　木通　陈皮

滑石

以上八味，等分为末，每服一两半，煎葱生姜汤二大盏同调灌之。如起卧，入油灌之。

方解

牵牛散，治马因饱肚急行、努伤肺气凝痛的慢草病，以及严重性的饱伤起卧病。药用牵牛子逐水消食为君；续随子、郁李仁润肠缓泻为臣；陈皮、甘草调解脾肺凝滞之气为佐；瞿麦、木通、滑石利尿缓痛，葱酒解表，麻油润肠和里为使。本病不论急性起卧或慢性慢草，都是由于饱伤肺气而发病。故本方以消食顺气为主，配合通利二便之法，使表里清顺而痛自安。

处方

牵牛子 30 克　续随子 30 克　郁李仁 30 克　陈皮 20 克　甘草 15 克　瞿麦 15 克　木通 15 克　滑石 30 克

用法及用量

以上 8 种，共研末。葱白 1 根，生姜 15 克切碎，同煎灌之。如起卧再加麻油 120 毫升，同调灌之。

【原方】4.［大安散］治马起卧，大腹板肠粪不转。

青皮　大戟　木通　大黄　瞿麦　陈皮　牵牛子　郁李仁　鼠粪　续随子　滑石　晚瓜苗。

以上一十二味，各等分为末，每用一两半，葱一握，水三盏，同煎三二沸，放温，入油二两灌之，灌了后频牵。

方解

大安散，治马大肚板肠粪不转的起卧病。药用大黄通肠泻下为君；续随子、郁李仁、鼠粪润肠缓泻为臣；大戟、木通、瞿麦、滑石、牵牛子行水利尿为佐；青皮、陈皮和解止痛为使。大安散的意义，即指大肚板肠结，服此散就可通利而安。此结多是水草不转而作痛，故本方一面通结，一面利尿，配合和解之剂，待清浊分而结自通。

处方

大黄 60 克　续随子 30 克　郁李仁 30 克　鼠粪 30 克　大戟 10 克　木通 15 克　瞿麦 15 克　滑石 30 克另入　牵牛子 20 克　青皮 15 克　陈皮 15 克

用法及用量

以上 11 种，除另入外，共研末。葱白 3 根切碎，同煎二三沸，候温，入麻油 120 毫升灌之。灌后及时拉蹓一二小时，通利即安。

（十七）治唧

【原方】 1.［唧煮散］治马唧荡。

天仙子三两　牵牛子三两，一半生，一半炒香①

右件二味为末，用黑豆一升，药末一两半同煮熟，每喂下后，分作三日喂，如唧时，更用药，再依前喂。

注解

①牵牛子三两，一半生，一半炒香：查牵牛子的炮制，有酒蒸后用者，有辗取头末，去皮麸不用者；亦有炒半生半熟用者。按药性，牵牛子利水，但炒过即能健脾，故用一半生，一半炒香者。

方解

唧煮散，治马粪泻如水病。药用天仙子（莨菪子）逐冷除湿为君；牵牛子生用利水、炒用健胃为臣为使；黑豆补肾增加营养为佐。所谓唧煮散，即是将药末同黑豆煮熟，以止唧水病的含意。病因多是空饮冷水太过，以致脾胃寒伤，引起小肠清浊不分而发病。本方以健胃去寒、分别清浊而唧自止。方虽简略，但疗效很好。

处方

天仙子 90 克　牵牛子 90 克一半生一半炒

用法及用量

以上两种，共研末。每用黑豆 500 克，入药末 60 克同煮熟，为一次喂量，每天煮一次喂一次，如此连续 3 天，以不泻为度。

如未完全好时，依法减量喂之。

【原方】2. ［二橘散］治马唧荡，用止唧。

牵牛子一两，半生半炒　青皮一两　莨菪半两去秕[①]　陈皮一两

右件四味为末，每啖一两，粟米三合，煮粥入药同和，空草啖之，啖讫，用新汲水洗口鼻，便喂。

注解

①秕：bǐ，即种子未成熟，用水淘浮在水上的即是。

方解

二橘散，治马粪泻如水病，服此散可以止泻。药用二橘皮（青皮，陈皮）舒肝和脾、调整木克土的关系而为君；莨菪子去寒湿为臣；牵牛子生则利水，炒则健脾，以升清降浊为佐；粟米补脾和胃为使。本方是根据上方而进行加减的。查上方是温法补法，本方不仅是温法补法，又有和法，较前又进了一步。不但有同等疗效，即使带有起卧症状者，亦有良效。

处方

青皮 30 克醋炒　陈皮 30 克土炒　生二丑 15 克　炒二丑 15 克　莨菪子 15 克

用法及用量

以上 4 种，共研末，小米 120 克煮粥，同调灌之。

·按语

本方治外地买回的新马、换水土的拉稀病，效果亦好。

（十八）敷贴

【原方】1. ［羌活膏］治马因踏地虚闪，拗着[①]筋骨，并搭着攒筋及腰、胯、膊痛、附骨大硬病。

羌活　官桂　乌梅　芸薹子　木鳖子　蓖麻子　天南星　白芨　川大黄　葶苈子　五灵脂　雄黄　菝葜

右件一十三味，各等分为末，每服一大匙，小黄米一

合，用醋熬粥敷裹，看病深浅，临时使用。

注解

①拗着：原刊作“肭着”，系土语，意指扭着。

方解

羌活膏，治马因走不平道路，蹄踏闪空，以致使扭转关节，淤血流注痛，以及肩膊、腰胯、攒筋疼痛、附骨肿硬之症。药用羌活散肌表风湿之邪、利周身关节之痛而为君；官桂逐冷气，白芨散淤血，南星去风湿，菝葜表风寒而为臣；乌梅、芸薹子（油菜籽）、木鳖子、蓖麻子、大黄、葶苈子、五灵脂、雄黄行血利气散淤消肿为佐为使。按关节肿痛，多是因闪伤而淤血流注。故本方多用通调气血、散表风寒之药，可使气血和邪散而痛肿自消。虽属局部外治法，但亦有透过毛窍直达病所的效果。

处方

羌活 30 克　官桂 15 克　白芨 15 克　天南星 15 克　菝葜 15 克　乌梅 10 克　芸薹子 15 克　木鳖子 15 克　蓖麻子 30 克　大黄 15 克　葶苈子 15 克　五灵脂 15 克　雄黄 15 克

用法及用量

以上 13 种，共研极细面，看患部面积之大小，酌情定量，入适量的小米同醋煮粥成糊状，涂患处，连续换涂。

【原方】 2. ［雄黄散］治马诸般肿毒，筋骨大硬。

雄黄　川椒　白芨　白蔹　官桂　草乌头　芸薹子　白芥子　川大黄　硫黄

右件十味，各等分为末，用药一匙，面一匙，醋一盏同熬，敷肿处。

方解

雄黄散，治马一切无名肿毒及筋骨粗硬病。药用雄黄化淤血、解热毒为君；官桂、硫黄、草乌头去寒湿止痒擦，以毒攻毒为臣；川花椒解表散毒，白芨、白蔹去淤生新为佐；芸薹子、白芥子、川大黄凉血解毒，陈醋舒筋活络为使。血遇热则流注而生肿毒，本方一面解热，一面攻毒，配以解表开毛孔之剂，使淤化毒散而壅肿自消。可谓外治局部的一种对症疗法。

处方

雄黄30克　官桂10克　硫黄10克　草乌头10克　川花椒15克　白芨15克　白蔹15克　芸薹子15克　白芥子15克　川大黄30克

用法及用量

以上10种，共研极细面，每次看患部之大小，酌情适量和入白面少许，醋适量，同熬成稀糊状，涂患部，如干换涂。

【原方】3.［木鳖子散］治马失节。

狗骨灰二两　麒麟竭　官桂　牡蛎　没药以上各一两　木鳖子　大黄　蓖麻子　芸薹子以上各半两以上九味为粗末，用猪脑和，裹缚，三日一换。

方解

木鳖子散，治马闪失关节痛病。药用木鳖子通经络、消肿毒为君；麒麟竭、没药、芸薹子散淤止痛为臣；狗骨灰生肌，牡蛎粉软坚为佐；官桂去寒湿，大黄、蓖麻子凉血化淤，猪脑消壅肿为使。关节闪失之后，既有痛肿，必有淤血储存，本方亦属通经止痛、散淤消肿的一种局部外治法。只要淤血流通，而肿痛自宁。

处方

木鳖子30克　麒麟竭15克　没药30克　芸薹子15克　狗骨灰15克　牡蛎30克　官桂15克　大黄30克　蓖麻子30克

用法及用量

以上9种，共研细末，用猪脑调匀，摊纱布上包扎于患部，隔3天换一次。

【原方】4.［牡蛎散］治马袖口阴肿，涂搽消肿毒。

天南星　缩砂仁　牡蛎烧过　天仙子　木鳖子

以上五味，各等分为末，每服二钱，淡醋一盏同调，煎三二沸，热搽，涂上自消。

方解

牡蛎散，治公马阴茎及包皮浮肿病。涂此散可消肿而愈。药用牡蛎软坚硬为君；木鳖子消肿毒为臣；天南星去风，缩砂仁去寒，天仙子去湿，陈醋通经络为佐为使。按袖口（阴茎包皮）肿胀，多是风寒湿毒凝结而成，本方即是软坚消肿，去风寒湿的疗法，适宜于肿而未烂之期。

处方

牡蛎粉 30 克　木鳖子 15 克　天南星 15 克　缩砂仁 15 克　天仙子 15 克

用法及用量

以上 5 种，共研细面，用适量的淡醋同调，煎三二沸，趁温热时涂搽患部，外用消毒纱布包裹，即消肿而愈。

【原方】 5. ［狗脊散］裹骡马脚。

金毛狗脊　木鳖子　红姜

右件三味，各等分为末，先研猪脂涂纸上，掺药三钱，裹上立差。

方解

狗脊散，治马骡四肢扭转筋胀病。药用金毛狗脊补肝肾，以强筋健骨为君；木鳖子通经消肿为臣；红姜（本草找不到根据，按其名词的揣测，可能是一种红皮生姜的地方名词，存疑待考）可除寒湿为佐；猪脂润滑为使。总之，本方有消肿止痛之意。

处方

金毛狗脊　木鳖子　红姜

用法及用量

以上 3 种，各等份，共研细面。先将猪脂油捣碎摊于油纸上，然后把药面撒匀，每蹄每次撒 6～10 克，包裹于蹄部。如此隔日更换，以好为度。

【原方】6. ［拔毒散］

木鳖子　蓖麻子　地龙　川白芥子以上各一两　泽州草乌头　雄黄以上各半两

右件六味为末，每用药一钱，生油调匀得所（宜），以手搽失节处，搽令热为度。如蹄束瘦时，用生猪脂同药一钱捣为膏搽，隔日再用药更搽，候效。日于河内揎脚①。

注解

①揎脚：即给马刷洗蹄脚污物之意。

方解

拔毒散是以草乌头之辛苦大热，以毒攻毒为君；地龙、雄黄清凉解毒为臣；木鳖子、蓖麻子、白芥子润燥追毒为佐；生油、猪脂滑利可渗透药效为使。所谓毒，即由正常温度突升到高温形成变质而为害的就叫毒。这种毒亦就是敌，纯害无益。要拔毒，必须先以同类引同类之诱敌法，如火就燥之意。然后用敌对性的攻敌法消灭之。本方即是一面以大热诱敌，一面以大凉攻敌，配以润滑之剂分散敌，最后达到消灭敌，这就叫拔毒散，治肿痛病。

处方

草乌头 30 克　雄黄 30 克　地龙 30 克　木鳖子 15 克　蓖麻子 15 克　白芥子 15 克

用法及用量

以上 6 种，研极细面，每次用药 3～6 克，生麻油（或香油亦可）调匀，以手涂搽于肿痛处。如闪伤的关节等处，随时搽热为度。如是蹄甲萎缩，用猪脂油入药面 3 克，捣为膏涂搽之，隔日换药，愈后将蹄部刷洗干净为是。

【原方】7. ［海桐皮散］治马患筋骨大，及攒筋粗、节肿硬。

川大黄　五灵脂　木鳖子　海桐皮　甘草　大黄　芸薹子　白芥子

右件八味各等分为末，每用黄米二合煮粥，入药一处，煎成，用布（子）一尺摊药在上裹之。

方解

海桐皮散，治马筋骨胀大病，以及攒筋粗、关节肿硬等症。药用海桐皮除风湿治顽固性的关节痛而为君；五灵脂行血上痛为臣；木鳖子、芸薹子、白芥子通经化淤为佐；大黄、甘草凉血解毒为使。根据方义，本方适用于风湿性的关节肿痛病。

处方

海桐皮 30 克　五灵脂 25 克　木鳖子 15 克　芸薹子 15 克　白芥子 15 克　大黄 30 克　甘草 15 克

用法及用量

以上 7 种，共研细面，每次用小米煮粥，入药熬成稀糊（按患部之大小适量而行）摊在布上，包裹于患部。

• 按语

原方是八味，川大黄与大黄就为两味，因无法补充，只好减其重复而成七种，特此说明，存缺待补。

【原方】 8.［蓖麻散］治马失节、疮肿痛。

白芥子一两　木鳖子七个　蓖麻子三十个去皮　葶苈子半两　草乌头一分　雄黄半两

右件六味，一处为末，油调搽，候一伏时。如失节，用水浸；有疮肿，油调药涂后一伏时，用水浇泼；或有肿痛，再用敷贴，候干，再用水浇泼。

方解

蓖麻散，治马闪失关节痛，或形成疮肿痛。药用蓖麻子润燥解凝为君；木鳖子、白芥子通经化淤为臣；葶苈子、雄黄行水化淤为佐；草乌头以毒攻毒为使。本方与前第九十二之拔毒散，有地龙无葶苈子，作用大同小异。

处方

蓖麻子30克　木鳖子15克　白芥子15克　葶苈子15克雄黄15克　草乌头5克

用法及用量

以上6种，共研细面，麻油调涂患处。如是闪失关节痛，等候一个时间，用水浸润之。若是疮肿痛，用油调药涂搽后，隔一个时间，用水洗净，仍有肿痛，再涂药，候干，再用水洗净。

（十九）熘药

【原方】1.［乌头散］治马伤冷，气痛起卧。

草乌头　蛇床子　茱萸　木鳖子　狗脊　芫花　高良姜　苍术

以上八味，各等分为末，用生姜一两槌碎，醋面同熬，敷熘。

方解

乌头散，治马冷气肚痛病。药用草乌头之大热治寒气为君；吴茱萸、高良姜、苍术去寒燥湿为臣；木鳖子通经络，蛇床子、狗脊补肾去湿为佐；芫花行水，生姜发汗，醋能导滞为使。本方是治冷痛病的外敷药，为由表达里的一种热罨法。

处方

草乌头　吴茱萸　高良姜　苍术　木鳖子　蛇床子　狗脊芫花

用法及用量

以上8种，各等份，共研细面，入切碎的生姜和白面，同醋水调适量，煎成稀糊状。趁温热时涂于肠胃外部的肚皮上，以脐之中心及周围处为宜。

【原方】2.又方［芫花散］

芫花　金毛狗脊　大黄　川乌头以上各二两　椒子半升　天

仙子半两

以上六味为末，入锅子内炒焦黄色为度。每用使药末一两半，白面二匙，好醋一盏，调稀，入铫子内再煎熟，出火气，熁。

方解

芫花散，是以芫花行水为君；川乌头、天仙子去寒湿为臣；狗脊补虚弱为佐；大黄通肠泻下，花椒子通利水道为使。本方治法与上方同，亦为外用的一种敷熁药，适用于宿水停脐的慢性起卧病。

处方

芫花 60 克　川乌头 30 克　天仙子 30 克　狗脊 15 克　大黄 15 克　花椒子 15 克

用法及用量

以上 6 种，共研细面，放在锅内，炒至焦黄色为度。每次用药面 60 克，入白面、醋适量调成稀水，在铫内熬成稀糊状，离火稍温，趁热涂于肚脐部位，即效。隔日连续涂熁。

（二十）治疮

【原方】 1.［定粉散］治马花疮。

砒霜一钱　定粉半钱①　腻粉炒，半钱　绿豆二百粒

以上四味，杵为末，每日浆水洗过（疮），少许药贴。

注解

①定粉：即粉锡的别名，古时妇女用其搽，故又名宫粉。

方解

定粉散，治马花疮（开花疮）。药用定粉杀虫止痒为君；砒霜（即白砒信火煅）脱腐肉为臣；腻粉（即轻粉）杀虫治疮为佐；绿豆清凉解毒为使。本方有脱去腐肉的特点，适用于花疮的腐朽期。

处方

定粉 2 克　砒霜 3 克　腻粉 2 克炒　绿豆200粒

用法及用量

以上4种，共研极细粉面。每次用时，先以消毒药水洗净患处，搽以少量的药面，即可脱去朽肉。

【原方】 2. ［龙骨散］治马疮。

龙骨　香白芷　黄丹炒　白芨以上各一两　干姜半两为灰

右件五味一处为末，量多少，贴之。

方解

龙骨散，治马一切化脓疮。药用龙骨生新肉、敛疮口为君；白芨治恶疮、痈肿，逐淤生新为臣；黄丹（铅丹）解热拔毒为佐；干姜除寒，白芷表风湿、止疮痒为使。本方有生肌长肉的功效，适用于诸疮的腐尽期。

处方

龙骨30克火煅　白芨30克　黄丹15克水飞　干姜10克炒　白芷10克

用法及用量

以上5种，除黄丹另入外，共合研极细粉面，看疮口之大小，酌量撒之，隔日再撒。先用消毒药水洗净，然后撒药面，效果显著。

【原方】 3. ［槟榔散］治马瘑疮①。

硇砂　夜合花叶　黄丹以上各一分　干姜半钱　槟榔　砒霜　砒黄②以上各一字

右件七味为末，先用盐浆水洗疮，后用药薄贴。

注解

①瘑疮：是一种风湿性的黄水疮，多发于四肢末稍部，有时自愈，有时复发，延长时日，即筋毒之类。

②砒黄：据《本草纲目》记载，生砒名砒黄，炼砒名砒霜。

方解

槟榔散，治马瘑疮。药用槟榔杀虫止痒为君；硇砂、砒霜脱腐去朽为臣；砒黄、黄丹杀虫拔毒为佐；夜合花叶（合欢树，夜合槐花叶）和血消肿，干姜去阴止痒为使。本方有去湿止痒、脱腐消肿之能，适于用阴性疮。

处方

槟榔 3 克　硇砂 300 毫克　砒霜 300 毫克　砒黄 300 毫克　黄丹 2 克　夜合花叶 2 克　干姜 2 克

用法及用量

以上 7 种，研极细面，合一处，装瓶候用。先用消毒药水洗净疮部脓血，后将药面干撒少量，包裹之。

【原方】4. ［桑白散］治马打破脊梁背。

不灰木①　桑白皮　绵黄芪

右件三味，分二停为末，盐浆水先洗疮，搽之。

注解

①不灰木：系木材的化石，性质与岩石同。但外形像木材，不能燃烧，故名。

方解

桑白散，治马创伤压伤的脊梁腰背疮。药用桑白皮行水散淤消肿为君；黄芪泻火排脓生肌为臣；不灰木清凉解毒为佐为使。本方消肿排脓解毒的功能，适用于肿胀化脓的发展期。

处方

桑白皮　绵黄芪　不灰木

用法及用量

以上 3 种，各等份，共研细面。先以消毒药水（如食盐水）洗净患部脓血，然后干撒之。

【原方】5. ［白蔹散］治马梁背。

天南星一钱　白蔹三钱

右件二味同为末，盐浆水先洗疮，搽之。

方解

白蔹散，治马脊梁腰背疮。药用白蔹泻火散结为君为臣；天南星去风消肿为佐为使。本方适用于腐尽不收口而有高肿形之疮。

处方

白蔹 10 克　天南星 3 克

用法及用量

以上两种，共研细面，先洗疮，后搽药。

【原方】 6. ［败龟散］治骡马打破背疮。

败龟板

右件不计多少，（研）为末。如有疮肿，油调涂之。如有脓水者，干搽。水调面[①]，纸花子盖[②]，立效。

注解

①水调面：即是用适量的水和白面，放在小锅内，坐在火炉上，调成糨糊，俗名面糊。

②纸花子盖：即是按照疮口之大小，适当的剪成纸盖，防止风和冻伤之用。

方解

败龟散，治骡马创伤脊背高肿化脓疮。此散是独味单方，有补阴去淤之效，煅枯烧灰，有肿能消，有脓可止，收效较快。

处方

败龟板煅枯烧灰存性

用法及用量

上药不拘多少，研极细面，装瓶候用。若有高肿，用香油调涂；如有脓水则干搽。另用糨糊将纸花子粘贴在疮口之周围，防止中风和冻伤。

【原方】 7. ［粉霜散］治马蹄患穿心漏。

益知三钱　砒霜一钱　黄丹一钱，飞过　天南星二钱　粉霜一钱

右件五味为细末，如马患蹄漏，用药末一钱，油涂之。

方解

粉霜散，治马蹄患穿心漏病。药用粉霜（即轻粉升炼者）杀

虫止痒防腐为君；砒霜（即砒石升炼者）蚀死肌、脱败肉为臣；黄丹拔毒消肿为佐；天南星去风，益智仁通气为使。本病多为湿热毒盛凝结而成。本方有去湿热、脱朽肉之特功，可使毒消腐尽而疮漏自愈。

处方

粉霜 3 克　砒霜 3 克　黄丹 3 克　天南星 6 克　益智仁 6 克

用法及用量

以上 5 种，各研细面，共合调匀，装瓶候用。如治穿心漏蹄病，先用钉掌铲刀，铲平削净，然后用适量的药面，配香油调涂即效。

【原方】 8. ［姜矾散］治磨打破梁背。

白矾二两　生姜烧成灰二两

右件二味同研，每贴疮，油调涂之。疮湿，干搽。

方解

姜矾散，治马磨梁擦背疮。药用生姜除风湿、止痒擦为君为佐；白矾脱腐生肌为臣为使。本方适用于背疮的初期较轻微者。

处方

生姜 60 克烧灰存性　白矾 60 克飞枯

用法及用量

以上两种，共研细面，装瓶候用。疮有干痂，香油调涂，疮湿干撒。

【原方】 9. ［丹矾散］治打破骡马梁背，磨擦成疮，贴之立效。

诃子核5个，不用皮肉　白矾半两　黄丹半两

右件三味，先以白矾于铜铫子内熔作汁，入黄丹搅，令熬之干枯，看黄丹色紫为度，先将诃子核捣烂，便入矾丹，捣罗为末。每用药时，先以温浆水洗过，揩干，然后再用冷浆水洗之，贴药末掺上盖遍，用干手按过，并不妨

乘骑，极者不过两上。

方解

丹矾散，治骡马创伤脊梁腰背腐烂成疮，搽之立效。药用黄丹、白矾拔毒生肌为君为佐；诃子核去风热为臣为使。本方适用于轻微性的创伤背疮。

处方

黄丹 15 克水飞　白矾 15 克飞枯　诃子核5个，不要皮肉

制法及用量

以上 3 种，先将白矾在铜锅内溶化成液体，入黄丹即时搅匀，熬枯，看黄丹变成紫色为度。另将诃子核捣烂成面，合入丹和矾内，研匀，装瓶候用。用时先以温浆水洗净患处、擦干，然后再用冷浆水洗一次，将药面撒匀，用消过毒的干净手按一遍，乘骑无妨，严重者两次即好。

（二十一）治瘙

【原方】1. ［乳香散］治马干湿瘙。

乌贼鱼骨三两　白矾二两　乳香半两

右件药三味，细捣罗为末。湿瘙洗净贴，干瘙用油调搽。

方解

乳香散，治马干湿瘙痒病。药用乳香活血化淤，透疮排毒外出为君；白矾燥湿解毒，治湿热为臣；乌贼鱼骨宣通血脉，治寒湿为佐为使。本病不论干、湿瘙痒，皆以湿气为主，寒湿盛则为湿瘙，湿热盛则为干瘙，都属外科皮肤病。本方用乌贼鱼骨治湿瘙，白矾治干瘙，重以乳香调气活血，可引湿毒从毛窍外出而瘙痒自止。

处方

制乳香 30 克　白矾 60 克　乌贼鱼骨 60 克

用法及用量

以上 3 种，研极细面，装瓶候用。干瘙香油调搽，湿瘙先用

消毒药水洗净患处，干撒之。看患处之大小，酌情适量。

【原方】2.［丹砂散］治马瘙蹄。

硇砂一两　黄丹二钱

右件药二味同研细，先用羊骨髓调，搽。

方解

丹砂散，治马蹄部瘙痒病。药用黄丹拔毒消肿为君为佐，硇砂去腐生肌为臣为使。本病亦是湿毒而成，因痒擦不止，往往嘴啃之后，多有肿烂化脓现象，久则腐臭成为朽疮，甚至残废。本方是双味的偏方，适宜于治瘙蹄的严重期。

处方

黄丹6克水飞　硇砂30克水飞过醋煮干

用法及用量

以上2种，合研极细面，装瓶候用。用时以羊骨髓调搽，可润泽皮肤易脱结痂而愈。

（二十二）治蹄病

【原方】1.［生马蹄紫矿膏］

紫矿①　黄蜡各四两　黄丹　白胶香　木鳖子以上各半两　菜油酥各四两　腻脂头发三钱

右为末，慢火熬头发尽为度，盛在瓷器中，蹄上浸搽一遭，三五日一上。

注解

①紫矿：据《本草纲目》说，即紫铆，铆音矿，与矿同。此物色赤，状如矿石，破开乃红，故名。出南番热带地区，乃细虫如蚂蚁虱，缘于树枝上造成。

方解

生马蹄紫矿膏，治马蹄甲腐烂病。药用紫矿化淤血、生肌肉为君；黄蜡止痛生肌，腻脂头发（油腻人发）补血生肌为臣；黄丹（即铅丹）拔毒生肌，白胶香（正名枫香脂）活血解毒、生肌止痛为佐；木鳖子消肿追毒，菜子油散血消肿，酥油滋润滑泽为使。本病多是败血凝滞蹄所致。本方是活血化淤、止痛生肌的特效药，正是生新蹄甲的好方法。

处方

紫矿 120 克　黄蜡 120 克　腻脂头发 15 克　黄丹 15 克　白胶香 15 克　木鳖子 15 克　菜油 120 毫升　酥油 120 毫升

制法及用法

以上 8 种，先将头发放在锅内用慢火熬尽时，后将各药共合一处，溶解搅匀即成膏。倒在瓷盆内，密盖保存。用时取少量，放在小勺内慢火烤，浸搽于蹄之烂处，隔 3 日搽一次，以生出新蹄甲为止。

【原方】2. ［生马蹄如圣膏］

好猪脂四两熬油去渣　生姜二两擦（细）　胡桃仁二两半烧灰　炉甘石一两为末

右四味一处，慢火熬成膏，先洗过蹄，拭干，用药涂搽一遭，三二日上一次。

方解

生马蹄如圣膏，治马蹄甲脱旋病。药用炉甘石收湿除烂为君；胡桃仁消肿生肌为臣；生姜去湿毒为佐；猪脂油润滑为使。本病多是筋毒的后遗症。本方有燥湿解毒润泽生肌之效，可使毒尽而蹄甲复生。

处方

炉甘石 3 克煅研细面　胡桃仁 60 克烧灰存性　生姜 60 克碎末　猪脂油 120 克熬油去渣

制法及用法

以上 4 种，共合一处，慢火熬成膏。放盆密盖候用。用时先洗净蹄部，擦干，然后涂膏，隔二日涂一次。

【原方】3. ［生蹄木鳖子膏］

猪脂半斤　黄蜡半斤　紫矿三钱　头发三两烧灰　木鳖子五个为末　干地黄　枇杷叶各半两为末

右七味，先将猪脂熬油去渣，次入余药再熬成膏，入瓷器内盛，于纸上摊贴。

方解

生蹄木鳖子膏，治马蹄甲肿烂病。药用木鳖子消肿追毒为君；紫矿化淤生肌，头发补血生肌为臣；黄蜡生肌，生地凉血为佐；枇杷叶去湿毒疗脚气，猪脂油润燥裂，杀虫痒为使。本病与上述第1方基本相同，可参考采用。

处方

木鳖子5个为末　紫矿15克　头发90克烧灰存性　黄蜡250克　生地30克研末　枇杷叶30克研末　猪脂250克

制法及用法

以上7种，先将猪脂熬油去渣，后将分研的各药，共合熬成膏，放瓷罐内密盖候用。用时摊贴患处，先洗净后贴，外盖油纸包扎。

【原方】 4. ［皂刺煎］涂马蹄肿痛。

皂角刺一握大小，长一寸许皆可　猪脂二两　黄蜡半两　乳香一分　松脂半两

右五味，以猪脂煎皂角刺，令黑色，不要（刺），只存脂油，入黄蜡、乳香、松脂搅成膏涂之。

方解

皂刺煎，治马蹄部肿痛病。药用皂角刺直达痛处，消散肿硬为君；乳香、松脂（即松香）活血止痛为臣；黄蜡生肌为佐；猪脂润滑为使。本病不论走伤、碰伤、压伤的蹄肿痛，都属淤血流注病，故此方专为软坚化硬、散淤消肿而设，可使血液通畅而痛自止。

处方

皂角刺30克　乳香30克　松香15克　黄蜡15克　猪脂120克

制法及用法

以上5种，以猪脂煎皂角刺变成黑色，取出扔掉，只存脂油，入黄腊、松香、乳香搅匀即成膏，放罐密盖。用时化开，趁温热涂搽。

（二十三）治杂病

【原方】1.［一点散］取马瘊子。

砒霜　红娘子　巴豆

右件三味，各等分为末，用好醋调涂在瘊子上，三二日自落。若口鼻上生瘊子，则于上面用药点一二次。

方解

一点散，可腐掉马体生长之瘊子病。药用砒霜蚀败肉为君；巴豆开孔窍、通凝滞为臣；红娘子（正名樗鸡）通经络、逐淤血为佐；陈醋散淤消肿为使。本病是败血凝于经络之外，由小到大逐渐形成的一种血瘊。不论生在什么部位，总是多余的一种障碍物，极应铲除，可免意外负担。本方即是适应这种恶化之病情，具有强烈毒素的腐蚀剂，只要患部一点，就可自行脱落，因而名为一点散。

处方

砒霜　巴豆　红娘子各等份

用法及用量

以上3种，共研极细面，装瓶候用。用时看瘊子面积大小，适量加陈醋调涂患部，3日外自行脱下。若口鼻部生瘊，可在瘊顶点一二次，即落。

【原方】2.［不二丸］治马肘黄。

信州砒霜一两　黄丹一字　麝香一字

右件药三味同研为末，汤浸钲饼为丸，如桐子大，两头尖，用迷针针破，纴药一丸在内，半月以后取下。

方解

不二丸，治马肘部生出肿瘤病。药用白砒信腐蚀败血为君；

黄丹拔毒消肿为臣；麝香通孔窍为佐为使。本病多是经过打伤之后，淤血凝结由小到大逐渐而成。本方亦属强烈性的脱朽药，符合于这种病情，用之适当，效果迅速。一次就行，不必两次，因此叫做不二丸。

处方

白砒 3 克煅研　黄丹 2 克　麝香 150 毫克研

制法及用法

以上 3 种，合研细面，用枣肉煮熟调和为丸，如枣核大，两头尖样，晾干装瓶候用。用时先以四棱针扎破患部的中心，塞入一丸，看患部之大小，酌加一丸或二丸。但要注意，先将根部用细绳勒紧，防止腐蚀好肉。半月前后，就可自行脱落。

• 按语

原文是写治马［肘黄］。按黄病是热毒凝结而成。症状为黄水软肿，应内服消黄散，外于肿处扎放毒血，就可治好。无需用这些强烈毒品去治。看来是有出入，因此将［肘黄］改作［肘部肿瘤］来理解较恰当，以供参考。

【原方】 3.［当归膏］治马久患蹄或掌内有疮、生死蹄甲。

当归　石脑油　败龟　穿山甲　虎脑骨　木鳖子　白芨　自然铜　磁石各一两　白敛　黄蜡各半两　油五两　生姜二两　乳香一钱

右件药一十四味，都入铛内慢火熬，药渣滤出，再熬成膏。每使先用温水洗马蹄，拭干方可使膏药涂之，三日后再涂搽，候掌内生满。却将熬成膏更入水银二钱，贵要养膏子[①]。

注解

①更入水银二钱，贵要养膏子：水银纯阴，加入药膏内，可使药膏不变质败坏，保持其原有的功能。

方解

当归膏，治马久患蹄病，或患掌内生疮，变为枯死的蹄甲病。药用当归补血、促进血液流行为君；败龟板补心肾益精血，虎胫骨健骨去风，磁石（原名慈石，又名吸铁石）养肾益精强骨，自然铜散淤排脓续筋骨而为臣；白芨、白蔹、黄蜡生肌敛疮，乳香止痛，木鳖子消肿为佐；石脑油（又名石油，猛火油，即今之煤油）杀虫脱朽，穿山甲通经络导气血，生姜去湿，麻油润滑为使。蹄病多是久立或久走，劳伤心肾，精血亏损为根因。本方即是补精血、生筋脂为主，通经止痛、脱朽润滑为辅，可使筋骨健壮而蹄病可愈的局部外用法。

处方

当归 30 克　败龟板 30 克煅　虎胫骨 30 克酥炙　磁石 30 克煅　自然铜 30 克煅　白芨 15 克　白蔹 15 克　黄蜡 15 克　乳香 15 克　木鳖子 15 克　煤油 30 克　穿山甲 15 克炮　生姜 30 克切片　麻油 250 毫升

制法及用法

以上 14 种,除将各药的炮制法认真做好外,共合一处,放在锅内,慢火熬焦时,将药渣除净,再熬即成膏,放罐候用。每用先以消毒药水洗净马蹄,及时擦干再涂此膏,隔 3 天涂一次。待掌内肌肉长平时,将膏内加入水银 6 克,防止膏药的变质失效。

• 按语

原方中虎脑骨，疑有错误。查《本草纲目》及《中国药学大辞典》说，治惊悸及上焦部的筋骨风挛等病，虎头骨最好；治腿脚痛肿病，虎胫骨最好。按此则虎脑骨即是虎头骨，对治蹄病应是虎胫骨，因而更名。

【原方】4. ［莎萝散］治马疥痨。

莎萝子4个　蜈蚣4个　斑蝥30个　巴豆30个去皮　硫黄一两　蛤粉二两　朴硝四两

右七味捣罗为末，净洗过疥痨，看疥多少，用油调药涂其上，须用心净洗。

方解

莎萝散，治马顽固性的疥疮。除莎萝子不知其药理功能，存缺待查外，其余诸药以硫黄、蜈蚣杀虫去痒为君；斑蝥、巴豆以毒攻毒为臣；蛤粉（即蛤蜊壳煅为粉）、朴硝软坚化硬为佐；麻油或香油、猪脂油润滑皮肤为使。本病是一种严重性的湿热毒气所致，故此方诸药多含有杀虫止痒、燥湿解毒的作用，属于强烈性的外用剂。

处方

硫黄 30 克　巴豆20个去皮　蜈蚣4个　斑蝥20个去头翅足　蛤粉 60 克　朴硝 120 克

用法及用量

以上 6 种,研极细面,先以消毒药水洗净疮部痂痕,看患部之大小,酌用香油或麻油,有猪脂油更好,调匀涂擦,分片分次,隔日一次。更换部位,酌情续涂,防止过量中毒,发生反应。

【原方】 5.［后温散］治马后冷、腰紧。

艾一两　芫花一两醋炒　猪牙皂角一两　川椒一两

右为末，如用药温马时，用水一盏半，药三钱，煎至一盏，放温，用灌角灌后温药，次用熁药贴在腰上。如马抛粪带下白脓，是药有应。如单抽及双抽，用酒水煎药温之，亦用熁药贴之。

方解

后温散，治马后部受寒，腰部紧硬病。药用艾叶去寒通经络，治肾冷之单抽双抽为君；川花椒去寒补火为臣；皂角通窍搜风为佐；芫花利水去湿为使。本病是腰部受寒以致皮紧肉硬，治不及时就可逐渐变为抽肾病。本方以通经去寒、通窍去风为法，使风寒去而症状自失。可谓一种外用的温法。

处方

艾叶30克炒　川花椒15克　猪牙皂15克　芫花15克醋炒

用法及用量

以上4种，共研细末，每次用水500毫升，入药末30克，同煎五七沸，候温，投药器送入肛门内，再用熥药。

·按语

原文中“用灌角灌后温药”一句，究不知是灌入口还是灌入肛门，似有含糊。参考《元亨疗马集》七十二症第八症寒伤腰胯的后温散，是送入肛门广肠中。

【原方】 6．［马价丸］打马结药。

猪牙皂角半两烧　瞿麦一两　牵牛子　郁李仁一两　老鼠粪四两　榆白皮二两　续随子四两　紫芫花二两醋炒

右件八味为细末，用大麦面半升煎糊为丸如弹子大小，每有马结，使药一丸，好酒半升，葱白一握，并酒同煎三五沸，放温，入小便半盏，轻粉一匣子①，并药同调灌之。如灌时，先灌油四两，如结觉大，加半丸，寻常气发起卧，只用半丸，油二两，不入轻粉，灌之。

注解

①轻粉一匣子：原刊如此，查轻粉即甘汞，为峻下泻剂，马的用量常2.5～7.5克，多用伤肠胃。

方解

马价丸，是通下马肠结的药。方中以续随子、郁李仁润肠缓泻为君；鼠粪、榆白皮通肠滑利为臣；牵牛子、芫花、瞿麦利水道为佐；皂角、轻粉（腻粉）通关窍以泻下为使；葱酒促进药效为引。本病是粪结肠道停止不动的一种急性病。治不及时，就有憋死的结果。本丸特点，由润到通，有缓有急，可引水入渠使肠通粪下，有起死回生之效，为判定生死的关键。其价值之大小，可随马的贵贱而决定，因而名为马价丸。

处方

续随子 120 克　郁李仁 60 克　老鼠粪 120 克　榆白皮 60 克　牵牛子 60 克　芫花 60 克醋炒　瞿麦 30 克　猪牙皂 15 克烧

制法及用法

以上 8 种,共研细面,用大麦面糊为丸,每丸重量,按照本方全剂量,分作 5 丸为度。每次用时,轻者一丸,重者一丸半至两丸,入白酒 30 毫升,葱白 3 根,同煎三五沸,候温,再入男童尿半碗,轻粉 5 克,麻油 120 毫升同调灌之。若治冷热气结的肚痛,用半丸加麻油 60 毫升灌之即停。无须加入轻粉,切记。

【原方】 7. ［治马疫气病方］

獭[①] 肉及肝，无则用粪。

右用一两肉及肝，以水煮熟啖之，粪即用水煮，放温啖之。

注解

①獭：有山獭、水獭、海獭之别，这里是指水獭而言。

方解

治马热毒性的传染病。用水獭肉和肝，可解毒而愈。如无，用水獭粪代替，亦可清热解毒，防止传染。此属单方偏方类。有水獭的地方，可以采用。无水獭的地方，粪亦难得，故本方可因条件而用。

处方

水獭肉和肝共 30 克，或用水獭粪 30 克。

用法及用量

即将肉和肝水煮熟喂之。粪亦水煮，候温灌之。

【原方】 8. ［治马黑汗方］

干马粪一锹[①]

右将粪安新瓦上，更用人发盖之，火烧，令烟入马鼻中，即差。

注解

①一锹：原刊误作“一揪”。

方解

治马黑汗病，方用干净新鲜的干马粪，可解热毒，人发可流通血液。本病原因是中热之后血淤不通所致。本方以解热活血为法，则汗自止。治不及时，就可虚脱而亡。按汗为心液，汗出伤心，本病属急性病。故用上述两种烧烟，吸入马鼻，随呼吸气而入，可谓气行血通的便方，收效很快。曾经多次运用，几分钟就可止汗。

处方

新干马粪一撮　人发一撮

用法及用量

以上两种，共合一处，发在上，粪在下，以火烧烟，吸入马鼻，3～5分钟，即可止汗而愈。

【原方】9.［又方］

猪脊引脂一条　雄黄半两　人发一两

右三味一处烧，薰马鼻，令烟入鼻中即愈。

方解

又一个治黑汗病的药方。是以猪脊骨连脂油一节，能凉血解热；雄黄可化血为水；人发活动血液。以3种可使血液流行，有止汗的作用，烟随吸气而入，很快就可见效。

处方

猪脊骨代脂油一节　雄黄15克　人发30克

用法及用量

另将雄黄研细面，和入人发、猪脊骨代脂油捣碎，共合用，红炭火烧烟，薰马鼻孔，即效。

【原方】10.［治马疮疥方］

柏枝三十茎

右以柏枝捶碎，令在无底沙盆内，盆底用瓷罐子接定，先用瓦片隔着，上用慢灰火烧，取油入罐子内，净洗马疮疥，看疮大小，柏油涂之差。

方解

治马皮肤发汗生疥疮方，单独用柏树枝榨成的油，就可杀灭疥虫而愈。

处方

柏树皮30条榨出的柏油

制法及用法

先将柏枝捣碎，放在一个没底子的沙锅内，盆底接放一个瓷罐，中间隔放一块瓦片。上用慢小的红炭火烧，这时就可榨出柏油流到罐内，备用。然后洗净患处，看疮之大小，酌量涂搽，就行。

【原方】 11. ［治马伤水方］

盐三块如杏子大

右研为末，捻在马两鼻孔内，手掩之，叫不出气，少时马眼中泪出，即安。

方解

治马伤水方，用食盐塞鼻，促使水向上溢，能宣通滞气即效。伤水病因是阴胜阳而作痛。本方为催吐法，适用于轻微性的伤水痛。

处方

食盐6克

用法及用量

将食盐研细面，吹入两鼻孔内，立即以手捏紧两鼻孔，不让由鼻孔出气，如此约30秒，憋得马两眼流泪为有效。

【原方】 12. ［治马伤料方］

麦蘖①三升微炒

右为细末，随草料喂，甚良。

注解

①麦蘖：蘖即芽，麦芽是大麦芽，为帮助消化的良药。

方解

治马伤料方，用大麦芽，就可开胃健脾、行气消积，克化宿食并使食饮恢复正常。这病在发作期，多是粪里混有囫囵料和异臭气，或少吃料甚至不吃料等情。遇此症状，就可及早施治，否则继发宿食不转的粪结病。

处方

大麦芽 1 500～2 500 克微炒

用法及用量

将麦芽研为碎末，随草料混喂，每天一次，每次 500 克，连续喂完即效。

·按语

这个方法，适用于非产奶期的一般牲口，若母畜在产奶期，则不可用。因大麦芽耗损肾气，恐妨害产奶量。若母畜因积乳很多，乳房胀大时，可用此法制止乳汁分泌。

【原方】 13.［治马脚生附骨，不治即入膝节，令马长跛方］

芥子半两　巴豆三个去皮

右先将芥子研烂，次入巴豆同研细，用竹刀子以水和，令相着。每用先当附骨上拔去毛，融少醋周匝[①]围之，（涂）蜡罢以药敷骨上，取生布割二头作三道急裹之。骨小者，一宿便尽，骨大者不过再宿。审知骨尽，即便取冷水洗疮净，再取车轴头脂作饼子盖疮，还以净布急裹之。三四日解去，即生毛而无瘢，此法神良，大胜灸者。然初用药时须以蜡围着，若不以蜡围，恐药燥疮大。用药了须频频看，恐骨尽便伤好肉。若疮未差，不得辄乘骑，令疮中血出，便成大病，切须慎之。

注解

①匝：周遭。

方解

治马脚部的附骨胀大病。治不及时，就要妨碍膝关节的运动，形成长期跛行。药用巴豆开窍宣滞、去寒破淤，有通经烂肉之功为君为佐；白芥子通经活络、利气滑涎，取其涎行则肿消、气行则痛止之意为臣为使。附骨大，多是闪伤之后淤血流注、气滞不通、气血相凝而患。今在患部直接用以通经络、破淤血之法，收效较速。

处方

巴豆3个去皮　白芥子15克

制法及用法

先将白芥子捣烂，后入巴豆研细，水和调匀，以竹板搅。用时先将附骨上的毛剪去，溶以少量的陈醋水，在患部周围涂湿，再以黄蜡溶液围固一遭，后用药敷骨上。拿新布一块，分两头作三遭包扎之。骨小者，夜即消，大者不过两夜可尽。触诊骨尽，立即用冷水洗净疮药，以解巴豆的毒性，再用旧式铁轮大车轴头的腻油，摊成薄片盖好疮处，另用新布包扎。三四日后解去，即生新毛而无斑痕，此法最好，胜于烧烙法。切记用药时，必须先用黄蜡围固，否则药性毒重，就恐蔓延扩大。用药后要继续检查，防止过度，伤害好肉。在疮未好时，不可乘骑使役，若不注意休养或妄动乱奔，引起疮口出血，易使病情加重，那就麻烦了，须谨慎从事。

【原方】 14. ［治马肺病、鼻内脓出、草慢——阿胶粥］

阿胶一两捣碎　芦根一握　糯米二合

右件三味，一处煮粥，放温，草后灌之。候吃草，再用诃梨勒皮煎汤，调美水草治肺药，放温，草后灌之，即愈。

方解

这是治马肺病，双鼻流脓，不肯吃草的药方——阿胶粥。药用阿胶补肺为君；天花粉泻热为臣；糯米补虚解毒为佐为使。根据方义，此属肺虚吊鼻病。本方适用于久病吊鼻不止，或灌清肺药后仍流涕不止者。

处方

阿胶 30 克捣碎　天花粉 30 克切短捣碎　糯米 120 克

用法及用量

以上 3 种，共合煮粥，候温，草后灌之。待吃草后，再用诃梨勒皮（诃子皮）30 克，煎汤去渣，与美水草治肺药（方列本卷第三治肺病之第 21 方）同调候温灌之。有清痰止涕、开胃进食之效。

【原方】15. ［黑药子］治马疮口寒久不效，或磨刺破疮、定血。

草乌头不拘多少　黑药子酌量

右件药用好面裹之，候干，烧令存性，用碗合于地上良久，去火毒，候冷取出，一处捣罗为细末，干贴即愈。

方解

黑药子散，治马疮口寒盛，久患不愈，或疮被磨破，刺破流血不止病。黑药子的功效不清楚，草乌头大热，能以毒攻毒，可治顽固性的疮烂。

处方

黑药子酌量　草乌头不拘多少

用法及用量

以上两种，用白面水调和包住，候干，烧灰存性，立即用碗盖在土地上，以去火毒，待凉研面，干搽即效。

【原方】16. ［螵蛸散］治马患慢风及破伤风并诸风症。

天麻　干蝎　防风　蔓荆子　何首乌　羌活　独活

乌蛇酒浸去皮骨　天南星炮　细辛去叶　沙参　高良姜　阿胶炒燥　白僵蚕微炒　蝉壳去土　藿香　桑螵蛸炒　旋覆花　白附子新罗者　芎䓖

右件各等分为细末，每服一两，酒半升同调，煎三二沸，放温灌之，隔日再灌。

方解

桑螵蛸散，治马得了慢性中风病，以及破伤风和一切风病。方用桑螵蛸补肾益精，固内以卫外而为君；何首乌补肝肾、强筋骨、养血去风，川芎补心血、润肝燥、搜风散淤，阿胶补肾阴、益肺气，除风化痰，沙参补肾阴、养肝血，专补肺气为臣；天麻、全蝎、乌蛇、白附子、天南星、细辛、姜蚕、蝉壳、羌活、独活、防风、蔓荆子、旋覆花解表散风、和里化痰为佐；藿香开胃进食，良姜暖胃散寒为使。按风邪虽来自外界，但根本原因还是内虚。内虚常见于肾虚，肾水不足则火热起，使水火不平衡产生偏盛偏衰，火热偏盛则内风生，所谓“热生风”即指此意。慢风多为内虚，故本方以补虚活血为主，可谓“治风先治血，血活风自散”。配以多种解表去风药，使风邪有路可退，而无攻内之患，此谓治风病的一般方法。否则单纯治风，不以补虚活血为主，内虚往往会引起虚脱的不良后果。

处方

桑螵蛸 30 克　何首乌 30 克　川芎 15 克　阿胶 15 克　沙参 15 克　天麻 15 克　全蝎 25 克　乌蛇 30 克　白附子 15 克　天南星 15 克　细辛 6 克　僵蚕 15 克　蝉蜕 30 克　羌活 15 克　独活 15 克　防风 15 克　蔓荆子 15 克　旋覆花 10 克　藿香 10 克　高良姜 10 克

用法及用量

以上 20 种，研为细末，白酒 30 毫升同煎三二沸，候温，灌之，隔一天灌一剂。

【原方】17.［麝香散］治马破伤风。

天麻　干蝎炒　乌蛇酒浸去皮骨　天南星炮　白附子炮　半夏　防风　蔓荆子　蝉壳去土　藿香　川乌头炮裂去皮　麝香别研　朱砂别研　腻粉以上各一分

右件先将前十一味为末，乃入麝香、朱砂、腻粉，一处拌匀，每用药末三钱，酒半升调灌之。

方解

麝香散，治马破伤风病。药用麝香通经开窍去风为君；朱砂安神泻热，腻粉通经化痰为佐；天麻、全蝎、乌蛇、天南星、白附子、乌头、半夏、防风、蔓荆子、蝉蜕、藿香去风化痰、开胃进食为臣为使。破伤风是由于皮肤有破伤中风邪侵入因而得名。本方重点是以通经活血、安心解热为法，配以解表去风、化痰开胃之药，使热退血活，可促进风邪由表而出，对膘肥体壮、抗病力较强的患畜，效果良好。

处方

麝香 15 毫克　朱砂 10 克　腻粉 3 克　天麻 15 克　全蝎 30 克　乌蛇 30 克　天南星 15 克　白附子 15 克　乌头 10 克　半夏 15 克　防风 30 克　蔓荆子 15 克　蝉蜕 30 克　藿香 15 克

用法及用量

先将后 11 种研末，再入前 3 种，白酒 60 毫升同调灌之。

·按语

方中半夏和乌头，是相反之药，看来不应合用，但是防风能解乌头之毒，这样就反性不大。只要有互相制约，相反的药还是可同用。

【原方】18.［又方天麻散］

天麻一两　白附子炮　天南星炮　蔓荆子　半夏以上各半两　川乌头炮裂去皮脐　麻黄去节和根　干蝎微炒　乌蛇酒浸去皮骨各一分

朱砂一钱别研

右件都为细末，入朱砂拌匀。每服三钱，用豆淋酒调灌。豆淋酒法：用黑豆半升，炒令烟出，以酒一升沃之，去豆用酒。

方解

治破伤风的又一个治方是天麻散。方中天麻治诸风眩晕而为君；朱砂安神解热为臣；天南星、半夏、蔓荆子、乌头、麻黄、全蝎、乌蛇解表发汗、去风化痰为佐；白附子、豆淋酒活血去风、宣行药势为使。本方亦是以活血解热去风为法，但半夏、乌头药性相反，方内又无牵制之药，看来似不适宜。但在其他药方中也有用相反药的，所谓以毒攻毒之药，有病则病当之，但要掌握好（中病即已）的原则，用得要合宜就行。

处方

天麻 30 克　朱砂 10 克另研　天南星 15 克　制半夏 15 克　蔓荆子 15 克　乌头 10 克　麻黄 10 克　全蝎 25 克　乌蛇 30 克　白附子 10 克

用法及用量

以上 10 种，除朱砂另研后入外，共研细末。豆淋酒 120 毫升同调灌之。

制豆淋酒法

用黑豆 250 克，炒去烟，入白酒 500 毫升浸泡一天，去豆用酒，预做准备，装瓶候用。

【原方】19.［又方酒调散］

砒研　白矾研各二钱

右件药用瓷罐子一个，先放砒在罐子内，后入矾末，着水一盏，坐在罐子口上。仍先烧慢火，熁罐子令热，次用猛火烧，若罐子口盏水尽，更添水，以烧一秤[①]炭为度。每用药一钱，酒调熁之。

注解

①秤：古时10斤为一衡，5斤为一秤。

方解

又一个治破伤风的酒调散。是以白砒信之剧烈毒性杀灭破伤风菌为君为臣；白矾解毒生肌为佐为使。本方是用二药经过升炼的精华，效力更强，此属外用于破伤处的一种敷熁药。

处方

白砒信　白矾各6克

制法及用法

以上两种各研细末，用磁罐子一个，先将砒信放在罐内，后入矾末，用水一小碗坐在罐口上。这时先烧慢火，待罐子高热，加猛火烧，小碗内水尽再添，以烧2 500克炭为度。取下候凉，装瓶候用。每次用药2～3克，看患处大小酌量而行，白酒调匀敷熁于破伤处。

【原方】20.［郁金散］治马因乘骑过度，失尿变为胞转，拨正，放却尿，然后用下项药灌之。

郁金　甘遂　升麻　紫菀　黄芩　朴硝以上各一两

右为细末，每药末一两，蜜一两，油一斤，调灌之。

方解

郁金散，治马因为乘骑奔走太过，失去小便的机会而致成胞转病。先用手于直肠，拨正膀胱，撒尿之后，再灌此药。方用郁金凉心血泻小肠之热，根治膀胱主因为君；甘遂行水利尿为臣；紫菀、黄芩、朴硝泻肺与大肠火、调和气血为佐；升麻升清阳、降浊阴，小便自利，油、蜜润肠泻火为使。根据方义，是指因热发生的胞转病。故用清心肺之热，促使气血和、阴阳平，而尿自利，可免复发。

处方

郁金 15 克　甘遂 15 克　紫菀 25 克　黄芩 15 克　朴硝 30 克　升麻 15 克

用法及用量

以上 6 种，共研末。蜂蜜 120 克，麻油 120 毫升为引，同调灌之。

【原方】21. ［婆娑石散］治马尿血。

婆娑石研　当归　云蓝根　蒲黄微炒　红花　荷叶　白矾飞过

右件七味，各等分为末，每服一两半，用酒半升调灌之。

方解

婆娑石散，治马尿血病。药用婆娑石清热解毒为君；云蓝根、白矾协助清热凉血为臣；当归、炒蒲黄补血止血为佐；红花、荷叶活血破淤为使。按尿血主要是热积心肾所致，热则水少火盛，火色红而尿血。治以清热凉血，佐以补血化淤之法，可使热退火平，尿道通利而血自止。此方适用于体壮初患的实热证，若久患体弱的虚热证，用须加减。

处方

婆娑石 15 克　云蓝根 15 克　飞矾 10 克　当归 30 克　红花 10 克　蒲黄 15 克　荷叶 10 克

用法及用量

以上 7 种，共研末，男童尿为引，同调灌之。

【原方】22. ［吹鼻散］治马气痛，气脉不通。

人参去芦头半两　藜芦一分　麝香一钱研　赤小豆30粒

右为细末，入麝香拌匀，每用半钱许，以竹筒子盛，吹入鼻中，立效。

方解

吹鼻散，治马气痛和气血不通病。药用人参补气，藜芦引吐为君为臣；赤小豆行水散血、清热解毒为佐；麝香通窍止痛为使。按人参、藜芦，一般来说是属反药，但是遇此壅塞不通之症，利用这种相反之药，可谓各尽其用的好方法，尽在掌握灵活运用。所谓气痛，即胸腔部的肺气痛。大体上有急、慢性两种，慢性多不吃，急性多起卧，不论急性或慢性，都可用此方。

处方

人参 6 克　藜芦 6 克　麝香 300 毫克　赤小豆30粒

用法及用量

以上 4 种，各研细面，共合调匀，装瓶候用。用时以少量吹入两鼻内，患畜两鼻立刻就有打喷嚏流清水的反应，还有振毛放屁、拉粪撒尿的表现，这就意味着气血流通，很快痛止而安。

【原方】23.［追虫散］治马虫颡病。

踯躅花①　谷精草　芦荟以上各一分　瓜蒂一个　母丁香二个　麝香半钱研　皂角一条用醋炙

右为细末，入麝香拌匀，每用半钱，以竹筒盛，吹入鼻中，病随虫出，差。

注解

①踯躅花：又名羊踯躅，或闹羊花。

方解

追虫散，治马患虫颡病。这病是飞虫入于鼻窦中，刺激鼻道肿烂，妨碍呼吸等情。药用踯躅花之毒杀虫为君；芦荟清热杀虫为臣；谷精草清上焦热毒，丁香温燥，以热治热为从治之法为佐；麝香、皂角、瓜蒂通窍发嚏，引虫毒外出为使。本病虽属局部性的外科病，需要此吹鼻的外治法，但其药理作用还是有主有次，既有正治又有反治，用之得法，效果良好。

处方

踯躅花 600 毫克　谷精草 600 毫克　母丁香2个　麝香 300 毫克另研　猪牙皂1条醋炙　甜瓜蒂2个

用法及用量

以上 7 种，除麝香另研后入外，共研极细面，调匀吹鼻，病随虫出即好。

【原方】 24.［龙骨散］治马患恶疮。

白矾飞过　漏芦干①烧作灰　干姜炮　龙骨烧作灰　山茄子②　钱贯众③生用　附子炮去皮，各一两

右件为细末，入无皮巴豆七个，再与药末同研匀，先用浆水洗疮净，薄薄涂药，即差。

注解

①漏芦干：查《圣济总录》说："五月收漏芦草晒干，烧灰猪膏和涂，治白秃颈疮。"据此可知为疮科要药。

②山茄子：即曼陀罗的别名，一般用其花及果实。

③钱贯众：即贯众或贯仲。因其叶之腹面排列着不规则的圆形子囊群（孢子囊），形如钱，故名。

方解

龙骨散，治马患恶性腐朽疮。药用龙骨生肌肉、敛疮口为君；漏芦、白矾解毒生肌为臣；贯众杀虫，巴豆去腐，山茄子麻醉止痛为佐；干姜、附子去寒回阳，促进脱腐生肌为使。按疮烂是热，无热不烂，疮朽是寒，无寒不朽。故本方既有解热药又有去寒药，这就是阴阳不断变化的道理，随着客观情况而决定的。不论疔毒，还是疮伤，只要有脓和朽肉，久患不好，就可采用。

处方

龙骨 15 克煅　漏芦 15 克烧灰存性　白矾 10 克飞枯　贯众 10 克　巴豆7个去皮　山茄子 10 克　干姜 6 克炮　制附子 10 克

用法及用量

以上 8 种，各研细面，共合调匀，装瓶候用。用时先以消毒药水洗净疮脓，少量撒上即效。

【原方】 25.［英粉散］治马久患疮，令生肌。

英粉一两　黄丹半两　白矾　干姜炮　白芨以上各一分

右件五味，向铫子内炒令黑色后杵为末，先用浆水洗疮净，次薄薄涂药。

方解

英粉散，治马久患疮烂不收口病。药用英粉（本草找不到根据，按本方的配合，可能是铅粉，供参考）杀灭疮菌为君；白矾、白芨敛口生肌为臣；黄丹拔毒消肿为佐；干姜去寒助阳、促进生肌为使。本方与龙骨散（上方）互引对照，按药名是有不同，但其药理作用相仿，都可作为治恶性久患之疮伤。

处方

英粉 30 克　白矾 10 克飞枯　白芨 10 克　黄丹 15 克　干姜 10 克

用法及用量

以上 5 种，在沙铫内炒黑，研细面，装瓶候用，用时先以消毒药水洗净疮脓，然后搽药。

【原方】26.［胆矾散］治马患口疮。

胆矾飞过　白矾烧　黄柏　黄连　甘草炙，以上各等分

右为细末，每用三钱，干掺马口内。若马口内生贼牙，令马不能吃草，先用铁柱子抵定，以手把捶子打去贼牙，即复能食草，若不去，令马变为瘦病。

方解

胆矾散，治马得了口舌疮烂病。药用胆矾（正名石胆）治上焦风热消肿为君；黄连治阳火（心火）、黄柏治阴火（肾火）为臣；白矾、甘草解毒生肌为佐为使。口舌疮烂，初患多在舌上属阳火，久患多在舌根属阴火。本方不论新久，都可治之。虽是外用法，但经舌舔咽入之后，不只没有妨害，而且收效也快。即嘴唇疮烂亦可采用。

处方

胆矾飞过　川黄连　川黄柏　白矾　甘草

用法及用量

以上5种，各等份，研极细面，装瓶候用。用时按疮之大小，酌量而行，连续干搽，以好为度。

(注意事项)在检查口舌疮烂的同时,特别要将满口腔内详细观察,如有贼牙(两腮牙特长)出现,立即用小开口器、打牙铲、擦牙器适当的处理平整,即能吃草上膘。否则,逐渐瘦弱。

【原方】27.［治马因蜂或蚁子飞走入鼻，令马晓夜干喷，两鼻内各有小孔，孔中脓出方］

右先用烧铜针烙疮孔里，烙毕，取韭根捣取汁二合，两鼻内各着一合毕，曲两耳用散麻缚，自平旦至午时，虫即出。虫出即用补七伤药灌之，若虫不出，即难治。七补散见前方。

方解

治马因蜂儿飞入鼻或蚂蚁窜入鼻，不分白天黑夜，时刻喷鼻，日久鼻内穿孔，腐烂流脓的一种方法。就是先用铜针烧红，烙疮孔，烙完，取韭菜根捣烂拧汁，约二合许，分灌两鼻内。再用散麻绳捆倒两耳，自早晨至中午，虫出之后，内服治七伤的七补散(处方见前本卷（十三）治腰胯痛第1方)。若虫不出，即难治疗。

【原方】28.［治马误食乱发、飞禽毛羽或竹木硬物，使腹胀闷欲绝，发作有时，体瘦方］

绵一两

右将绵剪碎，用油调，啖之。肠中恶物即随绵出。

方解

治马误吃毛发及飞禽羽毛或啃竹木硬物，在胃肠内不能克化，有时闷气不通，致使肚胀，逐渐体瘦方。治法用蚕绵丝30克剪碎，入麻油120毫升调灌，即可将停滞肠内之障碍物，随绵丝屙出而安。

【原方】29. ［消毒散］治马误食毒草、口中吐沫，闷绝欲死。

白矾飞半两　盐一两

右件药同拌令匀，于舌上涂之。良久，再用甘草末二两、水二升同煎至一升，放温，入芸薹汁半升，盐二两，伏龙肝一两半伏龙肝者灶下土也，同调灌之。更于尾本穴出血一升许，即差。

方解

消毒散，治马误食毒草，口中吐沫，以致气血滞塞不通，热欲致死。药用飞白矾（解毒生津）、食盐（凉血解毒）以上两味，共合研面涂舌上。隔时，再用甘草末（解百毒利肠）、伏龙肝（和胃止呕）45 克同调灌之。再放尾本血即愈。

处方

（1）白矾飞 15 克　食盐 30 克　共合研匀，涂于患畜舌上

（2）甘草末 60 克，先用水 1 000 毫升同煎至 500 毫升，离火候温，加入芸薹汁 250 毫升，盐 60 克，伏龙肝 45 克同调灌之。

（3）扎放尾本血 500 毫升即可收效。

用法及用量

先用涂舌药，次用内服药，后用放血法。

（二十四）治马母方

【原方】1. ［补益当归散］治母马产驹后腰胯痛，及腰胯无力，并恶血连日不止，或蹇闪着腰胯，兼肉颤负痛。

当归　芍药　海带　漏芦　没药　荷叶　红花　连翘　败龟　虎骨　葫芦巴　破故纸　甜瓜子　麒麟竭　自然铜　骨碎补

右件一十六味，各等分为末，每服一两，酒半盏，小便半盏，同调灌之。如马产后病，用药一两半，温酒、小

便各一盏，应急灌之。

方解

补益当归散，治母马产后腰胯疼痛及腰胯无力，并伴有恶露数日不止，或者闪伤腰胯、肉跳疼痛病。药用当归活血强心治腰胯痛为君；败龟、虎骨、葫芦巴、破故纸、骨碎补滋补肾水及命门火为臣；红花、没药、麒麟竭、赤芍、荷叶、自然铜活血散淤为佐；连翘、漏芦、海带、甜瓜子通经止痛、解热利水为使。腰胯痛的主因多是肾经亏损所致，至于产驹及闪伤乃属诱因。由于肾水（真阴）、命门火（真阳）之不足，则气血迟行而多痛。故本方以补水火化生气血治本为主，通经化淤、活血止痛治标为次，可使阴阳和水火平，气血通，而痛自宁。

处方

当归 30 克　败龟 15 克　虎骨 25 克　葫芦巴 15 克　破故纸 15 克　骨碎补 15 克　红花 10 克　没药 15 克　麒麟竭 15 克　赤芍 15 克　荷叶 10 克　自然铜 25 克煅　连翘 15 克　漏芦 15 克　海带 10 克　甜瓜子 15 克

用法及用量

以上 16 种，共研末，白酒 60 毫升，男童尿一杯为引，同调灌之。

【原方】 2.［桂心散］治马患吹奶。

牛蒡子一分　桂心二分　甘草炙，一分

右三味为末，用好酒一盏半，与药同煎三二沸，放温灌。灌了再用猪脂半斤，气虚者只用五两，细切，以手擦令温和灌之。

方解

桂心散治母马得了吹奶病。药用桂心补阳气以通经活血为君；牛蒡子散结利气为臣；甘草通经解毒为佐；猪脂凉血润燥，白酒宣导气血为使。吹奶病是母马在奶驹期，内因血热，外因驹儿吃奶时吹入空气所致。这病多在驹儿急跑急吮而生。症状乳房结肿，发热多痛，奶孔不通，奶头发红，以手挤奶则流出黄稠而咸的奶汁。本方是以通经络、活血液为主，解热毒、散结肿为次的整体疗法，使经通热退而奶孔自利。这时如驹儿吃入这种奶汁，患泻肚病。

处方

桂心 15 克　牛蒡子 30 克　生甘草 30 克　猪脂 120～240 克　白酒 60 毫升

用法及用量

以上 5 种，先将前 3 种研末，入白酒同煎三两沸，候温灌之。再将猪脂，体虚用 120 克，体壮用 240 克，切碎，以净手试其温热，即时灌之。

（二十五）治马驹方

【原方】1.［黄芩散］治马驹喉骨胀、鼻内白脓病。

郁金　黄芩　白矾飞过

右件药三味，等分捣罗为末，每用药末半两，蜜一两同和啖之。喂饱，隔日再啖之。

方解

黄芩散，治马驹喉骨胀病。症状：喉骨肿胀，双鼻流出白色脓涕。药用黄芩泻心肺实火为君；郁金凉心血解热毒为臣；白矾解毒生肌为佐；蜂蜜润肺利肠泻火为使。本病是心肺火毒上攻，喉部肿胀化脓，故以泻心肺火毒。这病多发于幼驹小马，本方用药虽简单，但药症相应，用药适量，可收奇效。

处方

黄芩 30 克　郁金 15 克　白矾 6 克飞过

用法及用量

以上 3 种，共研末，蜂蜜 120 克同调灌之。隔日再灌。

【原方】2.［诃子散］治马驹奶泻病。

黄连 诃子 郁金 乌梅

右件药四味，内三味等分，乌梅5个，一处为末，每用药半两，干柿三个，研细入药，同和啖之，如不定，依前日再啖之。

方解

诃子散，治马驹在吃奶期泻肚病。药用生诃子肉涩肠清热为君；川黄连泻心火解热毒为臣；郁金凉心活血为佐；乌梅、干柿收敛止泻为使。本病多是母马血热奶汁有毒所致。方以清热为主，止泻为辅，可收良效。要根治此病，还得治母马的血热病，才可母子两安。

处方

生诃子肉15克 川黄连6克 郁金10克 乌梅5个 干柿3个

用法及用量

以上5种，先将前4种研末，再将后一种切碎，同调灌之，如未痊愈，隔日再灌即效。

【原方】 3.［紫苏散］治马驹奶泻病、不食草奶。

川升麻 紫苏子 黄连 黄药子 干地黄 郁金

右件六味，各等分为末，每服半两，蜜一两、瓜蒌少许同和匀，药末半两，同调慢啖。如再灌，用蜜一两，麻子一合，取汁一盏，慢慢灌之，隔日依前再灌。

方解

紫苏散，治马驹奶泻病，表现不吃草和奶。药用紫苏子润肺降气，宽肠解郁为君；川黄连、郁金、干地黄凉血解毒为臣；黄药子凉脾开胃进食而美水草，瓜蒌宽胸泻热为佐；升麻升发胃中阳气，促进消化机能，麻油、蜂蜜润以导滞为使。这病名为奶泻，含有奶粪稀细之意。究其原因，不是泻而是痢，可谓“痢病不利，因不利治以利为法”。鉴别诊断是：泻无痛而痢有痛，故有多卧少站、慢性肚痛之势。其不同的主因是：泻多属寒，痢多属热，观方中之凉药，可知痢属热因，用油、蜜，深信是痢不是泻。本方与上方的异同点是，因不吃而有升阳益胃及凉脾美水草之法，因肚痛而有通利导滞无收敛之剂，惟有清热解毒一法是一致的。总之，凡属诊疗工作，应按客观变化情况，灵活加减，不可固执成方，做到因症设方才是。

处方

紫苏子 15 克　川黄连 10 克　郁金 10 克　生地 15 克　黄药子 10 克　瓜蒌 15 克　升麻 10 克

用法及用量

以上 7 种，共研末同调，麻油、蜂蜜各 30 克为引，调匀慢灌，隔日再灌，随症加减，以好为度。

• 小结

本卷上述处方之分类，较有些零乱，为便于查阅，还可按系统分类。如（一）治肺各 1 方；（二）治慢肺病 5 方；（三）治肺病 24 方；（四）治膈前痛 11 方；（五）治咥喘 2 方，共计 43 方，都属肺的范围，可并为肺部。（六）治心经 10 方；（七）治热病 2 方；（八）治渴 1 方；（九）治口疮 1 方，共计 14 方，可并为心部。（十六）治气病之化虫膏，可另列治虫病。八平散可列入治腰胯病。其中之牵牛散、大安散可另列治起卧类；（二十三）治杂病内有许多药方，能分类的就可各归其类，不需再为混杂。此外，大部药方，与《元亨疗马集》基本相同。由此可知，《元亨疗马集》的处方，是根据本卷的基础进一步发展起来的，但还有不少良方未曾收入，值得研究考虑。

蕃牧纂验方　卷八

目　录

卷　下

治脾部

当归散　　黄柏散　　大白药子散　　厚朴散　　秦艽散
桂心散

治肺部

紫苏散　贝母散　汉防己散　知母散　人参散　囟砂散
洗肺散　凉肺散　半夏散

治肾部

茴香散　　毕澄茄散　　葱豉散　　破故纸散　　槟榔散

杂治部

牵牛散治马伭头难，腰背紧。化滞气，消膨胀

消黄散治马热毒、草结

白矾脂散治马喉骨胀硬，伭头难，鼻内脓血，喉内作声，吐草，宜灌之

白芨散治马因路虚，闪着筋骨，腰脚等处肿

大黄散治马粪头紧硬，使脂裹粪，脏腑热积，及气把腰。疏利脏腑

黄柏膏治马恶疮

红花子散治马闪着，内痛尿血。止痛

乌梅散治马驹子奶泻

升麻散治马驹子肺病，不食草

郁金散治马驹子喉骨胀，鼻湿出白脓

胆矾膏治马因踏硬，蹄热怕着地

乌金散治马五翻躁蹄

卷 上

奉议郎提举京西路给地马牧马 王愈编集

（本卷大意）

本卷内容分为上下两卷，现收入司牧安骥集改为卷八。上卷首先有“四时调适之宜”，即四季饮喂法，练习乘骑法，这些方法原是古代军马调教的记载，并有四季放血的宜忌法，四季所灌的保健药。其次，则为治心部、治肝部等方共计 25 方。下卷有治脾部、治肺部、治肾部、杂治部共计 32 方，总共 57 方。都属治疗马骡内外科疾病的经验良方。亦可说是方剂的一部分。其中对于处方的药性及药物定量等，仍和卷七相同，按照君臣佐使，分别作了解说。

一、四时调适之宜

【原文】

春季放大血，则夏无热壅之病。宜灌茵陈散或木通散。过夜令马卧粪场。每日麸料各八分，卯时骑习驰骤，辰时上槽，喂罢饮新水，申时再喂罢，搐拽调习行步，令马头平。至夜半再喂。每日三次喂。

语释 马在每年的春季（阴历正二三月），一般情况，宜予放大血，到了夏天不易发生热病。并宜内服茵陈散或木通散，除过黑夜及骑习上槽外，就可将马拴于休息场所。每天每次喂的麸料均宜喂八成为度，不要吃得过饱。卯时（早 5 时至 7 时）骑马练习快跑。辰时（7 时至 9

时）上槽，喂完下槽，饮以新鲜干净水。申时（下午3时至5时）再上槽，喂完下槽，拉紧缰绳，调教练习走步，以马头平行为宜。至半夜（夜间11时至早1时）再上槽。每日共喂3次。

【原方】1.［茵陈散］治马卒热、草慢、口眼黄、精神短慢、微觉喘粗。春夏宜五七日一次常灌。

山茵陈　甘草　黄连　防风

以上各等分为粗末，每用药一两，浆水一碗，细擦生姜一两，蜜二两，同煎三五沸，放冷灌之。不效隔日再灌。

方解

茵陈散，治马急性中热病。症状：吃草迟慢，口色及眼胞都呈黄色，精神短少，呼吸气粗微喘。此方在春夏两季作为预防药，可每隔一月左右，就可内服一副。药用茵陈通利水道，去湿热治黄而为君；川黄连泻火心燥湿热而为臣；防风除风胜湿由表而出为佐；甘草补脾虚泻心火为使。春夏两季为湿热升发万物生长之期，虽有湿热蒸发，才能生长，但湿热太过则诸病发生。故本方正是对准湿热的目标，使湿热不得为害，而上述诸症自愈。现在通常的做法是候凉加蜂蜜灌之。

处方

茵陈15克　川黄连10克　防风13克　甘草10克

用法及用量

以上4种，共研末。浆水一碗，生姜30克（切碎），蜂蜜60克，同煎三五沸，候凉灌之。如未完全好清，隔一天照方再灌。

【原方】2.［木通散］治马肺黄病、口眼黄色，精神短慢、牵动似醉、或时喘粗。

木通　干山药　山栀子　牛蒡子　瓜蒌根

以上各等分为粗末，药一两，生姜一分，擦细，沸汤一碗调，候温，入童子小便半盏灌。隔日再灌。

方解

木通散，治马肺黄病。症状：口色及眼胞都呈黄色，精神短少，牵行如醉的昏迷样，有时出气粗。药用木通清心肺火，使火下降由二便排出为君；牛蒡子清热解毒，瓜蒌根（天花粉）止渴生津为臣；山药入脾肺二经，平补脾胃，清虚热为佐；栀子泻心肺三焦火由小便排出为使。肺黄（即肺热现称肺炎）多是劳动过度，耗损肾水（真水、肾阴）使水亏火旺而得。按照症状、病程是在初期，治宜清热为主，滋阴为次。故本方重点清热，佐以滋阴之药，仅适用于初期。

处方

木通 20 克　牛蒡子 25 克　天花粉 15 克　山药 25 克　栀子 15 克

用法及用量

以上 5 种共研末，生姜 15 克（切碎）开水同调，候温，入男童尿半杯灌之。隔一天再灌第二副。

【原文】

夏季不得出血，宜灌消黄散并茵陈散，须搭棚，令马于风凉处，不得着热。每日喂饲，比春季加麸减料。寅时骑习驰骤，卯时上槽，喂罢饮新水。未时再喂罢，亦饮新水。申时搐拽，调习行步，至二更时，喂第三次。每五日一次于河内深水入处浸之。

语释　夏季(阴历四、五、六月)一般不放大血，宜灌消黄散与茵陈散。休息及上槽，必须搭凉棚，通风乘凉以避暑热。每日喂的麸料，要根据春季的定量，多喂麸少喂料。寅时(早 3 时至 5 时)骑马练习快跑。卯时(早 5 时至 7 时)上槽，喂完下槽，饮新鲜水。未时(下午 1 时至 3 时)再上槽，喂完亦饮新鲜水。申后(下午 3 时至 5 时以后)拉牵缰绳调教练习走步。至二更时(晚上 9 时)喂第三次。每隔 5 天，在河内洗澡一次。

【原方】3. ［消黄散］治马喘粗、汗出。

黄药子　贝母　知母　大黄　白药子　黄芩　甘草　郁金

以上各等分为粗末，每用药一两，新水半升，蜜二两调灌。隔日再灌。茵陈方在春季内。

方解

消黄散，治马出气粗和出热汗病。药用郁金凉血清心为君；黄芩凉心肺治诸热为臣；知母、贝母、黄药子、白药子清热解毒为佐；大黄、甘草清肠胃火毒为使。喘粗、出热汗多在夏热季节，消黄散就是针对这些症状，平减火热之良方。亦可说是平热散。因为不仅治黄病，只要有火热就可灌之。要知道无热不生黄，热是黄的初期，黄是热的严重期。这样的理解，则对消黄散的用法，就更为广泛了。但应用范围，只宜于无表证的实热证，若有外感及虚热者禁用。尽在掌握其轻重程度的不同，及畜体的肥瘦老幼，适当定量，以付实践。至于茵陈散的方解，参考前段春季调理法。

处方

郁金 15 克　黄芩 15 克（酒炒）　知母 20 克　贝母 20 克　黄药子 15 克　白药子 15 克　大黄 25 克　甘草 15 克

用法及用量

以上 8 种共研末。蜂蜜 60 克为引，同调灌之。隔日再灌。

【原文】

秋季宜灌理肺散、白药子散，每日麸料各八分。卯时骑习驰骤，辰时喂，巳时饮新水，申时再喂罢，搐拽调习行步，子夜喂第三次。自八月以后，勿令马于雨露处淋浞①，勿令久卧湿地，至九月，宜上粪场上歇卧。

注解

①浞：zhuó，濡润、浸渍。

语释　秋季（阴历七、八、九月）宜灌理肺散、白药子散。每日每次喂的麸料，均宜喂八成为限，不可喂十足。卯时（早上5时至7时）骑马练习快跑。辰时（上午7时至9时）上槽。巳时（上午9时至11时）饮新鲜水。申时（下午3时至5时）再上槽，喂完下槽，拉紧缰绳调教练习走步。到子夜（晚11时至次日1时）喂第三次。从八月以后，不要使马在下雨的露天中停站，以免霖渍，亦不要久卧潮湿地，防止外感寒湿。到了九月，这时天气较凉，就要在避风雨的休息场所歇卧。

【原方】4.［理肺散］治马前探、鼻内脓出、前后脚虚肿、遍身生毒疮痍。

蛤蚧　知母　贝母　秦艽　紫苏子　百合　干山药　天门冬　马兜铃　枇杷叶　汉防己　白药子　山栀子　瓜蒌根　麦门冬　川升麻

以上十六味，各等分为粗末，每用药一两，蜜二两，糯米粥一盏，瓜蒌一个去皮，细研同和啖之。再加灌，用蜜三两，白矾一两，浆水半碗，用上件药调入童子小便半盏灌。如病未退，次日灌八味白药子散。

方解

理肺散，治马站时前腿向前轮流探出，双鼻流稠脓涕，四肢虚肿，浑身皮肤发生疮烂病。药用蛤蚧、枇杷叶理肺为君；百合，山药滋补肺虚为臣，知母、贝母、天冬、麦冬、秦艽、苏子。兜铃、白药子、天花粉清热降气，生津润肺为佐，防己通经络，栀子利胆道，升麻升阳气为使。本病根据症状分析，为表实里虚的肺热病。

多是劳伤过度，肺肾两亏，外感暑热而得的初期症状。本方是为清补并用而设置，两种方法组成。一方面清热为主，通经使肺与皮毛表里无阻，则外无疮烂，内无鼻涕之症；另一方面补虚升阳，巩固内脏，使外邪无机可乘。这样，既可防止疮毒入内之危，又能消除腿肿及前探之虚象。这就是调理肺气，使肺气畅达全身的对症药。因此，称为理肺散的重要意义，就可想而知了。

处方

知母15克　贝母15克　天冬15克　麦冬15克　秦艽12克　苏子12克　马兜铃10克　枇杷叶10克　白药子12克　天花粉15克　蛤蚧一对　百合30克　山药30克　防已20克　栀子15克　升麻12克

用法及用量

以上16种共研末。蜂蜜60克，糯米粥一杯，瓜蒌30克，捣碎（协助宽胸润肺补虚法）作为引导药，同调灌之。第二副蜂蜜80克，白矾30克，浆水半碗，男童尿半碗为引灌之。如病未痊愈，隔一日再灌八味白药子散，处方列后。

【原方】5.［白药子散］治马腰背硬、气把腰背、低头不得、或眼涩腹紧。

白药子　当归　芍药　桔梗　桑白皮　瓜蒌根　贝母　香白芷

以上八味各等分为末，每用药一两，浆水半升，葱白五茎，生姜一分拍碎，同煎三五沸，放温，入童子小便半盏灌之，然后针项，并放胸堂血，隔日再灌。

方解

白药子散，治马腰背紧硬病，以及气把腰背，不能低头，并有眼闭不睁，肷腹紧小的症状。药用白药子凉肺解热为君；贝母、桔梗、桑白皮、天花粉润肺生津、宽胸顺气为臣；当归、赤芍活血止痛为佐；白芷、葱、姜解表和里，童便顺气活血为使。本病按照所有症状的综合情况，应名为“肺气不舒”病。原因是负重劳伤，肾水亏损，使肺热气滞而得的初期病症。本方是以润肺理气和解为法，正是针对这个阶段而作的处理方法。

处方

白药子 15 克　贝母 60 克　桔梗 60 克　桑白皮 20 克　天花粉 25 克　当归 30 克　赤芍 20 克　香白芷 13 克

用法及用量

以上 8 种共研末。浆水半碗，葱白 5 根，生姜 15 克（切碎），同煎三五沸，候温，入男童尿半碗为引，灌之。隔一天再灌一副即效。

附针治法

扎放鹘脉血、胸堂血，为活血顺气法，适用于膘肥体壮者。

【原文】

冬季宜啖白药子散、茴香散。十二月内，七日一次灌猪脂药。每日麸料各八分。卯时骑习驰骤，巳时上槽，喂罢饮新水。未时乘骑搐拽，调习行步，酉时再喂。至夜上粪场歇卧，四更时喂第三次。白药子方在秋季内。

语释　冬季（阴历十、十一、十二月）宜灌白药子散或茴香散。到了十二月（腊月）内，每 7 天灌一副猪脂药，处方列后。每天每次喂的麸料各喂八成。卯时（早 5 时至 7 时）骑马练习快跑。巳时（早 9 时至 11 时）上槽，喂完下槽，饮新鲜水。未时（下午 1 时至 3 时）乘骑拉紧缰绳，调教练习走步。酉时（下午 5 时至 7 时）再上槽喂。下槽至夜晚，拴于休息场所歇卧。四更时（早 1 时）喂第三次。白药子散的处方在前段秋季调理法内，参考便知。

【原方】6.［茴香散］治马腰背紧硬、拽胯、气把腰胯病。

茴香　川楝子　青皮　陈皮　当归　芍药　荷叶　厚朴　玄胡索　牵牛　木通　益智

以上各等分为末，每用药一两，酒半升，葱一握，同煎三五沸，放温，入童子小便半盏，空肠灌之，次日再灌。

方解

茴香散，治马腰背紧硬，行走胯痛，为寒气把住腰胯病。药用茴香暖肾去寒为君；益智仁、二丑、厚朴、青皮、陈皮健胃和解为臣；当归、赤芍、荷叶、玄胡索和血止痛为佐；川楝子、木通通经利尿为使。本病按症状的部位是在腰胯，应属肾寒。实际根源是脾肾两寒的共同因素。因肾寒则是命门火衰，火衰则蒸发力减弱，而脾胃亦就受到寒的影响。这时阳虚气弱，肾气亦就不通故有此病。本方即是脾肾两治为主，通经止痛为次，加强火力促进阳气下达腰胯而诸症自愈。

处方

茴香 15 克　益智仁 15 克　生二丑 20 克　厚朴 15 克　青皮 13 克　陈皮 13 克　当归 30 克　赤芍 15 克　荷叶 13 克　玄胡索 15 克　川楝子 15 克　木通 13 克

用法及用量

以上 12 种共研末，白酒 60 毫升，葱 3 根（切碎）同煎三五沸，候温，男童尿半碗同调，空肚灌之。第二天再灌第二副。

【原方】7.［猪脂药］

陈猪脂六两细切　盐一两　豉七两汤浸过，去恶汁　葱白三两细切，汤去恶气

以上四味一处拌和，一次啖尽，七八日再啖。去毛焦、腹紧之病。

方解

猪脂药，治马毛焦肷腹紧小病。药用猪脂甘寒凉血润燥为君；食盐泻热润燥为臣；豆豉解表发汗，解毒除烦为佐；葱白通阳活血为使。按毛焦腹紧（吊肷）病，有寒热两因。因寒而腹紧者，

毛软尖黄，治宜补阳；因热腹紧者，毛直而硬，治宜润燥。根据本方药现对照，是以润燥为主，解表助阳为次，适宜于料多役轻、运动不足之热因。所以当时立方，亦是为军马而设想，一般民间之马骡，在冬季寒因较多。特此说明，分别采用。

处方

猪脂油 120 克　食盐 30 克　豆豉 150 克浸去污　葱白 60 克切碎

用法及用量

以上 4 种共合同调，一次灌之。隔 7 天再灌第二次。

二、四时喂马法

【原文】

贯众　皂角

以上二味入料内，同煮熟喂饲。每煮豆一石，用皂角五挺，贯众五两。三五日一次。

方解

四季的喂马法，是以贯众（杀虫解毒）、皂角（利肠胃积滞）配入马料内（最好是黑豆料，营养丰富有补肾之功）常服，可增膘体壮，此方对肠胃有虫的马，更为有效。一般马可预防寄生虫病，但料少役重的瘦弱马，则不适用。最宜于草料充足，能吃不上膘的马。

处方

贯众　皂角

用法及用量

以上两种共研末，入料内，同煮熟喂之。如每煮料豆 1 斗，入贯众末 1 两，皂角末 1 挺，如此法经常服之。

【原文】

骑习，牵脚放卧，四季调习，控御行步，须放头平，免损马肺。草罢，少时须綷[①]脚，使起卧稳便。不得久立，免伤马筋骨。

注解

①綷：cuì，合。綷脚即用绳固定四脚。

语释 凡马练习乘骑，不论任何季节，要将四脚用绳牵连，控制其不正规的行步。但注意绳要拴成活结，有时马要卧地，立即拉开活结，免出意外事故。头要放平，否则妨碍呼吸。每次练习，要在吃草以后，稍微休息就行，用绳牵綷四脚，必须不影响起立和卧地的动作为标准。綷脚后不可久立，否则妨碍运动，有伤筋骨，应加注意。

• 按语

这段文字，原文是和上段“四季喂马法”相连。按内容互不相关，因而分开说明，同时还可移到前面，作为首段，比较妥当。

三、治心部

【原方】 1.［麻黄散］治马脏虚热，中风。

天南星　干蝎　白附子　白僵蚕　麻黄　干蛇　川芎　白蒺藜　海桐皮　防风　黑附子　甘草　藁本　天麻　桂心

以上十五味，各等分为末，每用药一两，酒半升同调灌之。

方解

麻黄散，治马由于心脏虚热而得的中风病。药用麻黄发汗去风为君；天南星、干蝎、白附子、僵蚕、乌蛇、防风、藁本、天麻协助驱风邪，其功效更大而为臣；蒺藜、川芎、桂心补肾强心，促进血液循环为佐；黑附子、海桐皮、甘草通经络、引诸药直达病所为使。按中风的症状是毛窍闭塞、肢体强直。原因是内虚而得，应以表风补虚为法。本方即是一面解表发汗，一面强心补虚，使风邪有路可退，无机可乘的全面治法。

处方

麻黄 15 克　天南星 15 克　干蝎 30 克　白附子 13 克　僵蚕 15 克　乌蛇 30 克　防风 15 克　藁本 13 克　天麻 13 克　蒺藜 30 克　川芎 15 克　桂心 13 克　黑附子 15 克炮　海桐皮 20 克　甘草 13 克

用法及用量

以上 15 种，共研末，白酒 60 毫升同调灌之。

【原方】 2. ［天麻散］治马心风，初得心胸双紧，如弩自奔冲，信脚自行，宜服之。

天竹黄　天麻　防风　桔梗　黄药子　甘草　知母　大黄　干地黄　黄芪　黄芩　贝母　郁金　黄连　牛膝

以上一十五味，各等分为末，每用药一两，蜜二两，酒一盏，油二两，水一盏同灌之。

方解

天麻散，治马心脏热极的中风病。初期症状：心脏和胸腔紧急如弩弓样，发作时，自动向前猛跑直冲，乱步而行者，宜服此药。药用天麻去风治眩晕症而为君；天竹黄、防风去热风为臣；黄连、黄芩、郁金、黄药子、知母、贝母、生地、大黄泻心肺火为佐；牛膝、桔梗、黄芪、甘草补气通经引诸药达病所为使。根据药性判断，本病为热风所致，应从解热入手而去治风为宜，可谓热退风熄的治因法。按症状推测，是属于兴奋狂暴的热邪重，从外貌看，好像脑部有问题。究其根因，是心火上攻于脑，则头晕目眩，心火下降则恢复平静，与纯中风之强直症状不同，这是对本病根本认识的关键。

处方

天麻 13 克　天竹黄 20 克　防风 20 克　川黄连 15 克　黄芩 30

克　郁金 15 克　黄药子 15 克　知母 30 克　贝母 25 克　生地 60 克　大黄 30 克　牛膝 15 克　桔梗 30 克　黄芪 15 克　甘草 13 克

用法及用量

以上 15 种共研末。蜂蜜 120 克，鸡清 5 个，同调灌之。

【原方】3. ［人参散］治马心黄病——多睡饶惊，治之。

甘草　吴蓝　大青　郁金　黄药子　板蓝根　人参　茯苓

以上各等分为末，每用药一两，水半升，生姜半两、擦，油、蜜各一两，同煎三五沸，放温，草后灌之。

方解

人参散，治马心黄病，有时安静如睡眠，有时乱奔如受惊。用此方治之。药用人参补气强心为君；吴蓝、大青、板蓝根清热解毒为臣；郁金、黄药子凉心脾活血液为佐；茯苓、甘草补心脾之虚而泻心火、利水道为使。心黄即心脏热极如烧，因劳动过度，热伤心血而得。以致血液流行快慢无准，快则如惊，慢则如睡。治以补气强心、清热活血为法，血行正常即好。

处方

人参 15 克　吴蓝 13 克　大青 13 克　板蓝根 15 克　郁金 30 克　黄药子 15 克　茯苓 15 克　甘草 13 克

用法及用量

以上 8 种，共研末，麻油 120 毫升，蜂蜜 120 克为引，同调灌之。

【原方】4. ［防风散］治马心有风气，初得时，两耳紧、头直、头高，狂走咬人。

郁金　黄芪　干地黄　知母　没药　沙参　天门冬　黄药子　防风　桔梗　晚蚕沙　桑螵蛸　大黄　人参　贝母　紫参　麦冬

右上各等分为末，每用药一两，鸡子四个，浆水一碗调灌。

方解

防风散，治马心经热极类似中风病。症状在初期有两耳直立，头高而直和狂暴性的乱走咬人之象。药用防风治风热散头部滞气为君；郁金、生地、大黄、紫参、知母、贝母、天冬、麦冬、黄药子清心肺之火热为臣；人参、沙参、黄芪、桑螵蛸补心肾之虚为佐；没药通经散淤，桔梗开胸顺气，晚蚕沙燥湿去风为使。本病主因是过劳热极之症，故以清热治标、补虚治本为法，而风气之症状自然消失，但宜早治为妙。以上方中的鸡子 4 个，实践中用的是鸡蛋清 4 个。

处方

防风 30 克　郁金 25 克　生地 30 克　大黄 25 克　紫参 20 克　知母 30 克　贝母 30 克　天冬 25 克　麦冬 25 克　黄药子 15 克　人参 10 克　沙参 15 克　黄芪 15 克　桑螵蛸 15 克　没药 13 克　桔梗 30 克　晚蚕沙 13 克

用法及用量

以上 17 种，共研末。浆水一碗，同调候凉，入鸡清 4 个为引，灌之即效。

【原方】5. ［黄药子散］治马惊、心汗出，头垂，舌热如火，口色白干。

黄药子　白药子　知母　贝母　大黄　黄连　石决明　山栀子　郁金　黄芪　山药　黄芩　没药　胡黄连升麻　地黄

以上一十六味，各等分为末，每用药一两半，蜜四两、生地黄汁半升，入水同灌之。

方解

黄药子散，治马受惊伤心病。呈现汗出头低，舌温高热，口色白而津液干燥的症状。药用黄药子清热解毒为君；白药子、知母、贝母、川黄连、胡黄连、黄芩、郁金、生地、大黄、石决明协作解热，安心定惊为臣；山药、黄芪、升麻补虚升阳为佐；栀子、没药通经化淤为使。此属心脏虚热病，原因是心虚多惊，惊伤心，心虚则汗出头低，心热则舌热津燥，故以补虚而治汗出头低，清热则津液润泽、温度正常。此为清补并用法，适用于虚热证。

处方

黄药子13克　白药子13克　知母25克　贝母25克　川黄连13克　胡黄连13克　黄芩13克　郁金13克　生地20克　大黄25克　石决明20克　山药25克　黄芪30克　升麻13克　栀子25克　没药15克

用法及用量

以上16种，共研末。蜂蜜120克为引，同调灌之。

【原方】6.［红芍药散］治马心气伤惊，多卧少草，嘴捃[①]土、绷头[②]、吊胸、吐涎沫。

红芍药　没药　人参　茯苓　木通　麒麟竭

以上各等分为末，每用药一两，蜜二两，浆水半升灌之。

注解

①捃：jùn，拾取。在这里指马的嘴唇卷取土吃。

②伭：xián，意为狠。在这里可理解为头向下后方用力收缩之意。

方解

红芍药（赤芍药）散，治马心虚受惊病。呈现多卧少站，不肯吃草，嘴唇取土吃，头晕，缩胸，口吐涎沫等症状。药用赤芍泻火散淤为君；没药、麒麟竭（血竭）化淤止痛为臣；人参、茯苓补心虚为佐；木通引火下行为使。心虚多惊，惊则血淤而生热，上述诸症，都属此因。本方是消补并用法，适用于心虚淤热证。

处方

赤芍 20 克　没药 25 克　血竭 15 克　人参 13 克　茯苓 30 克　木通 15 克

用法及用量

以上 6 种共研末。蜂蜜 120 克，浆水半碗为引，同调灌之。

【原方】 7.［四黄散］[①]治马心脏热，草慢，并鼻内血出。

黄柏　黄连　黄芩　大黄　款冬花　白药子　贝母　郁金　黄药子　秦艽　甘草　山栀子

以上十二味，各等分为末，每用药一两半，蜜一两，糖四两[②]，水半升，调灌之。

注解

①四黄散：在《元亨疗马集》中将此方改为大黄散，内容一样，方列治心部，并将秦艽改为知母。与本卷卷下第四十七方“消黄散”完全相同。

②糖四两：原刊作“计四两”。“计”字据《元亨疗马集》改为“糖”。糖应用白糖。

方解

四黄散，治马心脏热病，有吃草迟慢和鼻出血的症状。药用黄连、黄芩、黄柏、栀子清热解毒为君；郁金、贝母、黄药子、白药子协助解热为臣；秦艽补虚劳散风热，冬花在这里可牵制多种寒性药的过量而为佐；大黄、甘草泻火通肠引火下降为使。心热太过则热必血行，上攻于肺而有鼻血，心热传脾则少吃草。方中以清热为主，可使热退而诸症若失。与平热散、消黄散的意义基本相近。

处方

川黄连 13 克　黄芩 13 克　黄柏 20 克　栀子 15 克　郁金 13 克　贝母 25 克　黄药子 13 克　白药子 13 克　秦艽 15 克　冬花 13 克　大黄 25 克　甘草 10 克

用法及用量

以上 12 种，共研末。蜂蜜 120 克、白糖 120 克为引，同调灌之。

四、治肝部

【原方】1. ［洗肝散］治马眼中有青白晕，并眼肿、泪出、肝热。

青葙子　石决明　草决明　井泉石　石膏　草龙胆　旋覆花　防风　菊花　黄连　甘草　黄芩

以上十二味，各等分为末，每用药一两半，猪胆汁，蜜四两，白矾半两，浆水一升同调，草饱灌。隔日再灌，如未退，针眼脉穴，出血即差。

方解

洗肝散，治马肝热病。症状：眼内有青白色云皮，眼泡肿，流泪。药用青葙子（本草一名草决明）泻肝热退云明目为君；石决明泻风热以明目，草决明（本草正名决明子）益肾精以明目为臣；石膏、井泉石、黄连、黄芩、龙胆草、甘草协作解热为佐；旋覆花（一名金沸草）下气消痰清头风，防风、菊花解表去风热为使。肝开窍于眼，肝病多现于眼，治眼病应以治肝为先。肝热上攻于眼，轻则眼肿流泪，重则发生云皮。"无热不生云，热退云自清"。观天空之云，即知眼中之云，动物（包括人和禽兽）与自然道理是一样的。明白这个原理，就可"一语揭破神秘"，不难于诊疗眼科病。

处方

青葙子 20 克　石决明 25 克　决明子 25 克　石膏 30 克　井泉石 13 克　黄芩 13 克　川黄连 13 克　龙胆草 15 克　甘草 10 克　旋覆花 10 克　防风 13 克　菊花 13 克

用法及用量

以上 12 种，共研末。猪胆汁 30 毫升、蜂蜜 120 克、白矾 15

克、浆水一碗同调，草饱灌之。隔一日再灌第二副。

附针治法

扎放眼脉血，泻肝火促进疗效。

【原方】 2.［凉肝散］治马眼昏暗、翳膜遮障。

菊花　防风去芦头　白蒺藜　羌活去芦头

以上四味各等分为末，每用药一两，浆水半升，蜜一两，同调灌之。

方解

凉肝散，治马眼睛昏暗，云翳遮睛，妨害视力病。药用菊花清头风以明目而为君；防风去风热解表为臣；蒺藜补肾滋肝为佐；羌活解表去风为使。此方治轻微性的由于风火相凝的眼睛昏暗病，尚属可效。若到严重性的云翳遮睛病，恐不胜任。用时考虑，酌情而行。

处方

菊花 15 克　防风 13 克　蒺藜 25 克　羌活 13 克

用法及用量

以上 4 种共研末，浆水半碗，蜂蜜 60 克，同调灌之。

【原方】 3.［苍术散］治马肝积热、眼生翳膜。

苍术　蝉壳　木贼　黄芩　甘草各一两

以上五味，各等分为末，每用药一两，冷水半碗调匀，草饱灌。

方解

苍术散，治马肝经积热病与眼生云皮症。药用苍术升阳散郁为君；木贼、蝉蜕解表发汗，善能退云为臣；黄芩、甘草解诸热毒为使。此方有解热散郁之功。即热散云退之意，可称退云散，适用于外障眼。

处方

苍术 13 克　木贼 25 克　蝉蜕 13 克　黄芩 15 克　甘草 10 克

用法及用量

以上 5 种，共研末，开水冲调，冷水稀释，饱后灌之。

【原方】4. ［蝉壳散］治马谷晕、眼肿。

蝉壳　宣黄连　菊花　地骨皮　甜瓜子　草龙胆以上各一两　苍术半两　白术半两

以上八味为末，每用药一两，水半升，煎三五沸，放温，不计时候灌之。

方解

蝉壳散，治马由于料毒不化，上攻于眼，以致睛生云翳，眼胞肿胀病。药用蝉壳（蝉蜕）表散风热以退云皮为君；苍术、白术、甜瓜子健胃润肠，克化料毒为臣；宣黄连、龙胆草、地骨皮退热解毒为佐；菊花清上焦风热为使。此方为一面解热退云，一面克化料毒，可谓标本两治法。亦属适用于外障眼的类方。

处方

蝉蜕 13 克　苍术 13 克　白术 13 克　甜瓜子 25 克　宣黄连 10 克　龙胆草 15 克　地骨皮 20 克　菊花 10 克

用法及用量

以上 8 种，共研末，水调，同煎三五沸，候温，不拘何时灌之。

【原方】5. ［泻肝散］治马内障、眼睛先青色、后变绿色。

黄连　郁金　山栀子　石决明　草决明　旋覆花　青葙子　草龙胆　甘草

以上九味，各等分为末，每用药一两半，细切白羊肝二两，拌匀，草后啖之。

方解

泻肝散，治马内障眼病。症状：睛珠先青色后变绿色。药用草龙胆泻肝胆火而为君；石决明养阴退热，草决明（决明子）补肾养肝，羊肝补肝明目而为臣；川黄连、郁金泻心火，青葙子泻肝火而为佐；栀子利三焦水道，旋覆花降热气去头风，甘草调和诸药为使。内障眼外表看不到云皮，与外障眼显然不同，只是眼珠有青绿色而视力失明。原因是肾水亏耗，相火传肝，上冲于眼所致，治以泻肝滋水为法。泻肝即等于补肝，使肝木条达舒畅，自然正常。本方即是以此为法。方简意深，不可忽视，能明此理，就可做到“变方不变法”的灵活性，突破了“执成方而治病”的俗例。

处方

龙胆草 15 克　石决明 25 克煅　决明子 30 克　川黄连 10 克　郁金 13 克　青葙子 13 克　栀子 13 克　旋覆花 10 克　甘草 10 克

用法及用量

以上 9 种共研末，入白羊肝 60 克，切碎共调，草饱灌之。

【原方】 6.［黄连散］治马肝黄病，初得时自哽气[①]，四脚如柱，牵动倒坐而倒。

黄连　黄芪　黄芩　知母　天门冬　贝母　郁金　川大黄　山栀子　麦门冬　黄药子

以上十一味，各等分为末，每药二两，使鸡子五个，生地黄三两细捣，合和灌之，次日再灌。

注解

①哽气：原刊“哽”作“硬”，“气”字不清。刘校本补“气”字。按其症状改为“哽气”。

方解

黄连散，治马肝黄病。症状：初期有呼吸哽气（吭声）；中期四脚直立如柱。后期则牵动倒坐而倒。药用川黄连泻心火维持心脏为君；郁金、生地、黄芩、天冬、麦冬、知母、贝母协作泻心肺火为臣；黄药子、黄芪、大黄、栀子泻脾胃三焦之火为佐为使。本病多在炎热季节，使役过度，以致心、肺、肝、脾火盛相合而成。当呼吸哽气之时，为热已伤肺；四肢如柱，为病已传脾；倒坐而倒，为已伤肝肾，这时多有性命之危，故以泻各脏火毒为主而肝火自平的整体疗法为先。方中属于泻心火者，为治肝传心之火（木生火）；泻肺火者，为治肺传肝之火（金克木）；泻脾火者，为治肝传脾之火（木克土）；使相生相克的各种关系，无偏盛偏衰之患，可望回生。此方在初、中期，疗效较好，但只宜于治标。若能转急为缓时，尚需配合补肾水的药物，以治其本，方为完善。这就叫水生木的善后辨法。

处方

川黄连15克　郁金20克　生地60克冬季干，可共研，夏季湿，另切碎　黄芩25克　天冬30克　麦冬30克　知母25克　贝母25克　黄药子15克　黄芪30克　大黄25克　栀子15克

用法及用量

以上12种，共研末。水调候凉，入鸡清5个为引，即时灌之。第二天如有好转，继续灌之。

【原方】7. ［补肝散］治马虫食肝病，初得时，两目如睡，伸头垂耳，频揺项，似惊[①]。

黄药子　白药子　石决明　大黄　知母　贝母　秦艽　白芜荑　干地黄　草龙胆　草决明

以上一十一味，各等分为末，每用药一两，蜜四两，醋一合，陈浆水一碗，草后灌之。

注解

①似惊：疑有缺字，应为“似惊风”。

方解

补肝散，治马虫食肝病。症状：两眼闭而不睁如睡眠之象。继而头向上仰，双耳垂下，连续揺项（脖颈缩短），有时好像受惊，回头四顾，站立不安。药用龙胆草泻肝胆火去下焦湿热为君；黄药子、白药子、知母、贝母、大黄、生地泻脾肺血分之

湿热为臣；秦艽、芜荑去湿杀虫为佐；石决明、草决明（决明子）滋肾养肝以补其缺损为使。虫食肝，是肝脏被虫而食之。这里仅从观察外貌症状而作诊断，这种来历，揣测古代医师，可能开始是与解剖对照得出的结论，后来得到治愈为依据的诊断。这种症状非经细心观察，不易确诊。肝以泻为补，虫由湿热生。名为补肝散，实际是以泻火燥湿之药，根绝化虫之源为治本法，配合杀虫之药，为治标法。这个方法，只能通过实验，才会有深刻的体会。

处方

龙胆草 25 克　黄药子 15 克　白药子 15 克　知母 25 克　贝母 20 克　大黄 25 克　生地 30 克　秦艽 15 克　芜荑 30 克　石决明 20 克煅　决明子 30 克

用法及用量

以上 11 种，共研末。蜂蜜 120 克，醋 30 克，浆水一碗，同调草后灌之。

【原方】8. ［消肝散］治马肝胀。初得时，先伸前二脚如虎，频频回头看后脚。

郁金　汉防己　山栀子　甘草　青黛　萆薢　细辛　大黄　玄参　紫参　人参　茯苓　沙参　草豆蔻　青皮

以上一十五味，各等分为末，每用药一两半，蜜四两，浆水一升，草后灌之。

方解

消肝散，治马肝脏肿胀病。初期症状：两前脚向前伸出，身向后退，如猛虎将要扑食的姿势，继而连续回头看后脚。药用青黛泻肝散郁解毒为君；郁金、大黄凉血化淤为臣；人参、沙参、玄参、紫参、萆薢、甘草补虚滋水以消肿为佐；栀子、茯苓、细辛、防己利水通经助消肿，草蔻、青皮健胃舒肝助消化为使。肝肿病，主因是水亏火旺，水少则热，热则血淤而肿。症状如猛虎扑食和回头看后，为肝肿不能接受胸腔呼吸的压力，尚有痛感之象。治以补虚添水为治本法，解热消肿为治标法。治的步骤可分三段：开始重标轻本；继而标本兼顾；最后重本轻标。要根据病情的转移而适应病情，以病愈为目的，不要拘执成方。

处方

青黛 20 克　郁金 13 克　大黄 20 克　人参 10 克　沙参 15 克　玄参 30 克　紫参 15 克　萆薢 13 克　甘草 13 克　栀子 13 克　茯苓 15 克　细辛 10 克　防己 15 克　草豆蔻 15 克　青皮 13 克

用法及用量

以上 15 种，共研末。使蜜 120 克，浆水半碗，同调，草后灌之。

【原方】 9.［石决明散］治马眼昏，初得时如醉，脚弱欲倒，头垂向下。

石决明　大黄　黄连　郁金　黄芩　山栀子　没药　黄药子　黄芪　白药子　草决明

以上一十一味药，各等分为末，每用药一两，使蜜二两，鸡子二个，水一碗，同灌之。

方解

石决明散，治马眼睛昏迷不亮病。初期症状如酒醉样，继而脚软无力，甚至不欲站立，卧倒在地，头低不抬。药用石决明泻肝明目为君；黄连、黄芩、黄药子、白药子泻心肺火为臣；黄芪、草决明补脾益肾为佐；大黄、栀子、没药、郁金散淤行滞为使。本病乃劳伤过度，心肺热极致使肾水亏损，水不涵木，则肝热上攻于眼，故有眼昏迷不亮之象。肝主筋，肝热则肝气不舒，筋不得力，故头低欲卧。从外貌来看，好像和四肢距离太远，从内部联系，实则肝脏疾病所生的一系列症状。本方有以泻心、肝、肺火为主，补脾、肾之虚为次的含意。虽是肝脏病，但由于一脏不和，就涉及五脏亦有不调，因而通过调整五脏的阴阳平衡，自然就可很快得到安全，可谓整体疗法。

处方

石决明煅 30 克　黄连 13 克　黄芩 13 克　黄药子 13 克　白药子 13 克　黄芪 25 克　草决明 20 克　大黄 25 克　栀子 15 克　没药 20 克　郁金 13 克

用法及用量

以上 11 种，共研末。蜂蜜 60 克，鸡清 2 个，同调灌之。

【原方】 10.［黄连膏］治马肝热、谷晕及眼热有泪，点之。

黄连　青盐　蕤仁　楮叶[1]　乌贼鱼骨

以上五味，各等分为末，乳钵内细研如粉。每用灯草取药点眼，一日两次。

注解

①楮：chǔ，楮树有楮实、楮叶，可作药用。

方解

黄连膏，治马肝经风热外传于眼病。如因料毒传肝攻眼睛，发生云翳症，及眼流热泪或眼泡红肿等症，都可用此膏点之。点于两眼角，自然吸收。药用川黄连泻心火、平肝凉血治目痛为君；楮叶清凉退云特效为臣；青盐解毒消肿，蕤仁补水生光为佐；乌贼鱼骨通经退云为使。眼科病多是轻则肿胀流泪，重则云翳遮睛或眼泡疮烂等症。总因不外乎内伤于热、外感风邪而发生。本方即是针对这些病情而设，但只宜于外障眼类，此为外治法。

处方

黄连 10 克　楮叶 10 克　青盐 6 克　蕤仁 6 克　乌贼鱼骨 3 克

用法及用量

以上 5 种，研极细面，共合调匀，装瓶候用。用时适量点入眼角内。每日两次。

卷　下

一、治脾部

【原方】 1. ［当归散］治马脾胃冷、伤水痛、因成泄泻之病。

当归　厚朴　青皮　陈皮　白牵牛炒　益智子　赤芍药

以上七味，各等分为末，每用药一两，水半升，生姜一分[①]擦细，煎三五沸，空草温灌之。

注解

①生姜一分：用量过轻，原刊如此未改。

方解

当归散，治马由于饮水过多，以致脾胃寒冷，引起肚痛起卧，而有泄泻之病。药用当归和血止痛为君；白牵牛（白丑）利水为臣；益智、厚朴、赤芍温胃导滞、泻宿食、厚肠胃为佐；青皮、陈皮和脾舒肝为使。按泄泻病，一般无显著痛感。本病是有起卧性的泄泻，可为痢病初期的一种症状。根据这些情况判断，采用此方，尚属对症。若单与寒泻者，用须考虑。因当归一味，据本草记载是泻者忌用。本方以当归为君药，带有和血止痛，强心补火生土之意。适当掌握用量，泻宜少用，痢可多用，才能有效。

处方

当归 20 克　白丑 20 克　益智仁 13 克　厚朴 13 克　赤芍 15 克　青皮 15 克　陈皮 15 克

用法及用量

以上 7 种共研末，生姜 15 克（切碎），同煎三五沸，空肚温灌。

【原方】 2. ［黄柏散］治马脾黄病、外肾棚上、延及两肷浮肿。

黄柏　知母　贝母　郁金　大黄　山栀子　黄芩　白芷　桔梗　瓜蒌根　山药

以上一十一味，各等分为末，每用药一两，蜜四两，水一碗，生姜半两擦细，同和灌之。

方解

黄柏散，治马脾黄病。症状是腰部（外肾棚上）及两肷有浮肿现象。药用黄柏治阴火、清湿热为君；知母上清肺火、下润肾燥，配黄柏有金水相生之义为臣；郁金、栀子、大黄、贝母、黄芩、桔梗、瓜蒌根凉血除湿，解热化淤，泻心肺三焦之火为佐；山药补虚，白芷解表辅正驱邪为使。本病主因是湿热为害，根据黄肿部位，已与腰肷黄形成合并症，故本方重点对准泻肾命火为主，配以泻心肺火为次的方法以解其危。但在黄肿未入内之前尚属有效，若口色赤紫无光时，就有性命之危。

处方

黄柏 60 克盐水炒　知母 60 克盐水炒　郁金 15 克　栀子 30 克酒炒　大黄 25 克酒炒　贝母 25 克　黄芩 15 克酒炒　桔梗 15 克　山药 20 克　白芷 13 克　天花粉 15 克

用法及用量

以上 11 种，共研末。蜂蜜 120 克，生姜 15 克（切碎）同调灌之。

【原方】 3. ［大白药子散］治马脾黄，初得时，精神小，头垂，鼻出冷气，或起卧、慢草、回头返看。

当归　五味子　没药　细辛　藁本　厚朴　香白芷

牵牛子　青皮　芍药　白药子　陈皮

以上一十二味，各等分为末，每用药一两，生姜半两擦细，酒一碗调灌之。

方解

白药子散，治马脾黄病的初期阶段。症状：精神短少，头低，鼻内冷气，不肯吃，或有回头看肷、慢性起卧之象。药用白药子泻脾肺火为君；白芍、青皮、陈皮泻火解郁为臣；当归、没药、牵牛（二丑）、厚朴和血止痛、利水除湿为佐；细辛、白芷、藁本、五味子解表补虚，辅正驱邪为使。本病在初期为湿盛之期，与冷痛相似。其不同点，冷痛急性起卧，经治快好。本病轻微起卧，疗效较慢，须细心辨认。本方只宜于初期。

处方

白药子 15 克　白芍 20 克　青皮 13 克　陈皮 13 克　当归 25 克　没药 20 克　二丑 25 克　厚朴 15 克　细辛 10 克　白芷 13 克　藁本 10 克　五味子 15 克

用法及用量

以上 12 种共研末，生姜 15 克（切碎），白酒 30 毫升，同调灌之。

·按语

原方是大白药子散，考虑这个大字，是有大量用白药子的意义。但是原方对各药的定量是各等份，这样看来就有不符之处。据我的体会，白药子苦寒有毒，在温带地区一般可用 13～20 克，若用到 30 克，在二日内多有不吃的反应。但是白药子应是治脾黄的对症药，所以方中暂定 15 克为中量。如要增量，我建议最多用 25 克，亦得事先对畜主说明情况，否则反而引起误会，特此提出，供参考。

【原方】4.［厚朴散］治马脾不磨草、口色黄白。

陈皮　麦蘖　五味子　官桂　牵牛子　缩砂仁　厚朴

青皮

以上八味，各等分为末，每用药一两，酒一碗，调灌之。

方解

厚朴散，治马脾虚胃弱消化不良，胃有宿食病。症状：口色黄白，不多吃草。药用厚朴清除胃内食滞为君；麦蘖、二丑协助克食为臣；官桂、砂仁、五味子健胃助消化为佐；青皮、陈皮舒肝和脾为使。本病为慢性胃食滞，根据口色黄白，乃寒湿停胃之象。治以一面加强胃火治本，一面帮助消化治标，可收良效。虽属一般小病，但因少吃，既影响健康，又妨碍生产，应及早施治。

处方

厚朴 25 克　麦芽 30 克　二丑 20 克　官桂 15 克　砂仁 15 克　五味子 15 克　青皮 20 克　陈皮 20 克

用法及用量

以上 8 种，共研末，白酒 30 毫升为引，同调灌之。

【原方】 5. ［秦艽散］治马伤冷、脾寒打颤、水草慢、腹痛。

秦艽　当归　马兜铃　贝母　枇杷叶　瓜蒌根　芍药　桔梗

以上八味，各等分为末，每用药一两半，浆水一升，生姜一分擦细，煎三五沸，候温，入童子小便半盏同灌之。

• 按语

本方除秦艽补虚除寒，当归和血止痛外，其余马兜铃、贝母、枇杷叶、瓜蒌根、白芍、桔梗共 6 种，都属润肺解热药，以此治劳伤肺热病，尚可。但与本病对照，大有矛盾，因而不作方解，仅抄原方，有待研究。

【原方】 6. ［桂心散］治马饮冷过多，伤脾作泄泻。

桂心　厚朴　当归　细辛　青皮　牵牛子　陈皮　桑白皮

以上八味，各等分为末，每用药一两，温水半碗，童子小便一盏，同调灌之。

方解

桂心散，治马饮水太过，以致冷伤脾胃，而成泄泻病。药用桂心暖脾胃、除寒冷为君；牵牛、细辛、桑白皮利水除湿为臣；当归、厚朴健脾胃助消化为佐；青皮、陈皮和解凝滞之气为使。本病是伤水为主因，故以利水去寒为法治其因，而泄泻自止，亦为“寒则温之”的方法。

处方

桂心 20 克　牵牛 25 克　细辛 6 克　桑白皮 15 克　当归 13 克　厚朴 13 克　青皮 15 克　陈皮 15 克

用法及用量

以上 8 种，共研末，男童尿一碗，同调灌之。

二、治肺部

【原方】 1.［紫苏散］治马鼻湿、喘粗、毛焦、揩擦、胸中痛、一切肺病。

紫苏叶　马兜铃　贝母　木通　汉防己　苦葶苈　白牵牛　桔梗　当归　甘草

以上十味，各等分为末，每用药一两，水半升，生姜一分细擦；蜜一两，煎三五沸，放温草后灌之。

方解

紫苏散，治马双鼻流涕，出气粗，毛干而硬，皮肤痒擦，胸脯疼痛，一切肺部病。药用紫苏叶发汗散寒，解表和里，通心利肺为君；葶苈子、马兜铃降气定喘，贝母、桔梗清肺润燥为臣；当归、二丑健脾助肺为佐；防己、木通、甘草通经止痛为使。肺与皮毛，表里相合，外感风寒，毛窍闭塞则表里不能舒畅，发生肺热而有鼻流涕，出气喘，毛干硬，皮痒擦，胸中痛等症。本方即治其主因的表里双解法，促使肺与皮毛呼吸通畅，则诸症可失。

处方

紫苏叶 15 克　葶苈子 20 克　马兜铃 13 克　贝母 25 克　桔梗 25 克　当归 25 克　二丑 20 克　汉防己 15 克　木通 15 克　甘草 13 克

用法及用量

以上 10 种，共研末，生姜 15 克（切碎），蜂蜜120克为引，同煎三五沸，候温，草后灌之。

【原方】2.［贝母散］治马肺热、喘粗及喉。

大腹子　贝母　山栀子　紫菀　桔梗　杏仁　牛蒡子　瓜蒌根　甘草　百部根

以上十味，各等分为末，每用药一两，水半升，煎三五沸，放温，草后灌之。

方解

贝母散，治马肺热病。症状：出气粗，咳嗽。药用贝母润肺止咳为君；紫菀、杏仁、桔梗、瓜蒌根、百部根协助止咳定喘为臣；大腹子（槟榔）克食消滞，清除胃内宿积，和暖胸腔呼吸，间接的宽胸顺气为佐；牛蒡子、栀子、甘草通经利水泻热解毒为使。本病为里热证，用“热者清之”的清肺药，就可治好。此属单病单治法。

处方

贝母 30 克　紫菀 25 克　杏仁 30 克　桔梗 20 克　天花粉 20 克　百部根 15 克　槟榔 15 克　牛蒡子 20 克　栀子 15 克　甘草 13 克

用法及用量

以上10种，共研末，水煎三五沸，候温，草后灌之。

【原方】3.［汉防己散］治马肺劳伤，奔走气粗、鼻内气猛、出泄不及、逼促损肺，鼻内出白脓。

汉防己　陈皮　知母　款冬花　黄药子　白牵牛　杏仁　桑白皮　木通　甘草

以上十味，各等分为末，每用药一两，水半升，生姜一分细擦，蜜一两，同煎三五沸，放温，饱灌之。

方解

汉防己散，治马肺受劳伤病。原因：乘骑奔走太快，气出不及，逼损肺脏。症状：双鼻流白脓。药用汉防己通经利窍，治肺气喘满为君；知母、杏仁、桑白皮、款冬花、陈皮润肺利气为臣；黄药子、甘草清热解毒，制止肺脏化脓为佐；白丑、木通引火下行由尿而出为使。此属努伤肺壅病，由于气滞血淤，以致肺烂而有双鼻流脓之象。本方重点先治因，即疏通经络、宣导气血之法。气行血通，则肺无壅肿化脓之患，可为拔本塞源法。

处方

汉防己30克　知母25克　杏仁30克　桑白皮15克　款冬花15克　陈皮15克　黄药子13克　甘草13克　白丑15克　木通15克

用法及用量

以上10种，共研末，生姜15克（切碎），蜂蜜120克为引，同煎三五沸，候温，饱后灌之。

【原方】4.［知母散］治马肺气把膊，常啖益马。

知母　大黄　贝母　枳壳　茯苓　青皮　菖蒲　破故纸　红芍药　瓜蒌根　白芷　枇杷叶

以上一十二味，各等分为末，每用药二两，以麻腐一盏同和灌之。

方解

知母散，治马肺脏滞气不通，胸膊疼痛病。每遇此病，照方服之，有益无害。药用知母滋肾水、润肺燥为君；贝母、枇杷叶、瓜蒌根、大黄协助润肺以利气为臣；菖蒲、茯苓强心利尿，红芍药（赤芍）、枳壳、青皮活血利气为佐；破故纸补肾虚，白芷解表为使。肺为气海，主持全身之气，马骡每天体力劳动，就得用力，力由气生，气通则劳动有劲，气滞则血淤而有痛感。所以对胸膊痛来说，这是常病。本方是以滋肾水，润肺燥，强心活血，舒肝解郁的具体疗法，以调整局部的胸膊痛病，可使气通血行而痛息宁。

处方

知母 30 克　贝母 25 克　枇杷叶 13 克　天花粉 20 克　大黄 15 克　菖蒲 15 克　茯苓 15 克　赤芍 15 克　枳壳 15 克　青皮 13 克　破故纸 20 克　白芷 13 克

用法及用量

以上 12 种，共研末，生芝麻汁一碗，开水同调，候温灌之即效。

【原方】5.［人参散］治马肺燥、揩擦。

人参　沙参　玄参　丹参　贝母　麦门冬　天门冬　知母　甘草以上各二两　紫苏子　马兜铃　苦参半斤炮黄色

以上一十二味为末，每用药二两半，入盐豉一两，蜜二两，同和灌之。

方解

人参散，治马肺热毛躁病。症状：皮肤瘙痒，浑身揩擦。药用人参生用补气泻火为君；沙参泻肺火，丹参化淤血，玄参补水泻火，苦参去湿止痒为臣；知母、贝母、天冬、麦冬、苏子、兜铃、甘草清热降气为佐为使。本病原因，多是膘肥体壮、气滞血淤的燥痒病。总说皮毛属肺，分说皮属肺，肺主气，故毛孔通气；毛属心，心主血，故毛为血余，乃心肺相连的直接关系。气滞则血淤，因气为血帅，血为气母。本方重点是补气清热法，使气血和平，而痒擦自止。

处方

人参 10 克生用　沙参 15 克　丹参 15 克　玄参 25 克　苦参 26 克　知母 20 克　贝母 20 克　天冬 20 克　麦冬 15 克　苏子 15 克　马兜铃 13 克　甘草 10 克

用法及用量

以上 12 种，共研末，盐豉 30 克，蜂蜜 120 克为引，同调灌之。

【原方】6. ［硇砂散］治马肺风发毒疮。

硇砂　胆矾　砒霜　铜绿

以上四味，各等分为末，用盐浆水净洗疮后贴之，四日再一换。

方解

硇砂散，治马肺经受风、发无定处的恶性毒气腐朽化脓疮。药用硇砂化淤血为君；砒霜蚀败肉为臣；铜绿去风痒为佐；胆矾敛疮口为使。本方四种药都属剧烈毒品，遇此恶性毒疮，需要以毒攻毒，这就是根据病情针锋相对的外治法。适用于腐朽期，为强有力的脱腐剂。

处方

硇砂 6 克　砒霜 0.15 克　铜绿 3 克　胆矾 3 克

用法及用量

以上 4 种，各研细面，共合调匀，装瓶候用。用时以消毒药水洗净患处，适量干撒，隔日换药一次，以腐朽脱尽为度。

【原方】7. ［洗肺散］治马肺风揩擦及热剥疥疖等疾。

人参　甜参　紫参　苦参　秦艽　何首乌　沙参

以上七味，各等分为末，每用药一两，酸浆水一升，蜜四两，不蚛①皂角一挺挼②取汁，一处调灌，隔日再灌。

注解

①蚛：zhòng，虫咬。

②挼：ruó，揉搓。

方解

洗肺散，治马肺经受风，皮肤痒擦，及热甚皮破，形成疥疮结痂等症。药用五参［人参、甜参（又名玄参）、紫参、苦参、沙参］凉血解毒、去风止痒为君为臣；秦艽、何首乌补虚治风湿、辅正驱邪为佐为使。本病是内因血热，外感风湿，湿热相蒸而成此患。故有痒如虫行之难忍，甚者擦破皮肤，流出毒血或黄水，形成疥痂之象。虽属外科皮肤病，但与内脏气血有关，故本方是以清热去湿为法，湿热去、痒擦止而疮自愈，此乃治本之道。亦属表里双解的一种方法。本方在《元亨疗马集》已更名为五参散。

处方

人参 10 克生用　甜参 25 克　紫参 20 克　苦参 25 克　沙参 20 克　秦艽 20 克　何首乌 30 克

用法及用量

以上 7 种，共研末。酸浆水一碗，蜂蜜 120 克，虫未咬过的好皂角一挺，开水浸泡取汁去渣，同调灌之。隔一天再灌第二副。

【原方】 8.［凉肺散］治马肺喘及非时热喘。

甘草　甜葶苈　桔梗　贝母　板蓝根　木猪苓

以上六味，各等分为末，每用药一两半，蜜三两，糯米粥一盏，同和啖之，如不退，再啖，用童子热小便一盏，同蜜水相和灌之。

方解

凉肺散，治马肺热、出气粗及季节失常的热性气喘病。药用葶苈子降气行水、专泻实喘为君；桔梗、贝母清热润燥为臣；板蓝根、甘草解毒泻火为佐；木猪苓（土茯苓）清湿热、通经络为使。按喘有虚实，治当有别，虚则补之，实则泻之，这是治疗原则。本病是热气上攻而成的实喘症，故此方专为清热定喘而设，但仅适用于本病，若是虚喘，则不宜用。

处方

葶苈子 25 克　桔梗 30 克　贝母 30 克　板蓝根 20 克　甘草 15 克　土茯苓 30 克

用法及用量

以上 6 种，共研末。蜂蜜 120 克，糯米粥（糯米粥润肺和脾有扶正祛邪之义）一杯，同调灌之。如未完全好转，再加男童尿趁热灌一杯，同蜜调灌。

【原方】9. ［半夏散］治马肺风、热痰、吐涎沫。

半夏　川升麻　防风

以上三味，各等分为末，每用药二两，酸浆水一升，同煎三五沸，放冷灌之。如病未退，再灌之。

方解

半夏散，治马肺经外感风热，以致口吐痰沫，流涎不止的症状。药用半夏宣通阴阳，除湿化痰，不分寒热，都可发表解郁化痰为君；防风去风热胜湿邪为臣；升麻表散风邪，升发火郁为佐为使。因口吐痰沫涎症，主因虽然属湿，但须分寒热，寒则稀散，热则稠敛，要细心辨认。本病属于热性乾。《元亨疗马集》是根据此方，又加飞矾用以治肺寒吐沫病。我的体会，肺寒吐沫，用半夏 15～25 克、防风 10～15 克。肺热吐沫，用半夏 10～15 克，防风 15～25 克，效果良好。

处方

制半夏 10 克　防风 15 克　升麻 13 克

用法及用量

以上 3 种，共研末。酸浆水一碗，同煎三五沸，候凉灌之。

三、治肾部

【原方】1.［茴香散］治马肾黄病，外肾肿硬，水草渐退抽拽后肾。

茴香　知母　苦楝子　甘草　贝母　干姜　秦艽　官桂　山栀子　青皮

以上十味，各等分为末，每用药一两，煨葱二条，酒半升，同煎三五沸，放温灌之。

方解

茴香散，治马肾黄病。症状：外肾肿硬，水草减少，内抽后肾（左肾）外抽左腿。药用小茴香理气开胃，治寒疝为君；官桂、干姜去寒湿为臣；知母、贝母、苦楝子、甘草清肺、肾、小肠之热为佐；秦艽养血荣筋，青皮舒肝伸筋，栀子通利三焦水道为使。黄病一般说来，是属热证。亦须分别阴阳两性，如在上焦及中焦部位的多阳性（属阳火），在下焦部位的多阴性（属阴火）。本病是外肾黄（指公畜），主因是寒湿流注而得。故以去寒湿为主，清热为次，配以舒肝利水之药，使经络流通而诸症自愈。

处方

小茴香 15 克　官桂 13 克　干姜 10 克　知母 20 克　贝母 15 克　苦楝子 25 克　甘草 13 克　秦艽 20 克　青皮 15 克　栀子 25 克

用法及用量

以上 10 种，共研末。煨葱 2 根，白酒 30 克，同煎三五沸，候温灌之。

【原方】2.［荜澄茄散］治马抽肾病。

荜澄茄　木通　破故纸　茴香　金铃子　桂心　青皮　牵牛　细辛　甜瓜子　陈皮　葫芦巴

以上十二味，各等分为末，每用药一两，酒半升，煎热候温灌之。

方解

荜澄茄散，治马抽肾病。药用荜澄茄上暖脾胃、下暖腰肾及膀胱，治一切冷气为君；茴香、破故纸、桂心、胡芦巴协助暖肾为臣；青皮、陈皮舒肝理肺、调整肾的母子关系为佐；金铃子、二丑、甜瓜子、细辛、木通通利膀胱为使。抽肾病，大体上有寒抽、热抽、单抽、双抽、气抽 5 种之别。详细情况参考本集卷六，七十汗中之第八、第十一、第十二、第十三、第十四便知。本方可供单抽、双抽病的参考。

处方

荜澄茄 20 克　小茴香 15 克　破故纸 13 克　桂心 10 克　胡芦巴 15 克　青皮 15 克　陈皮 15 克　金铃子 20 克　二丑 20 克　甜瓜子 13 克　细辛 6 克　木通 13 克

用法及用量

以上 12 种共研末，白酒 30 毫升，同煎候温灌之。

【原方】3. ［葱豉汤］治马肾伤，气拖腰胯。

葱五条打碎　椒①各半两　豉二两　朴硝二两半

以上四味，用水一升同煎沸，去药渣，放温灌之，未退，至晚再依前法灌之，慢慢牵行。

注解

①据邹介正校注本，椒为胡椒、花椒各半两。

方解

葱豉汤，治马寒气伤肾，拖拽腰胯病。药用葱、豆豉、花椒解表发汗以驱寒气，朴硝通大肠，引邪外出。此为表里双解之法，为治寒伤腰胯痛的简便良方。

处方

葱5根切碎　豆豉 60 克　花椒 15 克　朴硝 60 克

用法及用量

以上 4 种水煎去渣，候温灌之。如未全好，依法再灌，灌药之后，遂即牵行慢走，以活动其腰胯。

【原方】4.［破故纸散］治马肾冷腰胯痛。

破故纸　厚朴　葫芦巴　茴香　肉豆蔻　青皮　苦楝子　陈皮

以上八味，各等份为末。每用药一两，水一碗，煎沸候冷，入童子小便半盏，草前灌之。

方解

破故纸散，治马肾脏受冷，腰胯痛病。药用破故纸补命门火，暖腰胯为君；小茴香、葫芦巴协助暖肾为臣；厚朴、肉豆蔻暖脾胃逐冷寒为佐；苦楝子、青皮、陈皮舒通肝肺滞气为使。肾水受寒则气弱，气弱则血行迟慢，表现于腰胯部有皮紧毛硬，行动不灵等痛苦症状。本方重点是加强肾命门、脾胃之火，使水热则气通血行，自然无痛。

处方

破故纸 25 克　小茴香 15 克　葫芦巴 20 克　厚朴 15 克　肉豆蔻 15 克　苦楝子 15 克　青皮 13 克　陈皮 13 克

用法及用量

以上 8 种，共研末。同煎沸候温，入男童尿半碗，空肚灌之。

【原方】5.［槟榔散］治马抽肾病、腰背硬、拖拽后脚、水草慢。

槟榔　肉豆蔻　干山药　贝母　秦艽　细辛　款冬花　牵牛　巴戟　没药　当归

以上十一味，各等分为末，每用药一两，葱白一条细切，酒一碗，煎沸放温灌之。

方解

槟榔散，治马抽肾病。症状：腰背紧硬，拖拽后脚，水草迟慢。药用槟榔引肺气下通于肾（金生水）而为君；秦艽、巴戟、山药、肉豆蔻补肝肾暖脾胃而为臣；当归、没药强心活血以止痛，贝母、款冬花润肺通肾以行气为佐；细辛、二丑通经利水为使。金不生水，则肾燥不润而有抽搐之象，此病多是心肺过劳而得。如腰背紧硬，拖拽后脚，为其主症，水草慢为兼症。总的情况都属虚象，所谓“劳伤过度亏肾水”，即指此意。本方不用直接辨法，而是采用隔二隔三之间接方法。重点在于调整各脏之相互关系，趋于矛盾相持的平衡状态，不治肾而肾自愈，亦是整体疗法的一种方法。一副轻，二副平，三副宁。方简意深，实验自信。

处方

槟榔 20 克　秦艽 15 克　巴戟 25 克　山药 30 克　肉豆蔻 15 克　当归 30 克　没药 18 克　贝母 18 克　款冬花 15 克　细辛 6 克　二丑 20 克

用法及用量

以上 11 种，共研末。葱白一根（切碎），白酒 30 克，煎沸候温灌之。

四、杂治部

【原方】1. ［牵牛散］治马低头难、腰背紧，化滞气，消膨胀。

白牵牛　川大黄　威灵仙　大腹子　甘遂　陈皮　藁本　当归　丁香皮　草薢

以上十味，各等分为末，每用药一两，水半升，入葱白一握，细切，生姜一分，细擦。煎沸候温，草前灌之。

方解

牵牛散，治马低头难，腰背紧病。治法以化滞气、消膨胀为目的。药用白牵牛泻肺气以通肾水而为君；大腹子（大肚槟榔）、甘遂行水消胀为臣；当归、大黄、威灵仙、萆薢活血去淤、通经去湿为佐；陈皮、丁香皮（丁香树皮）、藁本解表去风寒为使。此病正名"项脊吝"，即脖颈与腰背强直。由于内伤劳役，外感风寒，以致肺气凝滞不能通肾（金不生水）。故以化滞消胀为法。本方重点即是通气行水，辅以通经解表之药，使表里无阻，气血畅行而病邪自退。本病为表里俱实证，本方为表里双解的一种方法。

处方

白丑 25 克　大腹子 20 克　甘遂 10 克　当归 30 克　大黄 15 克　威灵仙 20 克　萆薢 15 克　陈皮 15 克　丁香皮 13 克　藁本 13 克

用法及用量

以上 10 种，共研末。葱白 5 根，生姜 15 克（均切碎），同煎沸候温，草前灌之。

【原方】 2.［消黄散］治马热毒、草结。

黄芩　白药子　款冬花　黄柏　郁金　秦艽　大黄　贝母　甘草　黄药子　黄连　山栀子

以上十二味，各等分为末，每用药二两，砂糖、蜜各二两，猪脂一两、盐半两，啖之。

方解

消黄散，治马由于热毒发生的"草结"（槽结）病。药用黄连、黄芩、黄柏、栀子泻心肺、三焦之火而为君；黄药子、白药子、郁金解心、肺、脾脏之毒而为臣；贝母、冬花、秦艽、甘草润肺补虚，并防止以上各种清热解毒药的寒凉过度而为佐；大黄、砂糖、蜂蜜、猪脂、食盐通肠泻下为使。本病从外表来看，应属外科病。究其根由，是在里之实热证，发于外之象。所谓草结，古人认为是草料结毒而成，根据病因而定名。至于槽结，乃以其患病部位而言，即在食槽（颚凹）发生结毒化脓生疮之意。治以清热解毒为主，佐以通肠泻下引毒外出之药，将内脏毒素消尽而外症自愈。乃“清下并用”之一法。本方名为消黄散，是古代名词，现在可称为“平热散”。应用范围很广，除治本病外，凡属一切在里的实热证，都可酌情参考而用。与本卷卷上第四黄散完全相同，可谓一方治多病。

处方

黄连 15 克　黄芩 20 克　黄柏 25 克　栀子 20 克　黄药子 15 克　白药子 15 克　郁金 15 克　贝母 25 克　款冬花 13 克　秦艽 13 克　甘草 15 克　大黄 30 克

用法及用量

以上 12 种，共研末。砂糖、蜂蜜各 120 克，猪脂 60 克，食盐 15 克同调灌之。

【原方】3.［白矾脂散］治马喉骨胀硬，低头难，鼻内脓出，喉内作声，水草慢。

猪脂半斤　白矾一两

以上二味，同研细，草饱啖之。

方解

白矾脂散，治马喉骨胀病。症状：喉头肿硬，低头困难，双鼻流脓，喉内有呼吸声，吃喝迟慢。药用白矾、猪脂凉血解毒，通利大便，排毒外出。本病是心肺热毒上攻于喉而发生。诸症皆由热毒为害，故以解毒泻下法，以驱病邪解其危，诸症可愈。此为釜底抽薪法。

处方

白矾 30 克生用　猪脂油 250 克生用

用法及用量

以上 2 种，同研细，饱肚啖之。

【原方】4.［白芨散］治马因踏虚，闪着筋骨，腰胯等处肿痛。

白芨　朴硝　木鳖子　芸薹子　苦葶苈　白芥子　川

大黄　白芷

以上八味，各等分为末，每用药一大匙，头醋调裹痛处。

方解

白芨散，治马因为走到不平整的道路中，踏空闪伤而得的筋骨肿痛病。常患于腰胯等处。药用白芨逐淤生新、治跌打损伤为君；白芷、木鳖子泻火散结以毒攻毒为臣；大黄、朴硝软坚化淤为佐；芸薹子、白芥子、葶苈子通经络、导气血为使。本病主因是踏空闪伤，以致气血流注而痛。故治以促进气血的流畅，则自然肿消痛止而安。此为外治的一种方法。

处方

白芨20克　白芷15克　木鳖子15克　大黄30克　朴硝30克　芸薹子15克　白芥子15克　葶苈子15克

用法及用量

以上8种，研极细面，装瓶候用，用时陈醋调涂患处。

【原方】5.［大黄散］治马粪头紧硬，抛脂裹粪，脏腑热秘，及气拖腰，疏利脏腑。

川大黄　郁李仁　甘草　牵牛子

以上四味，各等分为末，每服药二两，童子小便一升，同调灌之。

方解

大黄散，治马排出的粪球（粪头）紧硬，排出粪球裹缠着如脂肪样。原因是脏腑有热，以致大便秘结，甚至热气凝滞，形成行走拖腰的姿势。治以通泻脏腑积热为法。药用大黄下燥结而去淤热为君；郁李仁破血润燥为臣；牵牛利水导滞为佐；甘草泻火解毒为使。本病多患于膘肥体壮之马骡，料多役重或天气炎热缺水所致。主要以通利为法，使热退粪润而愈。虽属一般小病，但治不及时，亦可转变为急性粪结病。

处方

川大黄 60 克　郁李仁 30 克　生牵牛 25 克　生甘草 20 克

用法及用量

以上 4 种，共研末。男童尿一碗，同调灌之。

【原方】 6.［黄柏膏］治马恶疮。

黄柏　密陀僧　龙骨　白敛　乌鱼骨　杜仲　木律

以上七味，各等分为末。每服药先以盐浆水洗净，揩干，油调药，纸贴之。隔日再洗，又贴。

方解

黄柏膏，治马恶性的腐朽疮。药用黄柏杀菌止痒治阴毒为君；龙骨、白敛生肌敛疮口为臣；密陀僧、木律（即梧桐树流出的胶汁，参考《本草纲目》卷三十四木部胡桐泪便知详情）散淤血消结毒为佐；杜仲、乌贼鱼骨（海螵蛸）通经络去寒湿为使。这种久患不愈的恶性疮，多是疮性属阴而为害，故以治阴毒为主，生肌为次，佐以通经化淤之品，待肿消毒散，疮性转阳就可生肌长肉，恢复原形。本方虽只 7 种，但具有矿物、动物、植物三大类药别的不同性能配合而成。对这种外科恶性疮，是有显著效果，可行试验，发挥其应有的作用。

处方

黄柏 30 克　龙骨 15 克煅　白芷 15 克　密陀僧 10 克　木律 10 克　杜仲 10 克　乌鱼骨 10 克

用法及用量

以上 7 种，共研极细面，装瓶候用。用时先以消毒药水洗净疮痕，湿处干撒，干处麻油调涂，外包纱布，以防中风。隔一天换药一次，以好为止。

【原方】 7.［红花子散］治马闪着内痛，尿血，止痛。

红花子　当归　芍药　荆芥　槐花　甜瓜子

以上六味，各等分为末，每用药半两，酒半升，童子小便一盏，同调灌之。

方解

红花子散，治马闪伤内肾，呈现尿血症状。治以活血止痛法。药用红花子破血去淤为君；当归、赤芍和血止痛协助破淤为臣；荆芥、槐花炒黑止血为佐；甜瓜子利尿为使。凡治病先治其因而后治果。无因即无果，有果必有因，治果未必去因，这说明对因果的看法，应有先后缓急轻重之别。本病是闪伤之因，与一般劳伤热伤原因有别。而是尿液混有血丝。故本方是以破淤为主，止血为次，配以利尿之药，则尿色正而痛止。至于荆芥、槐花炒黑的作用，乃取其红见黑止水克火的意义。本方可谓治因止血法。

处方

红花子 10 克　当归 25 克　赤芍 15 克　荆芥炒黑 13 克　槐花炒黑 13 克　甜瓜子 15 克

用法及用量

以上 6 种，共研末。白酒 15 毫升，男童尿一碗，同调灌之。

• 按语

原方中“闪着内痛”四字，只能说内部有痛感，而不能指定痛在何处。我的看法是内肾痛。今按内肾作解释，可以说明疹伤部位是在内肾，因而出现尿血症状，内外联系的道理。

【原方】 8.［乌梅散］治马驹子奶泻。

乌梅　郁金　黄连　诃子

以上四味，各等分为末，每用药半两，干柿三个打破入药，同和啖之。

方解

乌梅散，治马驹子在吃奶期发生拉稀病。药用乌梅清热止泻为君；黄连、郁金凉血解毒为臣；诃子清肠火为佐；干柿涩肠止泻为使。本病多是吃入母畜的热奶所伤，乃母子共同原因而得。名为奶泻，实际是奶痢，古称奶泻，乃以其拉稀粪而言。按我的临证体会，泻多寒，痢多热，痢痛泻不痛。其症状：轻则拉稀如泻，重则多卧少站，有轻微肚痛如痢的里急后重之势。甚至有不肯吃等情。本方虽有解毒止泻的功能，但只能治子而不能治母，要治本，同时还需母马服清血解毒药，才可根治。

处方

乌梅10克　黄连6克　郁金6克　诃子10克　干柿2个

用法及用量

以上5种，共合不研，水煎去渣灌之。每副煎灌两次，隔4小时再灌第二次。轻者隔一天灌一副，重者每天一副，连灌两至三副，以不泻为度。至于药量的轻重，根据情况可以加减，不要拘执成方为是。

【原方】9.［升麻散］治马驹子肺病，不食草。

郁金　川升麻　紫苏子　黄连　干地黄　黄药子

以上六味，各等分为末，每用药半两，蜜一两，瓜蒌碎半个，同和啖之。

方解

升麻散，治马驹子得了肺热不食草病。药用升麻表散风邪，升发火郁，有引毒外出而为君；苏子降气润肺、止咳定喘为臣；郁金、黄连、生地凉血解毒，制止火克金，黄药子凉脾解毒，可开胃进食为佐；瓜蒌宽胸顺气，蜂蜜润肺利肠为使。驹子的体质是在发育未全的脆弱期，多生热症，易患感冒，这时体温高，呼吸粗，不肯吃。本病虽宜表里双解，但对驹子应以轻表重凉，可收良效。若单用表或纯用凉的治法，都不够妥当。本方就是轻表重凉的一例，对治驹子的肺热感冒病，是有代表性的一方，可供参考。

处方

升麻13克　苏子13克　郁金6克　黄连3克　生地15克　黄药子6克

用法及用量

以上 6 种，共研末。瓜蒌 15 克（切碎），蜂蜜 30 克为引，同调灌之。如驹子太小，可改为水煎去渣灌。每副分两次，轻者隔一天一副，重者一天一副。2～3 副即好。

【原方】10. ［郁金散］治马驹子喉骨胀，鼻湿，出白脓。

郁金　黄芩　白矾飞过

以上三味，各等分为末，每用药半两，蜜一两，同和啖之。

方解

郁金散，治马驹子喉骨胀病。症状：喉头肿胀，双鼻流脓涕。药用郁金凉心清肺，泻热毒上攻而为君；黄芩泻心肺火并解诸热为臣；白矾解毒生肌为佐；蜂蜜润肺利肠为使。喉骨胀是心肺热毒上攻于喉所致，多发于幼驹小马。鼻流脓涕，是有区别的，脓是喉烂，涕是肺热。本方重点是以清心肺热毒为先，纯粹是用清热解毒法，待热清毒尽，则肿胀脓涕之象自然消失。

处方

郁金 6 克　黄芩 10 克　白矾 3 克半生半飞

用法及用量

以上 3 种，共研末。蜂蜜 30 克，同调灌之。

【原方】11. ［胆矾散］治马因踏硬，蹄热怕着地。

胆矾　硇砂　黄丹　砒霜

以上四味，各等分为末，每用药一钱，油一两，葱白三四寸细切，共油一处炒，入药同调，先用小便净洗了痛蹄，揩干，上药涂之，三四日再换药。

方解

胆矾散，治马因为久踏硬地，以致蹄甲发热，不敢着地，行走不便，痛苦难忍。药用胆矾宣敛上行，发散风火而为君；黄丹（即铅丹）解热拔毒为臣；硇砂化淤血，砒霜蚀死肌为佐为使。本病原因是硬对硬发生矛盾，以致蹄甲败血流注而痛。治以矿性剧烈之剂，直接外涂于局部，用以毒攻毒法，促使血液流通，可望肿消热退，恢复健壮。否则“无蹄即无马”而丧失劳力，形成残废。

处方

胆矾　黄丹　硇砂　砒霜

用法及用量

以上4种，各等份，研极细面，装瓶候用。用时每蹄3克，配适量的麻油、葱白捣汁，同调。先将蹄甲洗净揩干，后涂药，外用布包，3日换药一次。

【原方】12.［乌衾[①]散］治马五翻燥蹄。

密陀僧　黄丹　乌龙肝　铜青　轻粉　皂角炙焦同研

以上六味，各等分为末，先用小便洗过，用菜油调药涂之。

注解

①衾：qīn，被子。在这里形容以药涂盖于患处的意思。

方解

乌衾散，治马患五种燥蹄病（蹄甲生旋疮，蹄甲分裂，蹄甲瘙痒，蹄甲萎缩，蹄甲枯死）。药用乌龙肝（即黑狗肝），肝生筋，蹄甲为筋之余气所生长，故以肝脂补筋脂而为君；轻粉、铜青（又名铜绿，即铜锈，用醋涂铜则生锈，刮取即是）杀虫止痒而为臣；密陀僧、黄丹，拔毒生肌为佐；皂角通窍去风湿、杀虫消肿毒为使。所说乌衾散这个名词，是以乌龙肝为主要成分配制的药膏，外涂于满蹄甲之上，如被子盖覆的意思。凡属以上5种蹄病，都可用此方进行治疗。

处方

乌龙肝一具焙干　轻粉10克　铜青3克　密陀僧10克研　黄丹

15 克 皂角 6 克研

用法及用量

以上 6 种，共合研成极细面，装瓶候用。用时先以消毒药水洗净蹄甲，后用菜子油调匀涂之，外包纱布，3 天换药一次，以好为度。

五、针　　法

凡用针切忌血支血忌及午日，大风、雨、阴、晦并不得行针。仍须早喂饱后少时用针，针罢立系，候晚喂。

（胸堂穴）在胸下两边，是穴入针五分，出血三升，治心肺积热，并蹙着五攒，并马胸膊等处痛。

（肾堂穴）在腿里对外肾两边，是穴入针三分，出血一升，治肾脏滞气腰脚痛。

（眼脉穴）在眼后四指，是穴入针一分，出血一升，治肝脏卒热，眼目晕涩痛，泪出发肿。

（鹘脉穴）在颊骨后项上四指，是穴入针三分，出血三升，治五脏积热，六腑不和，毛焦、生疥、喉内不通，鼻有白脓，一切黄病，并宜出血。

（膝脉穴）在膝下一寸，是穴入针三分，出血一升，治伤重痨痛。

（曲池穴）在蒺藜骨下三指，是穴入针二分，出血一升，治肾毒冷下漏。

（蹄头穴）在蹄上一指，是四穴，入针六分，出血一升，治干湿漏，生死蹄甲，失节痛，蹄胎骨痛，一切蹄病。

（玉堂穴）在口内硬颚第三棱上，是穴入针三分，出血三合，治脑热、肝、肺热毒，攻注唇口，开口艰难，水草微细，针了用盐少许止血。

• 按语

这段针法，从内容看到，既不完全，又多零乱，错误之处，不在少数，最突出的，如胸堂穴入针五分，蹄头穴入针六分，不但无益反而有害，而且本集卷一伯乐针经以及卷三末尾之上下六脉穴，已有完整的记载。同时，邹介正同志已在校注中提到，“佚侯本缺，刘校本删去未录”之说。因而不作语释。

• 小结

本卷对于处方的分类，较之卷七完整。从首段四时调理法看到，多是来源于古代军马方面的生活习惯，如料多膘肥劳逸不均等。在地区气候方面，是接近温热地带所采用的方法，如冬季宜服白药子散一方，就可想而知了。根据这些情况，现代军马亦有参考的价值。至于治各脏病的方剂，多是收集历代各地的验方，以及当时国家牧马基地的良方。其中各方的药品，最多的一方是17种，最少的是两三种，一般是在10种左右，正是含有“兵在精而不在多”的意义，而且价格便宜，到处能够找到。《元亨疗马集》早已摘录了部分良方。如肺风热擦的洗肺散（《元亨疗马集》改为五参散），心脏热的四黄散，肝热眼生翳膜的苍术散，脾不磨草的厚朴散，肺病鼻湿的紫苏散，肾冷抽肾的荜澄茄散，马驹奶泻的乌梅散等，这些都是各地行之有效的良好方剂。总而言之，本卷方剂是有一定的实用价值的。不论军马与地方家畜，都可参考上述方剂防治疾病。

中西兽医病名对照表

	中兽医名	西兽医名
心经病	口疮	口腔炎
心经病	木舌黄	舌炎
心经病	黑汗风	热射病
心经病	心风狂	脑炎、脑膜炎兴奋期
心经病	脑黄心黄	脑膜炎、脑水肿、脑充血
肝经病	肝热传眼、风火眼、火眼、云翳遮睛 眼生翳膜、火朦眼	结膜炎、角膜炎
肝经病	雀盲	夜盲症
脾经病	脾虚慢草、脾胃虚弱	慢性胃肠卡他
脾经病	宿水停脐	腹水
肺经病	颡黄、囊颡黄、喉黄	咽喉炎
肺经病	喉骨胀	喉头炎
肺经病	喉骨肿	喉水肿
肺经病	脑颡	副鼻窦炎、副鼻窦
肺经病	肺黄	肺炎
肺经病	肺痛	胸膜肺炎、胸膜炎
肺经病	马喘症	慢性支气管炎和慢性肺泡气肿
肾经病	木肾黄	腰扭伤、肾结石
肾经病	垂缕不收	阴茎麻痹
肾经病	外肾黄、阴肾黄	阴囊肿胀
胃肠膀胱病	内颡黄	咽炎
胃肠膀胱病	草噎	食道阻塞
胃肠膀胱病	胃寒胃热	急性胃肠卡他
胃肠膀胱病	肠断	肠破裂

（续）

	中兽医名	西兽医名
胃肠膀胱病	冷痛	肠痉挛
	肠黄	肠炎
	肠入阴	阴囊疝、腹股沟疝
	前结	小肠阻塞
	中结	大肠阻塞
	后结	直肠阻塞
	板肠结	大结肠或盲肠阻塞
	淋浊	泌尿系感染
	消喝	多尿症
	淋症、尿结	尿结石
风症	歪嘴风	颜面神经麻痹
	项脊吝、低头难	颈风湿
皮肤病	肺风毛燥、瘙痒症	脱毛症
	便身黄、肺风黄	荨麻疹
	秃毛癖、匍匐癖	皮肤霉菌病
传染病	偏次黄、肷黄、脾黄、连贴胀	炭疽
	强直症、木马症、锁口风、揭鞍风、脐带风	破伤风
	槽结喉骨胀	马腺疫
	肺败、肺萎、肺毒肠	马鼻疽
	马痘	马脓疮性口炎
寄生虫病	腰痿病	马脑脊髓丝虫病
	血汗症	马副丝虫病
	马胃虫	马胃蝇幼虫病
中毒病	蹄腿烂肿病、肿脚病	霉烂稻草中毒或锥虫病
	瞎眼病	萱草根中毒

（续）

	中兽医名	西兽医名
胎产病	胎动	努责过早
	月中风、产后风	产后瘫痪
	产前风	妊畜截瘫
	产前不吃	骡马妊娠毒血症
疮黄	疮疡	化脓疮、炎性肿胀、蜂窝织炎
	黄（癀）	炎症、水肿
	痈	蜂窝织炎
	疽	皮肤和皮下的化脓性感染
	项痛	颈部蜂窝织炎
	牙腮黄	牙龈或腮部肿胀
	耳黄	耳腺炎及耳部炎症
	腮黄	腮腺炎
	胸黄、鸡心黄	胸前水肿
	肚黄、肚脐黄	腹下水肿
	穿裆黄	腹下水肿延至阴囊部
	大头黄	头部水肿
四肢病	冷拖杆	后肢肌肉风湿
	五攒痛	急性蹄叶炎
	烂蹄、蹄痛	蹄叉腐烂
	冷筋腿、僵筋腿	膝盖骨上方脱落
	掠草痛	膝关节炎
	拐症	跛行
杂症	反胃叶草	骨软症
	过劳症、虚劳	营养衰竭症
	青草搐搦	反刍兽低镁血症
	猝死假死	休克
	抽风	痉挛、惊厥
	肷吊	腹部蜷缩

后　记

山西地处中原，历史悠久，是中华民族文化发源地之一，也是中兽医学文化的发源地之一。

山西中兽医文化底蕴深厚，当代祖传兽医有三十余家。中国农业大学于船主编的《畜牧兽医古今人物志》（第一卷 1995 年出版，录入山西古代名兽医五名，近代五名；第二卷录入山西名兽医十名）。1986 年农牧渔业部表彰了全国各省为发展中兽医事业做出贡献的中兽医，山西有二十五名受到表彰。《司牧安骥集》原著者李石，是唐太宗的后人，“龙兴之地”的太原晋祠即李家宗祠，祠内有唐太宗亲笔写的碑文。明代，有重臣车霆为山西省离石凤底人，弘治进士，明弘治十七年（1504 年）及正德元年（1506 年），分别为《司牧安骥集》和《司牧马经痊骥通玄论》作序，在三边军马场修校舍、招学生，请龚锦讲授两书，培养中兽医人才。近代山西著名中兽医裴耀卿，用七年时间完成《司牧安骥集》的语释，全书约 35 万字。

2003 年，山西省农业厅兽医防治站组织出版了《司牧安骥集语释》第一版。是书源于山西，源于山西人不离不弃、情有独钟，代代领导和兽医后学高度珍惜。

2018年经修订出第二版，并将书推向全世界，造福世界养马业。诠释古籍是严肃的事，是功德千秋的事。只靠一代人很难使之完善，还需一代又一代的人继续努力参与工作，才可趋于完美。

闫效前

二〇一八年三月于太原

图书在版编目（CIP）数据

司牧安骥集语释/（唐）李石等编著；裴耀卿语释．—2版．—北京：中国农业出版社，2018.4
ISBN 978-7-109-24011-7

Ⅰ.①司…　Ⅱ.①李…　②裴…　Ⅲ.①中兽医学②《司牧安骥集》—注释　Ⅳ.①S853

中国版本图书馆CIP数据核字（2018）第056745号

中国农业出版社出版
（北京市朝阳区麦子店街18号楼）
（邮政编码 100125）
责任编辑　黄向阳　郭永立　弓建芳

北京通州皇家印刷厂印刷　新华书店北京发行所发行
2018年4月第2版　2018年4月北京第1次印刷

开本：850mm×1168mm 1/32　印张：20
字数：360千字
定价：120.00元